陳旭昇

機率與統計推論
R語言的應用
-第2版-

國家圖書館出版品預行編目資料

機率與統計推論：R 語言的應用 / 陳旭昇著. -- 2 版. -- 臺北市：臺灣東華書局股份有限公司, 2023.06

584 面；19x26 公分

ISBN 978-626-7130-64-3（平裝）

1.CST: 機率論　2.CST: 數理統計

319.1　　　　　　　　　　　　112008210

機率與統計推論：R 語言的應用

著　　者	陳旭昇
發 行 人	陳錦煌
出 版 者	臺灣東華書局股份有限公司
地　　址	臺北市重慶南路一段一四七號三樓
電　　話	(02) 2311-4027
傳　　眞	(02) 2311-6615
劃撥帳號	00064813
網　　址	www.tunghua.com.tw
讀者服務	service@tunghua.com.tw
門　　市	臺北市重慶南路一段一四七號一樓
電　　話	(02) 2371-9320

2027 26 25 24 23　YF　9 8 7 6 5 4 3 2 1

ISBN　978-626-7130-64-3

版權所有　·　翻印必究

© 2019, 2023, 陳旭昇
內文排版設計：吳聰敏　·　陳旭昇

Data is not information,
Information is not knowledge,
Knowledge is not understanding,
Understanding is not wisdom.

— Clifford Stoll (1950–)

Essentially, all models are wrong, but some are useful.

— George E. P. Box (1919–2013)

第二版序

開設統計學課程對我而言，其實是個意外。我的研究專長是總體、貨幣與國際金融。我在 2004 年從 University of Wisconsin-Madison 取得經濟學博士並準備返回母校服務時，本來預定於研究所與大學部各開設一門國際金融相關課程。然而，就在返國前一個月，我接到系主任的來信，說系上缺乏統計學的師資，希望我能延後國際金融的開課，改開統計學。菜鳥助理教授豈有說不的權利，於是我花了一個月準備統計學教材，而那一份講義之後就成為本書的雛型。

這就是為什麼我會在課堂上不斷對學生強調，統計學不是我的專業，我也是一面教學，一面學習。教了這麼多年統計學，之所以能有還不算太差的口碑，原因可能是，我只能傳授我自己懂的東西。也就是說，我能夠做的，只是先消化這些教材，再以自己能夠理解的方式說給學生聽而已。

在這次的改版中，我改寫了許多段落，也增加了一些圖表，希望透過視覺化的呈現，能夠增進讀者對於相關主題的認識。

本書特色

這是一本因應電腦世代 (computer age) 所寫成的統計學教科書。書中增加了有關 R 語言的介紹，並盡可能在各個章節中，說明電腦以及 R 語言如何在機率與統計推論上，發揮其功用。其中，我們在第 19 章介紹蒙地卡羅模擬與 Bootstrap 樣本重抽法，希望讀者對於如何以電腦運算能力輔助統計推論能有一較為深入的認識。

本書的章節安排，是根據我在台大經濟系講授「統計學」課程的多年教學經驗所整理出之架構。在介紹完機率模型後，緊接著介紹單變量與多變量隨機變數。關於動差的討論，則是從隨機變數的章節抽離出來，獨立成為第 5 章。同時，亦將常態分配以及與其相關的重要分配如卡方分配，學生 t 分配與 F 分配等，以一獨立章節 (第 6 章) 介紹。

這本書的設計目標是，讓學生在得到足以駕馭統計推論的機率理論 (隨機變數，動差，常態分配，抽樣分配與大樣本理論) 之後，就開始一窺統計推論之堂奧。至於其他常用的離散與連續隨機變數，則移到統計推論相關章節的後面，因此，如果是一學期的統計課程，只要專注在第 1 到 11 章即可，關於其他常用離散與連續隨機變數之介紹，可於學期末得空時再補充。我在本書中不再討論變異數分析 (ANOVA)，有興趣的讀者請自行參考陳旭昇 (2015)。

簡言之，本書的特色如下：

1. 以專章介紹動差與條件動差，並以資本定價模型 (Capital Asset Pricing Model) 作為機率模型的一個應用。

2. 以專章介紹常態分配以及與其相關的重要分配如卡方分配，學生 t 分配與 F 分配。

3. 對無母數統計與變異數分析捨棄不提。相反地，對於機率模型，隨機變數，漸近理論 (大樣本理論)，估計以及迴歸分析則有較一般初等統計更為深入的探討。

4. 對於迴歸分析，由條件期望值出發，之後再談迴歸的機率模型。在迴歸參數估計上，除了一般常用的最小平方法，我們也使用介紹過的類比法，動差法，以及最大概似法，與之前章節相呼應。此外，揚棄古典迴歸模型中，將解釋變數視為非隨機的假設，並且不再假設迴歸誤差的分配為常態。因此，對於迴歸模型的統計推論與分析，需仰賴條件機率分配與大樣本漸近理論。

5. 介紹時間序列，多變量常態分配，蒙地卡羅模擬，Bootstrap 樣本重抽法與貝氏統計學。

6. 提供 R 統計軟體的介紹,並在相關章節中說明其應用。

作者簡介

陳旭昇, 台北市人。台大會計系 (1990–1994), 台大經研所 (1994–1996), 美國威斯康辛大學麥迪遜校區 (University of Wisconsin-Madison) 經濟學博士 (1999–2004)。曾任台大經濟系助理教授 (2004–2007), 台大經濟系副教授 (2007–2010), 現任台大經濟系教授 (2010–迄今)。

他的研究興趣為總體與貨幣經濟學, 國際金融, 能源經濟學以及應用計量經濟學。具代表性的著作發表在 Canadian Journal of Economics, Economic Inquiry, Energy Economics, Energy Journal, Journal of Applied Econometrics, Journal of Banking and Finance, Journal of Development Economics, Journal of Empirical Finance, Journal of Forecasting, Journal of International Money and Finance, Journal of Macroeconomics, Journal of Money, Credit, and Banking, Macroeconomic Dynamics, Manchester School, Oxford Bulletin of Economics and Statistics, Oxford Economic Papers, Quantitative Finance, Scandinavian Journal of Economics, Scottish Journal of Political Economy , 《經濟論文》, 及《經濟論文叢刊》等期刊。

曾獲學術與教學獎項包括: 連震東先生紀念講座 (2016), 中央研究院年輕學者研究著作獎 (2008), 行政院國科會吳大猷先生紀念獎 (2007), 行政院國科會優秀年輕學者研究計畫 (2011–2013, 2013–2016), 國立台灣大學教學優良獎 (2006, 2007, 2008, 2016, 2019, 2020, 2021, 2022) 以及蔣經國學術交流基金會博士論文獎學金 (2003)。

現任與曾任的期刊編輯工作包括: Associate Editor, Pacific Economic Review (2006–present), Editorial Advisory Council, Pacific Economic Review, Hong Kong Office (2008–2013), 《臺灣經濟預測與政策》編輯委員 (2011–2020, 2021–2023), 《經濟研究》編輯委員 (2012–2024), 《經濟論文叢刊》編輯委員 (2012–2014, 2018–2022), 《經濟論文叢刊》主編 (2014–2018)。

致謝

感謝 Gautam Tripathi 教授 (University of Luxembourg) 與 William Sandholm 教授 (1970–2020, University of Wisconsin-Madison) 在統計教學上給予我相當多的啟迪。William Sandholm 教授於 2020 年因故離開人世, 對於這一位聰穎且親切的學者, 在此寄予深深感念。

目錄

作者簡介與序言 4

目錄 7

1 認識 R 語言 16
  1.1 R 語言 16
  1.2 基本指令 17
      註解 17
      Story R 語言 19
      設定執行 R 程式的檔案夾目錄 19
      向量 19
      R 函數 (Functions) 22
      繪製 (x,y) 散佈圖 23
      使用套件 23
      執行 R 程式 25
      清空工作空間 25
      資料輸入 25
  1.3 RStudio 28

2 機率理論與應用 30
  2.1 不確定性 30
  2.2 機率模型 32
      Story Amos Tversky 與 Daniel Kahneman 33
      其他重要集合運算 37
      Story 機率模型公理化 42
      可能性的評估: 你對機率了解多少? 43
  2.3 條件機率 44
  2.4 獨立事件 45
      獨立與互斥 47
  2.5 貝氏定理 50
      總機率法則 50
      貝氏法則 51
      Story Thomas Bayes 與貝氏定理 52
      Monty Hall 悖論 54
      Story Monty Hall 悖論 55
  2.6 利用 R 模擬隨機試驗 57

3 隨機變數 66
  3.1 隨機變數 66
  3.2 離散隨機變數與離散機率分配 69
      離散機率密度函數 69
      離散隨機變數的例

子 73
Story Bernoulli 隨機變數 75

3.3 **連續隨機變數與連續機率分配** 77
連續隨機變數的例子 79

3.4 **累積分配函數** 79
離散隨機變數 CDF 82
連續隨機變數 CDF 82
分量 87

3.5 **隨機變數之函數** 88
CDF 法 89
轉換法 90

3.6 **隨機變數與 R 程式** 93

3.7 **附錄** 98
證明轉換法 98

4 **多變量隨機變數** 106

4.1 **多變量隨機變數與其聯合機率分配** 106
雙變量離散隨機變數 107
邊際機率分配 110
條件機率分配 111
雙變量連續隨機變數 112
繪製聯合機率密度函數 114
n 變量離散隨機變數 116
n 變量連續隨機變數 117

4.2 **獨立的隨機變數** 118

4.3 **I.I.D. 隨機變數** 120
Bernoulli 隨機試驗過程 121

5 **動差** 126

5.1 **期望值, 變異數與高階動差** 126
期望值 127
Story 聖彼得堡悖論 130
變異數 130
一般化的動差函數 133

5.2 **動差生成函數** 135

5.3 **期望值與變異數的近似** 140

5.4 **共變數** 141

5.5 **多變量隨機變數之線性函數** 144

5.6 **條件期望值與條件變異數** 150
Story 雙重期望值法則與理性預期 154

5.7 **I.I.D. 隨機變數與動差** 159

5.8 **機率模型的應用: 資產定價模型 (選讀)** 159
資產組合與效率前

沿 160
Story 現代投資組合理論 161
資本配置線與資本市場線 164
市場投資組合 170
資本資產定價模型與 β 值 171

5.9 附錄 174
Jensen 不等式 174
相關係數性質之證明 175
雙重期望值法則 176

6 常態分配及其相關分配 192

6.1 常態隨機變數 192
有關常態分配的幾個重要事實 198
Story 常態分配 199
常態隨機變數的重要性質 199
常態隨機變數的機率值之計算 201

6.2 卡方隨機變數 203

6.3 Student's t 分配 208
Story Student's t 分配 210

6.4 F 分配 211

6.5 附錄 213
高斯積分 213
常態隨機變數機率密度函數 214
標準柯西分配 215
R 程式: 常態分配機率密度函數 215
R 程式: χ^2 分配機率密度函數 215

7 隨機樣本與敘述統計 220

7.1 抽樣理論 220

7.2 敘述統計 222
隨機樣本 222
次數分配 224
實證分配函數 225
統計量 227

7.3 抽樣分配 232

7.4 常態母體下的抽樣分配 233

7.5 附錄 237
與抽樣分配有關之重要定理證明 237
R 程式: S&P 500 股票價格指數 238

8 漸近理論與漸近分配 242

8.1 漸近理論 242

8.2 收斂與隨機收斂 243
實數序列與收斂 243
Markov 不等式與 Chebyshev 不等式 244
隨機收斂 246

- 8.3 弱大數法則與中央極限定理 250
  - 弱大數法則 250
  - 中央極限定理 251
- 8.4 與隨機收斂相關之其他重要定理 253
  - *Story* 弱大數法則與中央極限定理 256
- 8.5 重要抽樣分配之極限性質 260

9 點估計 266
- 9.1 古典統計推論 266
  - *Story* 古典統計推論 268
  - 點估計 268
  - 區間估計 269
  - 假設檢定 270
- 9.2 點估計 270
- 9.3 類比原則 271
- 9.4 動差法 273
- 9.5 最大概似法 275
  - 最大概似估計式 275
- 9.6 點估計式性質 282
  - *Story* 動差法與最大概似法 283
  - 不偏性 283
  - 有效性 284
  - 一致性 287
  - 估計式與估計值 291
  - 最小變異不偏估計式（選讀）291

10 區間估計 304
- 10.1 區間估計 304
  - 區間估計的定義與概論 304
  - *Story* 區間估計與信賴區間 308
  - 考慮一般化的信心水準 309
- 10.2 樞紐量法與實際區間估計式 310
- 10.3 樞紐量與近似區間估計式 314
- 10.4 母體比例之區間估計 316

11 假設檢定 320
- 11.1 假設檢定的基本觀念 320
  - 假設 320
  - 虛無假設與對立假設 321
  - 如何執行假設檢定？322
- 11.2 樞紐量與假設檢定 326
  - *Story* 假設檢定 327
  - 假設檢定程序 328
  - 以樞紐量進行檢定 329
  - 另一個樞紐量 331
  - 實際檢定 332
- 11.3 檢定的 p-值 333

- 11.4 誤差機率與檢定力 334
- 11.5 檢定力函數 336
- 11.6 假設檢定與區間估計 338

12 其他離散隨機變數 348
- 12.1 幾何分配 348
- 12.2 Poisson 分配 350
  - *Story* Poisson 分配 352
  - Poisson 極限定理 353
  - 關於參數 λ 的詮釋 356
- 12.3 附錄 358
  - 幾何分配 MGF 358
  - Poisson 隨機變數的期望值與變異數 358
  - Poisson 極限定理之證明 359

13 其他連續隨機變數 362
- 13.1 Gamma 隨機變數 362
- 13.2 指數隨機變數 369
- 13.3 指數隨機變數與 Poisson 隨機變數 371
- 13.4 附錄 373
  - Gamma 函數相關性質證明 373
  - R 程式: Gamma 分配機率密度函數 375

14 多變量常態分配 378
- 14.1 基礎線性代數 378
- 14.2 隨機向量以及變異數–共變數矩陣 382
- 14.3 雙變量常態分配 385
- 14.4 多變量常態分配 387

15 簡單迴歸分析 (I): 基本概念 398
- 15.1 迴歸分析的基本概念 398
- 15.2 線性迴歸模型 400
  - 古線性迴歸模型 400
  - 線性迴歸模型的另一種表示法 401
  - 迴歸分析與因果關係 404
  - *Story* 迴歸 405
- 15.3 線性迴歸模型之估計 405
  - 類比原則 406
  - 最小平方法 406
  - 動差法 408
  - 最大概似法 409
- 15.4 迴歸參數估計式的性質 410
  - 迴歸參數估計式的代數性質 410
  - *Story* 最小平方法 411
  - 迴歸參數估計式的小樣本性質 412
  - Gauss-Markov 定

理 418
迴歸參數估計式的大樣本性質 419
15.5 迴歸分析的實例探討 421
例一：獨占廠商產品需求之估計 421
例二：儲蓄與投資 423
15.6 附錄 425
證明性質 15.4 425
證明 Gauss-Markov 定理 426
證明變異數估計式的一致性 428
證明迴歸係數估計式的大樣本分配 430
R 程式：迴歸模型估計 432

16 簡單迴歸分析 (II)：統計推論 436
16.1 迴歸係數的區間估計與假設檢定 436
區間估計 436
假設檢定 437
統計顯著性與經濟顯著性 440
16.2 迴歸模型中的點預測與區間預測 441
點預測 441
區間預測 441
預測誤差 443

16.3 配適度分析 (變異數分析) 445
16.4 R 程式：迴歸模型估計與變異數分析 447
16.5 附錄 448
預測式大樣本分配之證明 448

17 多元迴歸分析 452
17.1 遺漏變數偏誤 452
17.2 多元迴歸模型 456
17.3 多元迴歸模型的估計 457
17.4 多元迴歸模型：實例 459
17.5 變異數分析與參數檢定 460
17.6 多元迴歸模型估計的 R 程式 462
17.7 多元迴歸模型的幾個重要議題 463
完全線性重合 463
虛擬變數 464

18 時間序列 470
18.1 時間序列資料 470
18.2 時間序列資料性質 473
Story 時間序列分析 474
基本概念 474
定態時間序列 476
自我相關係數 478

18.3 時間序列模型 480
　　固定趨勢模型 480
　　一階自我迴歸模型 482

19 蒙地卡羅模擬與 Bootstrap 490

19.1 蒙地卡羅模擬 490
　　Story 蒙地卡羅模擬 492
　　蒙地卡羅模擬的應用：中央極限定理 492

19.2 樣本重抽法與 Bootstrap 495
　　樣本重抽法 495
　　Bootstrap 概念 495
　　Story Bootstrap 497
　　代入原則 497
　　模擬 Bootstrap 分配 498
　　無母數 Bootstrap 的實際執行方式 499

19.3 Bootstrap 偏誤與標準差 502
　　Bootstrap 偏誤 502
　　Bootstrap 標準誤 503

19.4 Bootstrap 信賴區間 504

19.5 Bootstrap 檢定 506
　　單尾檢定 506
　　雙尾檢定 507

19.6 迴歸模型的 Bootstrap 510
　　殘差 Bootstrap 510

19.7 對於 Bootstrap 自助重抽的若干討論 512

20 貝氏統計學 516

20.1 客觀機率與主觀機率 516
　　Story 貝氏統計學 520

20.2 貝氏統計學 520

20.3 主觀機率與客觀機率的關連性 526
　　敞開心胸的信念 526
　　貝氏極限定理 526

20.4 以連續隨機變數來刻劃信念 528

20.5 貝氏統計與古典統計之比較 530

21 R 語言簡介 534

21.1 前言 534

21.2 基本物件與運算 I: 向量 535
　　向量組合函數 535
　　數列向量函數 535
　　重複元素向量函數 536
　　向量基本運算 537

21.3 基本物件與運算 II: 矩陣　538
　　建構矩陣　538
　　合併向量與矩陣　539
21.4 常用內建函數　539
　　常用數學函數　540
　　排序函數　540
　　指示函數　542
　　矩陣代數函數　542
　　機率相關函數　547
　　統計相關函數　552
　　自定函數　553

21.5 時間序列資料　554
21.6 基本程式設計語法　555
21.7 繪圖　559
　　hist() 函數　559
　　plot() 函數　559

22　機率分配表　564

索引與英漢名詞對照　574

參考文獻　582

1 認識 R 語言

1.1 R 語言
1.2 基本指令
1.3 RStudio

本章提供統計軟體 R 語言以及若干基本指令的簡介，目的在於讓讀者對 R 語言有一個初步的認識。

1.1 R 語言

在本書中，我們將使用網路上可以免費下載的一種自由軟體程式語言與操作環境：R 語言。R 為一原始碼開放 (Open Source) 的程式語言，主要用於統計分析、繪圖、資料探勘。該程式語言的優點眾多，然而光是「免費」與「實用」這兩點，就足以說服我們學習此程式語言。另外一個受歡迎的程式語言是 Python，然而相較之下，R 語言是由統計學家所開發，其功能性主要是針對統計學所設計，較符合本書的需要。

我們可以在 R 的官方網站 (http://www.r-project.org/) 下載安裝程式。在本書修改之時，最新的版本為 R version 4.2.2。安裝後啟動，就會看到如圖 1.1 的視窗。

之後，只要把本書中的 R 程式輸入，或是將程式編寫進一個新的 R 命令檔，亦即，編寫並儲存至 *.R 檔 (R script file) 再執行即可。新增 R 命

圖 1.1: R 啟動畫面

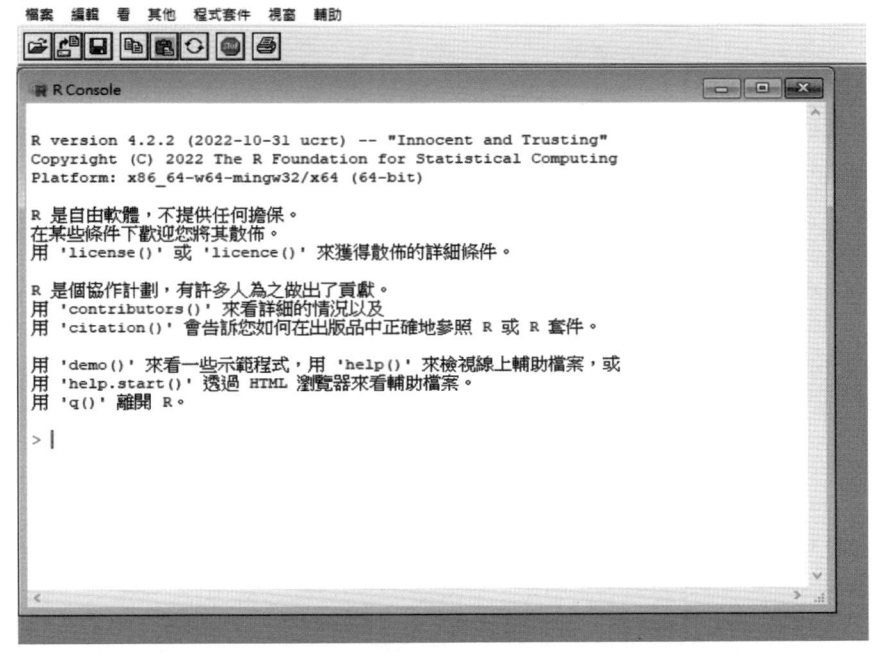

令檔的方式如下：

　　檔案>建立新的命令稿

如圖 1.2 所示, 建議輸入指令前先存檔。

我們在本節先列示一些基本且常用的 R 指令, 之後在書中其他章節亦會提供相關的 R 程式。為了讓讀者對於 R 語言能夠有更具系統性的認識與瞭解, 我們也在第 21 章提供 R 語言的簡單介紹。

1.2 基本指令

1.2.1 註解

我們在 R 程式中, 敘述或指令前加上一個或一個以上的 # 後, 就可以把該行指令轉成註解 (comment out), R 並不會執行該行指令。

18　第1章　認識 R 語言

圖1.2: 建立新的命令稿 I

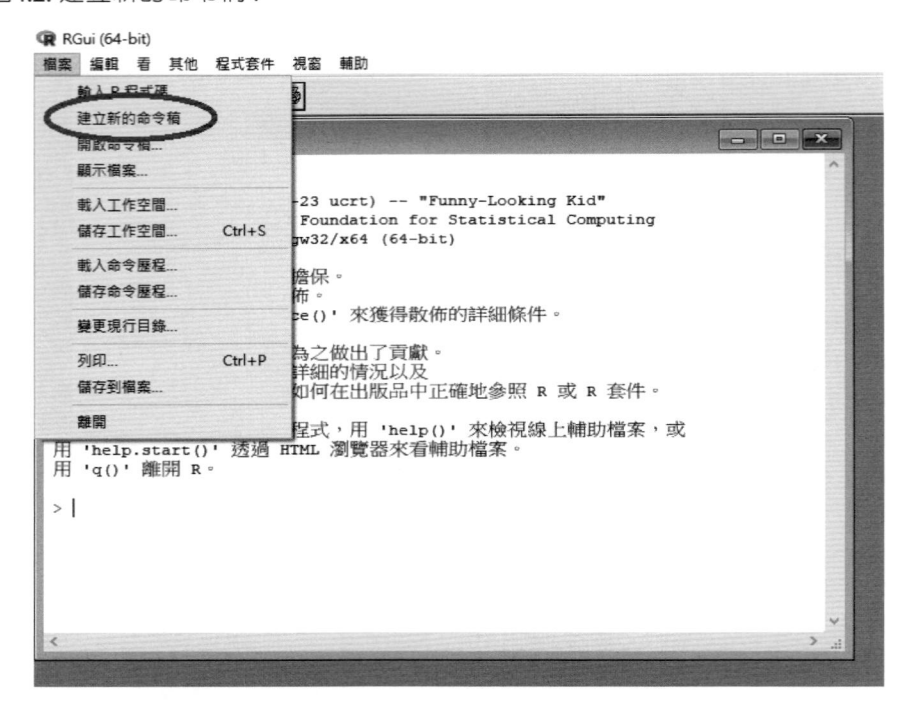

> **Story** R 語言
>
> R 語言 (參見 R Core Team, 2017) 的最初開發者為紐西蘭奧克蘭大學統計學家 Ross Ihaka 與 Robert Gentleman。一開始開發 R 語言的目的就是為了統計學的教學所需。大致在 1993 年左右, R 語言被公諸於世。嗣後, 在另一位統計學家 Martin Mächler 的建議下, 從 1995 年 6 月開始, Ross Ihaka 與 Robert Gentleman 讓 R 語言成為自由軟體 (free software), 並開放其原始碼。目前則是由「R 開發核心團隊」(R Development Core Team) 負責開發。
>
> R 語言是 S 語言的後繼者之一, 而 S 語言乃是貝爾實驗室所發展出來的付費軟體 (其後繼的付費軟體為 S-PLUS 語言)。因此, R 語言的免費性質可說是 S 語言的"劫富濟貧"版。R 語言的命名一方面來自兩名原始開發者名字的第一個英文字母, 另一方面也算是在開一下 S 語言的玩笑, 以英文字母順序隱含 R 語言優於 S 語言 (leap ahead of S)。

R 程式 1.1 (註解).

```
# R 並不會執行此行指令
# 你可以寫廢話
# R 不會理你
```

1.2.2 設定執行 R 程式的檔案夾目錄

我們用 setwd(" ") 來設定目前用來執行 R 程式的檔案夾目錄。舉例來說, 如果我們將 R 程式檔放在 D:\MyCode\RCode 的資料夾中:

R 程式 1.2 (設定檔案夾).

```
setwd("D:/MyCode/RCode")
```

注意到 R 使用的路徑用的是正斜線 (forward slash) "/", 而非反斜線。

1.2.3 向量

向量是 R 最基本的物件, 建構向量最簡單的方式是 c(), 舉例來說, 以下程式建構

$$x = \begin{pmatrix} 1 & 7 & 5 \end{pmatrix}, \quad y = \begin{pmatrix} 8 & 9 & 10 & 11 & 12 \end{pmatrix}$$

R 程式 1.3（向量物件）.

```
x = c(1,7,5)
y = c(8:12)
x
y
x[2] # x 向量中第 2 個元素
```

執行後可得:

```
> x
[1] 1 7 5
> y
[1]  8  9 10 11 12
> x[2] # x 向量中第 2 個元素
[1] 7
```

其中 8:12 代表建構 8 到 12，公差為 1 的數列 (sequence)。另一個製造數列的函數是 seq()，在使用上更有彈性。用法為

```
x = seq(from,to,by)
```

或是

```
x = seq(from,to,length.out)
```

其中 by 是公差，length.out 則是設定數列的長度。

R 程式 1.4（數列）.

```
x = seq(from=8,to=12,by=1)
y = seq(from=8,to=12,by=2)
z = seq(from=8,to=12,length.out=3)
w = seq(from=8,to=12,length.out=30)
x
y
z
w
```

執行後可得:

```
> x
[1]  8  9 10 11 12
> y
[1]  8 10 12
> z
[1]  8 10 12
> w
 [1]  8.000000  8.137931  8.275862  8.413793  8.551724  8.689655  8.827586
 [8]  8.965517  9.103448  9.241379  9.379310  9.517241  9.655172  9.793103
[15]  9.931034 10.068966 10.206897 10.344828 10.482759 10.620690 10.758621
[22] 10.896552 11.034483 11.172414 11.310345 11.448276 11.586207 11.724138
[29] 11.862069 12.000000
```

向量的元素可以是數值, 也可以是字串。字串需要加上 " "。舉例來說,

R 程式 1.5.

```
x = c("Macroeconomics","Microeconomics","Statistics")
x[3] # x 向量中第 3 個元素
```

執行後可得:

```
> x[3] # x 向量中第 3 個元素
[1] "Statistics"
```

此外, R 語言視英文大小寫為不同物件, y 與 Y 是不同的。

R 程式 1.6.

```
y = c(1:3)
Y = c(5:9)
y
Y
```

執行後可得:

```
> y
[1] 1 2 3
> Y
[1] 5 6 7 8 9
```

最後，我們可以用 length() 來衡量向量長度，舉例來說：

R 程式 1.7.

```
y = c(5:9)
z = length(y)
y
z
```

執行後可得：

```
> y
[1] 5 6 7 8 9
> z
[1] 5
```

1.2.4　R 函數 (Functions)

R 內建許多函數物件，上述的 c() 其實就是一個函數。其他例子還有加總函數 sum()，自然對數函數 log()，或是平均數函數 mean() 等。舉例來說，

R 程式 1.8 (函數).

```
x = c(1,7,5)    # x=(x1,x2,x3)=(1,7,5)
y = sum(x)      # y=x1+x2+x3
z = mean(x)     # z=(x1+x2+x3)/3
w = log(x)      # w=log(x)=(log(x1),log(x2),log(x3))
y
z
w
```

執行後可得：

```
> y
[1] 13
> z
[1] 4.333333
> w
[1] 0.000000 1.945910 1.609438
```

如果我們想要了解各類函數的應用，可以使用 help(函數名稱)，舉例來說：

R 程式 1.9 (help 函數).

```
help(mean)
```

另一個簡單的作法是，鍵入 ? 緊跟著函數或指令名稱

R 程式 1.10.

```
?mean
```

1.2.5 繪製 (x,y) 散佈圖

R 程式 1.11 (X-Y 散佈圖).

```
x=c(1,3,9,5,7,9,11,2,3,1)
y=c(8,2,6,3,7,9,2,1,9,4)
plot(x,y)
```

執行後可得圖 1.3。

1.2.6 使用套件

除了 R 內建函數之外，許多 R 的使用者撰寫特殊的 R 函數，並將這些特殊的 R 函數集合成一組套件 (package)，以進行特定統計分析。

舉例來說，本書第 14 章中，模擬多變量常態隨機向量時，我們使用一個稱為 MASS 的套件。注意到，在第一次使用某特定 (非基本) 套件，須以上方表單中的"程式套件"的表單，進一步安裝和更新套件。或是輸入 install.packages(" ") 來下載與安裝套件。接下來，我們以指令 library() 使用套件：

R 程式 1.12 (套件下載安裝與使用).

```
install.packages("MASS")
library(MASS)
```

圖 1.3: X-Y 散佈圖

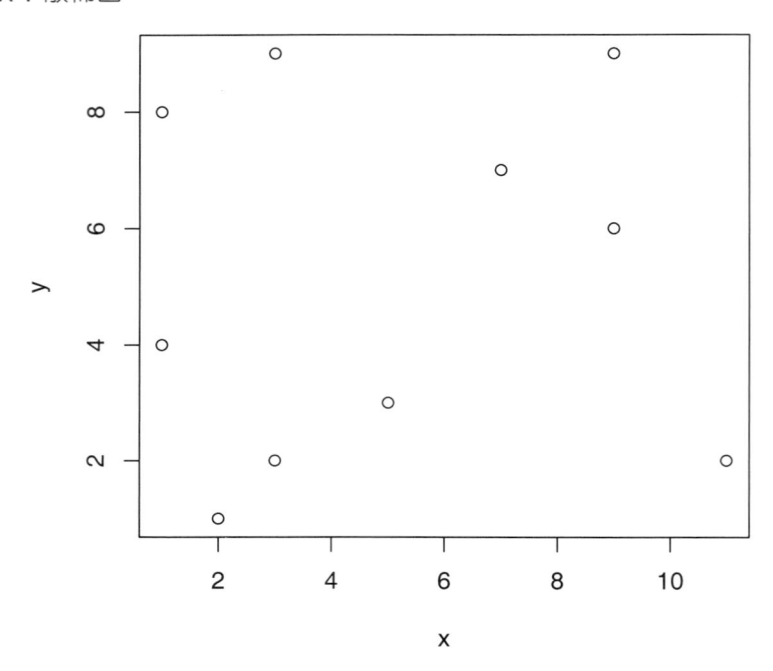

對於套件的安裝與使用，我們可以再舉一個例子。我們之前提過，c()是一個基本向量物件，然而，當我們建構 x=c(1,2,3)，並未明確定義 x 為行向量 (column vector) 或是列向量 (row vector)。我們可以使用一個稱為 fBasics 的套件，透過指令 colVec() 定義行向量，或是指令 colVec() 定義列向量。R 程式範例如下：

R 程式 1.13.

```
install.packages("fBasics")
library(fBasics)
x=c(1,2,3)
y=colVec(x)
z=rowVec(x)
x
y
z
```

執行後可得:

```
> x
[1] 1 2 3
> y
     [,1]
[1,]    1
[2,]    2
[3,]    3
> z
     [,1] [,2] [,3]
[1,]    1    2    3
>
```

1.2.7　執行 R 程式

要執行 R 程式, 先在 RGui 視窗上端表單以

檔案>開啟命令稿

打開你所建立的 *.R 檔案。R 會以 R 編輯器打開檔案。點選並反白所要執行的指令程式碼, 再點選視窗上端表單的執行圖示, 即可執行指令。參見圖 1.4。

1.2.8　清空工作空間

在執行自己的程式前, 可以先用 `rm(list=ls())` 把環境中變數清空, 再開始工作。

1.2.9　資料輸入

讀取外部資料, 我們建議先將資料存成 csv 檔。我們以 StatGrades.csv 為例, 若以 Microsoft Excel 開啟該檔案, 則檔案中的資料如圖 1.5 所示。不過如果以 Notepad 一類的文書軟體打開 csv 檔案, 其真正的格式如下:

```
Name,Grade
Ronald,88
```

圖1.4: 執行 R 程式

```
Karl,80

Gertrude,75

George,90

Gwilym,60

Amos,95

Daniel,92

Andrey,88

Jakob,75

Harry,50
```

　　StatGrades.csv 檔案內第一行是學生的名字,第二行為其統計學成績。我們以 read.csv() 讀取 csv 檔資料,範例如下:

圖 1.5: CSV 檔案

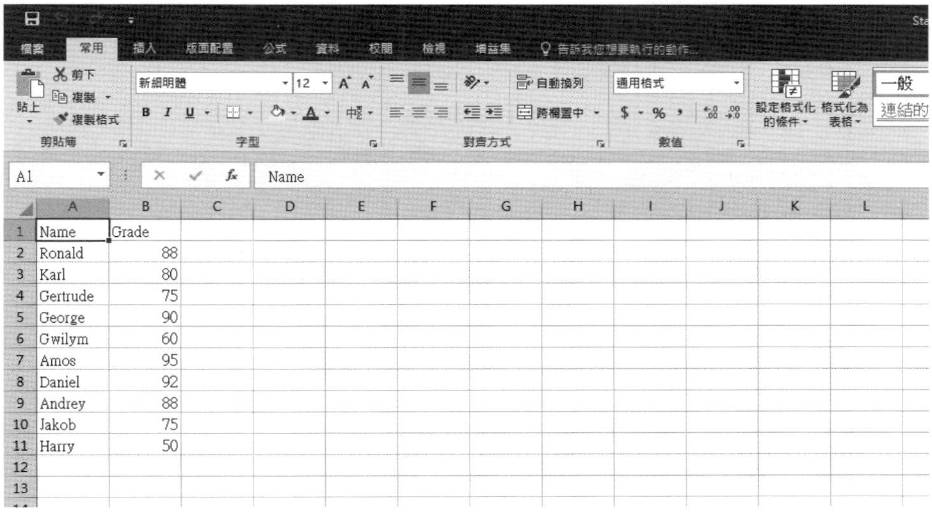

	Name	Grade
1	Name	Grade
2	Ronald	88
3	Karl	80
4	Gertrude	75
5	George	90
6	Gwilym	60
7	Amos	95
8	Daniel	92
9	Andrey	88
10	Jakob	75
11	Harry	50

R 程式 1.14.

```
setwd('D:/R')
dat = read.csv('StatGrades.csv', header=TRUE)
dat
x=dat$Grade
x
```

我們把 CSV 檔案放在 D:\R 的子目錄下，則 setwd('D:/R') 就是將 R 程式執行的目錄設定至此 (注意要用正斜線)。在 read.csv() 的指令中，header=TRUE 表示第一列是變數名稱，x = dat$Grade 則是將第二行的資料建立成 x 向量。最後，我們以 mean() 這個函數計算平均成績。執行後可得:

```
> setwd('D:/R')
> 
> dat = read.csv('StatGrades.csv', header=TRUE)
> dat
     Name Grade
1   Ronald   88
2     Karl   80
```

圖 1.6: RStudio

```
3   Gertrude    75
4     George    90
5     Gwilym    60
6       Amos    95
7     Daniel    92
8     Andrey    88
9      Jakob    75
10     Harry    50
> x=dat$Grade
> x
 [1] 88 80 75 90 60 95 92 88 75 50
> y=mean(x)
> y
[1] 79.3
>
```

1.3　RStudio

RStudio 是 R 專屬的整合開發環境 (Integrated Development Environment)，可以協助使用者方便地撰寫 R 的程式。目前 RStudio 提供免付費的自由軟體版本及收費的專業版本，讀者可以自行到 `https://posit.co/download/rstudio-desktop/` 下載，安裝啟動後如圖 1.6 所示。

要編輯新的 R 程式檔，只要點選 File>New File>R Script 即可。要執行程式，就點選 Run。

2 機率理論與應用

2.1 不確定性
2.2 機率模型
2.3 條件機率
2.4 獨立事件
2.5 貝氏定理
2.6 利用 R 模擬隨機試驗

我們將在本章介紹機率理論及其應用。學習機率模型的目的, 在於利用數學模型來認識、刻劃與分析不確定性, 進而做出最適的決策。

2.1 不確定性

我們面對一個充滿不確定 (uncertainty) 的世界。我們不知道明天的股票價格是漲是跌, 我們也不知道新產品的研發會成功或失敗, 甚至於我們也不知道今天翹統計課, 老師會不會點名。為了幫助我們做出決策 (買股票, 研發新產品或是蹺課), 機率模型提供我們一套完整的分析工具以刻劃與測度不確定性。

不確定性涉及到事前 (*ex ante*) 與事後 (*ex post*) 的概念。*ex ante* 與 *ex post* 是拉丁文, 分別代表事實發生前 (before the fact) 以及事實發生後 (after the fact)。在我們擲銅板之前, 我們並不知道會出現正面或是反面，這就是存在不確定性 (隨機性) 的 *ex ante* 階段。一但我們擲出銅板之後，在此 *ex post* 階段，就會有確定的結果，隨機性不復存在。我們常聽到所謂的「千金難買早知道」，意思就是，如果在事前我們能夠確定知道未來什麼狀態會發生，這樣的資訊價值千金，甚至是支付萬金亦不足惜。

舉例來說，身為創投公司執行長，你正在為是否要投入 5 億資金在研發新疫苗的小藥廠而煩惱。如果疫苗研發成功，公司將賺進 10 億的收入，相對的，如果研發失敗，公司將面臨相同金額的虧損。根據專業而客觀的研究報告顯示，新的疫苗成功的可能性高達 90%，但是也有 10% 的可能性會解盲失敗。

如果你決定投入資金在該藥廠，請問你是否做了正確的決策？答案是肯定的。給定事前的資訊，新疫苗成功的可能性非常高，應該要投資該藥廠。

然而，倘若事與願違，疫苗開發失敗了，公司因此賠了一大筆錢，你是否應該要為此受到責難？不盡然。決策是否正確只能透過評估「事前的階段」，檢視一個人是否善用事前的資訊做決策。但是從事後來看，沒有人應該因為運氣不好而受到指責。同理，在這個例子中，如果創投公司執行長在事前忽視專業客觀的研究報告而否決了這個投資案，即使從事後來看，該執行長讓公司躲過這場災難，也不該為此決策受到讚美。我們常聽到諸如「事後諸葛」或是「後見之明」的說法，正也是告訴我們，不該在事後臧否事前的決策。

在我們正式討論機率模型前，我們先提供讀者一個小測驗，測試一下自己對於機率的了解有多少。

例 2.1 (可能性的評估). *Linda 今年 31 歲，單身，個性率直且聰穎。她在大學時主修哲學。當她在學時，她十分熱衷於性別歧視與社會正義等議題。此外，她也參與了反核四的示威運動。*

根據以上的資料，請對以下八種對於 Linda 的描述，根據其可能性大小 (機率大小) 排列。"1" 代表可能性最大，"2" 則為其次，依此類推，"8" 代表最不可能。

A. Linda 是一個小學老師

B. Linda 在書店工作且在下班後參與瑜珈的課程

C. Linda 熱衷於參與女性主義運動

D. Linda 是一個為人精神治療的社工

E. Linda 是一個銀行行員

F. Linda 是哲學學會的會員

G. Linda 是一個保險業務代表

H. Linda 是一個熱衷於女性主義運動的銀行行員

做完測驗後,請看一下你的答案: 你是否讓 H 選項的可能性高於 E 選項? 如果不是, 恭喜你, 你的機率概念還算不錯。如果你的答案讓 H 選項的可能性高於 E 選項, 代表你的機率概念有待加強。然而, 如果你做了錯誤的評估, 倒也不必太沮喪, 根據心理學家 Amos Tversky 與 Daniel Kahneman 的研究,[1] 在 88 個受試者中, 有 78 個給了錯誤的答案。我們在介紹機率模型之後, 再提供讀者對於本測驗的分析。

2.2 機率模型

機率模型是用來刻劃隨機事件發生的可能性。所謂的隨機事件, 就是在不確定下的隨機現象。例子包括:

1. 投擲一個骰子, 其出現點數。

2. 台北市六月份的降雨量。

3. 銀行客服專線於特定時間內的來電數。

4. 任意選取 50 個台大學生中, 左撇子的人數。

---

[1] 參見 Tversky and Kahneman (1983)。

> **Story** Amos Tversky 與 Daniel Kahneman
>
> 心理學家 Amos Tversky 與 Daniel Kahneman 對於面臨不確定下的決策過程提供了嶄新的觀點。經濟學家假設人是理性的，亦即，在面對不確定時，會應用所能得到的資訊，透過機率模型形成預期，進而作出決定，這就是所謂的「理性預期」(rational expectation)。
>
> 然而，Tversky 與 Kahneman 透過許多不同的實驗設計，發現在某些情況下人們的行為是不合乎理性的，人們的選擇與判斷跟經濟學模型並不一致。也就是說，傳統經濟學家認為人是理性的，能夠解讀新資訊，並據此評估機率。而 Tversky 與 Kahneman 的研究則是告訴大家：人們往往會以經驗法則取代機率法則，而這種基於直覺的經驗法則被稱作「捷思法」(heuristics)。透過捷思法所作出的決策與結論往往會有所偏誤，而這種偏離理性判斷的系統性偏誤被他們稱作認知偏誤 (cognitive bias)。Tversky 與 Kahneman 的研究中認定人們在作決策時有許多可能的認知偏誤，其中包括：
>
> 1. 可得性捷思 (availability heuristic)：對於容易被知覺到或回想起的事件 (亦即可得性越高)，人們會認定較可能發生。舉例來說，當我們看到福島核災的報導時，會改變我們對於核能電廠發生事故的機率判斷。
>
> 2. 錨定效應 (anchoring)：作決策時過度偏重先前取得的片段資訊 (錨點)，即使此資訊並非攸關的資訊。
>
> 3. 確認偏誤 (confirmation bias)：選擇性地回憶、蒐集有利細節，或是忽略不利或對立的資訊，來支持自己原有的想法。
>
> 關於 Amos Tversky 與 Daniel Kahneman 對於決策理論的研究過程，在「橡皮擦計畫：兩位天才心理學家，一段改變世界的情誼」(早安財經出版) 一書中有相當精采的介紹。

5. 任意訪問街頭民眾，並記錄其年所得。

在機率模型中，狀態空間 (state space) Ω 就是一個包含所有隨機出象 (possible outcomes) 的集合，又稱作樣本空間 (sample space)。所有可能出象就是該集合的元素，而 Ω 的子集合就稱作一個事件 (event)。我們來看一下底下幾個例子。

例 2.2. 擲一個六面的骰子，其狀態空間為

$$\Omega = \{1,2,3,4,5,6\}$$

此狀態空間的子集合，如 $F = \{1,2,3\}$ 就是一個「點數小於等於三」的事件，$E = \{2,4,6\}$ 就是一個「出現偶數點數」的事件，而 $O = \{1,3,5\}$ 就是一個「出現奇數點數」的事件。

例 2.3. 重複投擲一枚硬幣，直到出現正面為止。若以 H 代表正面 (heads)，T 代表反面 (tails)，則此隨機試驗的狀態空間為

$$\Omega = \{H, TH, TTH, TTTH, TTTTH, \ldots\}$$

則

$$E = \{H, TH, TTH\}$$

就是「至多出現兩次反面」的事件。

例 2.4. 任意選取一個台大學生並記錄其身高，其狀態空間為

$$\Omega = \mathbb{R}^+ = [0, \infty)$$

則

$$E = \{x : x \in [0, 153)\}$$

就是「身高比 153 公分來得矮」的事件。

值得注意的是，在例 2.2 中，樣本空間為有限 (finite)，而例 2.3 中，樣本空間為無限 (infinite) 但可數 (countable)。至於例 2.4 就是一個連續 (continuous) 的樣本空間。此外，為了數學上的方便，我們往往會讓樣本空間大過於實際狀況，例 2.4 就是一個例子 (現實中不會有人的身高趨近無窮大)。

由於事件就是一個集合，我們可以透過集合的運算，從原有事件建構出新的事件。舉例來說，擲一個六面骰子，樣本空間為

$$\Omega = \{1, 2, 3, 4, 5, 6\}$$

如果我們定義

$$A = \{1, 3, 5\}$$

為出現奇數點的事件，我們就可以定義非 A 事件，就是出現非奇數點事件 (亦即出現偶數點事件):

$$\{2, 4, 6\}$$

習慣上我們以 A^c 表示，稱之為事件的補集 (complement)。

事件 (或是說集合) 有四種不同的基本運算: 分別是事件的補集, 事件的聯集 (union), 事件的交集 (intersection), 以及事件的餘集 (relative complement)。我們將以上的集合運算, 整理於表 2.1 中, 而圖 2.1 則是畫出其對應的文氏圖 (Venn diagram)。

表2.1: 集合基本運算

名稱	符號表示	例子
宇集	Ω	$\Omega = \{1,2,3,4,5,6\}$
子集	$A, B \subseteq \Omega$	$E = \{2,4,6\}, F = \{1,2,3\}$
補集	A^c	$F^c = \{4,5,6\}$
聯集	$A \cup B$	$F \cup E = \{1,2,3,4,6\}$
交集	$A \cap B$	$F \cap E = \{2\}$
餘集	$A - B = A \cap B^c$	$F - E = \{1,3\}$

注意到事件 A 以及其補集 A^c 不會同時發生。兩事件的聯集 $A \cup B$ 代表「A 與 B 兩事件至少有一事件會發生」, 兩事件的交集 $A \cap B$ 代表「A 與 B 兩事件會同時發生」, 餘集 $A - B = A \cap B^c$ 代表「A 事件發生但 B 事件沒有發生」。

接下來, 我們介紹幾個其他重要的概念。

定義 2.1 (空集合). 不含任何元素的集合稱為空集合 (*empty set*), 我們以 ∅ 表示, 或寫成:

$$\emptyset = \{\}$$

例如: 小於零的自然數所成的集合就是一個空集合, 因為我們找不到一個自然數會小於零。值得注意的是, 空集合是任何集合的子集合。[2]

定義 2.2 (互斥事件). 兩個事件 A 與 B 為互斥 (*mutually exclusive*), 如果它們的交集為空集合:

$$A \cap B = \emptyset$$

互斥又稱不相交 (disjoint)。事件 A 與事件 B 互斥表示事件 A 與事件 B 無法同時發生, 亦即如果事件 A 發生則事件 B 不會發生。反之, 如果事件 B 發生則事件 A 不會發生。

---

[2]注意到空集合 ∅ 不是希臘字母 phi, 而是數字 0 再加上斜槓 (slash)。

圖 2.1: 文氏圖

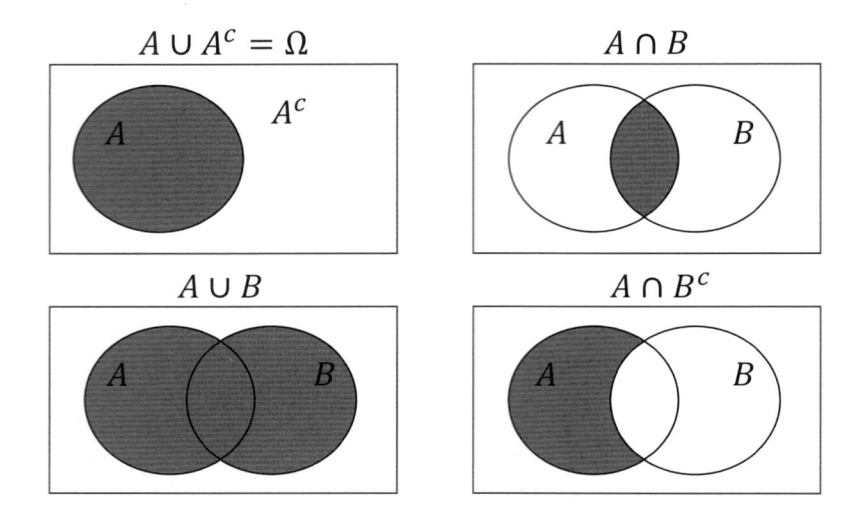

$$A \cup A^c = \Omega \qquad A \cap B$$

$$A \cup B \qquad A \cap B^c$$

定義 2.3 (集合分割). $A_1, A_2, \ldots, A_n \subseteq \Omega$ 稱為 Ω 的分割 (partition)，如果

1. $A_i \cap A_j = \emptyset$ for $i \neq j$

2. $A_1 \cup A_2 \cup \cdots \cup A_n = \Omega$

亦即任意 A_i 與 A_j 互斥且 $A_1, A_2, \ldots, A_n$ 組成 Ω (整個狀態空間)。

例 2.5. 給定狀態空間 $\Omega = \{1,2,3,4,5,6\}$，並考慮以下不同的事件: A_1, A_2 與 A_3。檢查 A_1, A_2 與 A_3 是否形成 Ω 的分割。

(a) $A_1 = \{1,2\}$, $A_2 = \{3,6\}$, $A_3 = \{4,5\}$

(b) $A_1 = \{1,2\}$, $A_2 = \{5\}$, $A_3 = \{4,6\}$

(c) $A_1 = \{1,2\}$, $A_2 = \{3,4\}$, $A_3 = \{2,5,6\}$

顯而易見, (a) 中的 A_1, A_2 與 A_3 是 Ω 的分割, (b), (c) 則否。

2.2.1 其他重要集合運算

1. 互補性質 (complementation):

$$(A^c)^c = A, \quad \emptyset^c = \Omega, \quad \Omega^c = \emptyset$$

2. 交換律 (commutativity):

$$A \cup B = B \cup A, \quad A \cap B = B \cap A$$

3. 結合律 (associativity):

$$(A \cup B) \cup C = A \cup (B \cup C), \quad (A \cap B) \cap C = A \cap (B \cap C)$$

4. De Morgan 法則 (*De Morgan's laws*):

$$(A_1 \cup A_2 \cup \cdots \cup A_n)^c = A_1^c \cap A_2^c \cap \cdots \cap A_n^c$$

$$(A_1 \cap A_2 \cap \cdots \cap A_n)^c = A_1^c \cup A_2^c \cup \cdots \cup A_n^c$$

5. 分配律 (distributivity laws):

$$B \cap (A_1 \cup A_2 \cup \cdots \cup A_n) = (B \cap A_1) \cup (B \cap A_2) \cup \cdots \cup (B \cap A_n)$$

$$B \cup (A_1 \cap A_2 \cap \cdots \cap A_n) = (B \cup A_1) \cap (B \cup A_2) \cap \cdots \cap (B \cup A_n)$$

6. 一些其他運算:

$$A \cup A = A \qquad A \cap A = A$$
$$A \cup \emptyset = A \qquad A \cap \emptyset = \emptyset$$
$$A \cup \Omega = \Omega \qquad A \cap \Omega = A$$
$$A \cup A^c = \Omega \qquad A \cap A^c = \emptyset$$

性質 2.1(其他重要性質).

1. $A = (A \cap B) \cup (A \cap B^c)$

2. $(A \cap B)$ 與 $(A \cap B^c)$ 為互斥

3. $A \cup B = A \cup (A^c \cap B)$

Proof.

$$A = A \cap \Omega = A \cap (B \cup B^c) = (A \cap B) \cup (A \cap B^c)$$

$$(A \cap B) \cap (A \cap B^c) = A \cap (B \cap B^c) = A \cap \varnothing = \varnothing$$

$$A \cup B = (A \cup B) \cap \Omega = (A \cup B) \cap (A \cup A^c) = A \cup (A^c \cap B)$$

□

性質 2.1 中的第 1 與第 2 項, 就是把 A 事件透過 B 事件拆成兩個互斥事件。舉例來說, 若 A 事件代表「明天下雨」, B 事件代表「園遊會照常舉行」, 則「明天下雨」可以拆成「明天下雨且園遊會照常舉行」與「明天下雨且園遊會取消」兩個互斥事件。至於第 3 項則是說, A 事件與 B 事件的聯集就等於 A 事件與 B 事件餘集的聯集。性質 2.1 的文氏圖如圖 2.2 所示。

圖 2.2: 性質 2.1 的文氏圖

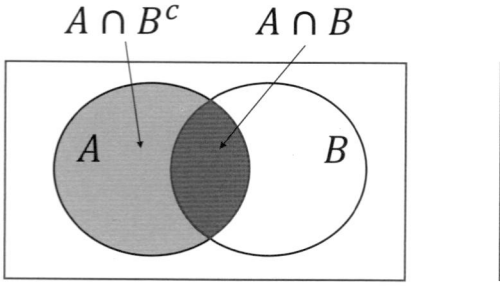

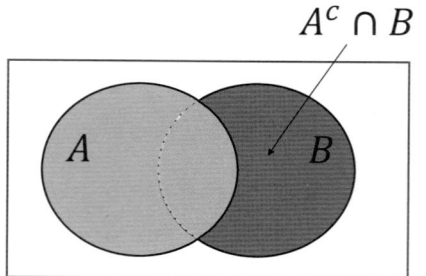

我們討論了狀態空間, 隨機出象, 以及各個隨機事件。然而, 對於這些事件的隨機性, 我們以一個函數 $P(\cdot)$ 來衡量狀態空間中各種可能事

件發生的機會, 稱之為機率測度 (probability measure), 並將隨機事件發生的可能性簡稱為事件發生的機率 (probability)。想像函數 $P(\cdot)$ 就像是一個黑盒子, 當我們把任意隨機事件丟進盒子裡, $P(\cdot)$ 就會產生出一個 0 到 1 之間的數字, 當這個數字越大, 就代表該事件發生的可能性越大。然而, 要讓函數 $P(\cdot)$ 成為一個合理的機率測度, 必須符合以下三個公理 (axioms)。[3]

定義 2.4 (機率測度). 如果對於 Ω 中的任一事件 A, 函數 $P(\cdot)$ 滿足以下三公理:

(a) $P(\Omega) = 1$

(b) $P(A) \geq 0 \ \forall \ A \subseteq \Omega$

(c) 對於任意互斥事件 $A_1, A_2, \ldots$ 之序列, $P(\bigcup_i A_i) = \sum_i P(A_i)$

我們稱 $P(\cdot)$ 為狀態空間 Ω 的一個機率測度。公理 (a) 告訴我們, 至少會有某一事件發生的機率必為 1。舉例來說, 若央行貨幣政策決策的樣本空間為

$$\Omega = \{調升利率, 利率維持不變, 調降利率\}$$

則

$$P(\Omega) = P(調升利率 \cup 利率維持不變 \cup 調降利率) = 1$$

亦即, 央行要嘛調升利率, 要嘛維持利率不變, 要嘛調降利率, 三種決策必然有一個會發生。公理 (b) 則是要求任何事件發生的機率不得為負值。公理 (c) 又稱為加總法則 (additive rule), 也就是說, 對於互斥事件而言, 至少會有某一事件發生的機率為各別機率的加總。舉例來說,

$$P(調升利率 \cup 調降利率) = P(調升利率) + P(調降利率)$$

「央行調升或是調降利率」的機率, 就等於「調升利率」機率與「調降利率」機率的加總。

我們將以上的 (Ω, P) 稱之為一個機率模型 (probability model)。根據以上機率模型的三個公理, 對於任意事件 A 與 B (未必為互斥事件), 我們可以推導出以下的性質:

---

[3]所謂的公理, 就是指數學中不證自明的基本陳述。

性質 2.2 (其他性質).

1. $P(A) + P(A^c) = 1$

2. 若 $A \subseteq B$ 則 $P(A) \leq P(B)$

3. $P(A \cup B) = P(A) + P(B) - P(A \cap B)$

Proof.

1. 根據公理,
$$1 = P(\Omega) = P(A \cup A^c) = P(A) + P(A^c)$$

2. 根據
$$B = (B \cap A) \cup (B \cap A^c) = A \cup (B \cap A^c)$$
可知
$$P(B) - P(A) = P(B \cap A^c) \geq 0$$

3. 根據
$$A = (A \cap B) \cup (A \cap B^c)$$
$$A \cup B = (A \cup B) \cap \Omega = (A \cup B) \cap (B \cup B^c) = (A \cap B^c) \cup B$$
可知
$$P(A) = P(A \cap B) + P(A \cap B^c)$$
$$P(A \cup B) = P(A \cap B^c) + P(B)$$

整理上述兩式即得證。

□

我們可以用一個簡單的例子來說明機率模型。舉例來說,擲一個六面的骰子,狀態空間為
$$\Omega = \{1, 2, 3, 4, 5, 6\}$$

假設每一個點數出現的機率均相等 (注意到此假設並未在定義 2.4 的公理中):

$$P(\{1\}) = P(\{2\}) = \cdots = P(\{6\}) \tag{1}$$

根據公理,

$$\begin{aligned}1 = P(\Omega) &= P(\{1\} \cup \{2\} \cup \cdots \cup \{6\}) \\ &= P(\{1\}) + P(\{2\}) + \cdots + P(\{6\})\end{aligned} \tag{2}$$

因此, 根據式 (1) 與 (2),

$$P(\{1\}) = P(\{2\}) = \cdots = P(\{6\}) = 1/6$$

我們可以進一步計算諸如:

1. 出現 1 點或 2 點的機率: $P(\{1\} \cup \{2\}) = P(\{1\}) + P(\{2\}) = 1/6 + 1/6 = 1/3$

2. 出現點數小於等於 2 點或是大於等於 4 點的機率:

$$\begin{aligned}P(\{\leq 2\} \cup \{\geq 4\}) &= P(\{\leq 2\}) + P(\{\geq 4\}) \\ &= P(\{1\} \cup \{2\}) + P(\{4\} \cup \{5\} \cup \{6\}) \\ &= P(\{1\}) + P(\{2\}) + P(\{4\}) + P(\{5\}) + P(\{6\}) \\ &= 1/6 + 1/6 + 1/6 + 1/6 + 1/6 = 5/6\end{aligned}$$

機率模型的公理並沒有告訴我們如何給予 (assign) 機率值, 舉例來說, 我們之前假設每一個點數出現的機率都一樣, 根據機率模型的公理,

$$P(\{1\}) = P(\{2\}) = \cdots = P(\{6\}) = 1/6$$

如果我們把假設改成:「出現奇數點的機率都一樣, 且出現偶數點的機率也都一樣, 但是出現偶數點的機率是出現奇數點的機率的兩倍」, 則根據機率模型的公理,

$$P(\{1\}) = P(\{3\}) = P(\{5\}) = \frac{1}{9}$$

> **Story 機率模型公理化**
>
> 以公理化的方式 (axiom approach) 建構機率模型係由著名的蘇聯數學家 Andrey Nikolaevich Kolmogorov (1903-1987) 在其 30 歲時,以德文發表在 1933 年出版的 Grundbegriffe der Wahrscheinlichkeitsrechnung (Foundations of the Theory of Probability)。事實上,對於機率模型更為深入的討論,是介紹所謂的機率空間 (probability space): $(\Omega, \mathcal{F}, P)$,亦即,機率是定義在狀態空間子集合 (也就是事件) 所形成的集合 (collection of subsets of Ω) 之上,而這個由事件所形成的集合稱為 $\sigma-$ 代數 (σ-algebra),以 $\mathcal{F}$ 表示。然而,這已經超出本書範圍。此外,對於機率的解釋上有許多不同的看法,有興趣的讀者可參閱蔡聰明「什麼是機率與機率法則?」《數學傳播》,第十九卷第一期。

$$P(\{2\}) = P(\{4\}) = P(\{6\}) = \frac{2}{9}$$

簡單地說,要如何設定機率值,是由我們自行決定,機率模型只規範了機率測度 $P(\cdot)$ 應有的性質,只要能符合三公理的機率測度就是一個合法 (legitimate) 的機率模型。一般來說,如果沒有任何先驗的資訊告訴我們骰子為不公正,假設「每一個點數出現的機率都一樣」就是一個合理的假設。

機率是一種測度,就像我們在衡量長度,面積或體積。唯一不同的是,機率測度所衡量的是事件發生的可能性,且機率測度的值必須在 $[0,1]$ 之間。

因此,以面積為例,給定 A 事件為樣本空間 Ω 的子集,且以 $m(A)$ 代表 A 集合的面積,注意到我們假設 $m(\Omega) = 1$。如圖 2.3 所示,

$$P(A) = \frac{m(A)}{m(\Omega)} = m(A)$$

因此,

$$P(A \cup B \cup C \cup D \cup E) = m(A) + m(B) + m(C) + m(D) + m(E)$$

根據機率公理 2.4 以及性質 2.2,我們可以得到如下的機率不等式。

圖 2.3: 機率測度與面積之類比

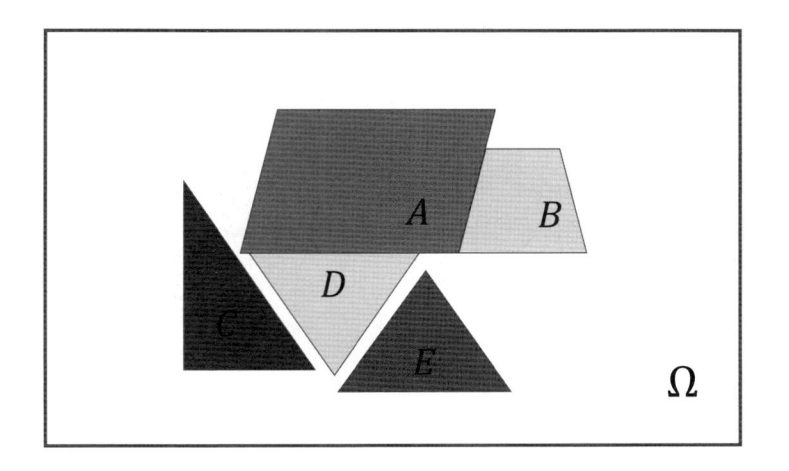

性質 2.3 (機率不等式).

1. Boole 不等式

$$P(A \cup B) \leq P(A) + P(B)$$

2. Bonferroni 不等式

$$P(A \cap B) \geq P(A) + P(B) - 1$$

透過性質 2.2 即可得證, 請讀者自行練習。這兩個機率不等式的功能在於, 提供事件聯集 ($A \cup B$) 的機率上界, 以及事件交集 ($A \cap B$) 的機率下界。

2.2.2　可能性的評估: 你對機率了解多少?

讓我們回到本章導論中的小測驗。若令 C ={Linda 熱衷於參與女性主義運動}, E ={Linda 是一個銀行行員}, 顯而易見地,

$$H = \{\text{Linda 是一個熱衷於女性主義運動的銀行行員}\} = C \cap E$$

由於 $H = C \cap E \subseteq E$, 根據機率模型的性質 2.2,

$$P(H) \leq P(E)$$

亦即「Linda 是一個銀行行員」的機率，一定大於「Linda 是一個熱衷於女性主義運動的銀行行員」之機率。

2.3 條件機率

對於機率的衡量可能會因新資訊的出現而改變。在已知事件 B 發生的狀況下，事件 A 發生的條件機率 (conditional probability)，我們以 $P(A|B)$ 表示之。舉例來說，若我們已知骰子出現的點數為奇數點，則出現點數為 5 的機率將因該資訊 (條件) 而改變：

$$P(\{5\}|\text{Odd}) = P(\{5\}|\{1,3,5\}) = 1/3$$

亦即，一旦事件 B 為已知 (出現奇數點)，此時可能元象就不再是整個狀態空間 $\{1,2,3,4,5,6\}$，而會縮小到事件 B 的範圍 $\{1,3,5\}$。

定義 2.5 (條件機率). 已知事件 B 發生的狀況下，事件 A 發生的條件機率 $P(\cdot|\cdot)$ 定義為

$$P(A|B) = \frac{P(A \cap B)}{P(B)} \quad \text{其中} P(B) \neq 0$$

如圖 2.4 所示，在已知事件 B 發生的狀況下，條件機率 $P(A|B)$ 所計算的就是集合 $A \cap B$ 的面積占集合 B 面積之比例。

根據條件機率定義，我們可以得到以下的交乘法則：

性質 2.4.

$$P(A \cap B) = P(A|B)P(B) = P(B|A)P(A)$$

舉例來說，給定盒子內有 6 顆綠球與 4 顆藍球。如果以「抽出不放回」的方式依序抽出兩顆球，試求第二顆球為藍色的機率為何？

如果我們以 G_i 代表第 i 次抽出的球為綠球，以 B_i 代表第 i 次抽出的球為藍球，則

$$\begin{aligned}P(B_2) &= P(B_2 \cap G_1) + P(B_2 \cap B_1) \\ &= P(B_2|G_1)P(G_1) + P(B_2|B_1)P(B_1) \\ &= \frac{4}{9} \times \frac{6}{10} + \frac{3}{9} \times \frac{4}{10} = \frac{36}{90}\end{aligned}$$

交乘法則可以進一步推廣為以下性質。

圖2.4: 條件機率

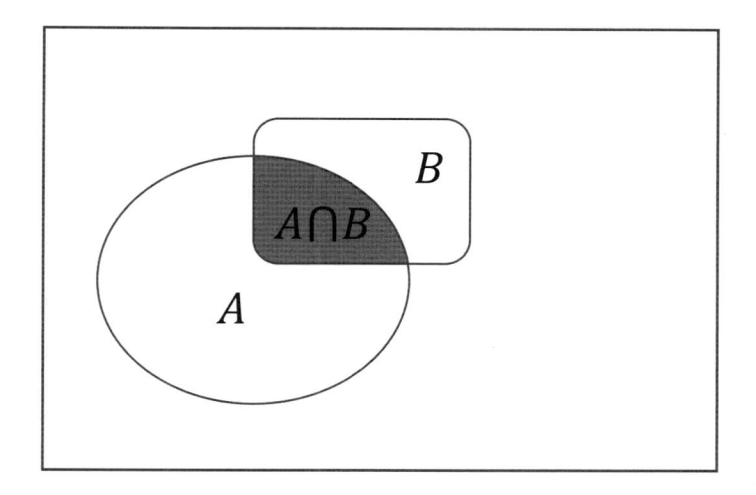

性質 2.5.
$$P(A \cap B \cap C) = P(C|A \cap B)P(B|A)P(A)$$

此性質的推演如下:

$$P(A \cap B \cap C) = P((A \cap B) \cap C) = P(C|A \cap B)P(A \cap B)$$
$$= P(C|A \cap B)P(B|A)P(A)$$

舉例來說, 從 52 張樸克牌中以「抽出不放回」的方式依序抽出 K, Q, J 的機率為何? 根據交乘法則,

$$P(K_1 \cap Q_2 \cap J_3) = P(J_3|K_1 \cap Q_2)P(Q_2|K_1)P(K_1)$$
$$= \frac{4}{50} \times \frac{4}{51} \times \frac{4}{52} = \frac{64}{132600}$$

2.4 獨立事件

定義 2.6 (獨立事件 I). 給定 $A, B \subseteq \Omega$, 我們稱事件 A 與事件 B 相互獨立, 如果以下條件成立:
$$P(A|B) = P(A)$$

兩事件為獨立 (independent) 的直覺解釋為: 某事件的發生不會影響另一事件發生的機率,我們就稱此兩事件為獨立。舉例來說,給定今天下雨,不會影響你彩券中獎的機率,則「下雨」跟「中獎」兩事件為獨立事件。相反地,給定今天下雨,你在街頭順利攔到一輛計程車的機率就會下降。亦即,「下雨」跟「順利攔到計程車」兩事件就不為獨立事件。

根據條件機率的定義:

$$P(A|B) = \frac{P(A \cap B)}{P(B)}$$

若事件 A 與事件 B 相互獨立,則

$$P(A) = P(A|B) = \frac{P(A \cap B)}{P(B)}$$

因此, 我們可以將獨立事件定義成:

定義 2.7 (獨立事件 II). 給定 $A, B \subseteq \Omega$,我們稱事件 A 與事件 B 相互獨立,如果以下條件成立:

$$P(A \cap B) = P(A)P(B)$$

定義 2.6 在解釋上較符合直觀,但是必須要求 B 事件不是空集合。至於在定義 2.7 中則沒有這個限制,所以定義 2.7 在一般教科書裡較為常見。

性質 2.6. 假設 A, B 相互獨立,則

1. A 與 B^c 相互獨立。

2. A^c 與 B 相互獨立。

3. A^c 與 B^c 相互獨立。

Proof. 我們只證明性質 2.6-1,另外兩個則當成習題。根據性質 2.1,

$$A = (A \cap B) \cup (A \cap B^c)$$

且 $(A \cap B)$ 與 $(A \cap B^c)$ 互斥。因此,

$$P(A) = P(A \cap B) + P(A \cap B^c)$$
$$= P(A)P(B) + P(A \cap B^c) \quad [因為 A, B 相互獨立]$$

$$P(A \cap B^c) = P(A) - P(A)P(B) = P(A)[1 - P(B)] = P(A)P(B^c)$$

亦即, A 與 B^c 相互獨立。 □

性質 2.6 相當直觀, 如果「下雨」不會影響「中獎」的機率, 則「沒下雨」自然也不會影響「中獎」的機率。同理,「下雨」抑或是「沒下雨」也不會影響「沒中獎」的機率。

底下我們定義另一個概念: 條件獨立事件 (conditionally independent events)。

定義 2.8 (條件獨立事件). 給定 $A, B, C \subseteq \Omega$, 我們稱事件 A 與事件 B 在給定事件 C 之下相互獨立, 如果以下條件成立:

$$P(A \cap B | C) = P(A|C)P(B|C)$$

「條件獨立」不隱含「獨立」, 但是注意到「獨立」亦不隱含「條件獨立」。舉例來說, 獨立地擲一枚公正硬幣兩次。定義以下三事件:

$$A = \{第一次出現正面\}$$

$$B = \{第二次出現正面\}$$

$$C = \{兩次投擲的結果不同\}$$

則 A, B 兩事件獨立, 但是

$$P(A \cap B | C) = 0 \neq P(A|C)P(B|C)$$

亦即, A, B 兩事件在 C 事件發生之下, 並非條件獨立事件。

2.4.1 獨立與互斥

獨立與互斥是兩個容易混淆的概念。兩個事件互斥是指兩個事件不可能同時發生:

$$P(A \cap B) = P(\emptyset) = 0$$

而兩個事件相互獨立是指一個事件的發生與否對另一個事件發生的機率沒有影響:
$$P(A|B) = P(A)$$
或是
$$P(A \cap B) = P(A)P(B)$$

當 $P(A) > 0$ 且 $P(B) > 0$, 我們知道:

1. 當兩事件互斥時, 兩事件必不獨立。因為兩事件互斥, 則 $P(A \cap B) = 0$, 又因 $P(A) > 0$ 且 $P(B) > 0$, 從而 $P(A \cap B) \neq P(A)P(B)$, 亦即兩事件不獨立。

2. 當兩事件獨立時, 兩事件必不互斥。因為兩事件獨立, 則 $P(A \cap B) = P(A)P(B)$, 又因 $P(A) > 0$ 且 $P(B) > 0$, 從而 $P(A \cap B) \neq 0$, 亦即兩事件不互斥。

例 2.6. 已知 A 計畫成功的機率為 0.7, B 計畫成功的機率為 0.4, 若這兩個計畫是互相獨立的, 則只有一個計畫成功的機率是多少?

顯然地,
$$P(A) = 0.7, \ P(A^c) = 0.3, \ P(B) = 0.4, \ P(B^c) = 0.6$$

只有一個計畫成功代表「A 計畫成功且 B 計畫失敗」或「B 計畫成功且 A 計畫失敗」, 因此,
$$P(只有一個計畫成功) = P((A \cap B^c) \cup (A^c \cap B))$$

注意到 $(A \cap B^c)$ 與 $(A^c \cap B)$ 為互斥事件,

$$\begin{aligned}
P((A \cap B^c) \cup (A^c \cap B)) &= P(A \cap B^c) + P(A^c \cap B) \\
&= P(A)P(B^c) + P(A^c)P(B) \quad [根據性質 2.6] \\
&= 0.42 + 0.12 = 0.54
\end{aligned}$$

以上我們都簡單地以兩事件來定義獨立事件, 事實上, 我們可以將其推廣到多個事件的情形, 然而, 在此一般化的過程中, 我們必須區分獨立 (independent) 與兩兩獨立 (pairwise independent) 這兩種概念。

定義 2.9 (一般化的獨立概念). 事件 $A_1, A_2, \ldots, A_n$ 為獨立, 如果對於所有 $I \subseteq \{1, 2, \ldots, n\}$ 而言,

$$P\left(\bigcap_{i \in I} A_i\right) = \prod_{i \in I} P(A_i)$$

亦即, 對於所有 $\{1, 2, \ldots, n\}$ 的子集合, 以上條件都要成立。其中, $\prod$ 為連乘符號。

定義 2.10 (兩兩獨立). 事件 $A_1, A_2, \ldots, A_n$ 為兩兩獨立, 如果對於任一對 A_i 與 A_j, $i \neq j$ 而言,

$$P(A_i \cap A_j) = P(A_i) P(A_j)$$

舉例來說, 我們稱三事件 A_1, A_2 與 A_3 為獨立, 須符合以下條件:

1. $P(A_1 \cap A_2) = P(A_1) P(A_2)$
2. $P(A_1 \cap A_3) = P(A_1) P(A_3)$
3. $P(A_2 \cap A_3) = P(A_2) P(A_3)$
4. $P(A_1 \cap A_2 \cap A_3) = P(A_1) P(A_2) P(A_3)$

如果只有條件 1 到 3 符合, 但是條件 4 不符合, 則稱三事件 A_1, A_2 與 A_3 為兩兩獨立。

例 2.7. 投擲一枚公正銅板兩次, 樣本空間為

$$\Omega = \{HH, HT, TH, TT\}$$

定義以下三事件:

$$A = \{\text{第一次投擲為正面}\} = \{HH, HT\}$$
$$B = \{\text{第二次投擲為正面}\} = \{HH, TH\}$$
$$C = \{\text{兩次投擲出現同一面}\} = \{HH, TT\}$$

我們不難驗證, A, B, C 為兩兩獨立事件, 但是該三事件非獨立事件。首先注意到,

$$P(A) = P(B) = P(C) = \frac{1}{2}$$

$$P(A \cap B) = P(\{HH\}) = \frac{1}{4} = P(A)P(B)$$

$$P(B \cap C) = P(\{HH\}) = \frac{1}{4} = P(B)P(C)$$

$$P(A \cap C) = P(\{HH\}) = \frac{1}{4} = P(A)P(C)$$

然而,

$$P(A \cap B \cap C) = P(\{HH\}) = \frac{1}{4} \neq P(A)P(B)P(C)$$

2.5 貝氏定理

由條件機率定義可以衍生出的兩個重要概念, 一為總機率法則 (law of total probability), 另一為貝氏定理 (Bayes' theorem), 又稱貝氏法則 (Bayes' rule)。

2.5.1 總機率法則

狀態空間 Ω 可切割成 A 與 A^c,

$$\Omega = A \cup A^c$$

例如說, 公館大學的學生可切割成 elite 學院學生 E 與非 elite 學院學生 E^c。而公館大學的學生亦有分成使用 MacBook (M) 與使用非 MacBook (M^c) 的兩群。因此, 如果我們任選一位公館大學的學生, 該學生使用 MacBook 的機率為

$$\begin{aligned} P(M) &= P(M \cap \Omega) = P(M \cap (E \cup E^c)) \\ &= P((M \cap E) \cup (M \cap E^c)) \\ &= P(M \cap E) + P(M \cap E^c) \\ &= P(M|E)P(E) + P(M|E^c)P(E^c) \end{aligned}$$

我們可以把上述性質一般化, 稱爲總機率法則。

定理 2.1 (總機率法則). 令 $A_1, A_2, \ldots, A_n \subseteq \Omega$ 爲狀態空間 Ω 的一個集合分割 (*partition*), 且存在事件 $T \subseteq \Omega$ 爲一機率不爲零之事件: $P(T) > 0$。假設我們已知先驗機率 (*prior probability*): $P(A_1), P(A_2), \ldots, P(A_n)$, 以及樣本機率 (*sample probability*): $P(T|A_1), P(T|A_2), \ldots, P(T|A_n)$, 則

$$P(T) = \sum_{j=1}^{n} P(T|A_j) P(A_j)$$

Proof. 首先注意到,

$$P(T) = P(T \cap \Omega) = P(T \cap (A_1 \cup A_2 \cup \cdots \cup A_n)) = \sum_{j=1}^{n} P(T \cap A_j)$$

然而, 根據條件機率之定義,

$$P(T \cap A_j) = P(T|A_j) P(A_j)$$

因此,

$$P(T) = \sum_{j=1}^{n} P(T \cap A_j) = \sum_{j=1}^{n} P(T|A_j) P(A_j)$$

$\square$

2.5.2 貝氏法則

接下來, 根據總機率法則, 我們可以得到貝氏法則。

定理 2.2 (貝氏法則). 令 $A_1, A_2, \ldots, A_n \subseteq \Omega$ 爲狀態空間 Ω 的一個集合分割 (*partition*), 且存在事件 $T \subseteq \Omega$ 爲一機率不爲零之事件: $P(T) > 0$。假設我們已知先驗機率 (*prior probability*): $P(A_1), P(A_2), \ldots, P(A_n)$, 以及樣本機率 (*sample probability*): $P(T|A_1), P(T|A_2), \ldots, P(T|A_n)$, 則

$$P(A_i|T) = \frac{P(A_i \cap T)}{P(T)} = \frac{P(T|A_i) P(A_i)}{\sum_{j=1}^{n} P(T|A_j) P(A_j)}$$

其中, $P(A_i|T)$ 稱作後驗機率 (*posterior probability*)。

> **Story** Thomas Bayes 與貝氏定理
>
> 貝氏定理得名於 Thomas Bayes (1702–1761),[a] 他是英國的統計學家/哲學家，同時也是長老教會 (Presbyterianism) 的牧師。Thomas Bayes 並未將他的發現公諸於世，而是在他過世兩年後，由 Richard Price 修改他的手稿後，於 1763 年以 An Essay towards solving a Problem in the Doctrine of Chances 之標題發表於 Philosophical Transactions of the Royal Society of London。然而，這篇研究固然傳達了貝氏定理的想法與精神，文中的數學符號與推演卻相當晦澀 (remarkably opaque)。
>
> 我們現在所熟知的貝氏定理，其簡潔的公式：
>
> $$P(B_i|A) = \frac{P(A|B_i)P(B_i)}{\sum_j P(A|B_j)P(B_j)}$$
>
> 首見於法國數學家 Pierre-Simon Laplace (1749–1827) 於 1774 年所發表的 "Mémoire sur la probabilité des causes par les événements" 一文中 (原論文中為積分形式)。一般認為, Laplace 是在並未知悉 Thomas Bayes 的研究下，獨立發展出貝氏定理，並有比 Thomas Bayes 更為深入了討論與詮釋。因此，法國學術界會以貝氏-拉普拉斯定理 (Le théoréme de Bayes-Laplace) 稱之。
>
> [a] 另有一說其出生年為 1701 年。

Proof. 根據條件機率之定義，

$$P(A_i|T) = \frac{P(A_i \cap T)}{P(T)} = \frac{P(T|A_i)P(A_i)}{\sum_{j=1}^n P(T|A_j)P(A_j)}$$

□

如果樣本空間只切割成 A 與 A^c，則貝氏法則可寫成

$$P(A|T) = \frac{P(T|A)P(A)}{P(T|A)P(A) + P(T|A^c)P(A^c)}$$

以及

$$P(A^c|T) = \frac{P(T|A^c)P(A^c)}{P(T|A)P(A) + P(T|A^c)P(A^c)}$$

回到公館大學的例子。

> **例 2.8** (MacBook 與 elite 學院學生). 假設 elite 學院學生 E 與非 elite 學院學生 E^c 所佔比例分別為 5% 與 95%, elite 學院學生使用 MacBook 的機率為 0.98, 而非 elite 學院學生使用 MacBook 的機率為 0.5。如果我們任選一位使用 MacBook 的公館大學學生，該學生來自 elite 學院的機率有多高？

表2.2: 先驗機率與樣本機率

先驗機率	樣本機率
$P(E) = 0.05$	$P(M|E) = 0.98$
$P(E^c) = 0.95$	$P(M|E^c) = 0.5$

根據以上資訊, 我們可將先驗機率與樣本機率整理如表 2.2 所示。

因此, 根據貝氏法則, 該使用 MacBook 的學生來自 elite 學院的機率為:

$$P(E|M) = \frac{P(E|M)P(M)}{P(M|E)P(E) + P(M|E^c)P(E^c)}$$
$$= \frac{0.98 \times 0.05}{0.98 \times 0.05 + 0.5 \times 0.95}$$
$$= 0.0935$$

例 2.9 (貨幣政策與股票價格). 近年來, 各國中央銀行多以短期利率作為主要的貨幣政策工具。根據歷史經驗, 調降短期利率 (寬鬆貨幣政策) 有助於刺激景氣與經濟活動, 進而較可能造成股票價格上漲; 反之亦然。在過去, 大多數國家的央行對於貨幣政策實施並沒有明確宣示, 舉例來說, 美國 Fed 直到 1994 年 2 月才開始公開宣示政策利率調整的幅度與方向。因此, 在此之前, 外界必須經由市場狀況 (如股票價格變化) 來猜測 Fed 的貨幣政策。

考慮以下事件:

$T = \{$股票價格上漲$\}$ $\qquad A_1 = \{$央行調高利率$\}$

$A_2 = \{$央行維持利率不變$\}$ $\qquad A_3 = \{$央行調降利率$\}$

且我們知道

$P(A_1) = 0.05$ $\qquad P(T|A_1) = 0.1$

$P(A_2) = 0.55$ $\qquad P(T|A_2) = 0.2$

$P(A_3) = 0.40$ $\qquad P(T|A_3) = 0.7$

試問, 如果投資人觀察到股票價格上漲, 則央行調漲利率的機率有多高?

根據總機率法則, 股票價格上漲的機率為

$$P(T) = P(T|A_1)P(A_1) + P(T|A_2)P(A_2) + P(T|A_3)P(A_3) = 0.395$$

因此, 根據貝氏法則,

$$P(A_1|T) = \frac{P(T|A_1)P(A_1)}{P(T)} = \frac{0.005}{0.395} = 0.0127$$

2.5.3 Monty Hall 悖論

在美國有一個著名的電視遊戲節目 Let's Make a Deal, 節目主持人就叫 Monty Hall。這個遊戲是: 參賽來賓面對三扇門, 其中一扇的後面有著大獎: 一輛汽車, 而另外兩扇門後面則各藏有一隻山羊。主持人知道每扇門後面有什麼, 參賽來賓則否。當參賽者選定了一扇門, 節目主持人會開啟剩下兩扇門的其中一扇, 露出其中一隻山羊。遊戲規則為:

- 如果參賽者挑了一扇有山羊的門, 主持人必須挑另一扇有山羊的門。

- 如果參賽者挑了一扇有汽車的門, 主持人**隨機**在另外兩扇門中挑一扇有山羊的門。

主持人接著會問參賽者要不要換? 問題在於: 如果我們換另一扇門是否會增加贏得汽車的機率?

要分析這個問題, 在不失一般性之下假設來賓選擇的是 A 號門, 主持人翻開了 B 號門。令 $A=\{A$ 號門後有汽車$\}$, $A^c=\{A$ 號門後是山羊$\}$, 依此類推。假設我們的先驗機率評估為 $P(A) = P(B) = P(C) = 1/3$。因此, 學過貝氏法則的人不難做出以下推論:

$$P(A \text{ 號門後有汽車}|B \text{ 號門後是山羊})$$
$$= P(A|B^c) = \frac{P(A \cap B^c)}{P(B^c)} = \frac{P(A)}{P(B^c)} = \frac{1/3}{2/3} = 1/2$$

Story Monty Hall 悖論

Monty Hall 悖論 (Monty Hall's Paradox) 曾引起一陣熱烈的討論，緣由來自於 Craig F. Whitaker 於 1990 年寄給《展示雜誌》(Parade Magazine) Marilyn vos Savant 的 "Ask Marylin" 專欄的信件。Marilyn vos Savant 曾經被《金氏世界紀錄》(Guinness World Records) 認定為擁有最高智商的人類及女性 (1984 to 1989)。她在剛滿 10 歲的 1956 年 9 月時接受史丹福-比奈智力測驗 (Stanford-Binet Intelligence Scale)，測得智商高達 228，因而登上世界紀錄。自美國聖路易斯華盛頓大學輟學後，專注於寫作工作，並於雜誌上闢一專欄，以其高智商光環，回答讀者各式疑難雜症，五花八門之問題。當時 Craig F. Whitaker 向 Marilyn vos Savant 詢問這個問題，其原始信件如下：

"Suppose you're on a game show, and you're given the choice of three doors. Behind one door is a car, the others, goats. You pick a door, say #1, and the host, who knows what's behind the doors, opens another door, say #3, which has a goat. He says to you: 'Do you want to pick door #2?' Is it to your advantage to switch your choice of doors?" –Craig F. Whitaker, Columbia, Maryland

Marilyn vos Savant 的回答為：換另一扇門會增加贏得汽車機率！換門而得獎的機率為 2/3，不換而得獎的機率只有 1/3。此專欄一出，舉國嘩然，數以千計的來信如雪片般飛來，指出 Marilyn vos Savant 的答案是錯誤的，批評者認為，透過貝氏法則，換或不換的得獎機率應該相等：1/2 與 1/2。來信者中不乏擁有數學博士學位的學者教授，他們並痛陳 Marilyn vos Savant 的錯誤正顯示美國數學教育的失敗。兩造唇槍舌戰，還因此登上紐約時報頭條新聞。然而，事實上 Marilyn vos Savant 的答案是正確的。

以及

$$P(C\text{ 號門後有汽車}|B\text{ 號門後是山羊})$$
$$= P(C|B^c) = \frac{P(C \cap B^c)}{P(B^c)} = \frac{P(C)}{P(B^c)} = \frac{1/3}{2/3} = 1/2$$

亦即，無論你換或不換，得到大獎的機率是一樣的。注意到這裡我們應用了以下性質：當 A, B 為互斥，則 $A \cap B^c = A$。[4]

這樣的推論似乎言之成理，但是將貝氏法則如此這般應用在這個 Monty Hall' Problem 有何謬誤之處？問題出在：**這樣的分析使用了錯誤的資訊集合**。我們再把遊戲規則回想一遍，根據主持人的行為，我們對於此問題有如下的明確描述：

1. 參賽者在三扇門中挑選一扇。他並不知道門後有什麼。

---

[4]根據性質 2.1 以及 A, B 為互斥，$A = (A \cap B) \cup (A \cap B^c) = \varnothing \cup (A \cap B^c) = A \cap B^c$。

2. 主持人知道每扇門後面有什麼。

3. 主持人不能開啟參賽者所挑選的門。

4. 主持人必須開啟剩下兩扇門中的一扇門, 並且必須提供換門的機會。

    - 主持人必須開啟一扇有山羊的門。
    - 如果參賽者挑了一扇有山羊的門, 主持人必須挑另一扇有山羊的門。
    - 如果參賽者挑了一扇有汽車的門, 主持人隨機在另外兩扇有山羊的門中, 挑選一扇門開啟。

5. 參賽者會被問是否保持他的原來選擇, 還是轉而選擇剩下的那一道門。轉換選擇可以增加參賽者的機會嗎?

綜上所述, 我們所得到的資訊不是單純的「B 號門後是山羊」, 而是「主持人翻開了 B 號門」。讓我們假設如果參賽者所挑的 A 號門後真的有汽車時, 主持人開啟 B 號門或是 C 號門的機率相等, 均為 1/2。令 SB ={主持人翻開了 B 號門}, 則

- A 號門後有汽車而主持人翻開 B 號門的機率為 $P(SB|A) = 1/2$
- B 號門後有汽車而主持人翻開 B 號門的機率為 $P(SB|B) = 0$
- C 號門後有汽車而主持人翻開 B 號門的機率為 $P(SB|C) = 1$

亦即, 當 A 號門後有汽車, 根據假設, 主持人開啟 B 號門的條件機率為 1/2。當 B 號門後有汽車, 根據遊戲規則, 主持人不能開啟背後有大獎的門, 因此開啟 B 號門的條件機率為 0。最後, 當 C 號門後有汽車, 主持人不能開啟背後有大獎的門 (即 C 門), 又不能開啟參賽者所挑選的門 (即 A 門), 因此主持人開啟 B 號門的條件機率為 1。

綜上所述, 根據總機率法則, 主持人開啟 B 號門的機率為

$$P(SB) = P(A)P(SB|A) + P(B)P(SB|B) + P(C)P(SB|C)$$
$$= 1/6 + 0 + 1/3 = 1/2$$

根據貝氏法則, 給定主持人開啟 B 號門後, 汽車在 A 號門後的條件機率:

$$P(A|SB) = \frac{P(A)P(SB|A)}{P(SB)} = \frac{1/6}{1/2} = 1/3$$

而給定主持人開啟 B 號門後, 汽車在 C 號門後的條件機率:

$$P(C|SB) = \frac{P(C)P(SB|C)}{P(SB)} = \frac{1/3}{1/2} = 2/3$$

也就是說, 參賽者若不換門, 贏得汽車的機率為 1/3, 反之, 參賽者若換門, 贏得汽車的機率為 2/3, **轉換選擇可以增加來賓贏得汽車的機會!**

這個有趣的 Monty Hall 悖論提供我們一個很好的啟示: 數學公式 (貝氏法則) 是死的, 重點在於如何活用公式。一如本例中, 錯誤與正確的推論都是應用貝氏法則, 唯有弄清楚所要研究問題之本質, 才能得到正確的答案。要不然, 利用統計學所得到的研究結果, 不過是 GIGO (garbage in, garbage out)。

2.6 利用 R 模擬隨機試驗

在大多數的情況下, 我們可以自己操作隨機試驗。舉例來說, 我們可以自己擲銅板, 或是擲骰子。歷史上有許多有名的擲銅板達人, 如法國博物學家 Georges-Louis Leclerc, Comte de Buffon (1707–1788) 曾經擲銅板 4,040 次, 英國數學家 John Kerrich (1903–1985) 在二次世界大戰期間被囚禁在納粹集中營時, 擲銅板 10,000 次, 而英國統計學家 Karl Pearson (1857–1936) 擲銅板的次數更是高達 24,000 次。

如果我們想要操作隨機試驗, 卻又不想讓自己的手廢掉, 我們可以透過 R 語言所提供的 `sample()` 函數模擬一個隨機試驗。

R 程式 2.1 (擲銅板).

```
set.seed(1234)
x = c("H","T")
y=sample(x,size=20,replace=TRUE)
y
```

執行後可得:

```
 [1] "H" "T" "T" "T" "T" "T" "H" "H" "T" "T" "T" "T" "H" "T" "H" "T" "H" "H"
[19] "H" "H"
```

函數中第一個輸入的是一個向量, 包含整個樣本空間, `size` 代表擲銅板的次數, `replace=TRUE` 代表抽出放回。注意到在 R 程式的第一行中設定 `set.seed(1234)`, 該函數 `set.seed()` 的作用是設定生成隨機變數的種子, 而 `set.seed()` 中輸入的參數必須是正整數。在做電腦模擬時, 我們會以 `set.seed()` 設定隨機變數產生器的起始值, 其目的是為了讓別人可以重製我們的模擬結果, 使模擬結果具有重現性。

如果你的警覺心夠的話, 應該會想到, 倘若模擬結果可以重現, 那怎麼還能叫做「隨機」? 你的直覺是對的, 事實上, 電腦模擬 (或是以前的亂數表) 都不是真正的「隨機」, 而是「幾可亂真」的隨機, 我們在第 3 章會進一步討論這個主題。

我們在以上的例子中假設這是一枚公正的銅板。如果我們想要模擬投擲一個不公正的銅板, 可以使用 `sample()` 函數所提供的參數 `prob` 設定機率值。

R 程式 2.2 (擲不公正銅板).

```
set.seed(1234)
x = c("H","T")
y=sample(x,size=20,replace=TRUE,prob=c(0.3,0.7))
y
```

在此範例中,
$$P(H) = 0.3, \quad P(T) = 0.7$$

執行後可得:

```
[1] "T" "T" "T" "T" "H" "T" "T" "T" "T" "T" "T" "T" "T" "H" "T" "H" "T" "T"
[19] "T" "T"
```

同理, 底下提供一個擲公正六面骰子的模擬。

R 程式 2.3 (擲骰子).

```
set.seed(1234)
x = c(1:6)
y=sample(x,size=20,replace=TRUE)
y
```

執行後可得:

```
[1] 1 4 4 4 6 4 1 2 4 4 5 4 2 6 2 6 2 2 2 2
```

練習題

1. 擲一個六面的骰子, 假設每一個點數出現的機率均相等。定義以下事件:

    - $A = \{出現點數小於等於 5 點\}$
    - $B = \{1,2\}$
    - $C = \{2,3,4\}$
    - $D = \{出現奇數點\}$

    試求下列機率值

    (a) $P(C|B)$

    (b) $P(B|D)$

    (c) $P(D|A)$

2. 如果 A 及 B 為互斥事件 (mutually exclusive event), 並定義 A^c 及 B^c 分別為 A 跟 B 的補集 (complement), 試求條件機率 $P(A^c|A \cup B)$=?

3. 若 A 與 B 為互斥, 試求 $P(A - B|A \cup B)$ =?

4. 假設台灣大學某一個班級有 100 名學生, 其中的組成如下:

	男	女
修過經濟學	17	38
未修過經濟學	23	22

令 W=女, W^c=男, E=修過經濟學, E^c=未修過經濟學。現在隨機選出一名學生為班代, 請問以下各情形的機率分別是多少?

(a) 該班代是女生。

(b) 該班代修過經濟學。

(c) 該班代是男生或修過經濟學。

(d) 該班代是男生且修過經濟學。

(e) 如果這位班代是男的, 那麼, 在我們獲得這資訊之後, 他修過經濟學以及未修過經濟學的機率分別是多少?

5. 試判斷下列敘述是否正確: 若 A 為定義在樣本空間的事件, 假設 A 與自身相互獨立, 則 $P(A) = 0$, 或 $P(A) = 1$。

6. 設 E 與 F 為樣本空間的二事件, 已知 $P(E) = 0.6$, $P(F) = 0.7$, $P(E \cap F) = 0.4$, 求下列各機率值:

(a) $P(E \cup F)$

(b) $P(E^c \cap F)$

(c) $P(F|E)$

(d) $P(E^c|F^c)$

7. 事件 A_1, A_2 和 A_3 為 Ω 的分割且其先驗機率分別為 $P(A_1)=0.20$, $P(A_2)=0.50$, 以及 $P(A_3)=0.30$; 事件 B 的條件機率為 $P(B|A_1)=0.50$, $P(B|A_2)=0.40$, 與 $P(B|A_3)=0.30$。

   (a) 請算出 $P(B \cap A_1), P(B \cap A_2)$, 與 $P(B \cap A_3)$。
   (b) 請算出後驗機率 $P(A_1|B), P(A_2|B)$, 及 $P(A_3|B)$。

8. NTU 有 60% 的學生來自台北市 (T), 有 30%來自其他城市 (O), 其餘則是國際學生 (I). 來自台北市的學生中, 有 20% 住在學校宿舍, 而來自其他城市的學生中, 有 50% 住在學校宿舍。有 80% 的國際學生住在學校宿舍。令 D 表示住在學校宿舍的事件。

   a. NTU 的學生, 住在學校宿舍的比例為何?
   b. 有一名學生住在學校宿舍, 請問他/她是國際學生的機率為何?
   c. 有一名學生並未住在學校宿舍, 請問他/她是國際學生的機率為何?

9. 給定 3 事件, A_1, A_2 和 A_3。事件的相關機率如下:

$$P(A_1) = 0.55, \quad P(A_2) = 0.60, \quad P(A_3) = 0.45$$

$$P(A_1 \cup A_2) = 0.82, \quad P(A_1 \cup A_3) = 0.7525$$

$$P(A_2 \cup A_3) = 0.78, \quad P(A_2 \cap A_3|A_1) = 0.20$$

   (a) 請問 A_1, A_2 和 A_3 是否為兩兩獨立嗎?
   (b) 請問 A_1, A_2 和 A_3 是否為獨立事件嗎?

10. 某家公司的紀錄顯示, 10% 的員工只有高中文憑, 60% 的員工有大學學歷, 其他員工則有研究所學歷。在只有高中文憑的員工中, 10% 為管理階層, 而在有大學學歷的員工中, 30% 為管理階層。在有研究所學歷的員工當中, 有 80% 為管理階層。

(a) 請問員工中為管理階層的比例為何?

(b) 假設某人為管理階層,請問她/他有研究所學歷的機率為何?

(c) 假設某人不是管理階層,請問她/他有高中文憑的機率為何?

11. 給定某事件 B。此外, 令 A_1 和 A_2 為互斥事件, 其中 $P(A_1) > 0$ 且 $P(A_2) > 0$。假設

$$P(B|A_1) = P(B|A_2) = \frac{1}{5}$$

請找出 $P(B|A_1 \cup A_2) = ?$

12. 令 A 與 B 為兩獨立事件, 且 $0 < P(A) < 1, 0 < P(B) < 1$。試分析以下事件是否獨立。

(a) A^c 與 B

(b) $A^c \cap B$ 與 A

(c) A^c 與 B^c

(d) $(A^c \cap B^c)$ 與 $(A \cup B)$

13. 給定事件 $A \subset \Omega$, 其中 Ω 為狀態空間。請證明 A 與 Ω 相互獨立。

14. 假設你同時申請數學系 (M) 與體育系 (A) 作為輔系。你能夠申請到輔體育系的成功機率為 0.18,你能同時申請到兩科系作為輔系的成功機率為 0.11,而你至少可以申請到其中一個科系為輔系的成功機率為 0.3。

(a) 你能夠申請到輔數學系的成功機率為多少?

(b) 事件 A 與 事件 M 是否為互斥? 解釋之。

(c) 事件 A 與 事件 M 是否為獨立? 解釋之。

(d) 給定你已經輔數學系成功, 則你能夠申請到輔體育系的成功機率為多少?

(e) 給定你已經輔體育系成功，則你能夠申請到輔數學系的成功機率為多少?

15. 給定兩獨立事件 A, B, 且 $P(A) = 1/3$, $P(B) = 2/5$。請求出

$$P(A \cup B^c | B)$$

16. 給定三事件 D, E, 以及 F, 若已知

$$P(D|F) > P(E|F) \quad P(D|F^c) > P(E|F^c)$$

請證明

$$P(D) > P(E)$$

17. Andy, Brooks, 與 Red 為三名在 Shawshank 服刑的犯人。今司法機關決定從這三人中隨機選取一名予以特赦，並叮囑典獄長不可以將特赦決定洩漏出去。Andy 買通典獄長打探消息，兩人約好，典獄長不會告訴 Andy 本人是否得到特赦，但是可以透過反向的問法透露關於其他犯人之決定。如果無法得到特赦的人為 Brooks 與 Red，則典獄長可擇一隨機回答。於是 Andy 問道:「Brooks 跟 Red 誰無法得到特赦?」典獄長此時則回答:「Brooks 無法得到特赦」。囚犯 Andy 聞之後大喜，他認為，只剩下他跟 Red 其中一人能夠得到特赦，所以自己得到特赦的機率從 1/3 增加到 1/2。請問 Andy 的判斷是對還是錯? 為什麼?

18. 試證明以下性質:

(a) 若 $P(A|B) < P(A)$, 則

$$P(B|A) < P(B)$$

(b) 若 A, B 與 C 為獨立事件，則 A 與 $(B \cup C)$ 亦為獨立事件。

19. 試證明性質 2.3。

	0	1	2	3+
L	0.50	0.40	0.08	0.02
M	0.20	0.25	0.50	0.05
H	0.05	0.15	0.65	0.15

20. 假定在某國家中, 10% 的家戶單位為低所得 (L), 60% 為中所得 (M), 且 30% 為高所得 (H)。下表說明各類所得下的家計單位中, 擁有 0, 1, 2, 或是 3 棟 (含以上) 房屋的比例。

    (a) 若阿呆家族 1 棟房屋都沒有, 則阿達家族為低所得戶的機率為何?

    (b) 假設我們只知道阿瓜家族至少擁有 2 棟以上 (含 2 棟) 的房屋, 但不知其所擁有房屋的實際棟數。請問阿瓜家族為高所得戶的機率為何?

21. 給定 A, B 與 C 三事件。試證明:

$$P(A \cup B \cup C) = P(A) + P(B) + P(C) - P(A \cap B) - P(B \cap C) - P(A \cap C) + P(A \cap B \cap C)$$

22. 給定 A, B 與 C 三事件。若 A 與 B 為獨立事件, A 與 C 為互斥事件, 且 B 與 C 為獨立事件。假設各事件的機率為:

$$P(A) = \frac{1}{3} \qquad P(B) = \frac{1}{4} \qquad P(C) = \frac{1}{5}$$

試計算以下機率值。

   (a) $P(A|C)$
   (b) $P(A^c|C)$
   (c) $P(A|C^c)$
   (d) $P(A \cup B \cup C)$

3 隨機變數

3.1 隨機變數
3.2 離散隨機變數與離散機率分配
3.3 連續隨機變數與連續機率分配
3.4 累積分配函數
3.5 隨機變數之函數
3.6 隨機變數與 R 程式
3.7 附錄

我們在本章介紹隨機變數及其對應的機率分配,我們將分別討論離散隨機變數與連續隨機變數,之後介紹累積分配函數。最後我們將介紹如何應用 R 語言製造出擬真隨機變數,以及繪製機率分配。

3.1 隨機變數

在上一章中,我們介紹了所謂的出象與事件。出象可能是數字 (例如擲一個六面骰子,樣本空間為 {1,2,3,4,5,6}),也可能是非數字 (例如擲一枚銅板,樣本空間為 {正面,反面})。然而,在大多數的情況下,我們有興趣的標的不是出象或事件本身,而是出象或事件以數值表示的函數。將出象或事件以數值表示的原始動機可能是來自於**賭博**。

如果你以擲銅板來跟朋友賭博,若以出現正面代表你贏,出現反面代表你輸, 你所關心的絕對不只是輸或贏而已, 你最關心的還是**贏多少錢或是輸多少錢**, 說穿了, 把出象 (正面或反面) 以函數值表示, 就是為了方便算錢罷了。如果你與朋友約定好, 出現正面你贏他一塊錢, 出現反面你輸他一塊錢, 則令 X 代表你賭一次的報酬, 則

$$X = \begin{cases} 1, & \text{若銅板出現正面 (H)} \\ -1, & \text{若銅板出現反面 (T)} \end{cases}$$

就是一個隨機變數 (random variable)。

定義 3.1 (隨機變數). 令 X 代表由狀態空間映射到實數線的函數:

$$X : \Omega \longmapsto \mathbb{R}$$

則稱 X 為一個隨機變數。

以下幾點值得特別注意。

1. 隨機變數不是變數: 隨機變數雖名為「變數」, 實際上是一個「函數」。函數的定義域 (domain) 為狀態空間 Ω, 對應域 (codomain) 為實數線 $\mathbb{R}$。我們之所以稱之為變數是因為我們往後會常常考慮隨機變數的函數, 如果將隨機變數稱為隨機函數, 徒增稱呼「函數的函數」之困擾。

2. 一般而言, 我們以大寫字母代表隨機變數, 而用小寫字母代表隨機變數的實現值 (realizations)。亦即 $X(\omega) = x$, 其中 ω 為狀態空間 Ω 中的可能出象。以之前的賭局為例, $X(H) = 1$, 而 $X(T) = -1$。

3. 也就是說, 隨機變數 X 是一個隨機發生前的概念 (*ex ante*), 而隨機變數的實現值 x 代表的是隨機發生後, 已實現的概念 (*ex post*)。

4. 任何一個出象 ω 都會被賦予一個隨機變數的實現值 $X(\omega) = x$, 且只能對應**一個**實現值, 但是不同的出象可能對應到相同的實現值。

例 3.1. 假設我們擲一個公正的六面骰子兩次, 令

$$\omega = (i,j) = (\text{第一次擲出點數}, \text{第二次擲出點數})$$

且賭局的報酬爲 $X(\omega) = \max(i,j)$。舉例來說, 如果我們擲出 $\omega = (2,3)$, 則贏 $X = \max(2,3) = 3$ 元。圖 *3.1* 呈現此賭局的狀態空間與所映射的隨機變數值。

圖 3.1: 狀態空間與所映射的隨機變數值

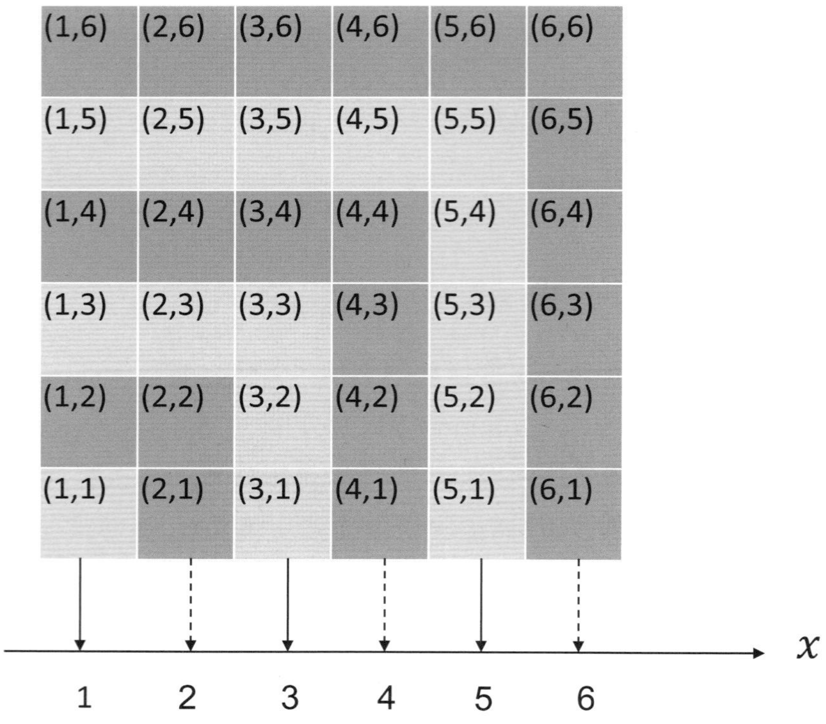
(1,6) (2,6) (3,6) (4,6) (5,6) (6,6)
(1,5) (2,5) (3,5) (4,5) (5,5) (6,5)
(1,4) (2,4) (3,4) (4,4) (5,4) (6,4)
(1,3) (2,3) (3,3) (4,3) (5,3) (6,3)
(1,2) (2,2) (3,2) (4,2) (5,2) (6,2)
(1,1) (2,1) (3,1) (4,1) (5,1) (6,1)
x
1 2 3 4 5 6

因此, 對於任何與隨機變數有關的條件, 我們以:

$$\{\text{與 } X \text{ 有關的條件}\}$$

表示, 而此集合均有其對應的事件。舉例來說, 例 3.1 中,

$$\{X = 3\} = \{\omega \in \Omega : X(\omega) = 3\} = \{(1,3), (2,3), (3,3), (3,2), (3,1)\}$$

一般而言,

$$\{X = x\} = \{\omega \in \Omega : X(\omega) = x\}$$
$$\{X \in B\} = \{\omega \in \Omega : X(\omega) \in B\}$$
$$\{a < X \leq b\} = \{\omega \in \Omega : a < X(\omega) \leq b\}$$

因此, 對於任何實數線的子集 A, 隨機變數 $X \in A$ 的機率為:

$$P(X \in A) = P(\{X \in A\}) = P(\{\omega \in \Omega : X(\omega) \in A\})$$

亦即, 在不會造成誤解的情況下, 我們會把 $P(\{X \in A\})$ 寫成 $P(X \in A)$, 把 $P(\{a < X \leq b\})$ 寫成 $P(a < X \leq b)$, 或是把 $P(\{X = x\})$ 寫成 $P(X = x)$, 以減少數學符號的累贅。

3.2 離散隨機變數與離散機率分配

如果隨機變數實現值的數目為有限的 (finite) 或是無限但是可數 (countably infinite), 也就是說, $X(\omega)$ 此函數的值域 (range) 為可數 (countable), 則稱之為離散隨機變數。舉例來說, 擲一個六面骰子所得到的點數就是一個離散隨機變數 (discrete random variable)。又譬如說, 餐廳營業一天的登門客人數目也是一個離散隨機變數。以上兩個例子的差別在於, 第一個例子中, 隨機變數實現值的數目為有限 ($\{1,2,3,4,5,6\}$), 而第二個例子中, 隨機變數實現值的數目 (理論上) 為無限但可數 ($\{0,1,2,3,\cdots\}$)。

3.2.1 離散機率密度函數

令 X 為一離散隨機變數, 則其任一實現值發生之機率定義為

$$P(X = x) = P(\{X = x\}) = P(\{\omega : X(\omega) = x\})$$

如前所述, 為了減少數學符號的累贅, 我們都將 $P(\{X = x\})$ 寫成 $P(X = x)$。顯而易見, 隨機變數 X 等於實現值 x 的機率, 事實上就是來自 $\{\omega :$

$X(\omega) = x$} 事件發生的機率, 而 $\{\omega : X(\omega) = x\}$ 事件就是定義為所有符合 $X(\omega) = x$ 的 ω 所形成的集合。

以擲銅板的賭局為例, 如果銅板為不公正 (unfair), 出現正面的機率為 2/3, 出現反面的機率為 1/3, 則

$$P(X = 1) = P(\{\omega : X(\omega) = 1\}) = P(\{\text{正面}\}) = 2/3$$

$$P(X = -1) = P(\{\omega : X(\omega) = -1\}) = P(\{\text{反面}\}) = 1/3$$

至於在例 3.1 中, 贏得 2 元的機會, 亦即 $X = 2$ 的機率為:

$$\begin{aligned} P(X = 2) &= P(\{\omega : X(\omega) = 2\}) \\ &= P(\{(1,2),(2,2),(2,1)\}) \\ &= P(\{(1,2)\}) + P(\{(2,2)\}) + P(\{(2,1)\}) \\ &= 3/36 = 1/12 \end{aligned}$$

亦即, 隨機變數 X 的機率特性事實上是來自其背後隨機事件 $\{\omega : X(\omega) = x\}$ 的機率特性。然而, 當我們在討論隨機變數時, 通常不再考慮其背後的狀態空間與隨機事件, 我們只利用 $P(X = x)$ 來描繪離散隨機變數 X 各種可能實現值發生的機率, 並將所有可能實現值及其發生機率彙整在一起, 稱之為此離散隨機變數的離散機率分配 (discrete probability distribution)。我們以機率函數 (probability function),

$$f(x) = P(X = x)$$

來描繪離散隨機變數 X 的隨機性。有時, 機率函數又稱為離散機率密度函數 (discrete probability density function), 或是機率質量函數 (probability mass function, pmf)。

定義 3.2 (機率函數). 給定離散隨機變數 X 的實現值來自可數的集合 $B \subseteq \mathbb{R}$。函數 $f(x) : \mathbb{R} \mapsto [0,1]$ 定義為

$$f(x) = \begin{cases} P(X = x), & x \in B \\ 0, & x \in \mathbb{R} - B \end{cases} \tag{1}$$

我們稱 $f(x)$ 為機率函數 *(probability function)*。

機率函數滿足以下性質:

1. $f(x) > 0, \forall x \in B,$

2. $\sum_{x \in B} f(x) = 1,$

3. $P(X \in A) = \sum_{x \in A} f(x)$, 其中 $A \subseteq B.$

顯而易見地, 如果利用第 (1) 式來定義機率函數, 當 $x \notin B$, 則 $f(x) = 0$, 從而機率函數 $f(x)$ 的定義域可以為整個實數線。此外, 我們也將集合 B 稱作隨機變數 X 的砥柱集合 (support)。

定義 3.3 (砥柱集合). 給定一隨機變數之實現值使其機率不為零的集合

$$\{x : f(x) > 0\}$$

稱為此隨機變數的砥柱集合 *(support)*, 以 $\text{supp}(X)$ 表示之。

根據砥柱集合, 機率函數的性質可以改寫成:

1. $f(x) > 0, \forall x \in \text{supp}(X)$

2. $\sum_{x \in \text{supp}(X)} f(x) = 1$

3. $P(X \in A) = \sum_{x \in A} f(x)$, 其中 $A \subseteq \text{supp}(X)$

因此, 第 (1) 式可以簡化為:

$$f(x) = P(X = x), \ x \in \text{supp}(X)$$

按照定義, 當 $x \notin \text{supp}(X)$ 時, $f(x) = 0$, 就不贅言。此外, 由於 $f(x) = P(X = x)$ 代表機率, 其值必為非負, 因此

$$f(x) \geq 0, \ \forall x \in \mathbb{R}$$

以之前擲銅板的賭局為例, 我們可以寫出如下的離散機率分配:

x	$f(x) = P(X = x)$
1	2/3
-1	1/3

而其砥柱集合則為 $\mathrm{supp}(X) = \{1, -1\}$。圖 3.3 給了一個機率函數的例子。注意到

$$\sum_{i=1}^{6} P(X = x_i) = \sum_{i=1}^{6} f(x_i) = 1$$

圖3.2: 機率函數

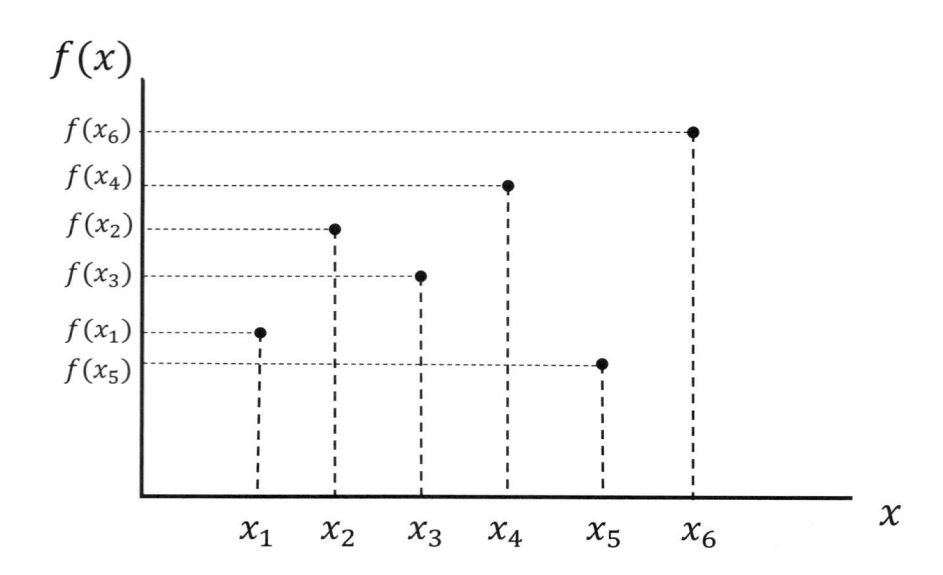

機率函數比較清楚的寫法是 $f_X(x)$, 也就是說, $f_X(x) = P(X = x)$ 代表的是隨機變數 X 等於某特定常數 x 的機率, 但是這個常數不一定要以小寫 x 來表示, 也可以寫成 $f_X(a) = P(X = a)$ 或是 $f_X(t) = P(X = t)$, 如圖 3.3 所示。也就是說, 我們以下標來指涉隨機變數。

然而, 如果我們忽略掉下標, 寫成 $f(a)$ 或是 $f(t)$ 時, 就不容易判斷是哪一個隨機變數等於常數 a 或是常數 t 的機率。因此, 為了省略下標, 卻又能清楚地指出這是隨機變數 X 等於特定常數的機率, 在不會造成混淆的情況下, 我們就簡單以 $f(x)$ 表示。

圖3.3: 機率函數數學符號

$$f_X(x) = P(X = x)$$

$$f_X(a) = P(X = a)$$

3.2.2 離散隨機變數的例子

Bernoulli 分配

為了提供讀者一個例子以進一步了解離散隨機變數的若干性質, 我們在此介紹一個簡單的離散隨機變數: Bernoulli 隨機變數, 其機率分配就稱為 Bernoulli 分配。

Bernoulli 隨機變數乃是統計學中非常重要的一個隨機變數。凡是研究的主題可以用二元的結果來表示 (亦即, 隨機試驗只有兩個出象), 我們就可以利用 Bernoulli 隨機變數予以刻畫或描述。舉例來說,

1. 擲一枚銅板, 出現正面或反面。

2. 新藥物副作用之有無。

3. 任意選問一位學生對於某項新的選課措施之意見 (贊成或反對)。

4. 支持或不支持特定候選人之民調。

5. 品管過程中, 所製造出之產品好壞 (良品或不良品)。

6. 明天的股價之漲跌; 匯率之升貶。

這樣的隨機試驗我們稱之 Bernoulli 試驗 (Bernoulli trials)。以下為 Bernoulli 隨機變數 (Bernoulli random variables) 之定義。

定義 3.4 (Bernoulli 隨機變數). 如果隨機變數 X 的離散機率密度函數為

$$f(x) = p^x(1-p)^{1-x}, \quad \text{supp}(X) = \{x : x = 0, 1\}$$

其中 $X = 1$ 代表出象為成功 (success), $X = 0$ 代表出象為失敗 (failure), 則我們稱 X 為具有成功機率 p 的 Bernoulli 隨機變數, 並以 $X \sim Bernoulli(p)$ 表示之.

Bernoulli 隨機變數的可能實現值非 0 即 1, 但是我們對於出象為成功或失敗, 可以自由設定. 譬如說, 我們設定擲銅板出現正面為成功 ($X = 1$), 出現反面為失敗 ($X = 0$), 然而反之亦可.

由於 Bernoulli 隨機變數的砥柱集合只包含有限的元素, 其分配也可以寫成:

$$f(x) = \begin{cases} p, & x = 1, \\ 1-p, & x = 0. \end{cases}$$

或是利用以下的表格呈現:

x	$P(X = x)$
1	p
0	$(1-p)$

最後, 我們介紹一個與 Bernoulli 隨機變數關係密切的一個函數, 稱為指標函數 (indicator function).

定義 3.5 (集合 A 的指標函數). 一個集合 A 的指標函數定義如下:

$$\mathbb{1}_A(\omega) = \begin{cases} 1 & \text{若 } \omega \in A \\ 0 & \text{若 } \omega \notin A \end{cases}$$

因此, 給定隨機變數 X, 我們可以定義一個指標函數:

$$\mathbb{1}_{\{X \leq x\}}(X) = \begin{cases} 1 & \text{若 } X \leq x \\ 0 & \text{若 } X > x \end{cases}$$

為了減少數學符號, 在不會造成混淆的情況下, 我們將 $\mathbb{1}_{\{X \leq x\}}(X)$ 以 $\mathbb{1}(X)$ 表示. 注意到此指標函數為一個 Bernoulli 隨機變數,

$$P(\mathbb{1}(X) = 1) = P(X \leq x)$$
$$P(\mathbb{1}(X) = 0) = 1 - P(X \leq x) = P(X > x)$$

> **Story** Bernoulli 隨機變數
>
> Bernoulli 隨機變數是為了紀念瑞士數學家 Jakob Bernoulli (1654-1705) 而命名。Jakob Bernoulli 是 Bernoulli 家族代表人物之一。Bernoulli 家族中出現許多著名的科學家與數學家,較為著名的除了 Jakob Bernoulli,還包括他的弟弟 Johann Bernoulli,以及 Johann 的優秀兒子: Daniel Bernoulli。
>
> Jakob 的貢獻包括解析幾何、機率理論和變分學 (calculus of variation)。他最初遵從他的父親之期待,學習哲學與神學,並在 Basel 大學獲得學位 (lic. theol.)。然而,他後來發現自己對於數學的濃厚興趣,並與其弟 Johann 在 Gottfried Wilhelm Leibniz (萊布尼茲) 所創立的微積分之應用上,做出重大的貢獻。嗣後,在 Leibniz-Newton 微積分爭論中 (爭論誰才是最早發明微積分的人), Johann 就是 Leibniz 的忠實支持者。
>
> 然而, Jakob 與 Johann 兩兄弟在數學上成為競爭對手,鬧得極不愉快,後來竟以期刊當作彼此叫陣的工具。舉例來說, Jakob 在期刊上提出一道數學題目, Johann 會在同一期刊發表解答,嗣後 Jakob 又會在期刊上糾正 Johann 的錯誤。
>
> 除了 Bernoulli 分配之外, Jakob 也被認定是最早在機率理論上運用二項式定理,並發展出二項分配。此外,他亦提供「大數法則」(law of large numbers) 一個嚴謹的證明。[a]
>
> [a]我們將在第 8 章中介紹此概念。

二項分配

另一個重要的離散隨機變數例子為二項隨機變數,其機率分配稱為二項分配。

> **定義 3.6** (二項隨機變數). 隨機變數 Y 服從二項分配,若其離散機率密度函數為:
> $$f(y) = P(Y = y) = \binom{n}{y} p^y (1-p)^{n-y}, \quad \text{supp}(Y) = \{y : y = 0, 1, 2, \ldots, n\}$$
> 並以 $Y \sim Binomial(n, p)$ 表示。

二項隨機變數的意義十分簡單,該隨機變數刻劃 n 次獨立的 Bernoulli 隨機試驗中,成功的次數。舉例來說,若擲一銅板 10 次,以 $X_i = 1$ 代表第 i 次出現正面 (H),則一個可能的出象為:

$$\{H, H, H, T, H, T, H, H, T, T\}$$

亦即出現正面 6 次 (成功 6 次)。而 $\{X_1, X_2, \ldots, X_{10}\}$ 的實現值則為

$$\{1, 1, 1, 0, 1, 0, 1, 1, 0, 0\}$$

因此,
$$Y = \sum_i X_i = 1+1+1+0+1+0+1+1+0+0 = 6$$
即為出現正面 (成功) 的次數。亦即, 二項隨機變數代表在 n 次獨立的 Bernoulli 隨機試驗中, 成功的次數。因此, 加總 n 個獨立的 Bernoulli(p) 隨機變數後, 我們可以得到二項隨機變數 Binomial(n,p)

$$Y = \sum_{i=1}^n X_i$$

在此, 對於二項隨機變數與 Bernoulli 隨機變數之間的關係, 我們僅提供直觀上的說明, 待第 5 章介紹動差生成函數後, 再提供正式的定理連結 Bernoulli 隨機變數與二項隨機變數 (參見定理 5.3)。圖 3.4 畫出一個 Binomial(15,0.8) 隨機變數的機率函數 (我們將在第 3.6 節介紹如何以 R 繪製隨機變數的機率函數)。

圖3.4: Binomial(15,0.8) 的機率函數

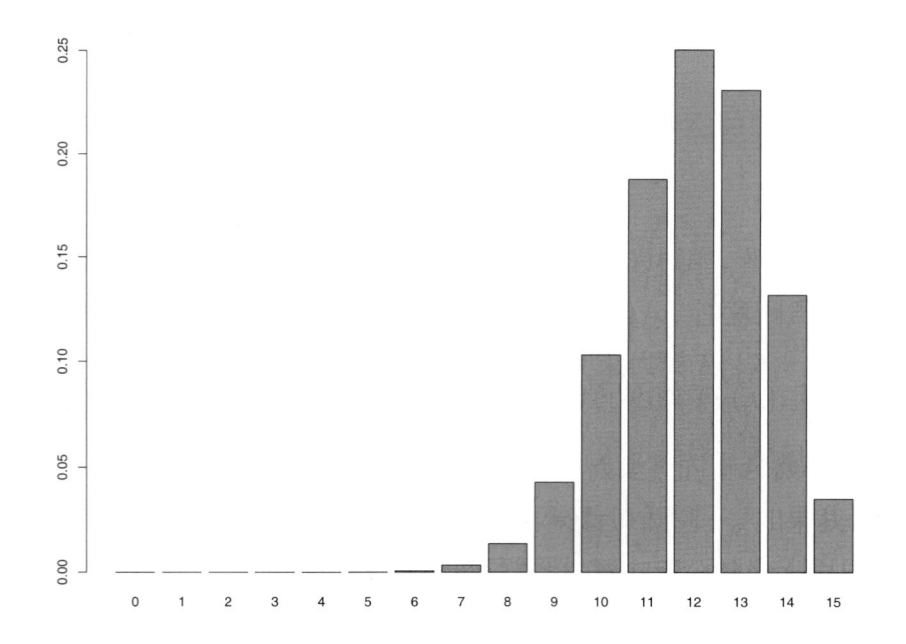

3.3 連續隨機變數與連續機率分配

之前我們介紹的是離散隨機變數, 然而, 如果隨機變數 X 理論上的可能實現值為任一區間中的任意實數, 亦即 $X(\omega)$ 此函數的值域為連續不可數, 則 X 就稱作為一個連續隨機變數 (continuous random variable)。舉例來說, 明天的降雨量, 任意抽出一位台大學生的身高, 下一季的 GDP, 或是下個月的股票報酬率等。

定義 3.7 (連續隨機變數). 如果對於任意實數 $a \leq b$, 存在一非負函數 (nonnegative function), $f : \mathbb{R} \mapsto \mathbb{R}^+$, 使得

$$P(a < X < b) = \int_a^b f(x)dx = (f \text{ 曲線下}, \text{橫軸之上}, a \text{ 到 } b \text{ 的面積})$$

則稱 X 為一連續隨機變數, 且 $f(x)$ 稱為 X 的機率密度函數 (probability density function, pdf)。

機率密度函數必須符合以下性質:

1. $f(x) \geq 0, \forall x \in \mathbb{R}$
2. $\int_{-\infty}^{\infty} f(x)dx = 1$

同理, $f_X(x)$ 是機率密度函數一個比較清楚的寫法, 不過在不會造成誤解的情況下, 我們就寫成 $f(x)$。注意到對於連續隨機變數, 我們還是可以定義其砥柱集合為:

$$\text{supp}(X) = \{x : f(x) > 0\}$$

圖 3.5 提供一個機率密度函數的例子。

連續隨機變數的定義十分技術性, 我們在此提供對於連續隨機變數較為直覺的說明。首先注意到的是, 對於連續隨機變數, 我們所計算的是, 隨機變數落在一段區間, 如 (a,b), 所發生的機率, 而非任意實現值個別發生的機率, 因為連續隨機變數任何一個可能實現值發生的機率必須為 0:

$$P(X = x) = 0$$

圖3.5: 機率密度函數

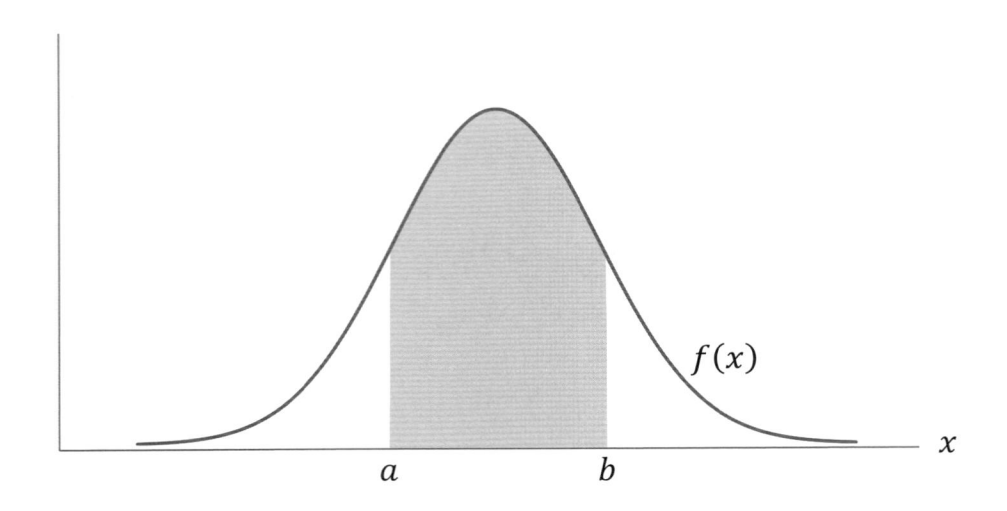

理由在於, 連續隨機變數的可能實現值有無窮多個且不可數。倘若上式不成立, 亦即假設砥柱集合中的子集合 A 有 n 個可能實現值, 且任一實現值具有相同的機率值: $P(X = x) = p$, $0 < p < 1$, $\forall x \in A$。由於 X 為連續隨機變數, 我們一定能找到一個很大的 n 使得 $p > \frac{1}{n}$, 則

$$P(X \in A) = \sum_{x \in A} P(X = x) = \sum_{x \in A} p = np > 1$$

違反機率值不得大於 1 的要求。因此, 唯有 $P(X = x) = 0$ 才不會造成以上的矛盾 (contradiction)。亦即, **當 X 為連續隨機變數時, 機率為零的事件並不代表不可能發生的事件**。你或許想問, 為什麼我們可以無中生有, 將機率為零的事件加在一起變成一個機率為正的事件? 一如之前所強調, 理由在於, 連續隨機變數的可能實現值的個數是不可數 (uncountable)。舉例來說, 實數線上任一區間包含了不可數的點, 每一個點的長度為零, 但是任一區間 $[a,b]$ 的長度為 $b - a > 0$。

因此, 長度 (距離) 是一種衡量 (measure), 一如第 2 章所述, 機率也是一種衡量。如果你能理解線段的長度為正, 而點的長度為零, 自然可以類

推到機率的概念上, 亦即對於任意 $a < b$,

$$P(X = a) = 0, \text{ 或是 } P(X = b) = 0$$

但是

$$P(a < X < b) > 0$$

3.3.1 連續隨機變數的例子

均勻分配

我們先介紹一個簡單的連續隨機變數: 均勻隨機變數 (uniform random variable) 作爲連續隨機變數的一個例子。均勻隨機變數的機率分配就稱爲均勻分配 (uniform distribution)。

定義 3.8 (均勻隨機變數). 隨機變數 X 稱爲在區間 $[l,h]$ 中的均勻隨機變數, 如果其機率密度函數爲

$$f(x) = \frac{1}{h-l}, \quad \text{supp}(X) = \{x : l \leq x \leq h\}$$

並以 $X \sim U[l,h]$ 表示之。

注意到

$$\int_{-\infty}^{\infty} f(x)dx = \int_{l}^{h} \frac{1}{h-l}dx = \frac{1}{h-l}\int_{l}^{h} dx = 1$$

而 X 的實現值落在任意一個子區間 (a,b) 的機率恰爲

$$P(a < X < b) = \int_{a}^{b} \frac{1}{h-l}dx = \frac{b-a}{h-l}$$

圖 3.6 畫出均勻隨機變數的機率密度函數。

3.4 累積分配函數

除了機率函數 (離散隨機變數) 與機率密度函數 (連續隨機變數), 我們還可以利用累積分配函數 (cumulative distribution function) 來描繪隨機

圖 3.6: 均勻隨機變數之機率密度函數

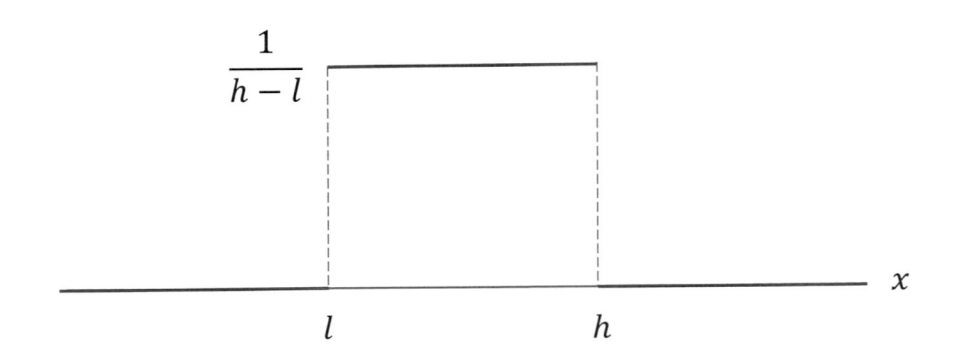

變數的機率分配。透過累積分配函數，對於任何 $x \in \mathbb{R}$，我們可以衡量事件 $\{X \leq x\}$ 之機率。舉例來說，擲一個六面骰子，出現點數小於等於 3.7 的機率；或是任意抽出一位台大學生，其身高低於 172.81 公分的機率。以下為累積分配函數之定義。

定義 3.9 (累積分配函數). 給定任何實數 x，函數 $F(x): \mathbb{R} \mapsto [0,1]$ 滿足

$$F(x) = P(X \leq x)$$

則稱 $F(x)$ 為累積分配函數 (cumulative distribution function)，簡稱 CDF。一般又稱為分配函數 (distribution function, DF)。

累積分配函數具唯一性 (uniqueness)，亦即，給定隨機變數 X 的 CDF 為 F，Y 的 CDF 為 G，且對於所有 a，$F(a) = G(a)$，則 X 與 Y 具有相同分配，並以 $X \stackrel{d}{=} Y$ 表示之。

累積分配函數 $F(x)$ 較明確的寫法是：

$$F_X(x) = P(X \leq x)$$

代表下標的隨機變數 X 小於等於某個常數 x 的機率，注意到常數不一定要以小寫 x 表示，所以分配函數也可以寫成 $F_X(a) = P(X \leq a)$ 或是 $F_X(t) = P(X \leq t)$，然而，為了省略下標以減少符號上的負擔，我們就寫成 $F(x)$，讓小寫的 x 暗示這是隨機變數 X 的累積分配函數。

根據機率模型, 累積分配函數有如下的性質。

性質 3.1 (累積分配函數之性質).

$$\lim_{x \to -\infty} F(x) = 0 \tag{2}$$

$$\lim_{x \to \infty} F(x) = 1 \tag{3}$$

$$\lim_{h \to 0^+} F(x+h) = F(x) \tag{4}$$

第 (2) 式與第 (3) 式說明了 CDF 的極限性質。第 (4) 式說明 CDF 為右連續函數, 來自累積分配函數的定義為 $F(x) = P(X \leq x)$。讀者不妨思考一下, 如果將累積分配函數的定義為 $G(x) = P(X < x)$, 則此性質有何改變 (參見習題)?

此外, 我們可以得到如下的其他重要性質。

性質 3.2 (累積分配函數的其他重要性質).

$$若 \quad a < b \quad 則 \quad F(a) \leq F(b) \tag{5}$$

$$P(a < X \leq b) = F(b) - F(a) \tag{6}$$

關於第 (5) 式與第 (6) 式, 由於 $\{X \leq b\} = \{X \leq a\} \cup \{a < X \leq b\}$, 且知 $\{X \leq a\}$ 與 $\{a < X \leq b\}$ 為互斥集合。根據定義,

$$F(b) = F(a) + P(a < X \leq b) \geq F(a)$$

且 $P(a < X \leq b) = F(b) - F(a)$。根據以上 CDF 的性質, 我們在圖 3.7 中畫出一個 CDF 的例子。

事實上, 一但我們有了分配函數的概念之後, 我們可以用另一種方式定義離散與連續隨機變數。

定義 3.10 (離散與連續隨機變數). 給定隨機變數 X 的分配函數為 $F(x)$, 若 $F(x)$ 為連續函數, 則稱 X 為一連續隨機變數。若 $F(x)$ 為階梯函數 (*step function*), 則 X 為離散隨機變數。

圖3.7: 累積分配函數

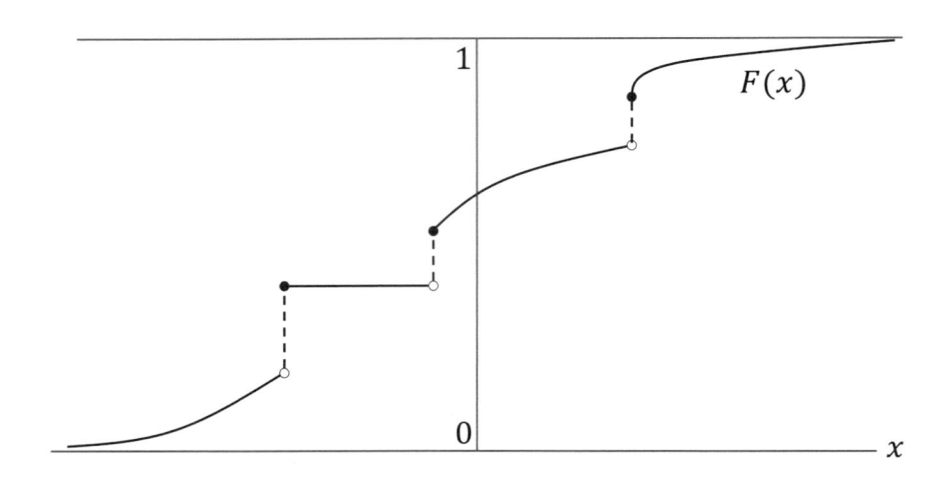

3.4.1　離散隨機變數 CDF

注意到, 如果隨機變數 X 爲離散,

1. 對於任意實數 x,
$$F(x) = \sum_{x_i \leq x} f(x_i)$$

2. $F(x_1) = f(x_1)$

3. 對於任意 $i > 1$,
$$F(x_i) = F(x_{i-1}) + f(x_i)$$

離散隨機變數的 CDF 如圖 3.8 所示, 爲一個階梯函數。

3.4.2　連續隨機變數 CDF

我們將一個典型的連續隨機變數 CDF 繪於圖 3.9。與圖 3.8 相互比較後, 就可清楚辨識出離散隨機變數與連續隨機變數之不同處。

連續隨機變數的重要性質如下。

圖3.8: 累積分配函數: 離散隨機變數 $(\text{supp}(X) = \{x_1, x_2, x_3\})$

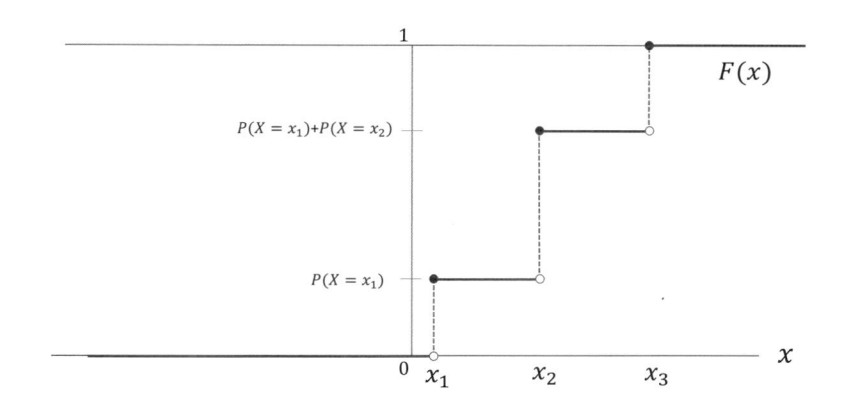

圖3.9: 累積分配函數: 連續隨機變數

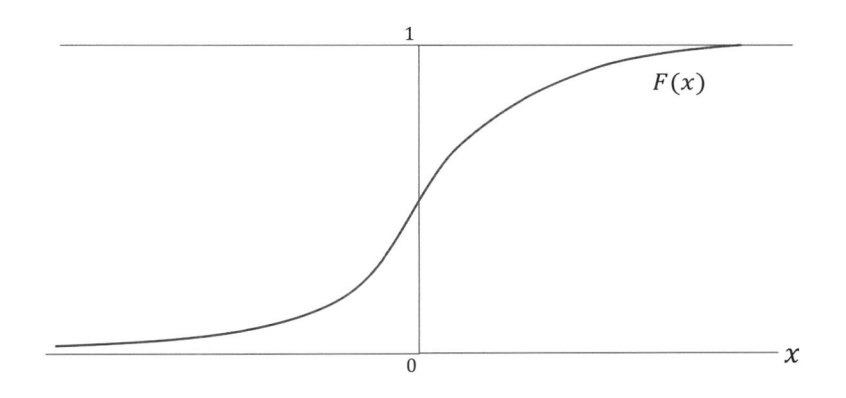

性質 3.3. 給定 $\text{supp}(X) = \{x : -\infty < x < \infty\}$

$$F(x) = \int_{-\infty}^{x} f(u)du \tag{7}$$

$$f(x) = \frac{dF(x)}{dx} \tag{8}$$

$$P(a < X < b) = P(a \leq X < b) = P(a < X \leq b) = P(a \leq X \leq b) \tag{9}$$

$$P(a < X < b) = \int_{a}^{b} f(x)dx = F(b) - F(a) \tag{10}$$

$$F(-\infty) = 0, \quad F(\infty) = 1 \tag{11}$$

$$F(\cdot) \text{ 單調非遞減} \tag{12}$$

第 (7) 式純由定義而來:

$$F(x) = P(X \leq x) = \int_{-\infty}^{x} f(u)du$$

第 (8) 式則是根據微積分基本定理 (fundamental theorem of calculus),

$$\frac{dF(x)}{dx} = \frac{d}{dx}\int_{-\infty}^{x} f(u)du = f(x)$$

第 (9) 式係由 $P(X = a) = P(X = b) = 0$ 而來。最後, 第 (10) 式可由以下推論得知。由於

$$\int_{-\infty}^{\infty} f(x)dx = \int_{-\infty}^{a} f(x)dx + \int_{a}^{b} f(x)dx + \int_{b}^{\infty} f(x)dx$$

因此,

$$\begin{aligned}\int_{a}^{b} f(x)dx &= \left[\int_{-\infty}^{\infty} f(x)dx - \int_{b}^{\infty} f(x)dx\right] - \int_{-\infty}^{a} f(x)dx \\ &= \int_{-\infty}^{b} f(x)dx - \int_{-\infty}^{a} f(x)dx \\ &= F(b) - F(a)\end{aligned}$$

此外, 對於連續隨機變數而言,

$$P(X = x) = \lim_{\varepsilon \to 0} P(x \leq X \leq x + \varepsilon) = \lim_{\varepsilon \to 0} F(x + \varepsilon) - F(x) = 0$$

底下我們以 Bernoulli 隨機變數與均勻隨機變數為例, 分別介紹此兩種機率分配的 CDF。

例 3.2 (Bernoulli 隨機變數的 CDF). 給定 $X \sim Bernoulli(p)$, 其 CDF 為

$$F(x) = \begin{cases} 0, & x < 0 \\ 1-p, & 0 \leq x < 1 \\ 1, & 1 \leq x \end{cases}$$

我們將 Bernoulli(p) 隨機變數的累積分配函數繪在圖 3.10 中。

例 3.3 (均勻隨機變數的 CDF). 給定 $X \sim U[l,h]$, 其 CDF 為

$$F(x) = \frac{x-l}{h-l}$$

圖3.10: 累積分配函數: Bernoulli(p) 隨機變數

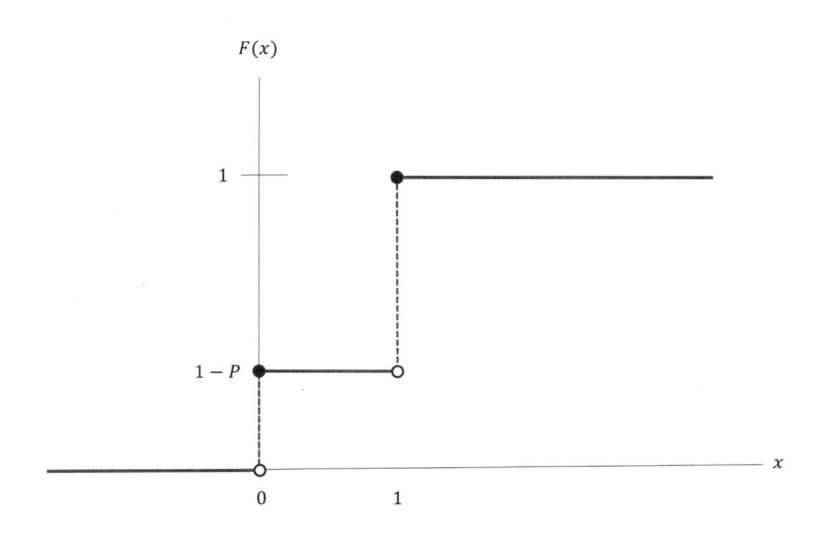

根據定義,

$$F(x) = \int_l^x f(u)du = \int_l^x \frac{1}{h-l}du = \frac{x-l}{h-l}$$

我們將 U$[l,h]$ 隨機變數的累積分配函數繪在圖 3.11 中。

圖3.11: 累積分配函數: U$[l,h]$ 隨機變數

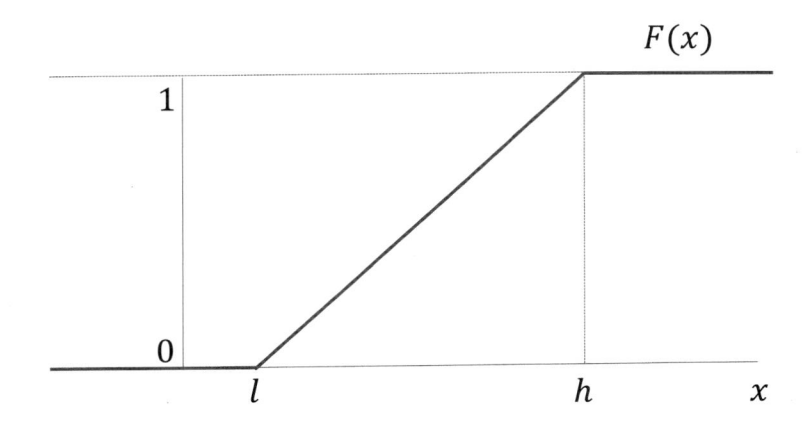

值得一提的是, 第 (8) 式中 $f(x) = F'(x)$ 並不需要對每一個 x 都

成立。累積分配函數 $F(x)$ 可以在少數幾個點上不可微, 舉例來說, 在圖 3.11 中, $F(x)$ 在 $x = l$ 與 $x = h$ 這兩個點上無法微分。

例 3.4. 假設你在網路上想要網購一組櫻桃小丸子公仔, 你知道有另外一個買家也想要這組公仔。賣家的底價為 $10,000, 喊價高者得標。令競標對手的出價為 X, 由於我們無從得知競標對手的出價, 因此 X 為一隨機變數, 我們知道競標對手最低願付 $10,000, 最高願付 $15,000, 在沒有其他更進一步的資訊下, 我們只能簡單假設 $X \sim U[10000, 15000]$

1. 如果你出價 $12,000, 試問你網購成功的機率?
2. 如果你出價 $14,000, 試問你網購成功的機率?

由於 $X \sim U[10000, 15000]$, 則其 CDF 為

$$F(x) = \frac{x - 10000}{15000 - 10000} = \frac{x - 10000}{5000}$$

1. 出價 $12,000,

$$P(10000 < X \leq 12000)$$
$$= F(12000) - F(10000)$$
$$= \frac{12000 - 10000}{5000} - \frac{10000 - 10000}{5000}$$
$$= 0.4$$

2. 出價 $14,000,

$$P(10000 < X \leq 14000)$$
$$= F(14000) - F(10000)$$
$$= \frac{14000 - 10000}{5000} - \frac{10000 - 10000}{5000}$$
$$= 0.8$$

3.4.3 分量

定義 3.11 (分量). 給定 $0 < p < 1$, 則

$$q_p = F^{-1}(p) = \inf\{x : F(x) \geq p\}$$

為隨機變數 X 的 $100p$-th 分量 (quantile)。$F^{-1}(\cdot)$ 稱為反分配函數 (inverse distribution function), 或稱分量函數 (quantile function)。若 X 的分配函數 $F(\cdot)$ 為嚴格遞增 (strictly increasing) 且連續, 則 $q_p = F^{-1}(p)$ 為唯一滿足 $F(q_p) = p$ 的實數。

舉例來說, $q_{0.5}$ 就是 50-th 分量, 也就是中位數。如果 X 為離散隨機變數, 則 $q_{0.5} = F^{-1}(p) = \inf\{x : F(x) \geq 0.5\}$ 代表的就是我們將 $f(x)$ 的值不斷累加, 直到恰好超過 0.5 以上為止。

例 3.5. 給定隨機變數 X 的機率函數為

$$f(x) = \frac{x}{15}, \quad \text{supp}(X) = \{1,2,3,4,5\}$$

試找出其 50-th 分量 (中位數)。

$$F(1) = f(1) = \frac{1}{15} < \frac{1}{2}$$
$$F(2) = f(1) + f(2) = \frac{1}{15} + \frac{2}{15} = \frac{3}{15} < \frac{1}{2}$$
$$F(3) = f(1) + f(2) + f(3) = \frac{1}{15} + \frac{2}{15} + \frac{3}{15} = \frac{6}{15} < \frac{1}{2}$$
$$F(4) = f(1) + f(2) + f(3) + f(4) = \frac{1}{15} + \frac{2}{15} + \frac{3}{15} + \frac{4}{15} = \frac{10}{15} \geq \frac{1}{2}$$

而 $F(5) = F(4) + f(5)$ 必然大於 1/2。亦即,

$$\{x : F(x) \geq 0.5\} = \{4,5\}$$

因此,

$$q_{0.5} = \inf\{x : F(x) \geq 0.5\} = 4$$

注意到, 分量會隨著機率分配改變而不同。底下是另一個例子。

例 3.6. 給定隨機變數 X 的機率函數為

$$f(x) = \frac{1}{5}, \quad \text{supp}(X) = \{1,2,3,4,5\}$$

試找出其 50-th 分量 (中位數)。

$$F(1) = f(1) = \frac{1}{5} < \frac{1}{2}$$
$$F(2) = f(1) + f(2) = \frac{1}{5} + \frac{1}{5} = \frac{2}{5} < \frac{1}{2}$$
$$F(3) = f(1) + f(2) + f(3) = \frac{1}{5} + \frac{1}{5} + \frac{1}{5} = \frac{3}{5} \geq \frac{1}{2}$$

而 $F(4)$ 與 $F(5)$ 必然都大於 $1/2$。因此,

$$q_{0.5} = \inf\{x : F(x) \geq 0.5\} = 3$$

3.5 隨機變數之函數

我們在此介紹隨機變數之函數。有時我們感興趣的不是隨機變數本身,而是隨機變數的函數。舉例來說, 如果隨機變數 X 代表股票報酬, 我們有興趣的不是報酬本身, 而是報酬所帶來的效用:

$$Y = u(X)$$

其中 $u(\cdot)$ 為效用函數。由於 X 為隨機變數, Y 自然也是隨機變數, 因此, 我們就需要進一步探討新的隨機變數 Y 的機率性質。

如果是離散隨機變數, 依照定義即可順利找到 Y 的機率分配。例如 X 具有如下機率函數:

$$f(x) = \begin{cases} 0.5, & x=1, \\ 0.3, & x=0, \\ 0.2, & x=-1. \end{cases}$$

且 $Y = |X|$, 則 Y 的機率函數為:

$$f(y) = \begin{cases} 0.7, & y=1, \\ 0.3, & y=0. \end{cases}$$

亦即, $Y \sim \text{Bernoulli}(0.7)$。

至於連續隨機變數轉換, 我們只考慮隨機變數之間一對一的轉換, 讀者若對此議題有進一步的興趣, 可參閱 Hogg, Tanis, and Zimmerman (2015, pages 171–179)。

假設 X 為連續隨機變數, 令 Y 為 X 之函數:

$$Y = u(X)$$

由於我們假設 X 與 Y 為一對一的轉換, 我們可以改寫成

$$X = w(Y) = u^{-1}(Y)$$

舉例來說, 如果 $Y = 7X$ 或是 $Y = \log X$, 則 $X = \frac{Y}{7}$ 或是 $X = e^Y$。[1]

第一種尋找 Y 分配的方法稱作累積分配函數法 (cumulative distribution function technique), 簡稱 CDF 法, 有時也稱分配函數法 (distribution function technique)。第二種方法稱為轉換法 (transformation method)。

3.5.1 CDF 法

假設 X 的分配函數 $F_X(x)$ 為已知。則 Y 的分配函數為

$$F_Y(y) = P(Y \le y) = P(u(X) \le y)$$

假設 $u(X)$ 為嚴格遞增函數,[2] 則

$$F_Y(y) = P(Y \le y) = P(u(X) \le y) = P(X \le u^{-1}(y))$$
$$= P(X \le w(y)) = F_X(w(y))$$

因此, Y 的 pdf 為

$$f_Y(y) = \frac{dF_Y}{dy}$$

---

[1]基本上, 線性函數或是對數函數都是經濟學家常用的效用函數形式, 這就是為何我們僅專注在一對一轉換之上。

[2]讀者應自行推導當 $u(X)$ 為嚴格遞減函數時的結果。

例 3.7. 給定 X 的分配函數為

$$F_X(x) = 1 - e^{-2x}, \quad 0 < x < \infty$$

且

$$Y = e^X, \quad 1 < y < \infty$$

試找出 Y 的分配函數 $F_Y(y)$ 以及機率密度函數 $f_Y(y)$

根據 CDF 法,

$$F_Y(y) = P(Y \leq y) = P(e^X \leq y) = P(X \leq \log y)$$
$$= F_X(\log y) = 1 - e^{-2\log y} = 1 - e^{\log y^{-2}} = 1 - y^{-2}$$

因此,

$$f_Y(y) = \frac{dF_Y}{dy} = 2y^{-3}, \quad 1 < y < \infty$$

3.5.2 轉換法

假設 X 的分配函數 $F_X(x)$ 未知但機率密度函數 $f_X(x)$ 已知。則 Y 的機率密度函數 $f_Y(y)$ 可由以下公式求得:

定理 3.1(轉換法).

$$f_Y(y) = f_X(w(y)) \left| \frac{d}{dy} w(y) \right|$$

其中, $\left| \frac{d}{dy} w(y) \right|$ 稱之為 Jacobian 項。

Proof. 證明詳見附錄。 □

例 3.8. 給定

$$f_X(x) = 2e^{-2x}, \quad 0 < x < \infty$$

且

$$Y = e^X, \quad 1 < y < \infty$$

試找出 Y 的機率密度函數 $f_Y(y)$

由於 $x = w(y) = \log y$, 則

$$f_Y(y) = f_X(w(y))\left|\frac{d}{dy}w(y)\right| = f_X(\log y)\left|\frac{d}{dy}\log y\right| = f_X(\log y)\left|\frac{1}{y}\right|$$

$$= 2e^{-2\log y}y^{-1} = 2e^{\log y^{-2}}y^{-1} = 2y^{-2}y^{-1} = 2y^{-3}, \quad 1 < y < \infty$$

最後, 我們介紹一個與製造各種隨機變數有關的定理。

定理 3.2. 給定 $U \sim U[0,1]$, 與分配函數 $F(\cdot)$。若令

$$X = F^{-1}(U)$$

則 X 是一個分配函數為 $F(\cdot)$ 的隨機變數。

Proof.

$$P(X \le x) = P(F^{-1}(U) \le x) = P(U \le F(x)) = F(x)$$

$\square$

注意到在證明的過程中, 我們並不是透過定義寫下 $P(X \le x) = F(x)$, 而是透過均勻隨機變數 U 的機率性質證明出 $P(X \le x) = F(x)$。亦即, 透過 $X = F^{-1}(U)$ 的轉換後, X 確實是一個分配函數為 $F(\cdot)$ 的隨機變數。

此定理提供我們一個反轉換演算法 (Inverse-Transform Algorithm), 用以製造各種隨機變數。簡言之, 只要我們知道某隨機變數的分配函數, 並可以找出該分配函數的反函數, 則透過反轉換法我們就能製造出該隨機變數。

演算法 3.1 (反轉換法).

1. 從 $U[0,1]$ 製造出一個隨機變數的實現值 u

2. 將 u 帶入 $F^{-1}(u)$, 其中 $F^{-1}(\cdot)$ 為 $F(\cdot)$ 的反函數, 而 $F(\cdot)$ 為隨機變數 X 的分配函數

3. 令 $x = F^{-1}(u)$, 則我們製造出一個分配函數為 $F(\cdot)$ 之隨機變數 X 的實現值 x

至於要如何製造 U[0,1] 的隨機變數,就不是一件容易的事。實務上,有許多演算法可以製造 U[0,1] 的擬真隨機變數 (pseudo random number)。之所以稱之為「擬真」,是因為任何演算法其實都是「確定的」(deterministic),只是好的演算法可以達到「幾可亂真」的境界。然而,一但我們透過演算法製造出 U[0,1] 的隨機變數後,只要 $F^{-1}(\cdot)$ 存在,就可以透過反轉換法製造出分配函數為 $F(\cdot)$ 的隨機變數。底下我們提供一個製造 logistic random variable 的例子。

例 3.9. 給定 $U \sim U[0,1]$,試以反轉換法製造分配函數為

$$F(x) = \frac{e^x}{1+e^x}$$

的 *logistic* 隨機變數 X。

對於 U[0,1] 任意實現值 u,令

$$u = F(x) = \frac{e^x}{1+e^x}$$

則

$$\frac{1}{u} = \frac{1+e^x}{e^x} = \frac{1}{e^x} + 1$$

$$e^x = \frac{u}{1-u}$$

亦即,

$$x = F^{-1}(u) = \log\left(\frac{u}{1-u}\right)$$

注意到定理 3.2 可以反著看,亦即,給定分配函數 $F_X(x)$,若令

$$U = F_X(X)$$

則 U 為 U[0,1] 的隨機變數。我們稱此轉換為機率積分轉換 (probability integral transformation)。

表3.1: R 函數: Bernoulli 隨機變數與二項隨機變數

函數	例子: $X \sim \text{Binomial}(10, 0.7)$
dbinom(x,size,prob)	dbinom(2,10,0.7): 回傳 $f(2) = P(X = 2)$
pbinom(q,size,prob)	pbinom(2,10,0.7): 回傳 $F(2) = P(X \leq 2)$
qbinom(p,size,prob)	qbinom(0.95,10,0.7): 回傳 $F^{-1}(0.95)$

3.6 隨機變數與 R 程式

在本節中,我們介紹與隨機變數以及機率分配有關的 R 函數。其中,最重要的有四個: d (機率密度函數, density), p (分配函數, probability distribution), q (分量函數, quantile), 以及 r (隨機變數, random variable), 函數的命名方式是在 d, p, q, r 後面加上特定機率分配之簡稱。

以 Bernoulli 隨機變數與二項隨機變數為例, 由於 $\text{Bernoulli}(P) \stackrel{d}{=} \text{Binomial}(1, p)$, 因此 Bernoulli 隨機變數與二項隨機變數共用同一個函數名 binom。我們將 binom 相關函數整理在表 3.1 中。其中, size 指的是 Bernoulli 試驗次數, prob 則是 $X = 1$ 的機率。

注意到當設定 size=1 時, 就是 Bernoulli 隨機變數。此外, 由於二項隨機變數是離散隨機變數, 所以 dbinom(x,size,prob) 回傳的就是機率值 $f(x) = P(X = x)$。

R 程式 3.1.

```
dbinom(2,10,0.7)
pbinom(2,10,0.7)
qbinom(0.95,10,0.7)
```

執行後可得:

```
> dbinom(2,10,0.7)
[1] 0.001446701
> pbinom(2,10,0.7)
[1] 0.001590386
> qbinom(0.95,10,0.7)
[1] 9
```

表3.2: R 函數: 均勻隨機變數

函數	例子: $X \sim U[-5,5]$
dunif(x, min, max)	dunif(2,-5,5): 回傳 $f(2)$
punif(q, min, max)	punif(2,-5,5): 回傳 $F(2) = P(X \leq 2)$
qunif(p, min, max)	qunif(0.95,-5,5): 回傳 $F^{-1}(0.95)$

再以均勻隨機變數為例, 函數名為 unif, 其 R 函數整理於表 3.2 中, 其中 min 為下界 l, max 為上界 h。注意到由於均勻隨機變數是連續隨機變數, 所以 dunif(2,-5,5) 回傳的就不是機率值 (連續隨機變數 $P(X = x) = 0$), 而是 pdf 的值: $f(x)$, 而 $f(x) \neq P(X = x)$。

R 程式 3.2.

```
dunif(2,-5,5)
punif(2,-5,5)
qunif(0.95,-5,5)
```

執行後可得:

```
> dunif(2,-5,5)
[1] 0.1
> punif(2,-5,5)
[1] 0.7
> qunif(0.95,-5,5)
[1] 4.5
```

結合機率分配的 R 函數與繪圖指令, 我們就能透過 R 畫出圖 3.4 中, 二項隨機變數的機率函數。

R 程式 3.3.

```
n=15; p=0.8; x=seq(0,n)
barplot(dbinom(x,n,p),names.arg = x)
```

另一種呈現機率函數的方法如下:

R 程式 3.4.

```
n=15; p=0.8; x=seq(0,n)
plot(x,dbinom(x,n,p),type='h')
```

讀者可自行嘗試, 至於以下 R 程式繪製均勻分配的 pdf。

R 程式 3.5.

```
x=seq(-0.5,1.5,by=0.01)
plot(x,dunif(x,min=0,max=1),type="s")
```

注意到我們選擇 type="s" 來呈現階梯型態。讀者不妨將該選項改成 type="l", 看看會有何不同。

均勻分配的 CDF 則可透過以下 R 程式繪製:

R 程式 3.6.

```
x=seq(-0.5,1.5,by=0.01)
plot(x,punif(x,min=0,max=1),type="l")
```

結果分別繪製在圖 3.12 與 3.13 中。

最後我們介紹如何製造隨機變數 (的實現值)。在此我們只是簡介, 有興趣深入了解的讀者請閱讀趙民德・李紀難 (2005) 的第二章, 以及 Robert and Casella (2010)。

想要造出隨機變數, 在過去仰賴的是亂數表, 舉例來說, 可參見蘭德公司 (The RAND Corporation) 所編印的 *A Million Random Digits with 100,000 Normal Deviates*。如今, 由於電腦的問世與快速的進步發展, 我們現在可以使用電腦幫我們製造隨機變數, 稱之為隨機變數產生器 (random number generator)。更精確地說, 應該叫做擬真隨機變數產生器 (pseudo random number generator), 因為所有隨機變數產生器都只是一個「幾可亂真」的電腦程式 (參見趙民德・李紀難 (2005))。透過隨機變數產生器, 我們可以得到一組具有相同分配且相互獨立的隨機變數。

我們先介紹如何利用 R 的擬真隨機變數產生器製造 Bernoulli 隨機變數。底下的 R 程式造出 10 個相互獨立的 Bernoulli(0.5) 隨機變數。

圖3.12: 以 R 繪製 U[0,1] 隨機變數的機率密度函數

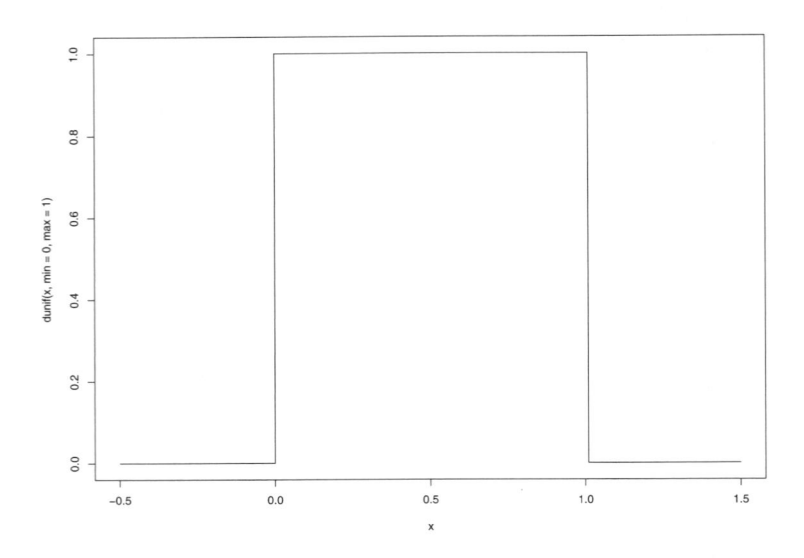

圖3.13: 以 R 繪製 U[0,1] 隨機變數的累積分配函數

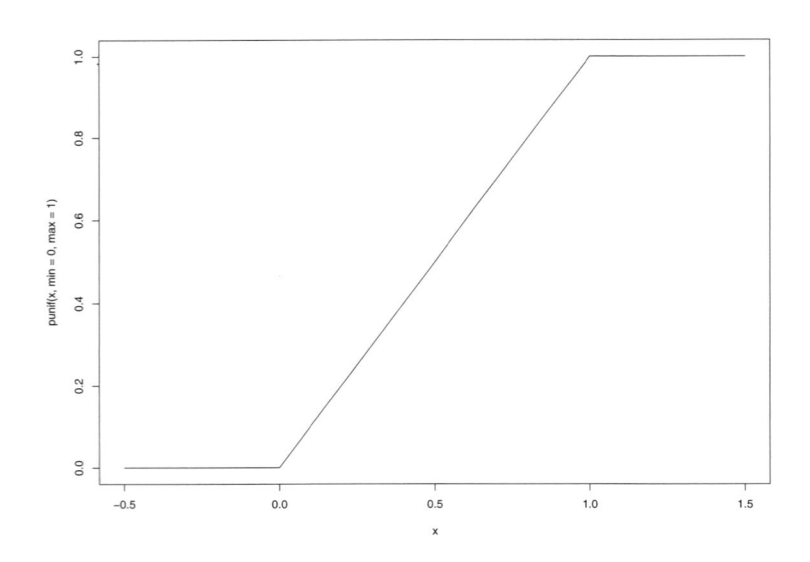

R 程式 3.7 (Bernoulli 隨機變數).

```
# Bernoulli(0.5)
rbinom(n=10, size=1, prob=0.5)
```

其中, n 代表要製造的隨機變數個數。執行程式後可得一組 Bernoulli(0.5) 隨機變數如下:

[1] 0 1 0 1 1 0 1 1 1 0

底下的 R 程式造出 10 個 Binomial(100,0.7) 隨機變數。

R 程式 3.8 (Binomial 隨機變數).

```
# Binomial(100,0.7)
rbinom(n=10, size=100, prob=0.7)
```

size=100 代表製造 Binomial(100,0.7) 隨機變數, 而 prob 則是 $X = 1$ 的機率。執行程式後可得一組 Binomial(100,0.7) 隨機變數如下:

[1] 70 74 66 70 62 66 73 64 66 70

我們接下來介紹如何製造均勻隨機變數。底下的 R 程式造出 5 個 $U[-1,1]$ 的均勻隨機變數。

R 程式 3.9 (均勻隨機變數).

```
# Uniform[-1,1]
runif(n=5, min=-1, max=1)
```

其中, runif 為生成均勻隨機變數的 R 指令, n 代表要製造的隨機變數個數。執行程式後可得一組 $U[-1,1]$ 隨機變數如下:

[1] 0.4332193 0.6531150 0.1419609 -0.9832627 0.9662613

注意到如果你輸入上述指令兩次, 不太可能得到相同的結果。一如在第 2 章中曾經提過, 在做電腦模擬時, 我們會設定隨機變數產生器的起始值, 其目的是為了讓別人可以重製我們的模擬結果。如果你希望隨機生成能夠重覆, 可以先下 set.seed() 的指令。指令中的括號內可以填入任意正整數。

舉例來說, 我們使用以下 R 指令來設定隨機變數產生器的起始值。其中, 123 為任意填入的數字。

R 程式 3.10 (隨機變數產生器的起始值).

```
# 隨機變數產生器的起始值
set.seed(123)
```

因此, 如果你輸入

```
set.seed(456)
rbinom(n=10, size=1, prob=0.5)
```

那你應該要得到與底下相同的結果:

```
[1] 0 0 1 1 1 0 0 0 0 0
```

3.7 附錄

3.7.1 證明轉換法

由於 $y = u(x)$ 為一對一函數, 則 $u(\cdot)$ 為單調遞增, 或是單調遞減。

1. $u(\cdot)$ 為單調遞增 (參見圖 3.14)

$$u(x) \leq y \iff x \leq u^{-1}(y) = w(y)$$

因此,

$$F_Y(y) = P(Y \leq y) = P(u(X) \leq y)$$
$$= P(X \leq w(y)) = F_X(w(y))$$

$$f_Y(y) = \frac{d}{dy} F_X(w(y)) = \frac{dF_X(w(y))}{dw(y)} \frac{dw(y)}{dy}$$
$$= f_X(w(y)) \left(\frac{d}{dy} w(y) \right) = f_X(w(y)) \left| \frac{d}{dy} w(y) \right|$$

其中, $\frac{d}{dy} w(y) > 0$。

圖3.14: $u(\cdot)$ 為單調遞增

2. $u(\cdot)$ 為單調遞減 (參見圖 3.15)

$$u(x) \leq y \iff x \geq u^{-1}(y) = w(y)$$

因此,

$$F_Y(y) = P(Y \leq y) = P(u(X) \leq y)$$
$$= P(X \geq w(y)) = 1 - F_X(w(y))$$

$$f_Y(y) = -\frac{d}{dy}F_X(w(y)) = -\frac{dF_X(w(y))}{dw(y)}\frac{dw(y)}{dy}$$
$$= f_X(w(y))\left(-\frac{d}{dy}w(y)\right) = f_X(w(y))\left|\frac{d}{dy}w(y)\right|$$

其中, $\frac{d}{dy}w(y) < 0$。

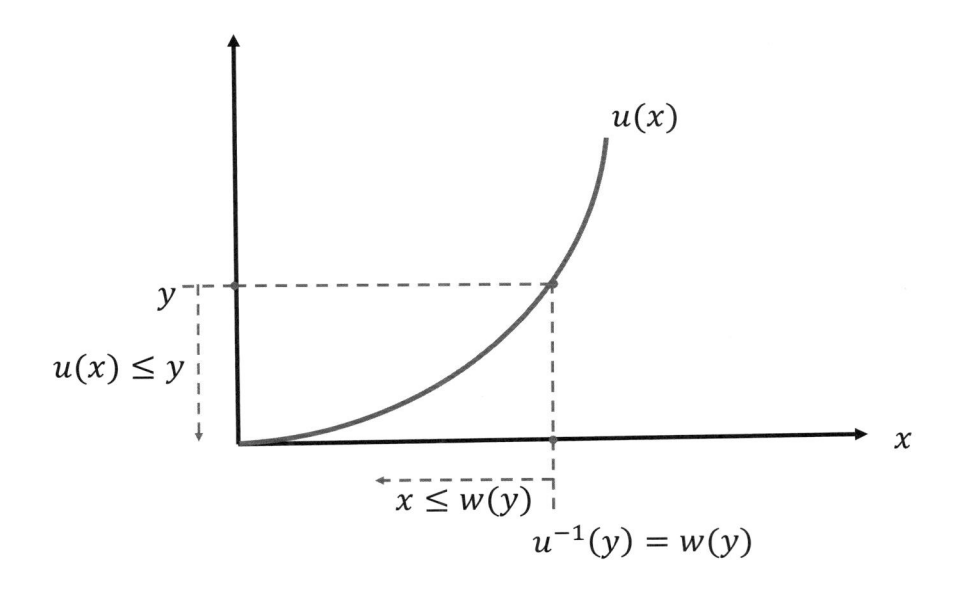

圖3.15: $u(\cdot)$ 為單調遞減

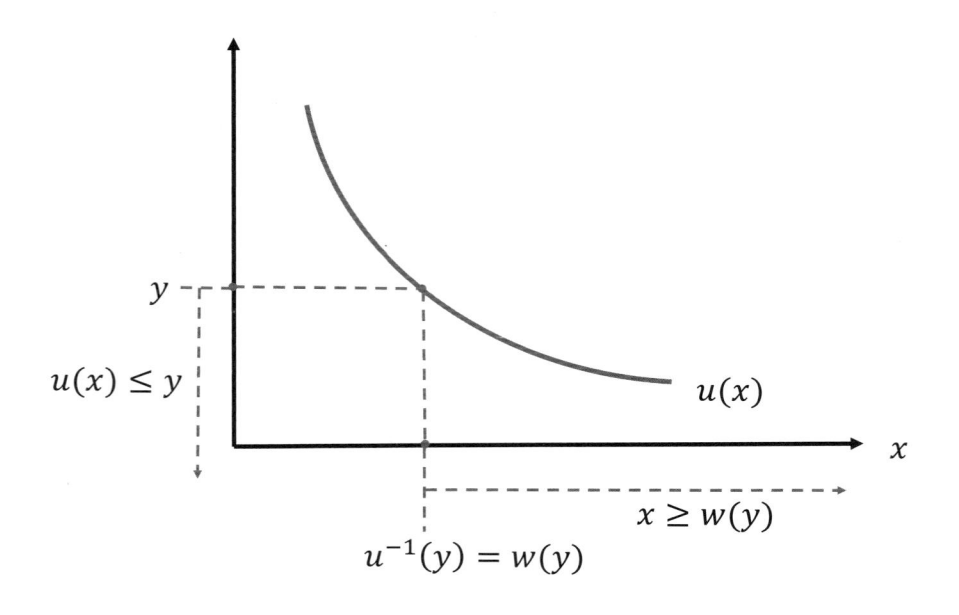

練習題

1. 試寫出例 3.1 中, 隨機變數 X 的分配以及其砥柱集合。

2. 給定二項隨機變數 Y 之離散機率密度函數為:

$$f(y) = P(Y = y) = \binom{n}{y} p^y (1-p)^{n-y}$$

利用二項式定理:

$$(a+b)^n = \sum_{x=0}^{n} \binom{n}{x} b^x a^{n-x}$$

證明

$$\sum_y f(y) = 1$$

3. 假設有一函數 $f(x)$ 如下:

$$f(x) = k(2x + 3), x = 0,1,2,3$$

   (a) 若 $f(x)$ 為一離散機率密度函數 (discrete pdf),請算出常數 k。

   (b) 完成以下的表格:

x	P(X=x)
0	
1	
2	
3	

   (c) 寫出 X 的累積分配函數 (cumulative distribution function, CDF),以 $F(x)$ 表示。

   (d) 請畫出 $f(x)$ 以及 $F(x)$。

4. 請問是否存在一常數 k 使得以下函數 $g(x)$ 為一機率密度函數? 請求出常數 k 值。

$$g(x) = \begin{cases} kx^2 - 1 & -3 < x < 3 \\ 0 & x\text{為其他值} \end{cases}$$

5. 請問是否存在一常數 k 使得以下函數 $h(x)$ 為一機率密度函數? 請求出常數 k 值。

$$h(x) = \begin{cases} \frac{k}{x} & x = 1,2,3,\ldots \\ 0 & x\text{為其他值} \end{cases}$$

6. 擲一個公正的六面骰子兩次,令

$$e = \{i,j\} = \{\text{第一次擲出點數},\text{第二次擲出點數}\}$$

且隨機變數 X 定義為兩次點數之和：

$$X(e) = i + j$$

試找出 X 的 discrete pdf 與 CDF。

7. 若離散隨機變數 X 的砥柱集合為 $\text{supp}(X) = \{1,2,3,\ldots,n\}$，且對於任何 $i, j \in \text{supp}(X)$, $P(X = i) = P(X = j)$。試找出 X 的 pmf 與 CDF。

8. 若 $X \sim U[l,h]$，請找出其 $100p$-th 分量，其中 $p = 0.25, 0.5$, 以及 0.75。

9. 給定隨機變數 X 的 CDF 為

$$F(x) = \begin{cases} 0, & x < 0 \\ 1/3, & 0 \leq x < 1 \\ 1/2, & 1 \leq x < 2 \\ 1, & x \geq 2 \end{cases}$$

試找出 X 的 pmf。

10. 給定連續隨機變數 X 的 pdf 如下：

$$f(x) = \begin{cases} 2/3, & 1 \leq x \leq 2 \\ 1/3, & 3 \leq x \leq 4 \\ 0, & \text{otherwise} \end{cases}$$

(a) 畫出其 pdf。

(b) 試找出 X 的 CDF。

(c) 畫出其 CDF。

11. 給定 $X \sim \text{Bernoulli}(p)$，且定義

$$G(x) = P(X < x)$$

請畫出 $G(x)$ 之圖形。

12. 給定
$$X \sim \text{Bernoulli}\left(\frac{2}{3}\right)$$
試寫出 X^2 的分配。

13. 有一隨機變數 X, 其 pdf 為
$$f_X(x) = 2e^{-2x}$$
$\text{supp}(X) = \{x : 0 < x < \infty\}$. 設 $Y = e^{-X}$

    (a) 利用轉換法找出 Y 的 pdf, $f_Y(y)$

    (b) 找出 $\text{supp}(Y)$

14. 令連續隨機變數 X 的分配函數為
$$F(x) = 1 - (1-x)^3, \quad \text{supp}(X) = \{x : 0 < x < 1\}$$
若 $Y = (1-X)^3$,

    (a) 利用 CDF 法找出 Y 的 pdf

    (b) 利用轉換法找出 Y 的 pdf

15. 給定 $a < 0$, 試證明以下性質:

    (a) 若 $X \sim U[0,1]$, 且 $Y = aX + b$, 則 $Y \sim U[a+b, b]$

    (b) 若 $X \sim U[0,1]$, 且 $W = (l-h)X + h$, 則 $W \sim U[l, h]$

    (c) 若 $W \sim U[l,h]$, 且 $Z = aW + b$, 則 $Z \sim U[ah+b, al+b]$

16. 令 X 為服從均勻分配 $U(0,1)$ 之隨機變數, 且
$$Y = aX + b, \quad a < 0$$
$$Z = 1 - X$$

    (a) 證明 $Y \sim U(a+b, b)$

(b) 請問 Z 服從哪一種分配?

17. $X \sim U(0,1)$ 且 $Y = -\alpha \log X$, $\alpha > 0$, 試以 CDF 法求出 Y 的 CDF 與 pdf。

18. $\{X_1, X_2\} \sim^{i.i.d.} U[a,b]$,

    (a) 令 $Y = \max(X_1, X_2)$, 請找出 Y 的 CDF, $F_Y(y)$

    (b) 令 $W = \min(X_1, X_2)$, 請找出 W 的 CDF, $F_W(w)$

19. 若 X 為連續隨機變數, 其分配函數為 $F(x)$, 其中 $F(\cdot)$ 為嚴格遞增。令 $F^{-1}(\cdot)$ 代表 $F(\cdot)$ 的反函數。

    (a) 令 $Y = F(X)$, 試問 Y 的機率分配為何?

    (b) 令 $Q = 1 - Y$, 試問 Q 的機率分配為何?

    (c) 令 $Z = -\alpha \log Y$, 其中 $\alpha > 0$, 請找出 Z 的 pdf。

20. 給定隨機變數
$$X \sim U[-\theta, \theta], \ \theta > 0$$

    (a) 試找出 X 的 CDF。

    (b) 給定 $-\theta < a < b < \theta$, 試求 $P(X > b | X > a)$ 之機率值。

    (c) 試找出 X 的中位數, 以 $q_{0.5}$ 表示之。

    (d) 請找出一個函數 $g(\cdot)$ 使得 $Y = g(X)$ 為一個 Bernoulli(0.8) 的隨機變數。

    (e) 令 $T = \frac{1}{2}\left(\frac{1}{\theta}X + 1\right)$, 試問 T 的機率分配為何?

    (f) 令 $U = |X|$, 試問 U 的機率分配為何?

21. 給定 $X \sim \text{Bernoulli}(p)$。

    (a) 請找出 X 的 50-th 分量 (注意到答案取決於 p 的大小)。

(b) 假設我們得到 $Y \sim U[0,1]$ 的實現值 y,請利用 y 產生 X 的實現值。

22. 給定 X 為連續隨機變數,且

$$W = -aX + b, a > 0, b \in \mathbb{R}$$

令 q_α 為 X 的 100α-th 分量,其中 $\alpha \in (0,1)$。試證明:

$$q_\alpha = -\frac{1}{a}F_W^{-1}(1-\alpha) + \frac{b}{a}$$

4 多變量隨機變數

4.1 多變量隨機變數與其聯合機率分配
4.2 獨立的隨機變數
4.3 I.I.D. 隨機變數

我們在本章介紹多變量隨機變數，亦即討論兩個或兩個以上的隨機變數以及它們之間的關係。之後我們進一步介紹隨機變數之函數。最後，我們將討論獨立隨機變數及其相關議題。

4.1 多變量隨機變數與其聯合機率分配

考慮兩個或兩個以上的隨機變數，我們可以定義以下的 n 變量隨機變數 (n-dimensional random variable)。

定義 4.1 (n 變量隨機變數). n-維度的隨機變數 (隨機向量)

$$X = (X_1, X_2, \ldots, X_n)'$$

是由樣本空間映射到 $\mathbb{R}^n$ 的函數:

$$X : \Omega \longmapsto \mathbb{R}^n$$

無論是離散的隨機向量還是連續的隨機向量，我們都可以透過聯合分配函數 (joint distribution function) 來刻劃隨機向量的機率分配。

定義 4.2 (聯合分配函數). 給定隨機變數 $\boldsymbol{X} = (X_1, X_2, \ldots, X_n)'$, 其聯合分配函數 $F : \mathbb{R}^n \longmapsto [0,1]$ 定義為:

$$\begin{aligned}F_{\boldsymbol{X}}(x_1, x_2, \ldots, x_n) &= P(\{X_1 \leq x_1\} \cap \{X_2 \leq x_2\} \cap \cdots \cap \{X_n \leq x_n\}) \\ &= P(\{X_1 \leq x_1, X_2 \leq x_2, \ldots, X_n \leq x_n\}) \\ &= P(X_1 \leq x_1, X_2 \leq x_2, \ldots, X_n \leq x_n)\end{aligned}$$

注意到為了簡化數學符號, 我們以 $\{X_1 \leq x_1, X_2 \leq x_2, \ldots, X_n \leq x_n\}$ 代表 $\{X_1 \leq x_1\} \cap \{X_2 \leq x_2\} \cap \cdots \cap \{X_n \leq x_n\}$, 並以 $P(X_1 \leq x_1, X_2 \leq x_2, \ldots, X_n \leq x_n)$ 代表 $P(\{X_1 \leq x_1, X_2 \leq x_2, \ldots, X_n \leq x_n\})$。因此,

$$P(X_1 \leq x_1, X_2 \leq x_2, \ldots, X_n \leq x_n)$$

要詮釋成 $\{X_i \leq x_i\}$ 同時發生的機率, 是一個交集的概念。

對於離散隨機向量, 我們也可以利用聯合機率函數予以刻劃, 而連續隨機向量就以聯合機率密度函數予以刻劃。

注意到雖然是 n-維度的隨機向量, 習慣上我們還是稱之為 n 變量隨機變數。我們首先探討 $n = 2$ 的情況, 亦即雙變量隨機變數 (bivariate random variable)。

4.1.1 雙變量離散隨機變數

舉例來說, 如果我們投擲一個銅板兩次, 則樣本空間為:

$$\Omega = \{HH, HT, TH, TT\}$$

如果我們定義隨機變數 X, Y 分別為

$$X(\omega) = \begin{cases} 0 & \text{if } \{HH, TT\} \\ 1 & \text{if } \{HT, TH\} \end{cases}$$

$$Y(\omega) = \begin{cases} 0 & \text{if } \{HH, HT, TH\} \\ 1 & \text{if } \{TT\} \end{cases}$$

表 4.1: 多變量隨機變數

ω	$(X(\omega), Y(\omega))$
TT	(0,1)
TH	(1,0)
HT	(1,0)
HH	(0,0)

則 $\boldsymbol{X} = (X,Y) : \Omega \mapsto \mathbb{R}^2$ 可用表 4.1 表示之。一旦我們考慮兩個或兩個以上的隨機變數，只知道隨機變數個別的機率分配是不夠的，我們必須討論隨機變數間的聯合機率分配 (joint probability distribution)。亦即，對於兩個或兩個以上的隨機變數所形成組合的發生機率都要予以考慮。回到上述例子，如果此銅板為不公正且 $P(H) = 2/3$，則 X 與 Y 的聯合機率分配為如表 4.2 所示。

表 4.2: X 與 Y 的聯合機率分配

(x,y)	$f(x,y) = P(X = x, Y = y)$
(0,0)	4/9
(0,1)	1/9
(1,0)	4/9
(1,1)	0

因此，聯合機率分配說明了兩事件同時發生的機率。譬如 $X = 0$ 且 $Y = 0$ 同時發生的機率就是：$P(X = 0, Y = 0) = 4/9$。注意到為了簡化數學符號，在本書中，我們將用 $P(X = x, Y = y)$ 來代表 $P(\{X = x\} \cap \{Y = y\})$，或是 $P(X \leq x, Y \leq y)$ 來代表 $P(\{X \leq x\} \cap \{Y \leq y\})$。

一如之前所述，我們會直接探討雙變量隨機變數的聯合機率分配，對於其背後的樣本空間就不再贅述。我們再來看一個例子。如果我們們持有兩檔股票：科技股 (technology) 與藍籌股 (blue chip)，分別以 T 與 B 代表其報酬率。[1] 則其聯合機率分配如表 4.3 所示，而此聯合機率分配也

---

[1] 報酬率等於明天的股價減去今天股價後，再除上今天股價：$\left(\frac{P_{t+1} - P_t}{P_t}\right)$。由於明天的股價是未知的隨機變數，是故報酬率亦為隨機變數。

可以寫成表 4.4 之形式。

表4.3: B 與 T 的聯合機率分配 (I)

(B,T)	$P(B=b, T=t)$
(0.20, 0.30)	0.15
(0.20, 0.15)	0.05
(0.20, 0.00)	0
(0.10, 0.30)	0
(0.10, 0.15)	0.3
(0.10, 0.00)	0.3
(0.05, 0.30)	0.05
(0.05, 0.15)	0.05
(0.05, 0.00)	0.1

表4.4: B 與 T 的聯合機率分配 (II)

B \ T	0.30	0.15	0.00	
0.20	0.15	0.05	0	0.2
0.10	0	0.3	0.3	0.6
0.05	0.05	0.05	0.1	0.2
	0.2	0.4	0.4	

因此，聯合機率分配說明了兩事件同時發生的機率。譬如左上角的機率值 0.15 就是 $B=0.20$ 且 $T=0.30$ 同時發生的機率: $P(B=0.20, T=0.30)=0.15$。其他聯合機率值依此類推。底下我們定義雙變量離散隨機變數的機率分配。

定義 4.3 (聯合機率函數). 給定兩離散隨機變數 X 與 Y, 則 $X = x$ 且 $Y = y$ 同時發生的機率為

$$f(x,y) = P(X = x, Y = y)$$

其中, $f(x,y)$ 就稱做 X 與 Y 的聯合機率函數 (joint probability function), 其性質為:

1. $0 \leq f(x,y) \leq 1$
2. $\sum_x \sum_y f(x,y) = 1$

注意到聯合機率函數較為明確的寫法應該是 $f_{XY}(x,y)$, 不過在不會造成誤導的情況下, 為了簡化符號, 我們就簡單寫成 $f(x,y)$。

4.1.2 邊際機率分配

細心的讀者不難發現, 表 4.4 的最後一行與最後一列分別為橫向與縱向的加總, 事實上, 這些數字就是隨機變數個別的機率分配, 又稱邊際機率分配 (marginal probability distribution)。譬如說,

$$\{B = 0.2\} = \bigcup_{t=\{0.3, 0.15, 0\}} \{B = 0.2, T = t\}$$
$$= \{B = 0.2, T = 0.3\} \cup \{B = 0.2, T = 0.15\} \cup \{B = 0.2, T = 0\}$$

顯而易見地, 這三個事件為互斥事件, 因此,

$$P(B = 0.2) = P\left(\bigcup_t \{B = 0.2, T = t\}\right)$$
$$= \sum_{t=\{0.3, 0.15, 0\}} P(B = 0.2, T = t)$$
$$= 0.15 + 0.05 + 0 = 0.20$$

依此類推, 我們可以將 B 與 T 的邊際機率分配列於表 4.5, 並進一步定義邊際機率函數。

表4.5: B 與 T 的邊際機率分配

b	$f(b) = P(B = b)$
0.2	0.2
0.1	0.6
0.05	0.2

t	$f(t) = P(T = t)$
0.3	0.2
0.15	0.4
0	0.4

定義 4.4 (邊際機率函數). 給定兩離散隨機變數 X 與 Y, 其聯合機率函數為

$$f(x,y) = P(X = x, Y = y)$$

則 X 與 Y 的邊際機率函數 *(marginal probability function)* 分別為

$$f(x) = \sum_y f(x,y) = \sum_y P(X = x, Y = y)$$

$$f(y) = \sum_x f(x,y) = \sum_x P(X = x, Y = y)$$

除非有特殊需要,對於邊際機率函數或是邊際機率密度函數,我們會以 $f(x)$ 以及 $f(y)$ 代替 $f_X(x)$ 以及 $f_Y(y)$。值得注意的是,給定隨機變數之間的聯合機率分配,我們可以據此找出隨機變數個別的邊際機率分配,然而一般來說,反之不然。

4.1.3 條件機率分配

有時我們會想要知道,給定某一個隨機變數的資訊已知的情況下,另一個隨機變數的機率分配,亦即條件機率分配 (conditional probability distribution)。譬如說, 我們想知道: 給定藍籌股的報酬率為 20% 下 ($B = 0.2$), 則科技股報酬的條件機率值為何? 根據條件機率定義,

$$P(T = 0.3 | B = 0.2) = \frac{P(T = 0.3, B = 0.2)}{P(B = 0.2)} = \frac{0.15}{0.2} = 0.75$$

$$P(T = 0.15 | B = 0.2) = \frac{P(T = 0.15, B = 0.2)}{P(B = 0.2)} = \frac{0.05}{0.2} = 0.25$$

表 4.6: T 的邊際機率分配與條件機率分配

t	$f(t) = P(T = t)$	$f(t|0.2) = P(T = t|B = 0.2)$
0.3	0.2	0.75
0.15	0.4	0.25
0	0.4	0

$$P(T = 0|B = 0.2) = \frac{P(T = 0, B = 0.2)}{P(B = 0.2)} = \frac{0}{0.2} = 0$$

我們將 T 的邊際機率分配與條件機率分配 (給定 $B = 0.2$) 分別列在表 4.6, 而條件機率函數則定義如下。

定義 4.5 (條件機率函數). 考慮兩離散隨機變數 X, Y, 給定隨機變數 $X = x$, 隨機變數 Y 的條件機率函數 *(conditional probability function)* 為

$$f(y|x) = P(Y = y|X = x) = \frac{P(X = x, Y = y)}{P(X = x)}$$

條件機率函數應該寫成 $f_{Y|X=x}(y)$ 比較明確, 但我們依然予以簡化, 以 $f(y|x)$ 表示之。一般而言, 我們會以

$$Y|X = x \sim f(y|x)$$

來表示 Y 的條件機率分配。

4.1.4 雙變量連續隨機變數

為了簡化數學符號, 假設我們所考慮的連續隨機變數之砥柱集合均為 $(-\infty, \infty)$。連續隨機變數的基本性質與離散隨機變數十分相似, 在此, 我們僅簡單地羅列定義與性質。

定義 4.6 (連續隨機變數之聯合機率分配). 給定連續隨機變數 X 與 Y, 其聯合機率密度函數為 $f(x, y)$, 則其聯合分配函數為

$$F(x, y) = \int_{-\infty}^{x} \int_{-\infty}^{y} f(u, v) du dv$$

因此, 聯合分配函數與聯合機率密度函數之間的關係為

$$f(x,y) = \frac{\partial^2 F(x,y)}{\partial x \partial y}$$

而我們對於 $f(x,y)$ 的要求為

$$f(x,y) \geq 0 \quad \forall x, y$$

$$\int_{-\infty}^{\infty} \int_{-\infty}^{\infty} f(x,y) dx dy = 1$$

我們可以進一步定義邊際機率密度函數以及條件機率密度函數。首先, 我們定義邊際機率密度函數如下。

定義 4.7 (邊際機率密度函數). 給定 X, Y 為兩連續隨機變數, 其聯合機率密度函數為 $f(x,y)$。則 X 與 Y 的邊際機率分配可分別由下兩式求得

$$f(x) = \int_{y \in \text{supp}(Y)} f(x,y) dy = \int_{-\infty}^{\infty} f(x,y) dy$$

$$f(y) = \int_{x \in \text{supp}(X)} f(x,y) dx = \int_{-\infty}^{\infty} f(x,y) dx$$

其次, 我們定義條件機率密度函數。

定義 4.8 (條件機率密度函數). 給定 X 與 Y 為連續隨機變數且其聯合機率密度函數為 $f(x,y)$, 則 Y 的條件機率密度函數為

$$f(y|x) = \frac{f(x,y)}{f(x)}$$

其中 $f(x) > 0$。

因此, 對於連續隨機變數 X 與 Y, 其條件機率計算如下:

$$P(a < Y < b | X = x) = \int_a^b f(y|x) dy$$

注意到對於條件機率密度函數, 為了簡潔起見, 我們依舊以 $f(y|x)$ 的寫法取代 $f_{Y|X=x}(y)$。

> **例 4.1.** 連續隨機變數 X 與 Y 有如下的聯合機率密度函數：
>
> $$f(x,y) = \frac{3}{2}, \quad \text{supp}(Y) = \{y | x^2 < y < 1\}, \quad \text{supp}(X) = \{x | 0 < x < 1\}$$
>
> 1. 試問，$f(x,y)$ 是否為一合理的聯合機率密度函數？
> 2. 試找出 $f(x)$ 與 $f(y|x)$ 兩函數。

根據

$$\int_0^1 \int_{x^2}^1 \frac{3}{2} dy dx = \int_0^1 \left[\frac{3}{2}y\right]_{y=x^2}^1 dx = \int_0^1 \frac{3}{2}(1-x^2)dx = \left[\frac{3}{2}\left(x - \frac{1}{3}x^3\right)\right]_{x=0}^1 = 1$$

得知 $f(x,y)$ 為一合理的聯合機率密度函數。

$$f(x) = \int_{x^2}^1 f_{XY}(x,y)dy = \int_{x^2}^1 \frac{3}{2}dy = \left[\frac{3}{2}y\right]_{x^2}^1 = \frac{3}{2}(1-x^2)$$

$$f(y|x) = \frac{f(x,y)}{f(x)} = \frac{\frac{3}{2}}{\frac{3}{2}(1-x^2)} = \frac{1}{1-x^2}$$

最後，透過聯合機率密度函數、邊際機率密度函數，以及條件機率密度函數，我們可以針對連續隨機變數給出相對應的貝氏法則：

> **定理 4.1** (機率密度函數之貝氏法則). 給定 $f(x,y), f(x)$ 與 $f(y|x)$，
>
> $$f(x|y) = \frac{f(y|x)f(x)}{\int_{-\infty}^{\infty} f(y|x)f(x)dy}$$

Proof. 根據定義即可得。 □

4.1.5 繪製聯合機率密度函數

我們在此以一個簡單的例子說明如何以 R 繪製聯合機率密度函數。給定隨機變數 X 與 Y 聯合機率密度函數為：

$$f(x,y) = x + y, \quad 0 \leq x \leq 1, \quad 0 \leq y \leq 1$$

則我們可以利用如下的 R 程式繪製聯合機率密度函數。

R 程式 4.1 (聯合機率密度函數).

```
x = seq(0,1,by=0.01)
y = seq(0,1,by=0.01)
f = function(x,y) {x+y}
z = outer(x, y, FUN=f)
persp(x,y,z,theta=30,phi=30,expand=0.5,col="dodgerblue1")
```

其中, 我們先以 function 定義函數 $f(x,y) = x + y$, 再以 outer 函數將所有的 x 與 y 值帶入函數, 並將所得到的函數值存在 z 中。最後, 利用 persp 畫出三度空間透視圖, 並以 theta 與 phi 設定角度, expand 壓縮 z 軸座標。執行後可得圖 4.1。

圖 4.1: 聯合機率密度函數

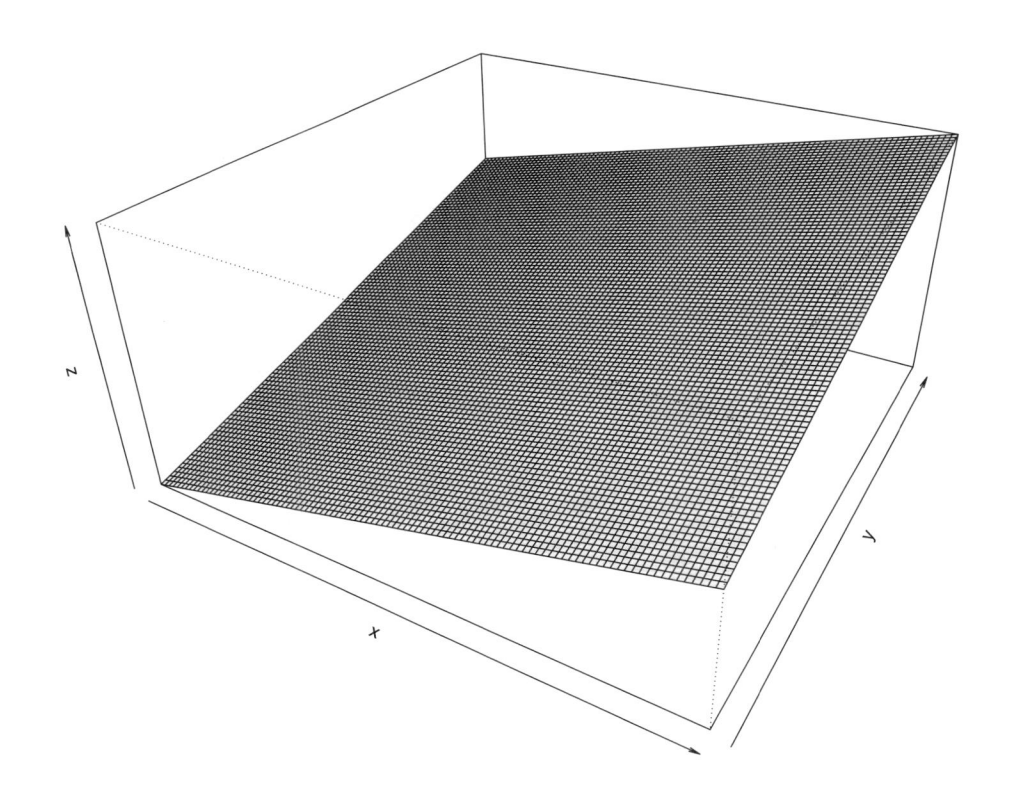

4.1.6　n 變量離散隨機變數

將以上雙變量隨機變數的定義予以一般化, 給定 n 離散隨機變數

$$\boldsymbol{X} = (X_1, X_2, \ldots, X_n)'$$

且 S_i 為 X_i 的砥柱集合, 並定義 $S = S_1 \times S_2 \times \cdots \times S_n$, 則其聯合機率函數為

$$f(x_1, x_2, \ldots, x_n) = P(X_1 = x_1, X_2 = x_2, \ldots, X_n = x_n)$$

且其性質為

1. $f(x_1, x_2, \ldots, x_n) > 0, \ \forall \ (x_1, x_2, \ldots, x_n) \in S$

2. $\displaystyle\sum\sum\cdots\sum_{(x_1, x_2, \ldots, x_n) \in S} f(x_1, x_2, \ldots, x_n) = 1$

3. $P\bigl((X_1, X_2, \ldots, X_n) \in A\bigr) = \displaystyle\sum\sum\cdots\sum_{(x_1, x_2, \ldots, x_n) \in A} f(x_1, x_2, \ldots, x_n), \ A \subset S$

任一隨機變數 (例如 X_1) 的邊際機率函數為

$$f(x_1) = \sum_{x_2} \cdots \sum_{x_n} f(x_1, x_2, \ldots, x_n)$$

而聯合機率分配函數則為

$$\begin{aligned}
F(x_1, x_2, \ldots, x_n) &= P(X_1 \leq x_1, X_2 \leq x_2, \ldots, X_n \leq x_n) \\
&= \sum_{w_1 \leq x_1} \sum_{w_2 \leq x_2} \cdots \sum_{w_n \leq x_n} P(X_1 = w_1, X_2 = w_2, \ldots, X_n = w_n)
\end{aligned}$$

如前所述, 我們可以定義 $f(x_1, x_2, \ldots, x_n) = 0 \ \forall \ (x_1, x_2, \ldots, x_n) \notin S$, 因此,

$$f(x_1, x_2, \ldots, x_n) \geq 0, \ \forall \ (x_1, x_2, \ldots, x_n) \in \mathbb{R}^n$$

4.1.7　n 變量連續隨機變數

給定 n 個連續隨機變數

$$\mathbf{X} = (X_1, \ldots, X_n)$$

且其砥柱集合為 S。若聯合機率密度函數為 $f(x_1, x_2, \ldots, x_n)$，則其聯合分配函數為

$$F(x_1, \ldots, x_n) = \int_{-\infty}^{x_1} \cdots \int_{-\infty}^{x_n} f(u_1, \ldots, u_n) du_n \cdots du_1$$

而聯合分配函數與聯合機率密度函數之間的關係為

$$f(x_1, x_2, \ldots, x_n) = \frac{\partial^n F(x_1, \ldots, x_n)}{\partial x_1 \cdots \partial x_n}$$

我們對於 $f(x_1, x_2, \ldots, x_n)$ 的要求則為

1. $f(x_1, x_2, \ldots, x_n) > 0 \quad \forall (x_1, x_2, \ldots, x_n) \in S$

2. $\iint_S \cdots \int f(x_1, \ldots, x_n) dx_1 \cdots dx_n = 1$

3. $P\big((X_1, \ldots, X_n) \in A\big) = \iint_A \cdots \int f(x_1, \ldots, x_n) dx_1 \cdots dx_n, \ A \subset S$

我們可以進一步定義 (1) 邊際機率密度函數以及 (2) 條件機率密度函數如下：

$$f(x_1) = \int_{x_2} \cdots \int_{x_n} f(x_1, x_2, \ldots, x_n) dx_n \cdots dx_2$$

$$f(x_2, x_3, \ldots, x_n | x_1) = \frac{f(x_1, x_2, \ldots, x_n)}{f(x_1)}$$

4.2 獨立的隨機變數

定義 4.9 (兩獨立隨機變數).

1. 給定兩離散隨機變數 X, Y, 對於所有的實現值 x 與 y 而言, 如果

$$P(X = x, Y = y) = P(X = x)P(Y = y)$$

則稱 X, Y 兩隨機變數相互獨立 (independent)。

2. 給定 X 與 Y 為連續隨機變數且其聯合機率密度函數為 $f(x,y)$, 邊際機率密度函數分別為 $f(x)$ 與 $f(y)$。如果

$$f(x,y) = f(x)f(y)$$

則稱 X, Y 兩隨機變數相互獨立。

我們可以進一步討論在離散隨機變數相互獨立之下, 其條件機率與邊際機率之關係。

性質 4.1 (獨立隨機變數與條件機率). 給定 X, Y 為獨立離散隨機變數且 $P(X = x) \neq 0$, 則

$$P(Y = y | X = x) = \frac{P(X = x, Y = y)}{P(X = x)} = \frac{P(X = x)P(Y = y)}{P(X = x)} = P(Y = y)$$

簡單地說, 如果兩隨機變數為獨立, 則給定任一隨機變數的資訊, 並以該資訊為條件, 並不會影響另一個隨機變數的條件機率值, 亦即, 不會影響我們評估另一個隨機變數發生的可能性。

同理, 如果考慮兩獨立連續隨機變數, 則其條件機率密度函數與邊際機率密度函數的關係如下。

定義 4.10 (獨立隨機變數與條件機率密度函數). 給定 X 與 Y 為獨立連續隨機變數且其聯合機率密度函數為 $f_{XY}(x,y)$, 則 Y 的條件機率密度函數為

$$f(y|x) = \frac{f(x,y)}{f(x)} = \frac{f(x)f(y)}{f(x)} = f(y)$$

其中, $f(x) > 0$

表 4.7: 聯合機率分配

		Y			
		2	4	6	
	1	0.04	0.08	0.08	0.2
X	3	0.12	0.24	0.24	0.6
	5	0.04	0.08	0.08	0.2
		0.2	0.4	0.4	

亦即, 在給定 X, Y 兩隨機變數為獨立之下, Y 的條件機率密度函數就等於其邊際機率密度函數。

此外, 我們之前說明, 給定隨機變數之間的聯合機率分配, 我們可以據此找出隨機變數個別的邊際機率分配, 反之則不然。然而, **如果隨機變數為獨立**, 則給定隨機變數個別的邊際機率分配, 我們可以根據定義 4.9 找出隨機變數之間的聯合機率分配。

以離散隨機變數為例:

例 4.2. X, Y 的邊際機率分配分別為

$$f(x) = \begin{cases} 0.2, & x = 1 \\ 0.6, & x = 3 \\ 0.2, & x = 5 \end{cases} \qquad f(y) = \begin{cases} 0.2, & y = 2 \\ 0.4, & y = 4 \\ 0.4, & y = 6 \end{cases}$$

若 X, Y 為獨立, 試找出 X, Y 的聯合機率分配。

根據定義 4.9,

$$P(X = 1, Y = 2) = P(X = 1)P(Y = 2) = 0.2 \times 0.2 = 0.04$$

其他聯合機率值依此類推, X, Y 的聯合機率分配如表 4.7 所示。

最後, 我們把獨立隨機變數的定義予以一般化。

定義 4.11 (獨立隨機變數).

1. 給定 n 個獨立離散隨機變數 $X_1, X_2,...,X_n$, 則對於所有可能實現值 $x_1, x_2,...,x_n$,

$$P\left(\bigcap_{i=1}^{n}\{X_i = x_i\}\right) = \prod_{i=1}^{n} P(X_i = x_i)$$

2. 給定 $\mathbf{X} = (X_1, X_2, \ldots, X_n)$ 為獨立連續隨機變數且其聯合機率密度函數為 $f(x_1, x_2, \ldots, x_n)$, 則

$$f(x_1, x_2, \ldots, x_n) = f(x_1)f(x_2)\cdots f(x_n)$$

其中 $f(x_i)$ 為 X_i 的邊際機率密度函數。

4.3 I.I.D. 隨機變數

定義 4.12 (i.i.d. 隨機變數). 若有一序列的隨機變數 $\{X_i\}_{i=1}^{n} = \{X_1, X_2, \ldots, X_n\}$ 相互獨立且來自相同分配 *(independent and identically distributed)*, 則稱之為 *i.i.d.* 隨機變數 *(i.i.d. random variables)*。

因此, i.i.d. 隨機變數的聯合 pdf 如下:

$$f_{\mathbf{X}}(x_1, x_2, \ldots, x_n) = f_{X_1}(x_1)f_{X_2}(x_2)\cdots f_{X_n}(x_n) = f_X(x_1)f_X(x_2)\cdots f_X(x_n)$$

其中第一個等號來自相互獨立性質 (independent), 而第二個等號來自分配相同 (identical)。我們會以

$$\{X_i\}_{i=1}^{n} \sim^{i.i.d.} f_X(x)$$

來表示 i.i.d. 隨機變數。

值得注意的是, 隨機變數具有相同的分配, 並不代表他們為相同的隨機變數。舉例來說, 假設我們擲公正銅板, 我們知道樣本空間為:

$$\Omega = \{H, T\}$$

且
$$P(\{H\}) = P(\{T\}) = 0.5$$

如果我們定義兩隨機變數 X_1 與 X_2 如下:

$$X_1(\omega) = \begin{cases} 1, & \omega \in \{H\} \\ 0, & \omega \in \{T\} \end{cases}$$

$$X_2(\omega) = \begin{cases} 1, & \omega \in \{T\} \\ 0, & \omega \in \{H\} \end{cases}$$

顯然地, X_1 與 X_2 均為 Bernoulli(0.5) 之隨機變數, 亦即 X_1 與 X_2 **具有相同的分配**。然而, X_1 與 X_2 **並不是相同的隨機變數**。對於事件 $\omega = \{H\}$, $X_1 = 1$ 但是 $X_2 = 0$, 對於另外一個事件 $\omega = \{T\}$, $X_1 = 0$ 而 $X_2 = 1$。

4.3.1 Bernoulli 隨機試驗過程

我們在此小節介紹一個 i.i.d. 隨機變數的例子: Bernoulli 隨機試驗過程 (Bernoulli Trial Process, BTP), 其定義如下:

定義 4.13 (Bernoulli 隨機試驗過程). 給定隨機序列 $\{X_i\}_{i=1}^n$ 滿足

1. $X_1, X_2, \ldots, X_n$ 相互獨立。

2. $X_i \sim Bernoulli(p)$ 具相同機率分配。

則稱隨機序列 $\{X_i\}_{i=1}^n$ 為一 *Bernoulli* 隨機試驗過程, 且以

$$\{X_i\}_{i=1}^n \sim BTP(n,p)$$

表示之。

簡單地說, Bernoulli 隨機試驗過程就是獨立地重複多次的 Bernoulli 隨機試驗, 譬如擲銅板多次。隨機序列 $\{X_i\}_{i=1}^n$ 為 $BTP(n,p)$ 有兩大特點: (1) $X_1, X_2, \ldots, X_n$ 相互獨立, (2) $X_1, X_2, \ldots, X_n$ 具有相同的分配:

Bernoulli(p)。事實上, 這樣的隨機序列就是 i.i.d. 隨機變數之一例子。亦即, 若 $\{X_i\}_{i=1}^n \sim \text{BTP}(n,p)$, 也就是等同於

$$\{X_i\}_{i=1}^n \sim^{i.i.d.} f_X(x)$$

其中

$$f_X(x) = p^x(1-p)^{1-x}, x = \{0,1\}$$

則其聯合機率函數如下:

$$\begin{aligned} f_X(x_1,\ldots,x_n) &= f_X(x_1)f_X(x_2)\cdots f_X(x_n) \\ &= [p^{x_1}(1-p)^{1-x_1}][p^{x_2}(1-p)^{1-x_2}]\cdots[p^{x_n}(1-p)^{1-x_n}] \\ &= p^{\sum_{i=1}^n x_i}(1-p)^{n-\sum_{i=1}^n x_i} \end{aligned}$$

因此, $\{X_i\}_{i=1}^n \sim \text{BTP}(n,p)$ 也可以寫成

$$\{X_i\}_{i=1}^n \sim^{i.i.d.} \text{Bernoulli}(p)$$

練習題

1. 令 X, Y 的聯合機率密度函數為

$$f(x,y) = k, \quad -1 \leq x \leq 3, \quad 0 \leq y \leq 1$$

其中 k 為常數。

(a) 求 k

(b) 寫出邊際機率密度函數 (marginal pdf), $f_X(x)$ 及 $f_Y(y)$

(c) X, Y 是獨立事件嗎?

(d) 寫出條件機率密度函數 (conditional pdf), $f(x|y)$

表4.8: 父親的教育程度 (X) 與子女數 (Y)

		\multicolumn{3}{c}{Y}	
		1	2	3
X	0	$\frac{1}{12}$	$\frac{1}{6}$	$\frac{1}{12}$
	1	$\frac{1}{6}$	p_1	$\frac{1}{6}$
	2	0	$\frac{1}{3}$	0

2. 令 Y_1 與 Y_2 的聯合機率密度函數為

$$f_{Y_1 Y_2}(y_1, y_2) = \begin{cases} k, & 0 \leq y_2 \leq y_1 \leq 1 \\ 0, & \text{otherwise.} \end{cases}$$

(a) 試求出 k

(b) 試求出 Y_1 以及 Y_2 的邊際機率密度函數並寫出其砥柱集合。

(c) Y_1 與 Y_2 是否獨立?

(d) 試求出 $P(Y_1 \leq 3/4 | Y_2 \leq 1/2)$

(e) 試求出給定 $Y_2 = a$ 下, Y_1 的條件機率密度函數, $f_{Y_1 | Y_2 = a}(b)$

(f) 試求出 $P(Y_1 \leq 3/4 | Y_2 = 1/3)$

3. 假設父親的教育程度 (X) 與子女數 (Y) 之間的聯合機率分配如表 4.8 所示。

其中 $X = 1$ 代表小學程度, $X = 2$ 代表中學程度, $X = 3$ 代表大學或更高的學歷, 請計算:

(a) p_1

(b) X 的機率密度函數及累積機率密度函數。

(c) X 與 Y 是否獨立?

4. 根據以下 X_1 與 X_2 的聯合機率分配, 請判斷 $\{X_1, X_2\}$ 是否為 i.i.d. 隨機變數。

(a)

X_1 \ X_2	10	20	
10	0.09	0.21	0.3
20	0.21	0.49	0.7
	0.3	0.7	

(b)

X_1 \ X_2	10	20	
10	0.18	0.42	0.6
20	0.12	0.28	0.4
	0.3	0.7	

(c)

X_1 \ X_2	10	20	
10	0.20	0.10	0.3
20	0.10	0.60	0.7
	0.3	0.7	

5. 令 X, Y 為兩連續隨機變數,其聯合機率密度函數為

$$f_{XY}(x,y) = \begin{cases} cxy, & 0 < x < y < 1 \\ 0, & \text{otherwise} \end{cases}$$

其中 c 為常數。

(a) 試找出 c 使得 $f_{XY}(x,y)$ 為一合理的機率密度函數。

(b) 試找出 X 與 Y 的 pdf, $f_X(x)$ 以及 $f_Y(y)$

(c) X, Y 兩隨機變數是否獨立?

(d) 試找出給定 $Y = y$ 下, X 的條件機率密度函數 $f(x|y)$

(e) 試求機率值 $P\left(x < \frac{1}{5} | y = \frac{1}{2}\right)$

6. 給定 $\{X,Y\} \sim^{i.i.d.} \text{Bernoulli}\left(\frac{1}{3}\right)$,

    (a) 請找出聯合機率函數 $f_{XY}(x,y)$

    (b) 請證明
    $$\sum_{y\in\text{supp}(Y)} f_{XY}(x,y) = f_X(x)$$

7. 給定 $F(x,y) = P(X \leq x, Y \leq y)$ 為隨機變數 X 與 Y 的分配函數。考慮以下兩集合：
    $$A = \{X \leq b, c < Y \leq d\}$$
    $$B = \{a < X \leq b, Y \leq d\}$$
    其中 $a < b$ 且 $c < d$。試以 $F(\cdot,\cdot)$ 表示以下機率值：

    (a) $P(A)$
    (b) $P(A \cup B)$
    (c) $P(a < X \leq b, c < Y \leq d)$

8. 假設 (X,Y) 為抽自均勻分配 (uniform distribution) $U[-1,1]$ 的 i.i.d. 隨機變數。試求條件機率
    $$P(X < Y | Y < 0)$$

5 動差

5.1 期望值, 變異數與高階動差
5.2 動差生成函數
5.3 期望值與變異數的近似
5.4 共變數
5.5 多變量隨機變數之線性函數
5.6 條件期望值與條件變異數
5.7 I.I.D. 隨機變數與動差
5.8 機率模型的應用: 資產定價模型 (選讀)
5.9 附錄

我們將在本章討論與隨機變數相關的重要概念: 動差。內容包括期望值, 變異數, 動差生成函數, 條件期望值, 與條件變異數等議題。

5.1 期望值, 變異數與高階動差

一般來說, 描繪隨機變數特性的最佳方式就是以機率分配刻劃其全貌, 亦即, 利用機率函數 (機率密度函數) 或是分配函數予以描繪。然而, 有時我們只對用來刻劃隨機變數部分特性的動差 (moments) 有興趣。譬如說, 當我們購買風險性資產時, 假設其報酬為 X。由於面對不確定性, 因而 X 為一隨機變數。在財務經濟學中會假設人們的效用函數中僅考慮報酬期

望值 (一階動差) 與變異數 (二階中央動差):
$$u = u(期望報酬, 變異數) = u(E(X), Var(X))$$
稱之為期望值–變異數效用函數 (mean-variance utility)，其中變異數就是用於衡量該資產的風險。我們將在本節介紹隨機變數之動差，包含期望值，變異數，以及其他高階動差。

5.1.1 期望值

定義 5.1 (期望值). 給定 $S = \text{supp}(X)$，隨機變數 X 的期望值 *(expectation, expected value)* 定義為：

$$若 X 離散, \quad E(X) = \sum_{x \in S} x f(x)$$
$$若 X 連續, \quad E(X) = \int_{x \in S} x f(x) dx$$

其中，若 X 為離散隨機變數，則 $f(x) = P(X = x)$，若 X 為連續隨機變數，則 $f(x)$ 為 *pdf*。

我們常用希臘字母 μ (讀作 mu) 代表期望值 $E(X)$。期望值又稱均數 (mean)，事實上就是 X 所有可能實現值以機率為權數的加權平均。因此，期望值所衡量的，就是隨機變數「平均而言」會出現的值。舉例來說，在擲銅板的賭局中，贏一塊錢 ($X = 1$) 的機率為 2/3，輸一塊錢 ($X = -1$) 的機率為 1/3，

$$E(X) = 1 \times 2/3 + (-1) \times 1/3 = 1/3$$

注意到 1/3 這個數字並非隨機變數的可能實現值，且一般而言，離散隨機變數的期望值不會在其砥柱集合之中。因此，在這個例子裡，對於期望值為 1/3 的詮釋應為: 平均而言，或是說長期而言，在多場賭局後 (n 場賭局)，當 n 夠大的話，你會贏得 $n/3$ 塊錢。[1]

另外一個值得注意的事情是，期望值是將隨機變數所有可能的實現值，依其可能發生的機率加權後加總得來，**因此期望值是一個確定的值，是一個常數，不再是隨機變數。**

---
[1] 如果一個賭局的期望值為 0，我們稱之為公平賭局 (fair game)。

為了避免符號上的複雜, 我們將假設所有加總的範圍都是隨機變數的砥柱集合, 亦即除非另有說明, 我們將以 $\sum_x$ 與 $\int_x$ 取代 $\sum_{x \in S}$ 與 $\int_{x \in S}$。此外, 許多動差的定義我們將並陳離散隨機變數與連續隨機變數, 看到求和符號 $\sum_x$ 與積分符號 $\int_x$ 時, 讀者應自行腦補為離散隨機變數與連續隨機變數, 以及對應的 pmf 與 pdf。

最後, 為了讓期望值運算在數學式中能夠比較清楚的呈現, 我們將交替使用 $E(\cdot)$ 與 $E[\cdot]$, 兩者都代表對於括號中的隨機變數取期望值。在某些書籍 (或是論文) 中, 你甚至可能會看到期望值運算省略括號, 直接以 EX 表示。

我們在底下介紹一個十分重要的定理: 不自覺的統計學家法則 (Law of the Unconscious Statistician)。

定理 5.1 (不自覺的統計學家法則). 給定 X 為一隨機變數, 則

$$E[g(X)] = \sum_x g(x) f(x),$$

$$E[g(X)] = \int_x g(x) f(x) dx$$

簡言之, 此定理就是一個「不知亦能行的公式」。[2] 此定理看似直觀, 其證明卻並非顯而易見。有興趣的讀者可參見 DeGroot and Schervish (2012) 的定理 4.1.1, 或是 Wackerly, Mendenhall, and Scheaffer (2008) 的定理 3.2。

根據定理 5.1, 我們知道

$$E\left(\frac{1}{X}\right) = \sum_x \frac{1}{x} P(X = x)$$

或是

$$E\left(\sqrt{X}\right) = \sum_x \sqrt{x} P(X = x)$$

一般而言, 除非 $g(\cdot)$ 為線性函數 (linear function), 要不然根據 Jensen 不等式,[3]

$$E[g(X)] \neq g(E(X))$$

---

[2] 語見楊維哲「機率一講」, 數學傳播第二卷第三期。
[3] 參見附錄。

舉例來說,
$$E\left(\frac{1}{X}\right) \neq \frac{1}{E(X)}$$

以下羅列與期望值相關的其他重要性質。

性質 5.1. 給定隨機變數 X 與常數 a, b, c,

1. $E(c) = c$, 且 $E[E(X)] = E(X)$
2. $E(aX) = aE(X)$
3. $E(aX + b) = aE(X) + b$
4. 若 $P(X \geq 0) = 1$, 則 $E(X) \geq 0$

Proof. 我們以離散隨機變數證明, 對連續隨機變數的證明相仿, 唯一的不同點是將求和 $\sum_x$ 以積分 $\int_x$ 取代。令 $f(x) = P(X = x)$,

$$E(c) = \sum_x cf(x) = c \sum_x f(x) = c$$

因此, 由於 $E(X)$ 為常數,

$$E[E(X)] = E(X)$$

此外,

$$E(aX) = \sum_x axf(x) = a \sum_x xf(x) = aE(X)$$
$$E(aX + b) = \sum_x (ax + b)f(x) = \sum_x axf(x) + \sum_x bf(x)$$
$$= a \sum_x xf(x) + b \sum_x f(x) = aE(X) + b$$

最後, 由於 $P(X \geq 0) = 1$ (任何實現值 $x \geq 0$), 且 $f(x) \geq 0$, 則 $xf(x) \geq 0$, 而期望值亦為不為負值:

$$E(X) = \sum_x xf(x) \geq 0$$

□

> ### Story 聖彼得堡悖論
>
> 多數的情況下, 期望值可以良好定義 (well-defined),
>
> $$E(X) < \infty$$
>
> 然而, 在某些情況下, 我們未必可以找到收斂的期望值。在此,「聖彼得堡悖論」提供了一個期望值非有限的例子。
>
> Nikolaus I. Bernoulli, (1687-1759) 是 Jakob Bernoulli 的侄兒, 也是 Bernoulli 家族中另一個著名的數學家。他在 1713 年致信法國數學家 Pierre Rémond de Montmort 時提到了一個數學問題, 世人稱之為聖彼得堡悖論 (The St. Petersburg Paradox)。考慮以下的賭局:
>
>> 投擲一枚公正的銅板。第一次就出現正面的話得到 2 元且賭局結束。假如第一次為反面, 第二次為正面則得到 4 元。第一、二次為反面, 第三次為正面則得到 8 元。以此類推, 若在第 x 次才出現正面則得到 2^x 元。理論上, 如果一直沒有出現正面, 就可以無止境地一直玩下去。
>
> 請問你願意掏出多少錢來參加這樣一個賭局?
>
> 一般來說, 我們的願付價格會等於賭局的期望收益。那麼這個賭局的期望收益是多少? 茲計算如下:
>
> $$E(2^X) = \sum_{x=1}^{\infty} 2^x P(X=x) = \sum_{x=1}^{\infty} 2^x \left(\frac{1}{2}\right)^{x-1}\left(\frac{1}{2}\right)$$
> $$= 2 \cdot \frac{1}{2} + 4 \cdot \frac{1}{4} + 8 \cdot \frac{1}{8} + \cdots = \infty$$
>
> 也就是說, 如果人們是以賭金的期望值來做決策的話, 則人們應該會願意付無窮大的金額來參加這場賭局。然而, 之所以稱之為悖論的原因就是, 沒有人會願意為這樣的賭局支付不計其數的錢。
>
> 此外, 期望值也可能會有無法定義的時候。我們在之後在第 6 章時, 會介紹到, 若隨機變數 X 服從自由度為 1 的 Student's t 分配, 則
>
> $$E(X) = \infty - \infty$$
>
> 不存在 (無法定義)。

值得注意的是, 性質 5.1-3 告訴我們, 期望值運算 $E(\cdot)$ 是一個線性運算子 (linear operator)。舉例來說, 給定 $g(X) = X - E(X)$, 則根據性質 5.1-1 與 5.1-3,

$$E[g(X)] = E[X - E(X)] = E(X) - E(X) = 0$$

5.1.2 變異數

接下來, 我們定義變異數 (variance)。

> **定義 5.2** (變異數). 隨機變數 X 的變異數 *(variance)* 定義為
>
> $$Var(X) = E\left[(X - E[X])^2\right]$$

根據定理 5.1,
$$E[(X-E[X])^2] = \begin{cases} \sum_x (x-E[X])^2 f(x) \\ \int_x (x-E[X])^2 f(x)dx \end{cases}$$

我們常用希臘字母 σ^2 (σ 讀作 sigma) 代表變異數 $Var(X)$。變異數是用來衡量所有可能實現值偏離期望值 (均數) 的離散程度。然而, 由於我們將隨機變數減去其均數後再平方, 使得變異數的單位難以定義。舉例來說, 如果 X 代表賭資, 則期望值的單位為元, 而變異數的單位為元的平方, 不具任何意義。因此, 我們將變異數開平方根, 得到單位具有意義的離散程度衡量, 稱之為標準差 (standard deviation)。

定義 5.3 (標準差). 隨機變數 X 的標準差 *(standard deviation)* 定義為
$$SD(X) = \sqrt{Var(X)}$$

以下為變異數的重要性質:

性質 5.2. 給定隨機變數 X 與常數 $a, b, c,$

1. $Var(c) = 0$
2. $Var(aX + b) = a^2 Var(X)$
3. $Var(X) = E(X^2) - [E(X)]^2$

Proof.
$$Var(c) = E[(c-E[c])^2] = E[(c-c)^2] = E(0) = 0$$

$$Var(aX+b) = E[(aX+b-E[aX+b])^2] = E[(aX-aE[X])^2]$$
$$= E[a^2(X-E[X])^2] = a^2 E[(X-E[X])^2] = a^2 Var(X)$$

$$Var(X) = E[(X-E[X])^2]$$
$$= E[X^2 - 2XE(X) + [E(X)]^2]$$
$$= E(X^2) - 2E(X)E(X) + [E(X)]^2$$
$$= E(X^2) - [E(X)]^2$$

□

注意到證明的過程中, 由於 $E(X)$ 為一常數, 因此,

$$E(2XE[X]) = 2E(X)E(X)$$

性質 5.2 中的第 3 項性質可推廣至隨機變數 X 的函數 $g(X)$:

性質 5.3.
$$Var(g(X)) = E\big([g(X)]^2\big) - \big(E[g(X)]\big)^2$$

我們將證明留給讀者。

期望值與變異數是隨機變數最爲重要的兩個動差, 若隨機變數 X 具有 $E(X) = \mu$, 以及 $Var(X) = \sigma^2$, 則我們習慣上會寫成

$$X \sim (\mu, \sigma^2)$$

代表隨機變數 X 來自期望值為 μ, 變異數為 σ^2 的機率分配。

例 5.1. 給定 $X \sim Bernoulli(p)$, 則其期望值與變異數分別為:

$$E(X) = \sum_x x f(x) = 0 \times (1-p) + 1 \times p = p$$

$$\begin{aligned}Var(X) &= \sum_x (x - E[X])^2 f(x) \\ &= (0-p)^2 \times (1-p) + (1-p)^2 \times p \\ &= p^2(1-p) + (1-p)^2 p \\ &= p(1-p)\end{aligned}$$

以下定理說明期望值的一個重要性質: $E(X)$ 為最佳常數預測式。

定理 5.2 (最佳常數預測式).

$$E(X) = \arg\min_c E\big[(X-c)^2\big]$$

其中, $E\big[(X-c)^2\big]$ 稱之為均方誤 (mean squared error)。

Proof.

$$E\left[(X-c)^2\right] = E\left[(X-E(X)+E(X)-c)^2\right]$$
$$= E\left[(X-E[X])^2\right] + E\left[(E(X)-c)^2\right]$$
$$+ 2E\left[(X-E[X])(E(X)-c)\right]$$

其中

$$2E\left[(X-E[X])(E(X)-c)\right] = 2(E(X)-c)E[X-E(X)] = 0$$

因此,

$$E\left[(X-c)^2\right] = E\left[(X-E[X])^2\right] + E\left[(E[X]-c)^2\right]$$

由於 $E\left[(X-E[X])^2\right] \geq 0$ 且 $E\left[(E[X]-c)^2\right] \geq 0$,因此,當 $c = E(X)$ 時可使 $E\left[(X-c)^2\right]$ 達到極小。 □

我們以常數 c 預測隨機變數 X, 兩者之間的差異 $X - c$ 就稱為誤差 (或是預測誤差)。我們當然希望平均誤差 (亦即誤差的期望值) 能夠越小越好。然而, 誤差有正有負, 如果單純求取期望值, 則正負會相抵。因此, 我們考慮所謂的均方誤, 就是將誤差平方後取期望值, 並以均方誤作為預測好壞的評判標準: 均方誤越小越好。[4]

定理 5.2 說明, 如果我們試圖用一個常數預測隨機變數 X, 則期望值就是可以讓均方誤達到最小的常數。

5.1.3　一般化的動差函數

接下來, 我們進一步介紹一般化的動差函數, 並討論若干高階動差之性質。

---

[4]另一個避免正負相抵的方式是取絕對值, 但是絕對值這傢伙的個性有點難搞 (譬如 kink 的存在), 所以我們不喜歡它。

定義 5.4 (動差, 中央動差與標準化動差). 隨機變數 X 的 k 階動差 (moments), k 階中央動差 (central moments) 與 k 階標準化動差 (standardized moments) 分別為

1. k 階動差
$$\mu_k = E(X^k)$$

2. k 階中央動差
$$\mu'_k = E\left[(X - E[X])^k\right]$$

3. k 階標準化動差
$$\gamma_k = E\left[\left(\frac{X - E(X)}{\sqrt{Var(X)}}\right)^k\right]$$

顯而易見, 一階動差就是隨機變數的期望值, 而二階中央動差就是隨機變數的變異數。三階與四階標準化動差則分別稱為偏態 (skewness) 與峰態 (kurtosis)。以連續隨機變數為例, 若隨機變數的機率分配為一對稱分配, 則三階標準化動差 (偏態, γ_3) 為 0 (但反之不一定成立)。一般來說, 若 $\gamma_3 > 0$, 代表分配具有右長尾 (右偏), 若 $\gamma_3 < 0$, 代表分配具有左長尾 (左偏)。圖 5.1 提供了一個右長尾分配的例子。

至於四階標準化動差 (峰態, γ_4) 則與常態分配有關 (我們將在第 6 章詳細介紹常態分配)。常態分配的峰態為 3, 因此, 若 $\gamma_4 > 3$, 則分配在尾部具有較高的機率, 亦即厚尾 (fat-tailed/heavy-tailed) 現象。參見圖 5.2 中, 虛線為標準常態分配, 而實線則為 $\gamma_4 > 3$ 的厚尾分配。

關於四階標準化動差, 有兩點值得進一步說明。第一, 四階標準化動差 γ_4 被稱為峰態, 但事實上 γ_4 與分配頂端的形狀為尖狹或是闊平沒有關係, 而是跟厚尾有關。根據 Johnson, Tietjen, and Beckman (1980), 給定相同的峰態係數, 分配頂端的形狀可能是為尖狹, 也可能是闊平 (參見 Johnson, Tietjen, and Beckman (1980) 論文中的圖 B)。因此, 他們下結論為:

"The notion that kurtosis measures 'peakedness' is clearly

圖 5.1: 右長尾 (右偏) 的機率密度函數

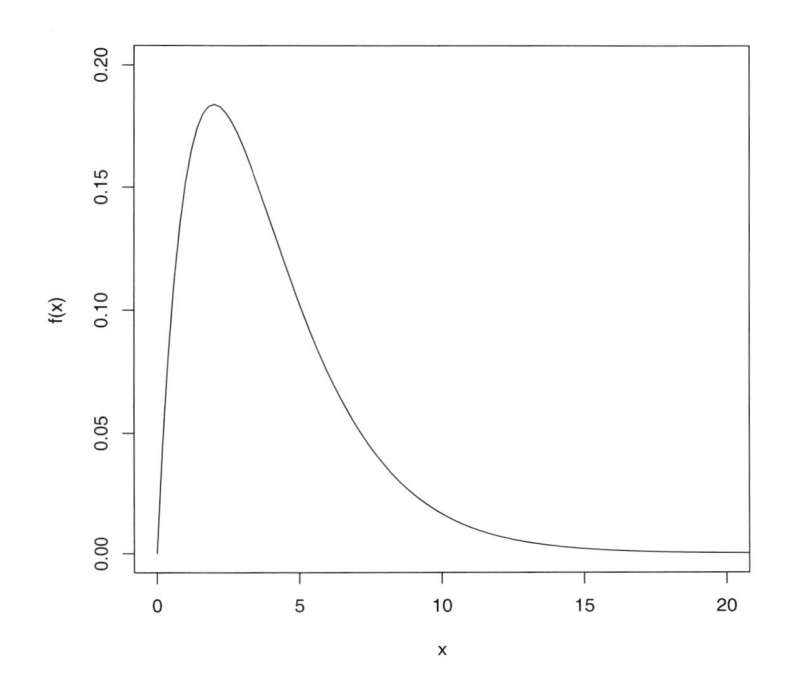

not true."

第二, $\gamma_4 > 3$ 代表分配具有厚尾, 但是具有厚尾的分配不一定可算出四階標準化動差。舉例來說, 圖 5.3 畫出一扁平厚尾分配, 其四階標準化動差不存在。

5.2 動差生成函數

我們在此節介紹動差生成函數 (moment generating functions)。顧名思義, 動差生成函數可以幫助我們求算出各階動差。然而, 動差生成函數的另一個重要功能是, 根據動差生成函數的唯一性, 我們就能透過動差生成函數來辨識 (identify) 隨機變數之分配。

圖 5.2: 厚尾分配 (實線) 與標準常態分配 (虛線) 的機率密度函數

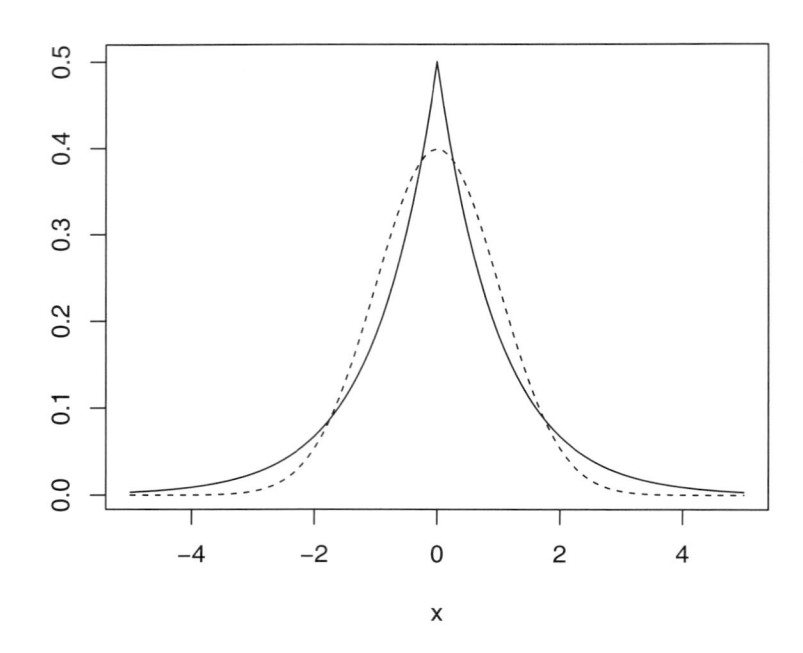

定義 5.5 (動差生成函數). 令 X 為一隨機變數, 給定 $h > 0$, 使得以下的函數

$$M_X(t) = E(e^{tX})$$

對於所有 t 而言 $(-h < t < h)$ 存在且有限 (exists and is finite), 則此 t 的函數稱之為隨機變數 X 的動差生成函數 (moment generating function), 簡稱 MGF。

根據定理 5.1,

$$E(e^{tX}) = \begin{cases} \sum_x e^{tx} f(x) \\ \int_x e^{tx} f(x) dx \end{cases}$$

底下我們以幾個特定分配的 MGF 作為例子。

圖 5.3: 扁平厚尾分配 (實線) 與標準常態分配 (虛線) 的機率密度函數

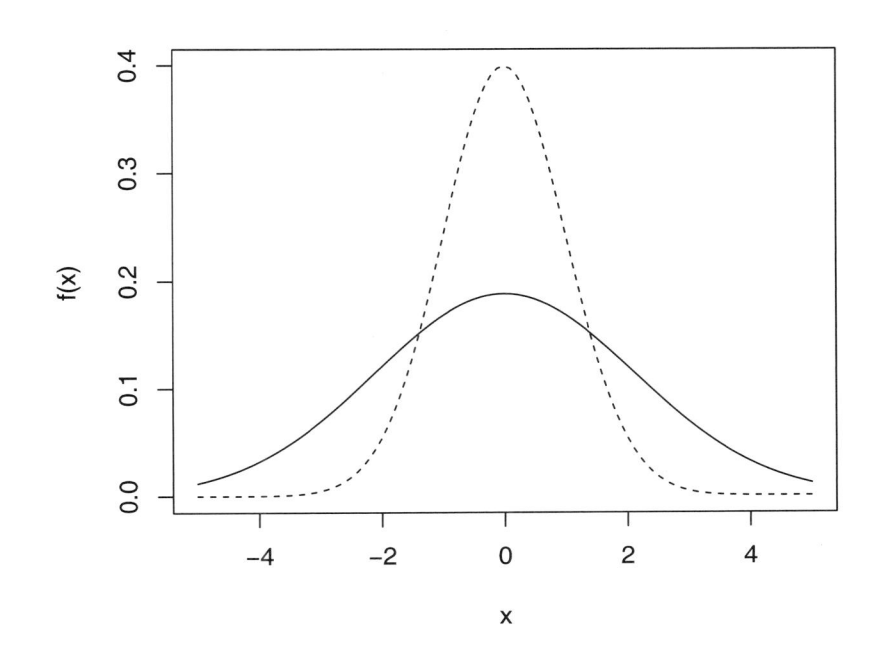

例 5.2 (Bernoulli 隨機變數的動差生成函數). 若 $X \sim Bernoulli(p)$, 則其 *MGF* 為

$$M_X(t) = E(e^{tX}) = (1-p) + pe^t$$

$$M_X(t) = E(e^{tX}) = \sum_{x=0,1} e^{tx} P(X=x)$$
$$= e^0(1-p) + e^t p = (1-p) + pe^t$$

例 5.3 (二項隨機變數的動差生成函數). 若 $Y \sim Binomial(n,p)$, 則其 *MGF* 為

$$M_Y(t) = E(e^{tY}) = [(1-p) + pe^t]^n$$

$$M_Y(t) = E(e^{tY}) = \sum_{y=0}^{n} e^{ty} P(Y=y)$$
$$= \sum_{y=0}^{n} e^{ty} \binom{n}{y} p^y (1-p)^{n-y}$$
$$= \sum_{y=0}^{n} \binom{n}{y} (pe^t)^y (1-p)^{n-y}$$
$$= [(1-p) + pe^t]^n$$

例 5.4 (均勻隨機變數的動差生成函數). 若 $X \sim U[l,h]$, 則其 MGF 為

$$M_X(t) = \frac{e^{th} - e^{tl}}{(h-l)t}, \quad t \neq 0$$

$$M_X(t) = E(e^{tX}) = \int_l^h e^{tx} \frac{1}{h-l} dx = \frac{1}{h-l} \int_l^h e^{tx} dx$$
$$= \frac{1}{h-l} \left[\frac{1}{t} e^{tx} \right]_l^h = \frac{e^{th} - e^{tl}}{(h-l)t}$$

注意到在 $t = 0$ 時, $M_X(t) = E(X^0) = 1$。

關於動差生成函數有以下幾個重要性質。

性質 5.4.
$$E(X^k) = M_X^{(k)}(0)$$
其中 $M_X^{(k)}(t)$ 代表 $M_X(t)$ 的 k 階導函數。

Proof. 根據泰勒展開式:

$$e^{tX} = 1 + tX + \frac{(tX)^2}{2!} + \frac{(tX)^3}{3!} + \frac{(tX)^4}{4!} + \cdots$$

等號兩邊取期望值,

$$M_X(t) = E(e^{tX}) = 1 + tE(X) + \frac{t^2}{2!} E(X^2) + \frac{t^3}{3!} E(X^3) + \frac{t^4}{4!} E(X^4) + \cdots$$

因此,

$$M'_X(0) = \left[E(X) + tE(X^2) + \frac{t^2}{2!}E(X^3) + \frac{t^3}{3!}E(X^4) + \cdots\right]_{t=0} = E(X)$$

$$M''_X(0) = \left[E(X^2) + tE(X^3) + \frac{t^2}{2!}E(X^4) + \cdots\right]_{t=0} = E(X^2)$$

依此類推,

$$M_X^{(k)}(0) = E(X^k)$$

□

舉例來說, 我們知道 Bernoulli(p) 隨機變數的動差生成函數為:

$$M_X(t) = E(e^{tx}) = (1-p) + pe^t$$

因此,

$$E(X) = M'_X(0) = pe^t\big]_{t=0} = p$$
$$E(X^2) = M''_X(0) = pe^t\big]_{t=0} = p$$

性質 5.5 (唯一性). 對於所有的 $t \in (-h, h)$, 如果 $M_X(t) = M_Y(t)$, 則 X 與 Y 具有相同的分配 $X \stackrel{d}{=} Y$。

Proof. 證明已超出本書範圍。 □

注意到, 由性質 5.4 可得知為何 $M_X(t)$ 稱為隨機變數 X 的動差生成函數, 然而, 我們很少會透過動差生成函數來計算動差。

根據性質 5.5, 給定動差生成函數存在, 任何一個特定分配對應著一個唯一的動差生成函數。因此, 我們可以利用動差生成函數來辨識 (identify) 特定分配。在統計學中, 性質 5.5 才是動差生成函數最重要的應用。也就是說, 當我們需要辨識某隨機變數 (或是隨機變數的函數) 是否為特定分配時, 動差生成函數是我們常用的工具, 我們在之後的章節會時常用到此性質。

性質 5.6. 給定 X 的 MGF 為 $M_X(t)$。令 $Y = aX + b$，則

$$M_Y(t) = e^{bt} M_X(at)$$

Proof.

$$M_Y(t) = E(e^{tY}) = E\left[e^{t(aX+b)}\right] = E\left[e^{atX} e^{bt}\right]$$
$$= e^{bt} E(e^{atX}) = e^{bt} M_X(at)$$

□

5.3 期望值與變異數的近似

在某些情況下，對於某些隨機變數的函數要求得其期望值與變異數並不容易。舉例來說，要直接計算 $E\left(\sqrt{X}\right)$ 或是 $Var\left(\sqrt{X}\right)$ 並非易事，以下性質幫助我們找出期望值與變異數的近似。

性質 5.7.

$$E(g(X)) \approx g(E[X])$$

$$Var(g(X)) \approx [g'(E[X])]^2 Var(X)$$

Proof. 對 $g(X)$ 在 $E(X)$ 做一階泰勒展開：

$$g(X) \approx g(E[X]) + g'(E[X])(X - E[X])$$

因此，

$$E[g(X)] \approx g(E[X]) + g'(E[X])(E[X] - E[X]) = g(E[X])$$

$$Var[g(X)] \approx Var[g(E[X]) + g'(E[X])(X - E[X])]$$
$$= [g'(E[X])]^2 Var(X - E[X]) = [g'(E[X])]^2 Var(X)$$

□

這個性質時常應用在國際金融或是財務經濟學。舉例來說，我們常會對匯率或是股票價格取對數，性質 5.7 就相當好用。

例 5.5. 給定 $X \sim (\mu, \sigma^2)$，則

$$E(\log X) \approx \log E(X) = \log \mu$$

$$Var(\log X) \approx \left(\frac{1}{E(X)}\right)^2 Var(X) = \frac{\sigma^2}{\mu^2}$$

5.4 共變數

定義 5.6 (多個隨機變數函數之期望值). 給定隨機變數 $(X_1, X_2, \ldots, X_n)$ 之函數 $g(X_1, X_2, \ldots, X_n)$。

$$E[g(X_1, X_2, \ldots, X_n)] = \begin{cases} \sum_{x_1} \cdots \sum_{x_n} g(x_1, x_2, \ldots, x_n) f_X(x_1, x_2, \ldots, x_n) \\ \int_{x_1} \cdots \int_{x_n} g(x_1, \ldots, x_n) f_X(x_1, \ldots, x_n) dx_n \cdots dx_1 \end{cases}$$

因此，給定兩隨機變數 X 與 Y，且 $g(X, Y) = (X - E[X])(Y - E[Y])$，我們可以定義共變數 (covariance)。

定義 5.7 (共變數). 兩隨機變數 X, Y 的共變數為

$$Cov(X, Y) = E[(X - E[X])(Y - E[Y])]$$

以連續隨機變數為例，$g(x, y) = (x - E[X])(y - E[Y])$，

$$Cov(X, Y) = E[(X - E[X])(Y - E[Y])]$$
$$= \int_x \int_y (x - E[X])(y - E[Y]) f(x, y) dy dx$$

共變數 (covariance) 係用來衡量兩隨機變數的共移性 (comovement)。我們常用希臘字母 σ_{XY} 代表兩隨機變數的共變數 $Cov(X, Y)$。當兩隨機變數的共變數為正，代表**平均而言**，他們會同時高於均值或同時低於均值，亦即兩隨機變數同向變動。反之，若隨機變數的共變數為負，則代表**平均而言**，兩隨機變數反向變動。底下是有關共變數的幾個性質：

性質 5.8. 給定隨機變數 X 與常數 c,

1. $Cov(X,X) = Var(X)$

2. $Cov(X,c) = 0$

Proof.

$$Cov(X,X) = E[(X - E[X])(X - E[X])]$$
$$= E(X - E[X])^2 = Var(X)$$

$$Cov(X,c) = E[(X - E[X])(c - E[c])]$$
$$= E(X - E[X])(c - c) = 0$$

$\square$

性質 5.8-1 說明了隨機變數自身與自身的共變數就是變異數, 而性質 5.8-2 則告訴我們隨機變數與常數之間的共變數爲零。

性質 5.9. 給定隨機變數 X 與 Y,

$$Cov(X,Y) = E(XY) - E(X)E(Y)$$

Proof.

$$Cov(X,Y) = E(X - E[X])(Y - E[Y])$$
$$= E(XY - XE[Y] - YE[X] + E[X]E[Y])$$
$$= E(XY) - E(Y)E(X) - E(X)E(Y) + E(X)E(Y)$$
$$= E(XY) - E(X)E(Y)$$

$\square$

性質 5.9 可幫助我們計算共變數。

共變數固然可以掌握兩隨機變數的共移性, 問題在於, 共變數的單位爲: "X 的單位 × Y 的單位," 譬如說公分×公斤。爲了避免這個困擾, 我們定義一個新的共移性衡量, 稱之爲兩隨機變數的相關係數 (correlation coefficient)。

定義 5.8 (相關係數). 兩隨機變數 X, Y 的相關係數為

$$Corr(X,Y) = \frac{Cov(X,Y)}{\sqrt{Var(X)}\sqrt{Var(Y)}} = \frac{\sigma_{XY}}{\sigma_X \sigma_Y}$$

我們以 ρ_{XY} 來表示相關係數 $Corr(X,Y)$, 其中 ρ 為希臘字母, 讀音為 rho。相關係數為一個沒有單位 (unit free) 的衡量。

性質 5.10 (相關係數重要性質).

$$-1 \leq \rho_{XY} \leq 1$$

Proof. 詳見附錄。 □

由於 $-1 \leq \rho_{XY} \leq 1$, $\rho_{XY} = 1$ 就代表兩隨機變數為完全正相關 (perfect correlation), $\rho_{XY} = -1$ 代表完全負相關 (perfect negative correlation), 而 $\rho_{XY} = 0$ 代表零相關 (zero correlation), 或稱無相關 (no correlation, uncorrelated)。然而, 值得注意的是, **相關係數衡量的是兩隨機變數是否具有線性相關性**。當 X 與 Y 為零相關並不代表 X 與 Y 沒有任何相關性, 零相關指的只是兩隨機變數沒有線性相關性。

注意到隨機變數的獨立與相關為兩個不同的概念。一般而言, X, Y 獨立隱含 X, Y 為無相關, 反之則不然。理由相當符合直覺亦簡單。隨機變數的獨立要求對於**所有**可能的實現值 x, y,

$$P(X = x, Y = y) = P(X = x)P(Y = y)$$

如例 4.2, 總共有 $3 \times 3 = 9$ 個等式得符合, 然而, 欲檢查 X, Y 為無相關, 只有一個等式須符合:

$$\sum_x \sum_y (x - E[X])(y - E[Y])P(X = x, Y = y) = 0$$

亦即欲符合獨立的定義, 需要較嚴格的條件。

例 5.6 (零相關卻非獨立). 給定隨機變數 X 的分配如下:

x	$P(X = x)$
-1	1/3
0	1/3
1	1/3

若令 $Y = X^2$, 顯而易見地, X 與 Y 並不相互獨立, 但是不難證明, $Cov(X,Y) = 0$, 亦即, X 與 Y 為零相關。

我們在此介紹另一個獨立概念, 稱為條件獨立 (conditional independence)。

定義 5.9 (條件獨立). 考慮隨機變數 X, Y, Z。在給定 $X = x$ 之下, 若

$$f(y,z|x) = f(y|x)f(z|x)$$

則稱 Y 與 Z 為條件獨立。

5.5 多變量隨機變數之線性函數

在許多情況下, 我們常會考慮多變量隨機變數之線性函數。舉例來說, 給定我們有兩種風險性資產可供選擇, 其報酬率分別為: X 與 Y。同時我們知道個別資產的預期報酬 $E(X), E(Y)$, 變異數 $Var(X), Var(Y)$ 以及共變數 $Cov(X,Y)$。

如果我們僅投資個別資產, 則只需關心個別資產的預期報酬與變異數。然而, 我們可以建構一個投資組合 (portfolio):

$$Z = \alpha X + (1 - \alpha)Y, \quad 0 \le \alpha \le 1$$

亦即將資金的 $100\alpha\%$ 投入在資產 X, $100(1 - \alpha)\%$ 投入在資產 Y。從而我們所關心的不再是個別資產的預期報酬與變異數, 而是投資組合的預期報酬與變異數: $E(Z)$ 與 $Var(Z)$。

底下我們介紹許多重要的性質，可以幫助我們了解多變量隨機變數之線性函數。我們均以離散隨機變數來證明，讀者可輕易以連續隨機變數取代證明之。

性質 5.11.
$$E(X + Y) = E(X) + E(Y)$$

Proof.

$$\begin{aligned}
E(X + Y) &= \sum_x \sum_y (x + y) P(X = x, Y = y) \\
&= \sum_x \sum_y x P(X = x, Y = y) + \sum_x \sum_y y P(X = x, Y = y) \\
&= \sum_x x \sum_y P(X = x, Y = y) + \sum_y y \sum_x P(X = x, Y = y) \\
&= \sum_x x P(X = x) + \sum_y y P(Y = y) \\
&= E(X) + E(Y)
\end{aligned}$$

□

意即，考慮兩個隨機變數的線性組合之期望值，就是期望值的線性組合。此外，根據這個證明，讀者不難發現，此性質較為清楚的寫法應為：

$$E_{XY}(X + Y) = E_X(X) + E_Y(Y)$$

也就是說，左式的期望值運算仰賴的機率分配是 X 與 Y 的聯合機率分配，而右式的期望值運算則分別仰賴 X 與 Y 各自的邊際機率分配。一般來說，為了簡省符號，我們對於下標都予以省略，任一期望值運算所對應的機率分配，讀者應自行腦補之。

底下的性質則是與變異數及共變數有關。

性質 5.12. 給定隨機變數 X, Y, Z, W 與常數 a, b, c, d,

1. $Var(aX + bY) = a^2 Var(X) + b^2 Var(Y) + 2ab Cov(X,Y)$

2. $Cov(aX + bY, cZ + dW) = ac Cov(X,Z) + ad Cov(X,W)$
$\qquad\qquad\qquad\qquad\quad + bc Cov(Y,Z) + bd Cov(Y,W)$

3. $Cov(aX + b, cY + d) = ac Cov(X,Y)$

Proof. 令 $\ddot{X} = X - E(X)$, $\ddot{Y} = Y - E(Y)$, $\ddot{Z} = Z - E(Z)$, 與 $\ddot{W} = W - E(W)$,

$$\begin{aligned} Var(aX + bY) &= E[(aX + bY - E[aX + bY])^2] \\ &= E[(a[X - E(X)] + b[Y - E(Y)])^2] \\ &= E[(a\ddot{X} + b\ddot{Y})^2] \\ &= E[a^2\ddot{X}^2 + b^2\ddot{Y}^2 + 2ab\ddot{X}\ddot{Y}] \\ &= a^2 E(\ddot{X}^2) + b^2 E(\ddot{Y}^2) + 2ab E(\ddot{X}\ddot{Y}) \\ &= a^2 Var(X) + b^2 Var(Y) + 2ab Cov(X,Y) \end{aligned}$$

$$\begin{aligned} Cov(aX + bY, cZ + dW) &= E[(aX + bY - E[aX + bY])(cZ + dW - E[cZ + dW])] \\ &= E[(a\ddot{X} + b\ddot{Y})(c\ddot{Z} + d\ddot{W})] \\ &= E(ac\ddot{X}\ddot{Z} + ad\ddot{X}\ddot{W} + bc\ddot{Y}\ddot{Z} + bd\ddot{Y}\ddot{W}) \\ &= ac E(\ddot{X}\ddot{Z}) + ad E(\ddot{X}\ddot{W}) + bc E(\ddot{Y}\ddot{Z}) + bd E(\ddot{Y}\ddot{W}) \\ &= ac Cov(X,Z) + ad Cov(X,W) \\ &\quad + bc Cov(Y,Z) + bd Cov(Y,W) \end{aligned}$$

$$\begin{aligned} Cov(aX + b, cY + d) &= E[(aX + b)(cY + d)] - E[(aX + b)]E[(cY + d)] \\ &= E(acXY + adX + bcY + bd) - (aE(X) + b)(cE(Y) + d) \\ &= ac E(XY) + ad E(X) + bc E(Y) + bd \\ &\quad - (ac E(X)E(Y) + ad E(X) + bc E(Y) + bd) \\ &= ac(E[XY] - E[X]E[Y]) \\ &= ac Cov(X,Y) \end{aligned}$$

我們只需重複運用性質 5.11 與性質 5.12, 就可以將以它們推廣到兩個以上的隨機變數。

性質 5.13. 給定 $X_1, X_2, \ldots, X_n$ 為 n 個隨機變數, 則

$$E\left(\sum_{i=1}^{n} X_i\right) = \sum_{i=1}^{n} E(X_i)$$

$$Var\left(\sum_{i=1}^{n} X_i\right) = \sum_{i=1}^{n} \sum_{j=1}^{n} Cov(X_i, X_j)$$

$$= \sum_{i=1}^{n} Var(X_i) + 2 \sum_{j=2}^{n} \sum_{i=1}^{j-1} Cov(X_i, X_j)$$

若隨機變數相互獨立, 則其性質如下:

性質 5.14. 給定 X, Y 為相互獨立之隨機變數,

1. $E(XY) = E(X)E(Y)$
2. $Cov(X, Y) = 0$
3. $Var(X + Y) = Var(X) + Var(Y)$

Proof.

$$E(XY) = \sum_x \sum_y xy P(X=x, Y=y) = \sum_x \sum_y xy P(X=x) P(Y=y)$$

$$= \left(\sum_x x P(X=x)\right)\left(\sum_y y P(Y=y)\right) = E(X)E(Y)$$

$$Cov(X, Y) = E(XY) - E(X)E(Y)$$
$$= E(X)E(Y) - E(X)E(Y) = 0$$

$$Var(X + Y) = Var(X) + Var(Y) + 2Cov(X, Y)$$
$$= Var(X) + Var(Y)$$

此外，我們介紹以下性質以連結獨立隨機變數與動差生成函數。

性質 5.15. 給定 $X_1, X_2, \ldots, X_n$ 相互獨立且 $M_{X_1}(t), M_{X_2}(t), \ldots, M_{X_n}(t)$ 分別為其動差生成函數。令

$$Y = \sum_{i=1}^{n} X_i$$

則

$$M_Y(t) = M_{X_1}(t) M_{X_2}(t) \cdots M_{X_n}(t) = \prod_{i=1}^{n} M_{X_i}(t)$$

Proof. 我們以 X 為連續隨機變數為例：

$$\begin{aligned}
M_Y(t) &= E\left[e^{tY}\right] \\
&= E\left[e^{t(X_1+X_2+\cdots+X_n)}\right] \\
&= \int_{x_1} \cdots \int_{x_n} e^{t(x_1+x_2+\cdots+x_n)} f_{\mathbf{X}}(x_1, x_2, \ldots, x_n) dx_n \cdots dx_2 dx_1 \\
&= \int_{x_1} \cdots \int_{x_n} e^{t(x_1+x_2+\cdots+x_n)} f_{X_1}(x_1) f_{X_2}(x_2) \ldots f_{X_n}(x_n) dx_n \cdots dx_2 dx_1 \\
&= \int_{x_1} e^{tx_1} f_{X_1}(x_1) dx_1 \int_{x_2} e^{tx_2} f_{X_2}(x_2) dx_2 \cdots \int_{x_n} e^{tx_n} f_{X_n}(x_n) dx_n \\
&= M_{X_1}(t) M_{X_2}(t) \cdots M_{X_n}(t)
\end{aligned}$$

我們可以透過性質 5.15 來證明以下定理：

定理 5.3. 若 $\{X_i\}_{i=1}^{n} \sim^{i.i.d.} \text{Bernoulli}(p)$，則

$$Y = \sum_i X_i \sim \text{Binomial}(n, p)$$

Proof. $\{X_i\}_{i=1}^{n} \sim^{i.i.d.} \text{Bernoulli}(p)$，則對於任意 X_i，

$$M_{X_i}(t) = pe^t + (1-p)$$

給定 $Y = \sum_i X_i$, 根據性質 5.15,

$$M_Y(t) = M_{X_1}(t)M_{X_2}(t)\cdots M_{X_n}(t) = \left[pe^t + (1-p)\right]^n$$

為 Binomial 隨機變數之動差生成函數。因此, 根據性質 5.5, 我們可以認定 Y 為 Binomial(n,p) 隨機變數。　□

最後, 我們介紹標準隨機變數。將隨機變數減去它的期望值, 然後除上它的標準差, 這樣的程序稱做將隨機變數標準化 (standardize), 所得到的新的隨機變數稱之為標準隨機變數 (standardized random variable)。

定義 5.10 (標準隨機變數). 給定 $X \sim (\mu, \sigma^2)$ 且令

$$Z = \frac{X - \mu}{\sigma}$$

則稱 Z 為標準隨機變數 *(standardized random variables)*,

$$Z \sim (0,1)$$

注意到

$$E(Z) = E\left(\frac{X-\mu}{\sigma}\right) = E\left(\frac{1}{\sigma}X - \frac{\mu}{\sigma}\right)$$
$$= \frac{1}{\sigma}E(X) - \frac{\mu}{\sigma} = 0$$

$$Var(Z) = Var\left(\frac{X-\mu}{\sigma}\right) = Var\left(\frac{1}{\sigma}X - \frac{\mu}{\sigma}\right)$$
$$= \frac{1}{\sigma^2}Var(X) = 1$$

亦即, 標準隨機變數的期望值為 0, 變異數為 1。

5.6　條件期望值與條件變異數

定義 5.11 (條件期望值). 令 X 與 Y 為隨機變數。則給定 $X = x$ 之下, Y 的條件期望值 (conditional expectation) 為

$$E(Y|X=x) = h(x) = \begin{cases} \sum_y yP(Y=y|X=x) = \sum_y yf(y|x) \\ \int_y yf(y|x)dy \end{cases}$$

亦即, $h(x) = E(Y|X = x)$ 為 x 的函數, 並非隨機變數。若以隨機變數表示,

$$E(Y|X) = h(X)$$

就是隨機變數 X 的函數。

例 5.7. 連續隨機變數 X 與 Y 有如下的聯合機率密度函數:

$$f(x,y) = \frac{3}{2}, \quad \operatorname{supp}(Y) = \{y : x^2 < y < 1\}, \quad \operatorname{supp}(X) = \{x : 0 < x < 1\}$$

試求算 $E(Y|X = x)$ 與 $E\left(Y|X = \frac{1}{2}\right)$。

根據例 4.1,

$$f(y|x) = \frac{1}{1-x^2}$$

因此

$$E(Y|X=x) = \int_{x^2}^1 yf(y|x)dy = \int_{x^2}^1 \frac{y}{1-x^2}dy = \frac{1}{2}(1+x^2)$$

$$E(Y|X=1/2) = \frac{1}{2}\left(1 + \left(\frac{1}{2}\right)^2\right) = \frac{5}{8}$$

定義 5.12 (條件變異數). 令 X 與 Y 為隨機變數。則給定 $X = x$ 之下, Y 的條件變異數 (conditional variance) 為

$$Var(Y|X=x) = h(x) = E[(Y - E[Y|X=x])^2 | X=x]$$

$$= \begin{cases} \sum_y (y - E[Y|X=x])^2 f(y|x) \\ \int_y (y - E[Y|X=x])^2 f(y|x) dy \end{cases}$$

亦即, $Var(Y|X = x)$ 亦為 x 的函數。因此, 以隨機變數表示,

$$Var(Y|X) = h(X)$$

值得再次強調, 條件期望值與條件變異數 $E(Y|X)$, $Var(Y|X)$ 是隨機變數。但是 $E(Y|X = x)$, $Var(Y|X = x)$ 則是常數。

根據條件變異數之定義即可輕易推得以下性質,

性質 5.16.
$$Var(Y|X) = E(Y^2|X) - \left[E(Y|X)\right]^2$$

我們當成習題讓讀者練習。

例 5.8. 連續隨機變數 X 與 Y 有如下的聯合機率密度函數:

$$f(x,y) = \frac{3}{2}, \quad \text{supp}(Y) = \{y : x^2 < y < 1\}, \quad \text{supp}(X) = \{x : 0 < x < 1\}$$

試求算 $Var(Y|X = x)$ 與 $Var\left(Y|X = \frac{1}{2}\right)$。

我們已知 $E(Y|X = x) = \frac{1}{2}(1 + x^2)$, 接下來可計算

$$E(Y^2|X = x) = \int_{x^2}^{1} y^2 f(y|x) dy = \int_{x^2}^{1} \frac{y^2}{1 - x^2} dy = \frac{1}{3}(1 + x^2 + x^4)$$

則根據性質 5.16,

$$\begin{aligned} Var(Y|X = x) &= E(Y^2|X = x) - \left[E(Y|X = x)\right]^2 \\ &= \frac{1}{3}(1 + x^2 + x^4) - \left[\frac{1}{2}(1 + x^2)\right]^2 \\ &= \frac{1}{12} - \frac{1}{6}x^2 + \frac{1}{12}x^4 \end{aligned}$$

且

$$Var\left(Y|X = 1/2\right) = \frac{3}{64}$$

以下介紹幾個重要的定理與性質。

性質 5.17 (Useful Rule).
$$E[h(X)Y|X] = h(X)E[Y|X]$$

Proof. 首先考慮 $X = x$ 為任一常數，$h(x)$ 亦為常數，則 $h(x)$ 可以提出到期望值運算的外面，

$$E[h(x)Y|X = x] = h(x)E(Y|X = x)$$

由於上式是對所有 $X = x$ 都成立，則

$$E[h(X)Y|X] = h(X)E(Y|X)$$

□

定理 5.4(簡單雙重期望值法則).

$$E[E(Y|X)] = E(Y)$$

亦即條件期望值的平均仍為原平均，稱之為簡單雙重期望值法則 *(simple law of iterated expectations)*。

Proof. 首先注意到，

$$E(Y|X) = h(X)$$
$$E(Y|X = x) = h(x) = \int_y y f(y|x) dy$$

且

$$E[E(Y|X)] = E[h(X)] = \int_x h(x) f(x) dx$$

因此，

$$E[E(Y|X)] = \int_x h(x)f(x)dx = \int_x \left[\int_y y f(y|x)dy\right] f(x)dx$$
$$= \int_x \int_y y \frac{f(x,y)}{f(x)} f(x) dy dx = \int_x \int_y y f(x,y) dy dx$$
$$= \int_y y \left[\int_x f(x,y)dx\right] dy = \int_y y f(y) dy = E(Y)$$

□

事實上, 更精確的翻譯應為迭代期望值法則。

我們該如何詮釋簡單雙重期望值法則: $E[E(Y|X)] = E(Y)$? 簡單地說, $E(Y|X = x)$ 可以視為母體中不同 $X = x$ 組別下的各組平均 (group average), 因此, 對各組平均再取平均, 就會得到總平均 (grand average)。舉例來說, 若全班有 M 個男生, 假設每一名學生被抽到的機率相等, 均為 $1/M$, 則平均分數 (期望值) 為 $\mu_M = \sum_i \left(Y_{i,M} \times \frac{1}{M}\right)$; 同理, 若有 F 個女生, 平均分數為 $\mu_F = \sum_i \left(Y_{i,F} \times \frac{1}{F}\right)$, 則對男生與女生的平均成績再依據男女比例的機率做平均, 就會得到全班總平均:

$$\mu_M \times \frac{M}{M+F} + \mu_F \times \frac{F}{M+F}$$
$$= \left(\sum_i Y_{i,M} \times \frac{1}{M}\right) \times \frac{M}{M+F} + \left(\sum_i Y_{i,F} \times \frac{1}{F}\right) \times \frac{F}{M+F}$$
$$= \frac{\sum_i Y_{i,M} + \sum_i Y_{i,F}}{M+F} = \mu$$

一般化的雙重期望值法則 (law of iterated expectations) 如下:

定理 5.5 (雙重期望值法則).

$$E[E(Y|X)|X,Z] = E(Y|X) \tag{1}$$

$$E[E(Y|X,Z)|X] = E(Y|X) \tag{2}$$

$$E[E(g(X,Y)|X)] = E[g(X,Y)] \tag{3}$$

Proof. 第 (1) 式的證明十分簡單, 給定任意常數 x, $h(x) = E(Y|X = x)$ 亦為常數, 則

$$E[E(Y|X = x)|X = x, Z] = E[h(x)|X = x, Z] = h(x)E[1|X = x, Z]$$
$$= h(x) = E(Y|X = x)$$

由於以上結果對於任何 x 都成立, 因此,

$$E[E(Y|X)|X,Z] = E(Y|X)$$

Story 雙重期望值法則與理性預期

雙重期望值法則是一個重要的定理，在總體經濟學的理性預期模型 (rational expectation model) 中時常使用到此定理，又稱做「較小條件集合主宰法則」(Small Conditioning Set Wins Rule, SCSWR)。舉例來說，如果以 I_t 代表市場參與者在第 t 期時所擁有的資訊集合，根據理性預期理論，市場參與者對於未來 Y_{t+1} 的預期為：

$$Y_{t,t+1}^e = E(Y_{t+1}|I_t),$$

並簡單寫成：$E(Y_{t+1}|I_t) = E_t Y_{t+1}$。

由於 $I_t \subset I_{t+1}$，亦即第 t 期時所擁有的資訊集合小於第 $t+1$ 期時所擁有的資訊集合，

$$\begin{aligned} E_t E_{t+1} Y_{t+2} &= E(E(Y_{t+2}|I_{t+1})|I_t) \\ &= E(Y_{t+2}|I_t) \\ &= E_t(Y_{t+2}) \end{aligned}$$

同理，我們可以推得，

$$E_t E_{t+j-1} Y_{t+j} = E_t Y_{t+j}, \ \forall \ j > 2$$

至於第 (2) 式，如果你可以一眼看出，給定 $X = x$，

$$E[E(Y|X=x,Z)|X=x] = \int_z \left[\int_y y f(y|x,z) dy \right] f(z|x) dz$$

則因為 $f(y|x,z)f(z|x) = \frac{f(x,y,z)}{f(x)}$，證明將迎刃而解。如果你需要進一步解釋，請參見附錄。

第 (3) 式的證明如下：

$$\begin{aligned} E[E(g(X,Y)|X)] &= \int_x \int_y g(x,y) f(y|x) dy f(x) dx \\ &= \int_x \int_y g(x,y) f(x,y) dy dx = E[g(X,Y)] \end{aligned}$$

$\square$

接下來我們介紹與條件期望值相關的重要定理：變異數分解。

定理 5.6 (變異數分解).

$$Var(Y) = E[Var(Y|X)] + Var(E[Y|X])$$

此是謂變異數分解 *(variance decomposition)*

Proof. 首先, 根據性質 5.16,

$$Var(Y|X) = E(Y^2|X) - \left[E(Y|X)\right]^2$$

等號兩邊取期望值可得

$$\begin{aligned}E\left[Var(Y|X)\right] &= E\left[E(Y^2|X)\right] - E\left(\left[E(Y|X)\right]^2\right) \\ &= E(Y^2) - E\left(\left[E(Y|X)\right]^2\right)\end{aligned}$$

再者, 根據性質 5.3,

$$Var(g(X)) = E[g(X)^2] - \left(E[g(X)]\right)^2$$

令 $g(X) = E[Y|X]$, 則

$$\begin{aligned}Var\left(E[Y|X]\right) &= E\left(\left[E(Y|X)\right]^2\right) - \left(E\left[E(Y|X)\right]\right)^2 \\ &= E\left(\left[E(Y|X)\right]^2\right) - [E(Y)]^2\end{aligned}$$

因此,

$$E\left[Var(Y|X)\right] + Var\left(E[Y|X]\right) = E(Y^2) - [E(Y)]^2 = Var(Y)$$

即得證。

□

一般來說, 我們將第一項 $E\left[Var(Y|X)\right]$ 稱之為組內變異 (within group variance), 第二項 $Var(E[Y|X])$ 稱之為組間差異 (across group variance), 也就是說, 總變異 $Var(Y)$ 可以拆解成組內變異與組間差異。

例 5.9. 令 N 為一服從 $Poisson(\lambda)$ 的隨機變數。若 $(X_1, X_2, \ldots, X_{N+1})$ 為一組來自 $Bernoulli(p)$ 的隨機樣本, 且 $\{X_i\}$ 與 N 相互獨立。令 $S_N = \sum_{i=1}^{N} X_i$, 試求

(a) 期望值 $E(S_N)$

(b) 變異數 $Var(S_N)$

我們會在第 12 章介紹 Poisson(λ) 隨機變數, 在此, 我們先將以下性質視為給定: 若 $X_i \sim$ Bernoulli(p), 則

$$E(X_i) = p, \quad Var(X_i) = p(1-p)$$

若 $N \sim$ Poisson(λ), 則

$$E(N) = Var(N) = \lambda$$

注意到 S_N 是由兩個隨機變數: X 以及 N 所組成, 且對於任意 i, X_i 與 N 相互獨立。因此, 欲求 $E(S_N)$, 我們必須先找到 $E(S_N|N)$。

根據條件期望值,

$$E(S_N|N=n) = E\left(\sum_{i=1}^{N} X_i \bigg| N=n\right) = E\left(\sum_{i=1}^{n} X_i\right)$$
$$= \sum_{i=1}^{n} E(X_i) = np$$

亦即, $E(S_N|N) = Np$, 則

$$E(S_N) = E[E(S_N|N)] = E[Np] = pE(N) = p\lambda$$

至於要求得 $Var(S_{N+1})$, 首先找出 $Var(S_N|N)$:

$$Var(S_N|N=n) = Var\left(\sum_{i=1}^{N} X_i \bigg| N=n\right) = Var\left(\sum_{i=1}^{n} X_i\right)$$
$$= \sum_{i=1}^{n} Var(X_i) = np(1-p)$$

亦即, $Var(S_N|N) = Np(1-p)$, 則

$$Var(S_N) = E[Var(S_N|N)] + Var(E[S_N|N])$$
$$= E[Np(1-p)] + Var[Np]$$
$$= p(1-p)E(N) + p^2 Var(N)$$
$$= p(1-p)\lambda + p^2\lambda = p\lambda$$

定理 5.7.
$$E(Y|X) = \arg\min_{g(X)} E\big([Y - g(X)]^2\big)$$

Proof. 注意到

$$\begin{aligned}
E\big([Y - g(X)]^2\big) &= E\big([Y - E(Y|X) + E(Y|X) - g(X)]^2\big) \\
&= E\big([Y - E(Y|X)]^2\big) + E\big([E(Y|X) - g(X)]^2\big) \\
&\quad + 2E\big([Y - E(Y|X)][E(Y|X) - g(X)]\big)
\end{aligned}$$

關於等號右邊第三項, 令 $E(Y|X) - g(X) = h(X)$,

$$\begin{aligned}
E\big([Y - E(Y|X)][E(Y|X) - g(X)]\big) &= E\big([Y - E(Y|X)]h(X)\big) \\
&= E\big(E([Y - E(Y|X)]h(X)|X)\big) \\
&= E\big(h(X)E([Y - E(Y|X)]|X)\big) \\
&= E(h(X) \times 0) = 0
\end{aligned}$$

其中, 第二個等號是根據定理 5.5。

因此,

$$E\big([Y - g(X)]^2\big) = E\big([Y - E(Y|X)]^2\big) + E\big([E(Y|X) - g(X)]^2\big)$$

注意到等號右側第一項大於等於零且與 $g(X)$ 無關, 而第二項在 $g(X) = E(Y|X)$ 時為最小, 故得證。 □

定理 5.7 告訴我們, 條件期望值 $E(Y|X)$ 為 Y 的最佳條件預測式。也就是說, 如果我們給定 X 的資訊, 並意圖用一個 X 的函數 $g(X)$ 來預測隨機變數 Y, 則可以使均方誤最小的 $g(X)$ 函數為條件期望值 $E(Y|X)$。

性質 5.18. 給定條件期望值以及條件變異數, 我們可以將條件分配以如下方式表示:

$$Y|X = x \sim (\mu_{Y|X=x}, \sigma^2_{Y|X=x})$$

其中,

$$\mu_{Y|X=x} = E(Y|X=x), \quad \sigma^2_{Y|X=x} = Var(Y|X=x)$$

最後, 我們介紹幾個重要性質。

性質 5.19. 給定隨機變數 X, Y, Z, 其中 Y 與 Z 相互「條件獨立」, 亦即 $f(y,z|x) = f(y|x)f(z|x)$, 則

$$E(Y|X,Z) = E(Y|X)$$

Proof. 給定 $X = x$, $Z = z$

$$E(Y|X=x, Z=z) = \int_y y f(y|x,z) dy = \int_y y \frac{f(y,x,z)}{f(x,z)} dy$$
$$= \int_y y \frac{f(y,z|x)f(x)}{f(z|x)f(x)} dy = \int_y y \frac{f(y|x)f(z|x)}{f(z|x)} dy$$
$$= \int_y y f(y|x) dy = E(Y|X=x)$$

以上對所有 (x,z) 均成立, 所以

$$E(Y|X,Z) = E(Y|X)$$

□

性質 5.20. 給定隨機變數 X, Y, Z, 其中 Z 與 $(X,Y)'$ 相互「獨立」。則

$$E(Y|X,Z) = E(Y|X)$$

Proof. 給定 $X = x$, $Z = z$

$$E(Y|X=x, Z=z) = \int_y y f(y|x,z) dy = \int_y y \frac{f(y,x,z)}{f(x,z)} dy$$
$$= \int_y y \frac{f(y,x)f(z)}{f(x)f(z)} dy = \int_y y \frac{f(y,x)}{f(x)} dy$$
$$= \int_y y f(y|x) dy = E(Y|X=x)$$

以上對所有 (x,z) 均成立, 所以

$$E(Y|X,Z) = E(Y|X)$$

□

注意到性質 5.19 與 5.20 是在不同假設下, 所得到相同的性質。

性質 5.21 (迭代機率法則). 給定隨機變數 Y 與 X,

$$P(Y \leq c) = E[P(Y \leq c|X)]$$

稱之爲迭代機率法則 *(law of iterated probability)*。

Proof.

$$E[P(Y \leq c|X)] = \int_{-\infty}^{\infty} P(Y \leq c|X = x)f(x)dx = \int_{-\infty}^{\infty} \left[\int_{-\infty}^{c} f(y|x)dy\right] f(x)dx$$
$$= \int_{-\infty}^{c} \int_{-\infty}^{\infty} f(y|x)f(x)dxdy = \int_{-\infty}^{c} \int_{-\infty}^{\infty} f(x,y)dxdy$$
$$= \int_{-\infty}^{c} f(y)dy = P(Y \leq c)$$

□

5.7　I.I.D. 隨機變數與動差

性質 5.22 (i.i.d. 隨機變數的重要性質). $\{X_i\}_{i=1}^{n}$ 爲 i.i.d. 隨機變數, 且 $E(X_i) = \mu$, $Var(X_i) = \sigma^2$, MGF 爲 $M_x(t)$。若給定 $Y = \sum_{i=1}^{n} X_i$, 則

1. $E(Y) = n\mu$

2. $Var(Y) = n\sigma^2$

3. $M_Y(t) = [M_x(t)]^n$

本性質我們放在習題供讀者自行證明。

5.8　機率模型的應用: 資產定價模型 (選讀)

機率模型在經濟學中有許多應用, 我們在本節中介紹機率模型在財務經濟學上的應用: 資產定價模型 (capital asset pricing model, CAPM)。假

設我們對於某資產(譬如說股票)的報酬定義為

$$R_i \equiv R_{i,t+1} = \frac{p_{i,t+1} - p_{i,t}}{p_{i,t}}$$

其中, $p_{i,t}$ 為今天的股票價格, $p_{i,t+1}$ 則為明天的股票價格, 顯然地, 由於我們無從得知明天的股票價格, 因此, 第 i 檔股票的報酬 R_i 為一隨機變數。這種報酬不確定的資產又稱做風險性資產 (risky assets)。既然 R_i 為一隨機變數, 我們自然能夠定義

1. R_i 的期望值: $E(R_i) = \mu_i$

2. R_i 的變異數: $Var(R_i) = \sigma_i^2$

3. R_i 的標準差: $SD(R_i) = \sigma_i$

4. R_i 與 R_j 的共變數: $Cov(R_i, R_j) = \sigma_{ij}$

5. R_i 與 R_j 的相關係數: $\rho_{ij} = \frac{Cov(R_i, R_j)}{SD(R_i)SD(R_j)} = \frac{\sigma_{ij}}{\sigma_i \sigma_j}$

5.8.1 資產組合與效率前沿

透過不同比重持有不同風險性資產所形成的組合稱作資產組合 (portfolio)。[5] 假設權重為 $(\alpha_1, \alpha_2, \ldots, \alpha_n)$, 且 $\sum_i \alpha_i = 1$, 則資產組合之報酬 R_p 為

$$R_p = \sum_{i=1}^{n} \alpha_i R_i$$

由於 R_p 為隨機變數的線性函數, R_p 本身自然也是隨機變數, 其動差分別為:

$$E(R_p) = \sum_{i=1}^{n} \alpha_i \mu_i$$

$$Var(R_p) = \sum_{i=1}^{n} \alpha_i^2 \sigma_i^2 + 2\sum_{i=2}^{n} \sum_{j<i} \alpha_i \alpha_j \sigma_{ij}$$

$$= \sum_{i=1}^{n} \alpha_i^2 \sigma_i^2 + 2\sum_{i=2}^{n} \sum_{j=1}^{i-1} \alpha_i \alpha_j \sigma_{ij}$$

---

[5] 更精確地說, 應該稱為風險資產投資組合。

> ## Story 現代投資組合理論
>
> 現代投資組合理論 (Modern Portfolio Theory) 的開創者為 Harry M. Markowitz (馬可維茲)。Markowitz 在美國芝加哥大學取得經濟學博士學位,並因為其在財務經濟學上開創性的成就,於 1990 年與 Merton Miller 以及 William F. Sharpe 一起獲得「瑞典中央銀行紀念諾貝爾經濟學獎」(The Bank of Sweden Prize in Economic Sciences in Memory of Alfred Nobel),也就是俗稱的諾貝爾經濟學獎 (Nobel Prize in Economic Sciences)。
>
> 其博士論文主題是以數學來分析股票市場,由於太過技術性,也太過創新,根據 Markowitz 的諾貝爾獎得獎演說,他提到 Milton Friedman 在博士論文口試時,小小地捉弄了他一下:
>
> "when I defended my dissertation as a student in the Economics Department of the University of Chicago, Professor Milton Friedman argued that portfolio theory was not Economics, and that they could not award me a Ph.D. degree in Economics for a dissertation which was not in Economics."
>
> Markowitz 的博士論文以嚴謹的數學工具,說明投資者如何在眾多風險資產中,透過數學與機率理論,構建最佳資產組合的方法。此研究讓 Markowitz 贏得「現代投資組合理論之父」的稱號,也因此獲得諾貝爾經濟學獎。
>
> 根據 Markowitz 的資產組合理論,後續的研究進一步提出了「資本資產定價模型」(Capital Asset Pricing Model, CAPM),主要的貢獻來自與 Markowitz 一起得獎的 William F. Sharpe。

若僅有兩種資產,則令 $\alpha_1 = \alpha, \alpha_2 = 1 - \alpha$

$$R_p = \alpha R_1 + (1-\alpha)R_2 \tag{4}$$

$$E(R_p) = E(\alpha R_1 + (1-\alpha)R_2) = \alpha E(R_1) + (1-\alpha)E(R_2) = \alpha\mu_1 + (1-\alpha)\mu_2$$
$$Var(R_p) = Var(\alpha R_1 + (1-\alpha)R_2)$$
$$= \alpha^2 Var(R_1) + (1-\alpha)^2 Var(R_2) + 2\alpha(1-\alpha)Cov(R_1,R_2)$$
$$= \alpha^2 \sigma_1^2 + (1-\alpha)^2 \sigma_2^2 + 2\alpha(1-\alpha)\sigma_1\sigma_2\rho_{12}$$
$$SD(R_p) = \sqrt{Var(R_p)}$$

若已知 $\mu_1 = 0.02, \sigma_1 = 0.03, \mu_2 = 0.16, \sigma_2 = 0.06$,且 $\rho_{12} = -0.25$,給定一個 α 值,就可以算出一組投資組合的期望報酬與其標準差。則對於所有可能的 $\alpha \in [0,1]$,我們可以將 $E(R_p)$ 與 $SD(R_p)$ 的所有可能組合畫出來,如圖 5.4 所示,圖中橫軸為資產組合報酬的標準差 (SD),而縱軸為資產組合報酬的期望值 (Mean)。

圖 5.4: 資產組合

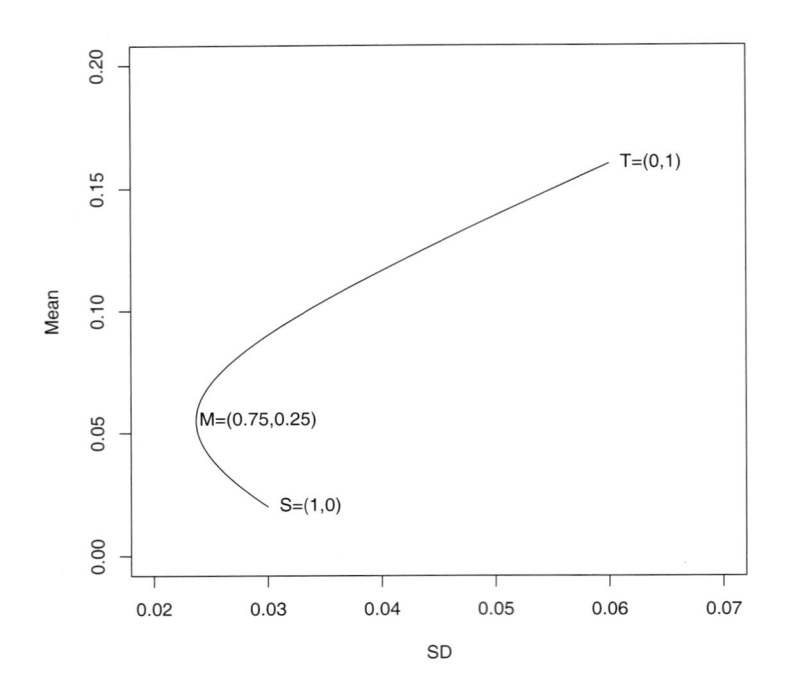

線段 $\widehat{ST}$ 稱為可行集合 (feasible set), 亦即所有「可以選擇」的資產組合。其中 S 點代表資產組合中僅考慮資產 1, 亦即 $(\alpha, 1 - \alpha) = (1, 0)$, 而 T 點代表只投資在資產 2, 亦即 $(\alpha, 1 - \alpha) = (0, 1)$。至於 M 點代表變異數最小 (風險最小) 的投資組合。在此點上,

$$\alpha^M = \arg\min_{\alpha} \alpha^2 \sigma_1^2 + (1 - \alpha)^2 \sigma_2^2 + 2\alpha(1 - \alpha)\sigma_1 \sigma_2 \rho_{12}$$

透過簡單的計算,

$$\alpha^M = \frac{\sigma_2^2 - \sigma_{12}}{\sigma_1^2 + \sigma_2^2 - 2\sigma_1 \sigma_2 \rho_{12}} = 0.75$$

我們注意到, 在 $\widehat{SM}$ 線段上的 $(E(R_p), SD(R_p))$ 組合, 會被 $\widehat{MT}$ 線段上的 $(E(R_p), SD(R_p))$ 組合所宰制 (dominate)。亦即, 給定相同的風險下, 線段 $\widehat{MT}$ 上的預期報酬都高於線段 $\widehat{SM}$ 上的預期報酬。因此, 線段 $\widehat{MT}$

圖 5.5: 不同 ρ_{12} 值下的可行集合

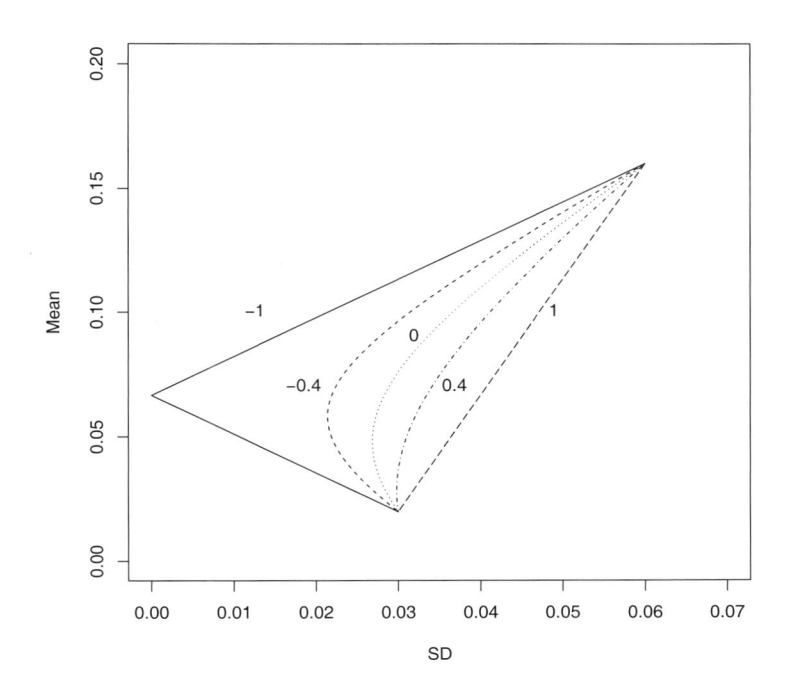

又被稱做效率集合 (efficient set), 或是效率前沿 (efficient frontier)。人們在做資產配置決策時, 只會在效率前沿上做選擇。

圖 5.4 中的資產組合可行集合具有「後彎」(backward bending) 的現象, 然而, 並不是所有資產組合的可行集合一定具有後彎現象。舉例來說, 在圖 5.5 中我們改變了資產間相關係數的值, 考慮了 $\rho_{12} = -1, -0.4, 0, 0.4$, 以及 1。我們不難看出, 當 $\rho = 0.4$ 時, 並沒有後彎現象, 當 $\rho = 1$ 時, 可行集合為一條直線。

資產組合的可行集合「後彎」的意義是, 透過建構資產組合可以同時降低風險與增加預期報酬。底下定理說明了後彎可行集合的條件。

定理 5.8 (後彎可行集合). 資產組合的可行集合為後彎的條件為:
$$\rho_{12} < \frac{\sigma_1}{\sigma_2}$$

Proof. 給定

$$Var(R_p) = \alpha^2 \sigma_1^2 + (1-\alpha)^2 \sigma_2^2 + 2\alpha(1-\alpha)\sigma_1\sigma_2\rho_{12}$$

則

$$\left.\frac{\partial Var(R_p)}{\partial \alpha}\right|_{\alpha=1} = [2\alpha\sigma_1^2 - 2(1-\alpha)\sigma_2^2 + 2(1-2\alpha)\sigma_1\sigma_2\rho_{12}]_{\alpha=1}$$
$$= 2\sigma_1^2 - 2\sigma_1\sigma_2\rho_{12}$$

若原來的投資組合中全部都是資產 1,則 $\left.\frac{\partial Var(R_p)}{\partial \alpha}\right|_{\alpha=1} > 0$ 代表減少一點資產 1 的持有會降低投資組合的風險。因此,可行集合將呈現後彎的現象。根據

$$\left.\frac{\partial Var(R_p)}{\partial \alpha}\right|_{\alpha=1} = 2\sigma_1^2 - 2\sigma_1\sigma_2\rho_{12} > 0$$

我們知道可行集合為後彎的條件為:

$$\rho_{12} < \frac{\sigma_1}{\sigma_2}$$

□

過去人們常會誤解,只有在兩資產的相關係數為負的情況下,投資組合才能達到風險分散的好處。然而,定理 5.8 告訴我們,只要兩資產的相關係數夠小,小於其標準差之比值,就能透過投資組合享受風險分散的好處。

5.8.2 資本配置線與資本市場線

我們接下來在模型中引進無風險資產 (risk-free asset),並以 R_f 代表其報酬率。具有代表性的無風險資產為美國國庫券或是銀行定存。這一類的資產會承諾於一定期間給予你固定的報酬。在不考慮物價膨脹與倒帳風險的情況下,這類資產的報酬率為固定常數: $E(R_f) = R_f$,所以稱之為無風險資產。

加入無風險資產的投資組合報酬以 R 表示,

$$R = \lambda R_p + (1-\lambda)R_f = \lambda[\alpha R_1 + (1-\alpha)R_2] + (1-\lambda)R_f \qquad (5)$$

5.8 機率模型的應用: 資產定價模型 (選讀)

預期報酬率為

$$E(R) = \lambda E(R_p) + (1-\lambda)R_f$$

標準差為

$$SD(R) = \sqrt{\lambda^2 Var(R_p)} = \lambda SD(R_p)$$

從圖 5.6 來看, A 點代表無風險資產, 座標為 $(0, R_f)$, B 點則代表效率前沿上任一組投資組合 R_p, 座標為 $(E(R_p), SD(R_p))$。給定 $\lambda \in [0,1]$, 所有可能的 $(E(R), SD(R))$ 所形成的組合就座落在圖中 $\overline{AB}$ 線段上。若是坐落在 B 點的右方 (例如在線段 $\overline{BC}$ 之間), 代表 $\lambda > 1$, 也就是融資購買股票。這一條通過 A, B 以及 C 點的直線就稱作資本配置線 (capital allocation line, CAL)。資本配置線代表在給定一組風險性資產投資組合 R_p 外加一個無風險性資產 R_f 之下, 投資人透過 λ 的選擇, 在無風險資產 R_f 與風險性資產投資組合 R_p 之間配置他的資金。

根據

$$\begin{aligned} E(R) &= \lambda E(R_p) + (1-\lambda)R_f \\ &= R_f + \lambda(E(R_p) - R_f) \\ &= R_f + \frac{SD(R)}{SD(R_p)}(E(R_p) - R_f) \end{aligned}$$

因此,

$$E(R) = R_f + \left(\frac{E(R_p) - R_f}{SD(R_p)}\right) SD(R) \tag{6}$$

根據第 (6) 式, 資本配置線的截距項為 R_f, 斜率為

$$\frac{E(R_p) - R_f}{SD(R_p)}$$

也就是說, 給定另一組風險性資產投資組合 R'_p, 就會有另一條相同截距, 但斜率為 $\frac{E(R'_p)-R_f}{SD(R'_p)}$ 的資本配置線。如圖 5.7 所示, B 點代表風險性資產投資組合 R_p, 對應的資本配置線為 CAL, 而 D 點代表風險性資產投資組合 R'_p, 所對應的資本配置線則為 CAL'。

注意到圖 5.7 中, 給定相同的風險程度 (標準差) 之下, CAL 能夠提供優於 CAL' 的期望報酬, 因此, 無論風險偏好程度高低, 任一位投資人

圖 5.6: 資本配置線

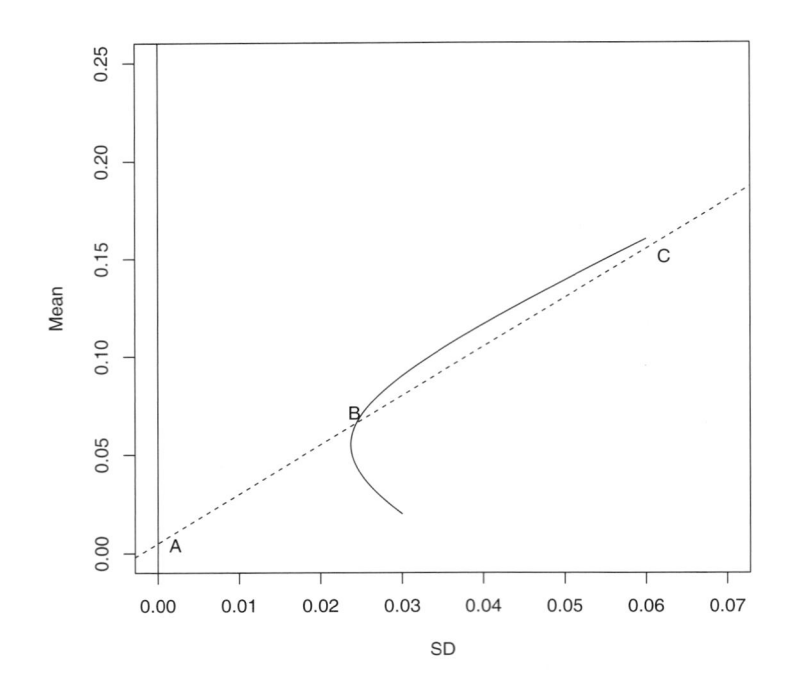

都會選擇 B 點的風險性資產投資組合。在效率前沿作為限制的前提下，投資人會選擇最上方的資本配置線以極大化期望報酬，也就是選擇一條與效率前沿相切的資本配置線。此時，這一條與效率前沿相切的資本配置線就被稱做資本市場線 (capital market line, CML)，切點所對應的風險性資產投資組合，R_p^*，就稱作最佳效率資產投資組合 (super-efficient portfolio)。參見圖 5.8。

上述有關資本市場線與最佳效率資產投資組合的討論，可以歸納在以下的分離定理 (Separation Theorem)。

圖 5.7: 資本配置線

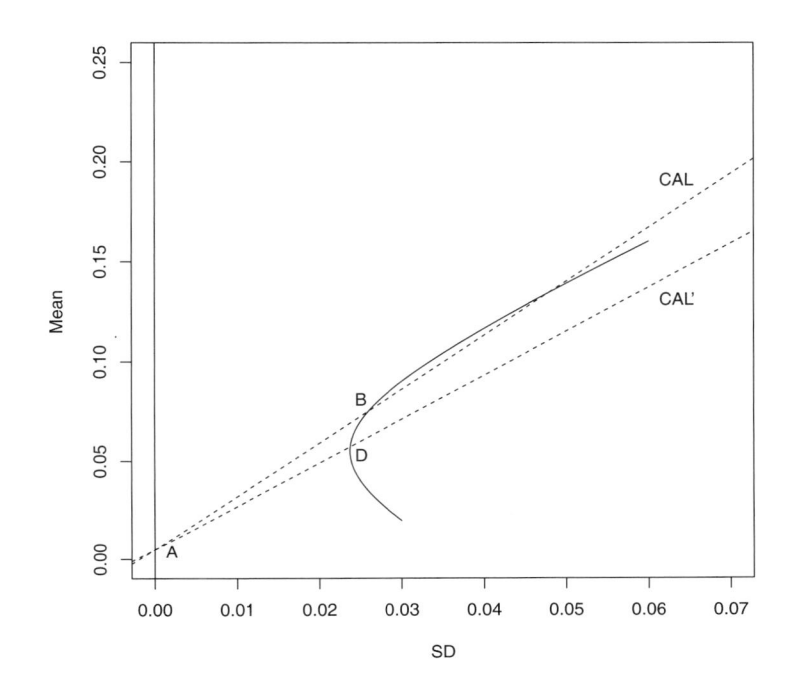

定理 5.9 (分離定理). 最適的風險性資產組合配置與投資人的風險偏好無關。個人的投資行為可分為兩個階段:

1. 先確定最佳效率資產投資組合。

2. 之後考慮無風險資產和最佳效率資產投資組合的配置。

其中, 只有第 2 階段受投資人風險偏好程度的影響。

此定理要說明的就是, 無論投資人對於風險的偏好如何, 對於風險性資產組合的配置 (亦即如何選擇第 (4) 式中的 α) 都會相同: 每一位投資人都會選擇最佳效率資產投資組合。然而, 如何在無風險資產與最佳效率資產投資組合之間做資金的配置 (亦即如何選擇第 (5) 式中的 λ) 就取決於投資人的風險偏好。

圖5.8: 資本市場線

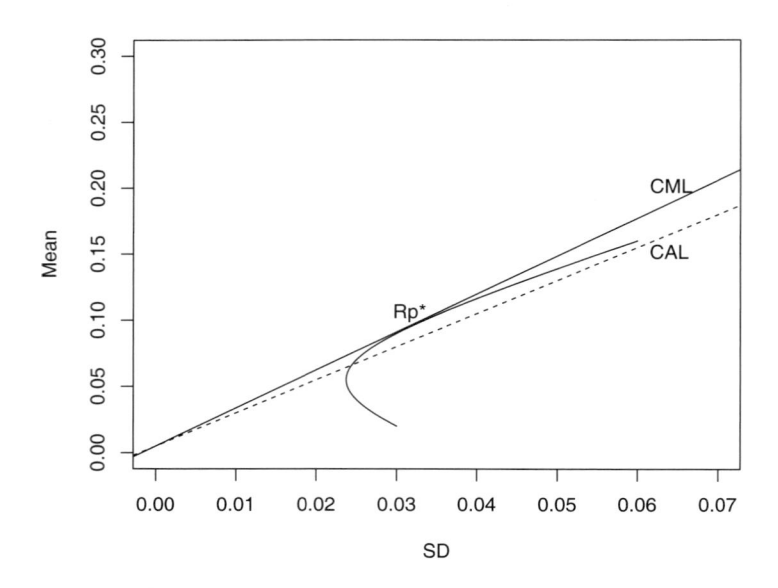

假設投資人的預期效用函數爲:

$$u(E(R), SD(R))$$

其中

$$\frac{\partial u}{\partial E(R)} > 0, \quad \frac{\partial u}{\partial SD(R)} < 0$$

也就是說投資人喜愛高預期報酬, 但是厭惡風險。圖 5.9 畫出了投資人的無異曲線 (以 u 表示), 而最適的投資組合以 R^* 表示。我們不難看出, R_p^* 與 R^* 的決定相互獨立, 互不相干, 這就是所謂的分離定理。

爲了讓讀者對於分離定理有更多的了解, 我們進一步假設預期效用

圖 5.9: 分離定理

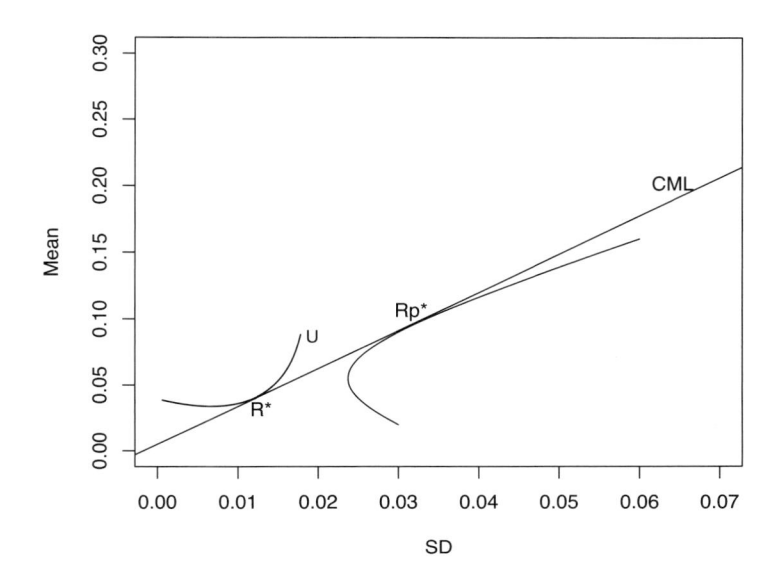

函數的形式為:[6]

$$u\left(E(R), SD(R)\right) = E(R) - \frac{b}{2}(SD(R))^2$$
$$= E(R) - \frac{b}{2}Var(R) \qquad (7)$$

其中 $b > 0$ 為風險偏好參數。b 值越大, 代表越厭惡風險。接著, 為了便於計算, 我們將資產組合重新參數化 (reparameterize):

$$R = \lambda(\alpha R_1 + (1-\alpha)R_2) + (1-\lambda)R_f = \lambda_1 R_1 + \lambda_2 R_2 + (1-\lambda_1-\lambda_2)R_f$$

其中, $\lambda_1 = \lambda\alpha$ 且 $\lambda_2 = \lambda(1-\alpha)$, 且

$$E(R) = \lambda_1 E(R_1) + \lambda_2 E(R_2) + (1-\lambda_1-\lambda_2)R_f \qquad (8)$$
$$Var(R) = \lambda_1^2 Var(R_1) + \lambda_2^2 Var(R_2) + 2\lambda_1\lambda_2 Cov(R_1, R_2) \qquad (9)$$

---

[6]參見第 6 章之例 6.1。

因此, 投資人所面臨的最適化決策問題為: 在限制式 (8) 與 (9) 之下, 選擇 λ_1 與 λ_2 極大化第 (7) 式的目標函數。將式 (8) 與 (9) 代入目標函數, 我們得到以下未受限制的極大化問題:

$$\max_{\{\lambda_1,\lambda_2\}} \lambda_1 E(R_1) + \lambda_2 E(R_2) + (1 - \lambda_1 - \lambda_2)R_f$$
$$- \frac{b}{2}\left[\lambda_1^2 Var(R_1) + \lambda_2^2 Var(R_2) + 2\lambda_1\lambda_2 Cov(R_1,R_2)\right]$$

一階條件如下:

$$E(R_1) - R_f - b(\lambda_1 Var(R_1) + \lambda_2 Cov(R_1,R_2)) = 0 \qquad (10)$$

$$E(R_2) - R_f - b(\lambda_2 Var(R_2) + \lambda_1 Cov(R_1,R_2)) = 0 \qquad (11)$$

我們可以進而求出

$$\lambda_1^* = \frac{Var(R_2)[E(R_1) - R_f] - Cov(R_1,R_2)[E(R_2) - R_f]}{bVar(R_1)Var(R_2) - b[Cov(R_1,R_2)]^2} \qquad (12)$$

$$\lambda_2^* = \frac{Var(R_1)[E(R_2) - R_f] - Cov(R_1,R_2)[E(R_1) - R_f]}{bVar(R_1)Var(R_2) - b[Cov(R_1,R_2)]^2} \qquad (13)$$

首先注意到, 由於參數 b 只出現在 λ_1^* 與 λ_2^* 的分母部分, 根據重新參數化的設定,

$$\alpha^* = \frac{\lambda_1^*}{\lambda_1^* + \lambda_2^*}$$

因此, α^* 與 b 無關。亦即, 最適的風險性資產組合配置與個人的風險偏好無關, 這就是之前所提到的分離定理。此時, 最佳效率資產投資組合 R_p^* 為

$$R_p^* = \alpha^* R_1 + (1 - \alpha^*)R_2$$

5.8.3 市場投資組合

根據分離定理, 所有的投資人都會選擇相同的最佳效率資產投資組合 R_p^*, 因此, R_p^* 一方面是個別投資人的最佳效率資產投資組合, 同時也是整個

	投入資金 ($)			
投資人	總額	無風險性資產	資產1	資產2
1	100	90	6	4
2	200	80	72	48
3	250	50	120	80
市場	550	220	198	132

市場的風險性資產組合配置, 所以 R_p^* 又稱為市場投資組合 (market portfolio), 一般以 R_m 表示之。亦即,

$$R_m = R_p^*$$

舉例來說, 如果市場上共有 3 位投資人, 根據最佳效率資產投資組合所決定的資產配置為 $(\alpha^*, 1-\alpha^*) = (3/5, 2/5)$。然而, 由於 3 位投資人的風險偏好不同, 投入在風險性資產組合佔投入資金比例各不相同 (10%, 60%, 以及 80%), 但是在不同風險性資產之間的配置都相同, 則整個市場的風險性資產組合配置比例自然也會跟最佳效率資產投資組合配置比例相同:

$$\frac{198}{132} = \frac{3/5}{2/5}$$

5.8.4 資本資產定價模型與 β 值

接下來, 我們就要進入資本資產定價模型的核心問題: 一個風險性資產該如何定價? 更精確地說, 一個風險性資產的預期報酬應該如何決定?

首先, 將最適解 λ_1^* 與 λ_2^* 代回最適條件式 (10) 與式 (11):

$$E(R_1) - R_f - b(\lambda_1^* Var(R_1) + \lambda_2^* Cov(R_1, R_2)) = 0 \qquad (14)$$

$$E(R_2) - R_f - b(\lambda_2^* Var(R_2) + \lambda_1^* Cov(R_1, R_2)) = 0 \qquad (15)$$

將第 (14) 式乘上 $\frac{\lambda_1^*}{\lambda_1^* + \lambda_2^*}$, 以及將第 (15) 式乘上 $\frac{\lambda_2^*}{\lambda_1^* + \lambda_2^*}$,

$$\frac{\lambda_1^*}{\lambda_1^* + \lambda_2^*}[E(R_1) - R_f] = b\frac{1}{\lambda_1^* + \lambda_2^*}[\lambda_1^*\lambda_1^* Var(R_1) + \lambda_1^*\lambda_2^* Cov(R_1,R_2)]$$

$$\frac{\lambda_2^*}{\lambda_1^* + \lambda_2^*}[E(R_2) - R_f] = b\frac{1}{\lambda_1^* + \lambda_2^*}[\lambda_2^*\lambda_2^* Var(R_2) + \lambda_1^*\lambda_2^* Cov(R_1,R_2)]$$

然後將上述兩式相加, 並根據定義式: $E(R_p^*) = \alpha^* E(R_1) + (1-\alpha^*)E(R_2)$ 以及 $Var(R_p^*) = (\alpha^*)^2 Var(R_1) + (1-\alpha^*)^2 Var(R_2) + 2\alpha^*(1-\alpha^*)Cov(R_1,R_2)$, 我們可以得到

$$E(R_p^*) - R_f = b(\lambda_1^* + \lambda_2^*)Var(R_p^*) \tag{16}$$

接下來, 根據

$$\begin{aligned}Cov(R_1,R_p^*) &= Cov(R_1, \alpha^* R_1 + (1-\alpha^*)R_2) \\ &= \alpha^* Var(R_1) + (1-\alpha^*)Cov(R_1,R_2) \\ &= \frac{1}{\lambda_1^* + \lambda_2^*}(\lambda_1^* Var(R_1) + \lambda_2^* Cov(R_1,R_2))\end{aligned}$$

代入式 (14), 則可得到

$$E(R_1) - R_f = b(\lambda_1^* + \lambda_2^*)Cov(R_1,R_p^*) \tag{17}$$

最後, 結合式 (16) 與式 (17), 我們可以得到

$$E(R_1) - R_f = \frac{Cov(R_1,R_p^*)}{Var(R_p^*)}(E(R_p^*) - R_f) \tag{18}$$

由於最佳效率資產投資組合 R_p^*, 也就是市場投資組合 R_m, 因此, 式 (18) 可寫成

$$E(R_1) - R_f = \frac{Cov(R_1,R_m)}{Var(R_m)}(E(R_m) - R_f) \tag{19}$$

最後, 依此類推, 對於任何資產 $i = 1,2$, 其超額報酬 (excess return) 根據下式所決定:[7]

$$E(R_i) - R_f = \frac{Cov(R_i,R_m)}{Var(R_m)}(E(R_m) - R_f) \tag{20}$$

---

[7]所謂超額報酬就是風險性資產報酬與無風險性資產報酬的差異。

我們可以進一步改寫第 (20) 式,

$$E(R_i) - R_f = \beta(E(R_m) - R_f) \tag{21}$$

其中

$$\beta = \frac{Cov(R_i, R_m)}{Var(R_m)}$$

稱為資產 i 的 β 值, 而式 (21) 就是有名的 β 公式 (β formula)。

一般我們常聽到的說法是:「高風險, 高報酬」, 或是說: "the market rewards the bearing of risk"。然而, 到底市場是對投資人所承擔的哪一種風險給予較高的預期報酬? 根據 CAPM 的 β 公式, 顯然超額報酬與資產的個別風險 $Var(R_i)$ 無關。根據 β 公式, 超額報酬取決於 β 值, 或是說, 取決於該資產與市場投資組合報酬的共變數。若共變數

$$Cov(R_i, R_m) > 0$$

則超額報酬 $E(R_i) - R_f$ 為正。也就是說, 若資產與市場投資組合報酬的共變數越高, 風險就越大, 因而要求較高的超額報酬作為風險溢酬 (risk premium)。

那麼 β 所衡量的是哪一種風險? 根據

$$Var(R) = (\lambda_1^*)^2 Var(R_1) + (\lambda_2^*)^2 Var(R_2) + 2\lambda_1^* \lambda_2^* Cov(R_1, R_2)$$

因此,

$$\frac{\partial Var(R)}{\partial \lambda_1^*} = 2\lambda_1^* Var(R_1) + 2\lambda_2^* Cov(R_1, R_2)$$

注意到

$$\begin{aligned} Cov(R_1, R_m) &= Cov\left(R_1, \alpha^* R_1 + (1-\alpha^*) R_2\right) \\ &= Cov\left(R_1, \frac{\lambda_1^*}{\lambda_1^* + \lambda_2^*} R_1 + \frac{\lambda_2^*}{\lambda_1^* + \lambda_2^*} R_2\right) \\ &= \frac{\lambda_1^*}{\lambda_1^* + \lambda_2^*} Var(R_1) + \frac{\lambda_2^*}{\lambda_1^* + \lambda_2^*} Cov(R_1, R_2) \end{aligned}$$

因此,
$$\frac{\partial Var(R)}{\partial \lambda_1^*} = 2(\lambda_1^* + \lambda_2^*)Cov(R_1, R_m) \propto \beta \qquad (22)$$

根據第 (22) 式, 當資產與市場投資組合報酬的共變數越高 (亦即 β 越大), 則多增加一些該資產於投資組合中, 會增加投資組合的風險。因此, 我們將 β 詮釋為邊際風險 (marginal risk)。

5.9 附錄

5.9.1 Jensen 不等式

定理 5.10 (Jensen 不等式). 給定 $g(X)$ 為 concave, 則

$$E(g(X)) \leq g(E[X])$$

反之, 若 $g(X)$ 為 convex, 則

$$E(g(X)) \geq g(E[X])$$

當 $g(X)$ 為線性時,

$$E(g(X)) = g(E[X])$$

Proof. 我們證明 concave 的情況。由於 $g(X)$ 為 concave, 則我們必能找到任意常數 a 與 b 使得

$$g(X) \leq a + bX$$

且

$$g(E(X)) = a + bE(X)$$

參見圖 5.10。兩邊同取期望值:

$$E(g(X)) \leq a + bE(X) = g(E(X))$$

□

圖 5.10: Strictly Concave 之函數 $g(X)$

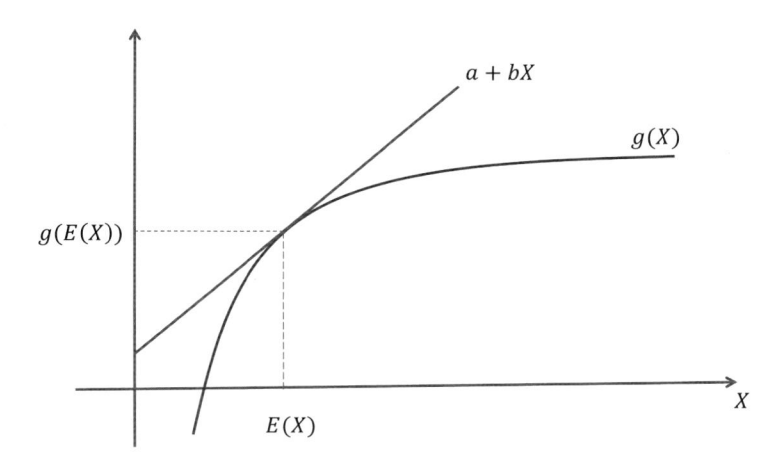

底下是 Jensen 不等式的幾個例子:

1. Concave 函數
$$E[\log(X)] \leq \log(E[X])$$
$$E\left[X^{1/2}\right] \leq (E[X])^{1/2}$$

2. Convex 函數
$$E[\exp(X)] \geq \exp(E[X])$$
$$E\left[X^2\right] \geq (E[X])^2$$

5.9.2 相關係數性質之證明

首先, 我們證明以下的 Cauchy-Schwarz 不等式:

定理 5.11 (Cauchy-Schwarz 不等式).
$$[E(UV)]^2 \leq E(U^2)E(V^2)$$

Proof. 給定任意 λ,
$$E([U + \lambda V]^2) \geq 0 \tag{23}$$

則式 (23) 可改寫成:

$$f(\lambda) = E([U + \lambda V]^2)$$
$$= E[U^2] + \lambda^2 E[V^2] + 2\lambda E[UV]$$
$$= E[V^2]\lambda^2 + 2E[UV]\lambda + E[U^2] \geq 0$$

因此, $f(\lambda) = 0$ 至多只有一個實根, 意即

$$\Delta = (2E[UV])^2 - 4E[V^2]E[U^2] \leq 0$$

整理後可得 Cauchy-Schwarz 不等式:

$$[E(UV)]^2 \leq E(U^2)E(V^2)$$

□

令 $U = X - E(X)$ 且 $V = Y - E(Y)$, 根據 Cauchy-Schwarz 不等式,

$$[Cov(X,Y)]^2 \leq Var(X)Var(Y)$$

則

$$1 \geq \frac{[Cov(X,Y)]^2}{Var(X)Var(Y)}$$

或

$$1 \geq \rho_{XY}^2$$

即得證。

5.9.3 雙重期望值法則

證明

$$E[E(Y|X,Z)|X] = E(Y|X)$$

首先注意到, 給定任意 x,

$$E(Y|X = x, Z) = h(Z)$$

是隨機變數 Z 的函數, 亦即, 給定任意 z,

$$h(z) = E(Y|X=x, Z=z) = \int_y y f(y|x,z) dy$$

因此,

$$E[E(Y|X=x,Z)|X=x] = E[h(Z)|X=x] = \int_z h(z)f(z|x)dz$$

$$= \int_z \left[\int_y y f(y|x,z)dy\right] f(z|x)dz = \int_z \int_y y f(y|x,z)f(z|x)dydz$$

$$= \int_z \int_y y \frac{f(y,x,z)}{f(x,z)} \frac{f(x,z)}{f(x)} dydz = \int_y \int_z y \frac{f(y,x,z)}{f(x)} dzdy$$

$$= \int_y y \frac{1}{f(x)} \int_z f(y,x,z) dz dy = \int_y y \frac{1}{f(x)} f(y,x) dy$$

$$= \int_y y f(y|x) dy = E(Y|X=x)$$

由於以上結果對於任何 x 都成立,

$$E(E[Y|X,Z]|X) = E(Y|X)$$

練習題

1. 證明性質 5.3。

2. 給定 $X \sim U(-a,a)$, $a > 0$, 且令 $Y = X^2$,

    (a) 請問 Y 與 X 是否獨立?

    (b) 請問 Y 與 X 是否無相關?

3. 若 X 與 Y 為兩隨機變數, 且 $\left(\frac{X}{Y}\right)$ 與 Y 相互獨立。試證明

$$E\left[\left(\frac{X}{Y}\right)^k\right] = \frac{E[X^k]}{E[Y^k]}$$

其中, k 為任意常數使得期望值 $E[\cdot]$ 存在且 $E[Y^k] \neq 0$。

4. 假設條件期望值為線性函數:

$$E(Y_t|X_t) = \alpha + \beta X_t$$

我們建構模型 A 為:

$$Y_t = \alpha + \beta X_t + e_t, \quad E(e_t|X_t) = 0$$

以及模型 B 為:

$$Y_t = \alpha + \beta X_t + e_t, \quad E(X_t e_t) = 0$$

試解釋為何模型 A 只是模型 B 的一個特例。

5. 給定 X, Y 為離散隨機變數。如果條件期望值 $E(Y|X) = X$ 且 $E(X|Y) = 0$, 試求:

   (a) P(X=0)=?

   (b) P(X=1)=?

6. 令 X 與 Y 為連續隨機變數, 其聯合 pdf 為

$$f_{XY}(x,y) = x + y, \quad 0 < x < 1, \ 0 < y < 1$$

請找出

   a. $E(X)$

   b. $E(X + Y)$

   c. 條件密度函數 $f_{Y|X=x}(y)$

   d. 條件期望值 $E(Y|X)$

7. 令隨機變數 X, Y 的聯合分配為 $P(X = x, Y = y) = c(x + y)$, 其中 $x = 0, 1, 2$, $y = 1, 2, 3$, 以及 c 為一未知實數。

   a. 請算出 c

b. 請算出 X, Y 的邊際分配。

c. 請算出 $E(X), E(Y)$

d. 請算出 $Corr(X,Y)$

e. 請算出 $E(X|Y = 2)$

f. 請算出 $E(3 + 0.2Y|X = 2)$

8. 某一生產筆記型電腦的廠商預定每天自生產線上隨機抽取 100 台電腦檢查，並記錄其故障個數以 X 表示之。若 P 表示產品之故障機率，且 P 的值每天皆有變動，又知其服從均勻分配 $P \sim U\left(0, \frac{1}{5}\right)$，則求每日期望檢驗出來多少台故障的電腦?

9. 令 X 為離散隨機變數，其 discrete pdf 為:

$$f_X(x) = P(X = x) = \begin{cases} p, & x = -1 \\ q, & x = 0 \\ r, & x = 1 \end{cases}$$

試求以下期望值:

(a) $E(X^2|X)$

(b) $E(X|X^2)$

(c) $E[E(X|X^2)]$

10. 設 X 與 Y 為離散隨機變數，$Var(X) = 16, Var(Y) = 36$ 且 $Cov(X,Y) = -18$，試計算 $Var(X + 2Y)$

11. 給定代表性個人極大化終生效用

$$\max E_t\left[\sum_{j=0}^{\infty}\beta^j u(c_{t+j})\right], \quad 0 < \beta < 1$$

受限於預算限制式為

$$c_t + A_{t+1} = (1 + r)A_t + y_t$$

其中 c_t 為消費, A_t 為資產, y_t 為所得, r 為資產報酬, β 為折現率, $E_t(\cdot) = E(\cdot|\Omega_t)$, Ω_t 為第 t 期的資訊集合, 對於所有 t 而言, $\Omega_t \subseteq \Omega_{t+1}$. 在效用函數為二次式: $u(c_t) = c_t - \frac{a}{2}c_t^2$ 且 $\beta(1+r) = 1$ 的假設下, 我們可以推得一階條件為

$$E_t(c_{t+1}) = c_t$$

對於所有 t 都成立。根據雙重期望值法則 (law of iterated expectation), 我們知道給定 $I_1 \subseteq I_2$,

$$E(E(Y|I_2)|I_1) = E(Y|I_1)$$

請據此證明 Robert Hall (1978) 著名的「消費具平賭序列性質」(the martingale property of consumption):

$$E_t(c_{t+j}) = c_t, \quad \forall\, j > 0$$

12. 證明雙重期望值法則之推廣:

$$E\left(E[g(Y)|X]\right) = E[g(Y)]$$

13. X 為一隨機變數, 且 $E(X) = 3$, $E(X^2) = 18$, 令隨機變數 $Y = 3X - 1$

   (a) 試求 $Var(Y)$

   (b) 試求 $E(XY)$

   (c) 試求 $Cov(X, Y)$

   (d) 試求 ρ_{XY}

14. 如果 $E(Y|X)$ 為一常數, 我們稱 Y 與 X 為均數獨立 (mean independent)。

   (a) 試證明, 如果 Y 與 X 為均數獨立, 則

   $$E(Y|X) = E(Y)$$

(b) 試證明，如果 Y 與 X 為均數獨立，則 Y 與 X 為零相關。

15. 給定 Y 與 X 為連續隨機變數。若 Y 與 X 獨立則隱含 Y 與 X 均數獨立。

16. W 公司的股票報酬 (R_w) 與市場效率組合報酬 (R_m) 之聯合機率分配如下：

		R_m	
		0.12	0.08
R_w	0.18	0.15	0.35
	0.06	k	0.50

(a) 請計算 k 值。

(b) 請找出 W 公司的 beta 值，以 β_w 表示之。

(c) 請計算無風險資產之報酬。

17. 給定 $X \sim U[-b,b]$，其中 $b > 0$ 為一常數。令

$$Y = \begin{cases} -1 & \text{if } |X| < \frac{b}{2} \\ 1 & \text{if } |X| \geq \frac{b}{2} \end{cases}$$

(a) 計算 $E(X)$

(b) 計算 $E(Y)$

(c) 計算 $Cov(X,Y)$

18. 給定兩隨機變數 X 與 Y，

(a) 試證明
$$E[(X - E[X])(E[Y|X] - Y)] = 0$$

(b) 試證明
$$Cov(X, E[Y|X]) = Cov(X,Y)$$

(c) 定義
$$\varepsilon = Y - E[Y|X]$$
試證明
$$Cov(X, \varepsilon) = 0$$

(d) 試證明 $Cov(E(Y|X), \varepsilon) = 0$

(e) 試證明 $Var(Y) \geq Var(\varepsilon)$

19. 給定常數 k, 證明
$$E(k) = k, \quad Var(k) = 0$$

20. 令 $\{X_i\}_{i=1}^n$ 為獨立隨機變數, 其動差生成函數為 $M_{X_i}(t) = E(e^{tX_i})$。
令
$$Y = \sum_{i=1}^n \alpha_i X_i$$
且
$$\bar{X} = \frac{1}{n} \sum_{i=1}^n X_i$$

(a) 請寫出 Y 的動差生成函數。

(b) 請寫出 $\bar{X}$ 的動差生成函數。

(c) 若 $\{X_i\}_{i=1}^n$ 為 i.i.d. 隨機變數, 請寫出 Y 的動差生成函數。

(d) 若 $\{X_i\}_{i=1}^n$ 為 i.i.d. 隨機變數, 請寫出 $\bar{X}$ 的動差生成函數。

21. 有一隨機變數 X, 滿足以下條件:
$$E[(X-1)^2] = 10$$
以及
$$E[(X-2)^2] = 6$$
請寫出 $E(X)$ 和 $Var(X)$

22. 投擲一枚不公正的銅板兩次。出現正面的偏誤為 $\frac{1}{3}$, 亦即,

$$P(H) = \frac{1}{3}, \quad P(T) = \frac{2}{3}$$

   (a) 請列出實驗的結果 (即樣本空間)。

   (b) 令隨機變數 X 表示在投擲銅板兩次後, 出現正面的次數。寫出 X 的分配。

   (c) 請算出 $E(X)$

   (d) 請算出 $Var(X)$

23. 假設 X 為一離散隨機變數, 其 $\text{supp}(X) = \{1,2,3\}$, 且令 X 的動差生成函數為:

$$M(t) = \frac{2}{5}e^t + \frac{1}{5}e^{2t} + \frac{2}{5}e^{3t}$$

請找出

   (a) X 的平均數及變異數。

   (b) X 的機率函數。

24. 有一離散隨機變數 Y, 其砥柱集合為 $\text{supp}(Y) = \{y : y = 1,2,3\}$。令 $f(y) = k\frac{y}{18}$ 表示 Y 的機率函數。現在定義另一隨機變數 $X = Y^2$,

   (a) 請找出常數 k

   (b) 請找出 X 的 CDF, 以 $F(x)$ 表示, 並畫出 $F(x)$

   (c) 請寫出 $E(X^2)$

   (d) 請寫出 $Var(X^2)$

25. 給定連續隨機變數 X 的 pdf 如下:

$$f(x) = \begin{cases} a + bx^2 & 0 \leq x \leq 1 \\ 0 & \text{otherwise} \end{cases}$$

請回答下列問題:

(a) 若 $E(X) = \frac{3}{5}$,請問 a 值與 b 值為何?

(b) 算出 $Var(X)$

26. 給定 $X_i \sim \text{Bernoulli}(p)$, $i = 1, 2, \ldots, n$,且 $X_1, X_2, \ldots, X_n$ 相互獨立。令

$$Y = \sum_{i=1}^{n} X_i$$

(a) 請找出 $E(X_3) = ?$

(b) 請找出 $Var(X_3) = ?$

(c) 請找出 $E(Y) = ?$

(d) 請找出 $Var(Y) = ?$

(e) 請找出 X_5 的 MGF。

(f) 請找出 Y 的 MGF。

27. 設 X 為一連續隨機變數,其機率密度函數為:

$$f(x) = \begin{cases} \frac{x(k-x)}{36}, & 0 < x < k \\ 0, & \text{otherwise} \end{cases}$$

試求:

(a) k 值

(b) 分配函數 $F(X)$

(c) 期望值 $E(X)$

(d) 中位數 $q_{0.5}$

(e) 機率值 $P(1 < X < 4)$

28. 令 X 為一間斷隨機變數,而 a 與 b 為兩常數。

(a) 證明 $Var(X) = E(X^2) - [E(X)]^2$

(b) 計算 $Var\left(a^2 - \frac{X}{b}\right)$

29. 證明性質 5.22。

30. 給定 X 為一連續隨機變數且 $P(X \geq 0) = 1$, 亦即, X 為恆正之隨機變數。若其分配函數為 $F(x)$, 試證明:

$$E(X) = \int_0^\infty [1 - F(x)]dx$$

31. 證明性質 5.16:

$$Var(Y|X) = E(Y^2|X) - [E(Y|X)]^2$$

32. 證明:

$$E([Y - g(X)]^2) = E[Var(Y|X)] + E([E(Y|X) - g(X)]^2)$$

並根據此結果證明定理 5.6。

33. 利用動差生成函數證明, 若 $\{X\}_{i=1}^n \sim \text{BTP}(n,p)$, 則

$$Y = \sum_{i=1}^n X_i \sim \text{Binomial}(n,p)$$

34. 令 X 為均勻分配, $X \sim U[l,h]$

   (a) 寫出 X 的砥柱集合 (support)。

   (b) 令 $Z \sim U[0,1]$, 寫出 Z 的動差生成函數, $M_Z(t)$

   (c) 以 Z 函數來表達 X

   (d) 寫出 $M_X(t)$

35. 令 $Z = E(Y|X)$ 且已知 $Cov(Y,Z) = 0$, 試找出 $Var(Z)$

36. $X \sim \text{Binomial}(n,p)$, $Y \sim \text{Binomial}(m,p)$ 且相互獨立。試以 MGF 找出 $Z = X + Y$ 的分配。

37. $X \sim \text{Bernoulli}(0.3)$,

   (a) 試求出 $E(100X^{100} - 200X^{200})$

(b) 令 $Y = 2\left(X - \frac{1}{2}\right)$, 試求出 Y 的 discrete pdf, $f_Y(y)$

38. 假設隨機變數 X 的動差生成函數為

$$M(t) = \left(\frac{1}{4} + \frac{3}{4}e^t\right)^{10},$$

請算出

(a) X 呈何種分配?

(b) $P(X \leq 1)$

(c) $E(X)$ 和 $Var(X)$

(d) $E(X^2 + 10X + 2)$

其中 (b) 小題不需算出精確的數字，只要寫出算式即可。

39. 給定 $X \sim U[0,1]$, 證明其動差生成函數為:

$$M_X(t) = \begin{cases} \frac{e^t - 1}{t}, & t \neq 0 \\ 1, & t = 0 \end{cases}$$

40. $X > 0$ 為一連續隨機變數，其機率密度函數為 f, 且令 Y 為另一隨機變數，其機率密度函數為

$$g(y) = \frac{w(y)f(y)}{E[w(X)]}$$

其中 $w(\cdot)$ 為一非負函數。

(a) 驗證 $g(y)$ 確實為一機率密度函數。

(b) 給定 $w(x) = x$, 請證明

$$E(Y) - E(X) = \frac{Var(X)}{E(X)}$$

41. 給定 $\{X_i\} \sim^{i.i.d} U[0,1]$, 且令 Z 與 Y 分別為算術平均以及幾何平均:

$$Z = \frac{X_1 + X_2 + \cdots X_n}{n}, \quad Y = \sqrt[n]{X_1 X_2 \cdots X_n}$$

試求算:

(a) $E(Z)$

(b) $Var(Z)$

(c) $E(Y)$

42. 給定兩獨立隨機變數 X 與 Y, 其期望值與變異數分別為: $E(X) = \mu_X$, $E(Y) = \mu_Y$, $Var(X) = \sigma_X^2$, 以及 $Var(Y) = \sigma_Y^2$。試以 μ_X, μ_Y, σ_X^2, σ_Y^2 以及 c 表示以下動差。

(a) $Cov(XY, Y)$

(b) $Var(XY)$

進一步給定:
$$Z = X(1 + Y)$$

試找出:

(c) $E(Z|Y = c)$

(d) $Var(Z|Y = c)$

(e) $Var(Z)$

43. 給定隨機變數 X 與 Y 的聯合 pdf 為:

$$f_{XY}(x,y) = \begin{cases} k, & \text{for } 0 \leq x \leq 1, 0 \leq y \leq 1, x + y \leq 1 \\ 0, & \text{otherwise} \end{cases}$$

(a) 試找出 k 值

(b) 試找出 $P(X > Y)$

(c) 試找出條件 CDF: $F_{Y|X=x}(y)$

(d) Y 的條件分配為何?

(e) 試找出 $E(Y|X = 1/2)$

(f) X 與 Y 是否獨立?

	\multicolumn{4}{c}{x}
	0	1	2	3
$y=1$	1/8	1/16	3/16	1/8
2	1/16	1/16	1/8	c

44. 下表為隨機變數 X 與 Y 的聯合機率分配：

    (a) 試求算 c 值
    (b) 試找出 $E(X)$ 與 $Var(X)$
    (c) 試找出邊際機率函數 $f_Y(y)$
    (d) 試找出條件機率函數 $f_{Y|X=x}(y)$
    (e) 試找出條件期望值 $E(Y|X=x)$
    (f) 驗證 $E[E(Y|X)] = E(Y)$

45. 給定隨機變數 X 的 pdf 為：

$$f(x) = \begin{cases} 2x, & 0 < x < 1 \\ 0, & \text{otherwise} \end{cases}$$

    (a) 找出 X 的分配函數, $F(x)$
    (b) 畫出 $F(x)$
    (c) 找出 MGF, $M_X(t)$

46. 令 $X \sim U[0,1]$，且

$$Y = -aX + b, \ a > 0, b > 0$$

    (a) 以 CDF 法找出 Y 的分配。
    (b) 以 MGF 辨認 Y 的分配。

47. 給定離散隨機變數 X 的砥柱集合為：

$$\text{supp}(X) = \{-1, 0, 1\}$$

(a) 若 $f_X(0) = \frac{1}{4}$, 試找出 $E(X^2)$

(b) 若 $f_X(0) = \frac{1}{4}$ 且 $E(X) = \frac{1}{4}$, 試找出 $f_X(-1)$ 與 $f_X(1)$

48. 給定 X 與 Y 為兩獨立隨機變數。若 Y 的 pdf 為

$$F_Y(y) = 1 - e^{-\frac{1}{2}y}, \ 0 < y < \infty$$

而 $X \sim U(0,1)$。另定義隨機變數

$$Z = 1 + 2e^{-\frac{1}{2}Y}$$

$$W = X^\alpha, \ \alpha > 0$$

試找出:

(a) X 與 Z 的 聯合 pdf: $f_{XZ}(x,z)$

(b) $P(X + Z \geq 2 | Z < 2)$

(c) $E(Z)$

(d) $Var(Z)$

(e) $E(W)$

49. 令 Y 與 X 分別代表統計學成績與讀書時數, 並假設兩者具有以下關係:

$$Y = E(Y|X) + \epsilon$$

其中 ϵ 捕捉讀書時數之外, 影響統計學成績的其他因素。試證明:

$$Var(Y) = Var(E[Y|X]) + Var(\epsilon)$$

50. 給定

$$\{X,Y\} \sim^{i.i.d.} (\mu, \sigma^2)$$

(a) 請利用 X 與 Y 為獨立的性質, 證明:

$$E[E(g(X)|Y)] = E(g(X))$$

(b) 請找出 $E(X(1+Y)|Y)$

(c) 請找出 $Var(X(1+Y)|Y)$

(d) 請找出 $Var(X(1+Y))$

(e) 請找出 $Cov(X(1+Y),Y)$

51. 給定 X 與 Y 的聯合 pdf 為：

$$f(x,y) = 1,\ 0 < x < 1,\ 0 < y < 1$$

令

$$Z = XY$$

(a) 試證明：

$$P(Z \leq z | X = x) = \begin{cases} \frac{z}{x}, & \text{if } z \leq x \\ 1, & \text{if } z > x \end{cases}$$

(b) 利用性質 5.21 找出 Z 的 pdf

52. 給定隨機變數 X，透過二階泰勒近似與性質 5.7 證明：

$$\log E(X) \approx E(\log X) + \frac{1}{2} Var(\log X)$$

6 常態分配及其相關分配

6.1 常態隨機變數
6.2 卡方隨機變數
6.3 Student's t 分配
6.4 F 分配
6.5 附錄

我們將在本章介紹常態分配以及與其相關的其他機率分配, 包括卡方分配, 學生 t 分配與 F 分配。簡而言之, 就是常態分配與他的快樂小夥伴 (Normal Distribution and His Merry Men)。

6.1 常態隨機變數

常態分配是統計學中最重要且應用最廣泛的分配, 許多隨機現象都可以透過常態分配予以近似。舉例來說, 圖 6.1 畫出 1950:M1–2022:M12 美國 S&P500 股票報酬的實證分配,[1] 而圖 6.2 則是畫出 1971:M1–2022:M12 英鎊兌美元匯率變動率的實證分配, 我們在圖中都加上常態分配作為比較。由此兩圖不難看出, 常態分配對於 S&P500 股票報酬以及英鎊兌美元匯率變動率都能提供不錯的近似。

在介紹常態隨機變數之前, 我們先介紹高斯積分 (Gaussian integral)。

---

[1] 我們會在第 7 章介紹資料的實證分配。

圖 6.1: S&P500 股票報酬 (1950–2022)

Histogram of Stock Returns

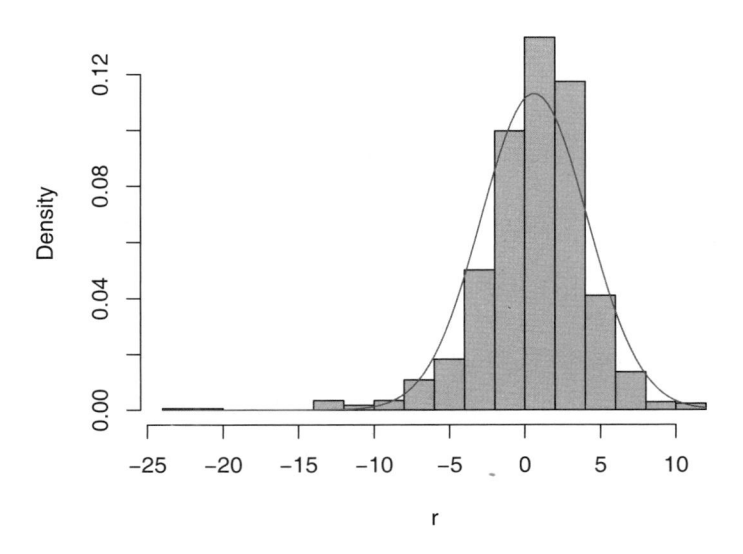

定義 6.1 (高斯積分).
$$\int_{-\infty}^{\infty} e^{-x^2} dx = \sqrt{\pi}$$
其中 $\pi \doteq 3.14159$ 為圓周率。

Proof. 參見附錄。 □

定義 6.2 (常態隨機變數). 我們稱 X 為具有參數 (μ, σ^2) 的常態隨機變數, 若其機率密度函數為
$$f(x) = \frac{1}{\sqrt{2\pi}\sigma} e^{-\frac{1}{2}\left(\frac{x-\mu}{\sigma}\right)^2}, \ \text{supp}(X) = \{x : -\infty < x < \infty\}$$
我們以 $X \sim N(\mu, \sigma^2)$ 表示之。

我們之後會證明參數 μ 與 σ^2 分別為常態隨機變數的期望值與變異數。透過變數變換與高斯積分, 我們知道 $f(x)$ 確實為一機率密度函數 (參見附錄)。

圖6.2: 英鎊兌美元匯率報酬率 (變動率, 1971–2022)

Histogram of Exchange Rate Returns

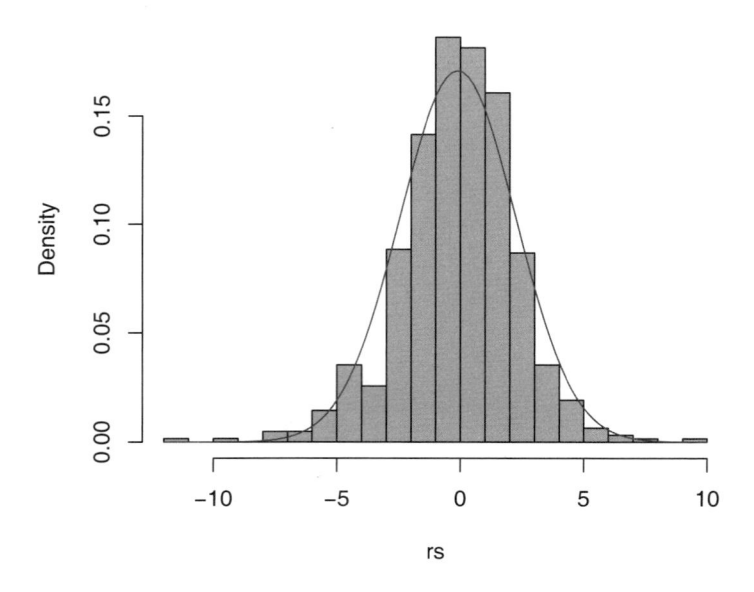

給定 $\mu = 0$, 以及 $\sigma^2 = 1$, 我們可以定義標準常態隨機變數 (standard normal random variables), 習慣上以 Z 表示之。

定義 6.3 (標準常態隨機變數). 我們稱 Z 爲標準常態隨機變數, 若其機率密度函數爲
$$\phi(z) = \frac{1}{\sqrt{2\pi}} e^{-\frac{1}{2}z^2}$$
我們以 $Z \sim N(0,1)$ 表示之。

注意到我們通常以希臘字母 ϕ 代表標準常態隨機變數的機率密度函數, 而分配函數則以希臘字母 Φ 表示:
$$\Phi(z) = \int_{-\infty}^{z} \phi(w) dw$$
我們在圖 6.3 中畫出了 $\mu = 0$, 但 $\sigma^2 = 1$ 與 $\sigma^2 = 9$ 的常態分配 (繪製圖 6.3 的 R 程式參見附錄)。

底下定理說明常態隨機變數與標準常態隨機變數之間的關係。

圖6.3: 常態分配: 實線為 $N(0,1)$, 虛線為 $N(0,9)$

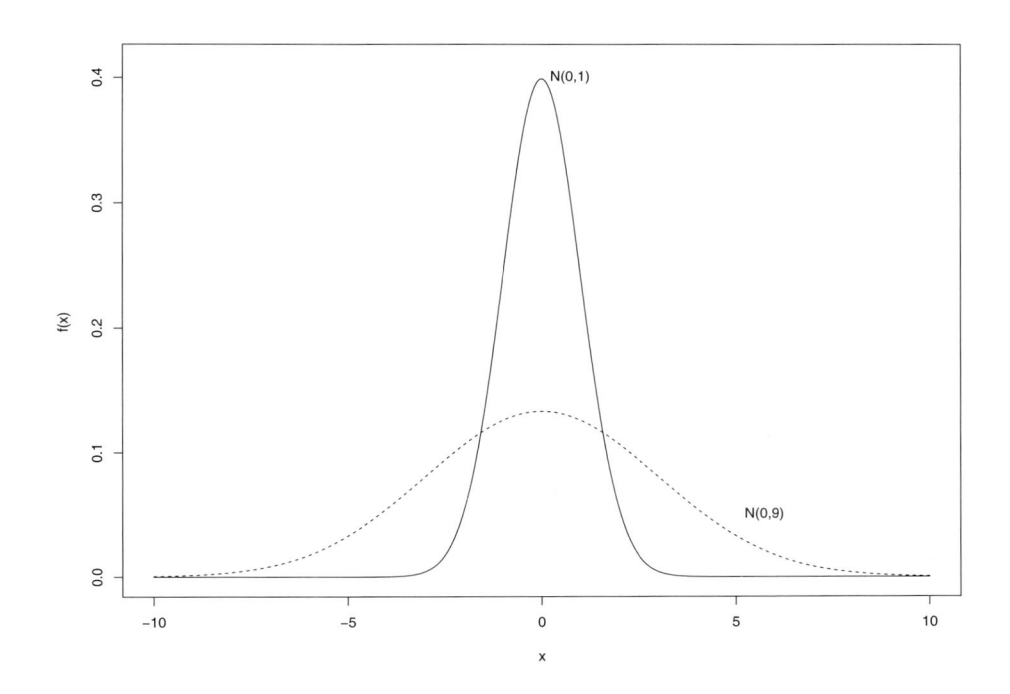

定理 6.1. 給定 $Z \sim N(0,1)$ 與 $X = \sigma Z + \mu$, 則

$$X \sim N(\mu, \sigma^2)$$

Proof.

$$P(X \leq c) = P(\sigma Z + \mu \leq c) = P\left(Z \leq \frac{c-\mu}{\sigma}\right) = \int_{-\infty}^{\frac{c-\mu}{\sigma}} \frac{1}{\sqrt{2\pi}} e^{-\frac{1}{2}z^2} dz$$

透過簡單的變數變換, 令

$$x = g(z) = \sigma z + \mu$$

則

$$z = \frac{x-\mu}{\sigma}, \quad dz = \frac{1}{\sigma}dx$$

且 x 的積分上界就是把 z 的積分上界 $(c-\mu)/\sigma$ 代入 $g(\cdot)$ 函數,

$$g\left(\frac{c-\mu}{\sigma}\right) = \sigma \times \left(\frac{c-\mu}{\sigma}\right) + \mu = c$$

因此,
$$P(X \leq c) = \int_{-\infty}^{c} \frac{1}{\sqrt{2\pi}\sigma} e^{-\frac{1}{2}\left(\frac{x-\mu}{\sigma}\right)^2} dx$$
為常態隨機變數 $N(\mu,\sigma^2)$ 的 CDF。 □

同理亦可得證以下定理:

定理 6.2. 給定 $X \sim N(\mu,\sigma^2)$, 若
$$Z = \frac{X-\mu}{\sigma}$$
則
$$Z \sim N(0,1)$$

Proof. 請讀者自行練習。 □

底下定理提供標準常態隨機變數的動差生成函數。

定理 6.3 (標準常態隨機變數的動差生成函數). 給定 $Z \sim N(0,1)$, 則其動差生成函數為
$$M_Z(t) = e^{\frac{1}{2}t^2} = \exp\left(\frac{t^2}{2}\right)$$

Proof.
$$M_Z(t) = E\left(e^{tZ}\right) = \int_{-\infty}^{\infty} e^{tz} \frac{1}{\sqrt{2\pi}} e^{-\frac{1}{2}z^2} dz = \int_{-\infty}^{\infty} \frac{1}{\sqrt{2\pi}} e^{-\frac{1}{2}z^2 + tz} dz$$
$$= \int_{-\infty}^{\infty} e^{\frac{1}{2}t^2} \frac{1}{\sqrt{2\pi}} e^{-\frac{1}{2}(z-t)^2} dz = e^{\frac{1}{2}t^2} \underbrace{\int_{-\infty}^{\infty} \frac{1}{\sqrt{2\pi}} e^{-\frac{1}{2}(z-t)^2} dz}_{N(t,1) \text{ 的 pdf}} = e^{\frac{1}{2}t^2}$$
□

因此, 給定 $Z \sim N(0,1)$, 則
$$E(Z) = M'_Z(0) = \left[e^{\frac{1}{2}t^2} t\right]_{t=0} = 0$$
$$E(Z^2) = M''_Z(0) = \left[e^{\frac{1}{2}t^2} t^2 + e^{\frac{1}{2}t^2}\right]_{t=0} = 1$$
$$Var(Z) = E(Z^2) - [E(Z)]^2 = 1$$

我們可以進一步找出常態隨機變數 $N(\mu,\sigma^2)$ 的動差生成函數。

定理 6.4 (常態隨機變數的動差生成函數). 給定 $X \sim N(\mu,\sigma^2)$, 則其動差生成函數為

$$M_X(t) = e^{\mu t + \frac{1}{2}\sigma^2 t^2} = \exp\left(\mu t + \frac{1}{2}\sigma^2 t^2\right)$$

Proof. 根據定理 6.2,

$$Z = \frac{X - \mu}{\sigma} \sim N(0,1)$$

且

$$M_Z(t) = e^{\frac{1}{2}t^2}$$

因此, 根據性質 5.6, 給定

$$X = \sigma Z + \mu$$

則

$$M_X(t) = e^{\mu t} M_Z(\sigma t) = e^{\mu t} e^{\frac{1}{2}\sigma^2 t^2} = e^{\mu t + \frac{1}{2}\sigma^2 t^2}$$

$\square$

性質 6.1. 給定 $X \sim N(\mu,\sigma^2)$, 則

$$\mu = E(X)$$
$$\sigma^2 = Var(X)$$

Proof. 根據定理 6.2, 給定 $X \sim N(\mu,\sigma^2)$ 為具有參數 (μ,σ^2) 的常態隨機變數, 且 $Z = \frac{X-\mu}{\sigma}$, 則 $Z \sim N(0,1)$, $E(Z) = 0$, $Var(Z) = 1$。因此,

$$E(X) = E(\sigma Z + \mu) = \mu$$

$$Var(X) = Var(\sigma Z + \mu) = \sigma^2 Var(Z) = \sigma^2$$

亦即, 我們驗證了參數 μ 與 σ^2 確為常態隨機變數的期望值與變異數。

$\square$

根據性質 6.1, 常態隨機變數的動差生成函數也可以寫成以下形式:

$$M_X(t) = e^{E(X)t + \frac{Var(X)t^2}{2}} = \exp\left(E(X)t + \frac{Var(X)t^2}{2}\right)$$

例 6.1 (Mean-Variance Utility). 令 W 代表投資人的財富。假設效用函數為

$$U(W) = -e^{-bW}, \quad b > 0$$

其中 b 為常數, 且 $W \sim N(E[W], Var[W])$, 則期望效用函數 $E[U(W)]$ 為期望財富 $E[W]$ 與財富變異數 $Var[W]$ 的線性函數,

$$E[U(W)] = f(E[W], Var[W]) = E[W] - \frac{b}{2} Var[W]$$

預期效用為

$$E[U(W)] = E\left[-e^{-bW}\right] = -E\left[e^{-bW}\right]$$

由於 $W \sim N(E[W], Var[W])$, 此期望值就是常態隨機變數在 $t = -b$ 下的 MGF:

$$E[U(W)] = -M_W(-b) = -e^{E[W](-b) + \frac{1}{2}Var[W](-b)^2} = -e^{-b(E(W) - \frac{b}{2}Var[W])}$$

注意到極大化 $E[U(W)]$ 就等同於極大化

$$E[W] - \frac{b}{2} Var[W]$$

因此, 我們可以假設投資人具有以下的 mean-variance 預期效用函數:

$$u(E[W], Var[W]) = E[W] - \frac{b}{2} Var[W]$$

6.1.1 有關常態分配的幾個重要事實

1. 常態分配機率密度函數為鐘型 (bell shaped curve), 如圖 6.3 所示。

2. 常態分配機率密度函數的最大值為 $\phi(\mu)$ (亦即期望值等於眾數)。

3. 常態分配機率密度函數對稱於期望值, 期望值左右兩側密度函數下的面積分別為 $\frac{1}{2}$ (亦即期望值等於中位數)。

4. 常態分配機率密度函數尾端部分趨近於 $\pm \infty$。

> **Story** 常態分配
>
> 常態分配 (normal distribution) 又稱高斯分配 (Gaussian distribution)。這是因為 Johann Carl Friedrich Gauss (高斯, 1777–1855) 在常態分配的發展與應用的歷史中, 佔有重要的地位。Gauss 是 19 世紀的德國數學家, King George V of Hanover 為他鑄造了一紀念獎章 (medal), 上面刻有 MATHEMATICORUM PRINCIPI ("to the Prince of Mathematicians") 的字樣, Gauss 因而有「數學王子」之稱。
>
> Gauss 將常態分配應用在量測誤差的機率分配。到了十九世紀中葉, 常態分配已被視為自然界各種觀察所常見的分配, 在大多數的情況下, 觀測值資料的次數分配 (亦即, 實證分配 empirical distribution) 多可被常態分配所近似, 是故此分配以「常態」命名之 (Galton, 1889, *Natural Inheritance*.)。
>
> Gauss 並不是第一位提出此分配的人。常態分配的公式最早見於 1738 年法國數學家 Abraham de Moivre (棣美弗) 所著作的書籍《機率論》(Doctrine of Change) 的第二版中。他證明了二項分配在 n 大且 $p = 0.5$ 時,
>
> $$\binom{n}{k} p^k (1-p)^{n-k} \approx \frac{1}{\sqrt{2\pi n p(1-p)}} e^{-\frac{1}{2}\left(\frac{k-np}{\sqrt{np(1-p)}}\right)^2}$$
>
> 嗣後, Pierre-Simon Laplace 將此性質推廣到任何 $p \in [0,1]$, 稱之為 de Moivre-Laplace 定理。然而, de Moivre 只是單純把此公式當作二項分配機率值的近似, 並沒有進一步的探討與應用。

5. μ 增加 (減少) 使整個機率密度函數右移 (左移)。

6. σ^2 增加 (減少), 使分配更分散 (集中), 機率密度函數越平坦 (陡峭)。

7. 若 $X \sim N(\mu, \sigma^2)$, 則

    (a) $P(X \in \mu \pm \sigma) = 0.683$

    (b) $P(X \in \mu \pm 2\sigma) = 0.955$

    (c) $P(X \in \mu \pm 3\sigma) = 0.997$

8. 常態分配的偏態 (skewness) 為 0, 峰態 (kurtosis) 為 3。

6.1.2 常態隨機變數的重要性質

性質 6.2. 若 $X \sim N(\mu, \sigma^2)$, 則

$$aX + b \sim N(a\mu + b, a^2\sigma^2), \quad a \neq 0$$

Proof. 給定 $X \sim N(\mu, \sigma^2)$, 其動差生成函數為

$$M_X(t) = e^{\mu t + \frac{1}{2}\sigma^2 t^2}$$

令 $Y = aX + b$, 根據性質 5.6

$$M_Y(t) = e^{bt} M_X(at) = e^{bt} e^{\mu a t + \frac{1}{2}\sigma^2 a^2 t^2} = e^{(a\mu+b)t + \frac{1}{2}a^2\sigma^2 t^2}$$

此即為 $N(a\mu + b, a^2\sigma^2)$ 之動差生成函數, 亦即

$$Y \sim N(a\mu + b, a^2\sigma^2)$$

$\square$

這個性質告訴我們常態隨機變數不會隨線性轉換而改變其分配性質。亦即, 常態隨機變數之線性轉換不變性。

性質 6.3. 若 $\{X_i\}_{i=1}^n \sim^{i.i.d.} N(\mu, \sigma^2)$, 則

$$Y = \sum_{i=1}^n X_i \sim N(n\mu, n\sigma^2)$$

Proof. 根據性質 5.15,

$$M_Y(t) = M_{X_1}(t) M_{X_2}(t) \cdots M_{X_n}(t)$$
$$= [M_X(t)]^n = \left[e^{\mu t + \frac{1}{2}\sigma^2 t^2}\right]^n = e^{n(\mu t + \frac{1}{2}\sigma^2 t^2)} = e^{n\mu t + \frac{1}{2}n\sigma^2 t^2}$$

此即為 $N(n\mu, n\sigma^2)$ 之動差生成函數。 $\square$

這個性質告訴我們將獨立的常態隨機變數加總, 仍為常態隨機變數。

性質 6.4. 若 $\{X_i\}_{i=1}^n \sim^{i.i.d.} N(\mu, \sigma^2)$, 則

$$W = \frac{\sum_{i=1}^n X_i}{n} \sim N\left(\mu, \frac{\sigma^2}{n}\right)$$

Proof. 由於 $W = \frac{Y}{n}$, 根據性質 5.6,

$$M_W(t) = M_Y\left(\frac{1}{n}t\right) = e^{n\mu \frac{1}{n} t + \frac{n\sigma^2(\frac{1}{n}t)^2}{2}} = e^{\mu t + \frac{1}{2}\frac{\sigma^2}{n}t^2}$$

此即為 $N(\mu, \frac{\sigma^2}{n})$ 之動差生成函數。 $\square$

亦即, i.i.d. 常態隨機變數的平均數亦為常態隨機變數。這是一個常用且重要的性質。更一般化的性質為：

性質 6.5. 若 $\{X_i\}_{i=1}^n \sim N(\mu_i, \sigma_i^2)$ 為獨立的常態隨機變數, 且

$$W = \alpha_1 X_1 + \alpha_2 X_2 + \cdots + \alpha_n X_n$$

則

$$W \sim N(\alpha_1 \mu_1 + \alpha_2 \mu_2 + \cdots + \alpha_n \mu_n, \alpha_1^2 \sigma_1^2 + \alpha_2^2 \sigma_2^2 + \cdots + \alpha_n^2 \sigma_n^2)$$

或是

$$W \sim N\left(\sum_{i=1}^n \alpha_i \mu_i, \sum_{i=1}^n \alpha_i^2 \sigma_i^2\right)$$

Proof. 我們將證明留給讀者練習。 □

6.1.3 常態隨機變數的機率值之計算

對於標準常態隨機變數 $Z \sim N(0,1)$, 給定 $a > 0$, 我們可以透過查表計算 $\Phi(a) = P(Z \leq a)$ 的機率值。以下常態分配的對稱性質可以幫助我們查表：

1. $P(Z \leq 0) = P(Z \geq 0) = 0.5$
2. $P(Z \leq -a) = P(Z \geq a)$
3. $P(-a \leq Z \leq 0) = P(0 \leq Z \leq a)$

例 6.2. 給定 $X \sim N(5, 64)$, 試求機率值 $P(X \geq 17)$

根據定義 6.3, 若 $X \sim N(\mu, \sigma^2)$, 則

$$Z = \frac{X - \mu}{\sigma} \sim N(0,1)$$

因此,

$$P(X \geq 17) = P(X - 5 \geq 12) = P\left(\frac{X-5}{8} \geq 1.5\right) = P(Z \geq 1.5)$$
$$= P(Z \geq 0) - P(0 \leq Z \leq 1.5)$$
$$= 0.5 - 0.4332 = 0.0668$$

除了透過轉換成標準常態隨機變數與查表，我們也可以利用 R 語言的 pnorm() 函數來計算常態隨機變數的機率值。由於 pnorm(q,mean,sd) 計算出 $\Phi(q) = P(X \leq q)$，則 $P(X \geq 17)$ 就可利用 1-pnorm(q,mean,sd) 計算之。舉例來說，給定 $X \sim N(5,64)$，機率值 $P(X \geq 17)$ 的計算如下：

R 程式 6.1 (常態隨機變數機率值 I).

```
# 計算 P(X > 17) = 1 - F(17)
p=1-pnorm(17,mean=5,sd=8)
p
```

執行後可得：

```
> p
[1] 0.0668072
```

同理，如果我們所要計算的機率值是

$$P(5 \leq N(5,64) \leq 17) = F(17) - F(5)$$

則機率值的計算如下：

R 程式 6.2 (常態隨機變數機率值 II).

```
# 計算 P(5 < X < 17) = F(17) - F(5)
p=pnorm(17,mean=5,sd=8) - pnorm(5,mean=5,sd=8)
p
```

執行後可得：

```
> p
[1] 0.4331928
```

至於標準常態隨機變數常用的分量如下：

$$q_p = \Phi^{-1}(p)$$

其中常用的機率值分別為 0.90, 0.95, 0.975, 0.99 以及 0.995。這些分量可以透過底下的 R 程式找出來：

表 6.1: 標準常態隨機變數常用分量

q_p	$P(Z \leq q_p)$	$P(Z > q_p)$	$P(|Z| > q_p)$
1.28	0.90	0.10	0.20
1.64	0.95	0.05	0.10
1.96	0.975	0.025	0.05
2.33	0.99	0.01	0.02
2.58	0.995	0.005	0.01

R 程式 6.3 (常態隨機變數常用分量).

```
p=c(0.90,0.95,0.975,0.99,0.995)
qnorm(p)
```

執行程式後可得

```
[1] 1.281552 1.644854 1.959964 2.326348 2.575829
```

我們整理在表 6.1 中。

最後我們介紹如何利用 R 製造常態隨機變數的實現值。底下的 R 程式造出 10 個 $N(5, 100)$ 常態隨機變數的實現值。其中, rnorm 為生成常態隨機變數的 R 指令, n 代表要製造的隨機變數實現值個數, mean 指的就是期望值 μ, 而 sd 就是標準差 σ。

R 程式 6.4 (常態隨機變數實現值).

```
set.seed(123)
rnorm(n=10, mean = 5, sd = 10)
```

執行程式後可得一組 $N(5, 100)$ 隨機變數實現值如下:

```
[1] -0.6047565  2.6982251 20.5870831  5.7050839  6.2928774 22.1506499
[7]  9.6091621 -7.6506123 -1.8685285  0.5433803
```

6.2　卡方隨機變數

我們在此介紹一個與標準常態分配密切相關的分配: 卡方分配 (Chi-square distribution)。

定義 6.4(卡方隨機變數). 我們稱隨機變數 X 為一個自由度 (degree of freedom) 為 k 的卡方隨機變數 (Chi-square random variable), 如果其機率密度函數為

$$f(x) = \frac{x^{\frac{k}{2}-1}}{2^{\frac{k}{2}}\Gamma(\frac{k}{2})}e^{-\frac{1}{2}x}, \quad \mathrm{supp}(X) = \{x : 0 \leq x < \infty\}$$

並以 $X \sim \chi^2(k)$ 的符號示之。

注意到卡方隨機變數的機率密度函數中, $\Gamma(\frac{k}{2})$ 稱為 Gamma 函數, 其性質可參見第 13 章的性質 13.1。

圖 6.4 畫出卡方分配在自由度為 3, 7, 以及 9 下的機率密度函數 (R 程式參見附錄)。首先注意到, 卡方隨機變數的砥柱集合為正實數, 且其為具有一個右長尾的不對稱分配。我們不難發現, 隨著自由度增加, 卡方分配趨於對稱分配。事實上, 卡方分配是 Gamma 分配的一個特例, 可參見第 13 章之討論。

卡方隨機變數 $X \sim \chi^2(k)$ 的動差生成函數如下:

定理 6.5(卡方隨機變數之動差生成函數). 給定卡方隨機變數 $X_i \sim \chi^2(k)$, 則其 MGF 為

$$M_X(t) = \left(\frac{1}{1-2t}\right)^{\frac{k}{2}}$$

Proof.

$$M_X(t) = E(e^{tX}) = \int_0^\infty e^{tx} \frac{x^{\frac{k}{2}-1}}{2^{\frac{k}{2}}\Gamma(\frac{k}{2})} e^{-\frac{1}{2}x} dx = \int_0^\infty \frac{x^{\frac{k}{2}-1}}{2^{\frac{k}{2}}\Gamma(\frac{k}{2})} e^{-\frac{1}{2}(1-2t)x} dx$$

令

$$y = (1-2t)x,$$

則

$$x = \frac{1}{1-2t}y, \quad dx = \frac{1}{1-2t}dy$$

圖6.4: 卡方分配 (k = 3,7,9)

Chi–Square Probability Densities for df = 3, 7, and 9

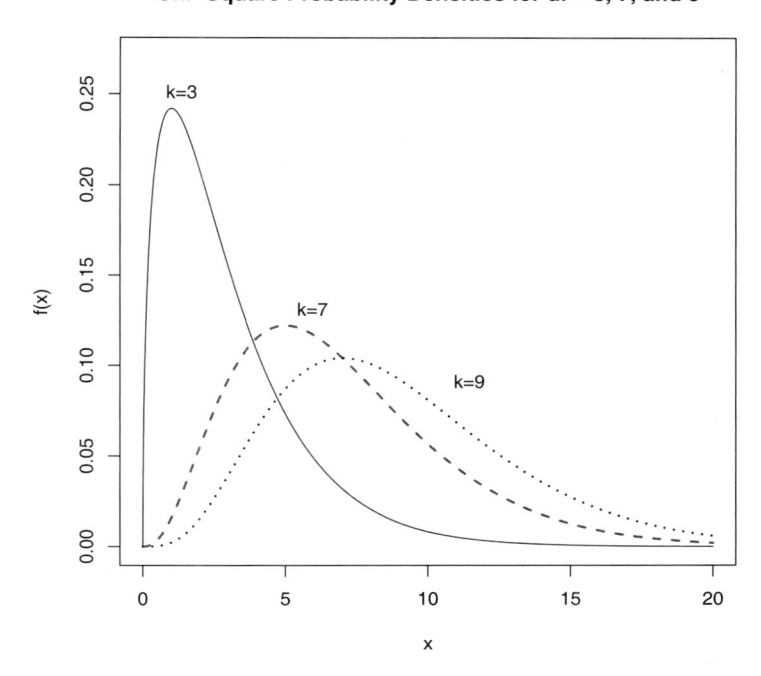

則根據變數變換

$$M_X(t) = \int_0^\infty \frac{\left(\frac{1}{1-2t}\right)^{\frac{k}{2}-1} y^{\frac{k}{2}-1}}{2^{\frac{k}{2}}\Gamma\left(\frac{k}{2}\right)} e^{-\frac{1}{2}y} \frac{1}{1-2t} dy$$

$$= \left(\frac{1}{1-2t}\right)^{\frac{k}{2}} \int_0^\infty \frac{y^{\frac{k}{2}-1}}{2^{\frac{k}{2}}\Gamma\left(\frac{k}{2}\right)} e^{-\frac{1}{2}y} dy$$

$$= \left(\frac{1}{1-2t}\right)^{\frac{k}{2}}$$

□

因此, 透過 MGF, 可分別計算出其重要動差為:

$$E(X) = k$$

$$E(X^2) = k(k+2)$$

$$Var(X) = 2k$$

亦即卡方隨機變數的期望值為其自由度，變異數則為兩倍的自由度。接下來，我們介紹幾個與卡方隨機變數相關的重要定理。

定理 6.6 (卡方隨機變數可加性). 給定 n 個獨立的卡方隨機變數 $X_i \sim \chi^2(k_i)$ for $i = 1, 2, \ldots n$, 則

$$Y = \sum_{i=1}^{n} X_i \sim \chi^2\left(\sum_{i=1}^{n} k_i\right)$$

Proof. 根據獨立性，

$$M_Y(t) = M_{X_1}(t) M_{X_2}(t) \cdots M_{X_n}(t)$$
$$= \left(\frac{1}{1-2t}\right)^{\frac{k_1}{2}} \left(\frac{1}{1-2t}\right)^{\frac{k_2}{2}} \cdots \left(\frac{1}{1-2t}\right)^{\frac{k_n}{2}} = \left(\frac{1}{1-2t}\right)^{\frac{\sum_{i=1}^{n} k_i}{2}}$$

□

亦即，獨立的卡方隨機變數相加，所得到的新的隨機變數仍然具有卡方分配，且其自由度為個別自由度之加總。

定理 6.7 (標準常態與卡方隨機變數). 給定標準常態隨機變數 $Z \sim N(0,1)$, 則

$$Z^2 \sim \chi^2(1)$$

Proof.

$$M_{Z^2}(t) = E(e^{tZ^2}) = \int_{-\infty}^{\infty} e^{tz^2} \frac{1}{\sqrt{2\pi}} e^{-\frac{1}{2}z^2} dz = \int_{-\infty}^{\infty} \frac{1}{\sqrt{2\pi}} e^{-\frac{1}{2}(1-2t)z^2} dz$$

令 $y = (1-2t)^{\frac{1}{2}} z$,

$$dz = \left(\frac{1}{1-2t}\right)^{\frac{1}{2}} dy$$

則

$$M_{Z^2}(t) = \int_{-\infty}^{\infty} \frac{1}{\sqrt{2\pi}} e^{-\frac{1}{2}y^2} \left(\frac{1}{1-2t}\right)^{\frac{1}{2}} dy$$

$$= \left(\frac{1}{1-2t}\right)^{\frac{1}{2}} \int_{-\infty}^{\infty} \frac{1}{\sqrt{2\pi}} e^{-\frac{1}{2}y^2} dy$$

$$= \left(\frac{1}{1-2t}\right)^{\frac{1}{2}}$$

為 $\chi^2(1)$ 的 MGF。 □

根據此定理, 標準常態變數平方後成為卡方隨機變數。因此, 根據定理 6.6 與 6.7, 我們可以得到如下之引理:

引申定理 6.1. 給定 $\{Z_1, Z_2 \ldots, Z_k\} \sim^{i.i.d.} N(0,1)$, 且令 $X = \sum_{i=1}^{k} Z_i^2$, 則

$$X \sim \chi^2(k)$$

根據此引理, 我們可以重新來思考什麼是卡方隨機變數的自由度。引理 6.1 告訴我們, k 個獨立的 N(0,1) 隨機變數, 平方後相加就是自由度為 k 的卡方隨機變數。由於 $Z_1, Z_2, \ldots, Z_k$ 相互獨立, $Z_1^2, Z_2^2, \ldots, Z_k^2$ 自然也是相互獨立, 因此, 每一個 Z_i^2 都可以自由變動 (因為互不影響), 則自由度為 k。

最後我們介紹如何利用 R 製造卡方隨機變數的實現值。底下的 R 程式造出 10 個 $\chi^2(3)$ 卡方隨機變數實現值。其中, rchisq 為生成卡方隨機變數的 R 指令, n 代表要製造的隨機變數實現值個數, 而 df 就是自由度 k。

R 程式 6.5 (卡方隨機變數實現值).

```
set.seed(123)
rchisq(n=10, df=3)
```

執行程式後可得一組 $\chi^2(3)$ 隨機變數實現值如下:

```
[1]  1.03611518  5.08870916  0.04818784  2.26693313  6.90085393  3.02805429
[7]  8.96365401 10.25291596  3.24894708  2.50479854
```

6.3 Student's t 分配

我們曾經介紹過, 常態分配的峰態 (Kurtosis) 值為 3, 在一般低頻的財務資料中, 無論是股票報酬率, 或是匯率變動率, 大致上都能以常態分配予以刻劃。舉例來說, 利用 S&P500 股票指數 1957:1–2013:9 的月資料所算出來的月報酬率, 其峰態係數為 5.51。然而, 如果我們利用 1957/1/2–2013/9/30 的日資料所算出來的月報酬率, 其峰態係數高達 30.75。一般來說, 高頻的財務資料都會有此厚尾 (fat-tailed/heavy-tailed) 現象, 而 t 分配 (t distribution) 就是財務計量上常用的厚尾分配。

定義 6.5 (Student's t 分配). 我們稱隨機變數 X 為具有 t 分配的隨機變數, 如果其機率密度函數為

$$f(x) = \frac{\Gamma(\frac{k+1}{2})}{\Gamma(\frac{k}{2})} \frac{1}{\sqrt{k\pi}} \left(1 + \frac{x^2}{k}\right)^{-\frac{k+1}{2}}, \quad \mathrm{supp}(X) = \{x : -\infty < x < \infty\}$$

並以 $X \sim t(k)$ 的符號示之。

其中參數 k 稱為 t 分配的自由度 (degree of freedom)。我們將自由度為 2 的 t 分配與標準常態分配的機率密度函數繪於圖 6.5, 我們可以發現, t 分配與標準常態分配一樣, 都是對稱於零的分配, 但是相對於標準常態分配, t 分配在尾部極端值的部分有較高的機率, 這就是厚尾現象。

當 $k = 1$, $t(1)$ 為一特別的例子, 它的期望值不存在: $E[t(1)] = \infty - \infty$, 為數學上的不定型。此時 $t(1)$ 又被稱為標準柯西分配 (standard Cauchy distribution), 有興趣的讀者請參見附錄。

底下是一個連結標準常態分配, 卡方分配與 t 分配的重要定理。

定理 6.8. 給定兩個獨立隨機變數: $Z \sim N(0,1)$, $W \sim \chi^2(k)$, 則

$$X = \frac{Z}{\sqrt{\frac{W}{k}}} \sim t(k)$$

此定理之證明超出本書範圍, 有興趣的讀者可以參考 Hogg, Tanis, and Zimmerman (2015, Theorem 5.5-3, page 196)。

圖6.5: $t(2)$ 分配 (實線) 與標準常態分配 (虛線)

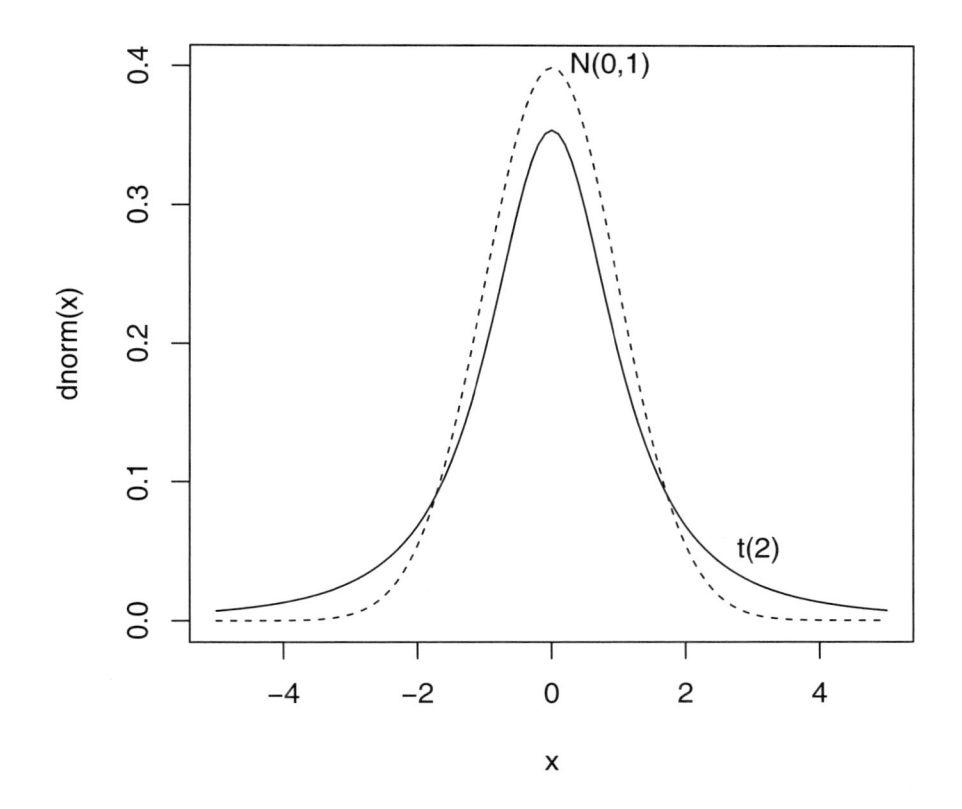

因此, 給定 $X \sim t(k)$, 當 $k > 1$, 根據定理 6.8, 我們可以得到:

$$E(X) = E\left(Z\frac{1}{\sqrt{\frac{W}{k}}}\right) = E(Z)E\left(\frac{1}{\sqrt{\frac{W}{k}}}\right) = 0 \times E\left(\frac{1}{\sqrt{\frac{W}{k}}}\right) = 0,$$

注意到當 $k = 1$, $t(1)$ 為標準柯西隨機變數, 其期望值不存在。

$$Var(X) = E(X^2) = E\left(Z^2\frac{1}{\frac{W}{k}}\right)$$
$$= kE(Z^2)E\left(\frac{1}{W}\right) = kE\left(\frac{1}{W}\right) = \frac{k}{k-2}, \quad 當 k > 2$$

> **Story** Student's t 分配
>
> Student's t 分配為 William Sealy Gosset (1876–1937) 所發現, Gosset 就讀牛津大學的新學院 (New College, Oxford), 主修數學與化學。畢業後, 他進入健力士公司 (Arthur Guinness, Son & Co Ltd) 工作, 解決相關數學與統計問題, 藉以改善釀酒生產過程與大麥的栽種品質, 他也因此在研究上屢有重大發現與突破。
>
> 然而, 由於健力士公司為了避免商業機密外洩, 嚴令禁止員工發表論文, 因此, Gosset 係以 Student 之筆名發表其研究成果, 是故 t 分配又被稱作 Student's t 分配。

其中,

$$\begin{aligned}
E\left(\frac{1}{W}\right) &= \int_0^\infty \frac{1}{w} \frac{w^{\frac{k}{2}-1}}{2^{\frac{k}{2}} \Gamma\left(\frac{k}{2}\right)} e^{-\frac{1}{2}w} dw \\
&= \int_0^\infty \frac{w^{\left(\frac{k}{2}-1\right)-1}}{2^{\frac{k}{2}} \Gamma\left(\frac{k}{2}\right)} e^{-\frac{1}{2}w} dw \\
&= \int_0^\infty \frac{w^{\left(\frac{k}{2}-1\right)-1}}{2\left(\frac{k}{2}-1\right) 2^{\frac{k}{2}-1} \Gamma\left(\frac{k}{2}-1\right)} e^{-\frac{1}{2}w} dw \\
&= \frac{1}{2\left(\frac{k}{2}-1\right)} \int_0^\infty \frac{w^{\left(\frac{k}{2}-1\right)-1}}{2^{\frac{k}{2}-1} \Gamma\left(\frac{k}{2}-1\right)} e^{-\frac{1}{2}w} dw \\
&= \frac{1}{k-2}
\end{aligned}$$

注意到我們用了 Gamma 函數的性質:

$$\Gamma(\alpha) = (\alpha - 1)\Gamma(\alpha - 1)$$

參見第 13 章的性質 13.1。

最後我們介紹如何利用 R 製造具有 t 分配之隨機變數實現值。底下的 R 程式造出 10 個 $t(10)$ 隨機變數實現值。其中, rt 為生成 t 隨機變數的 R 指令, n 代表要製造的隨機變數實現值個數, df 就是自由度 k,

R 程式 6.6 ($t(k)$ 隨機變數實現值).

```
set.seed(123)
k = 10
rt(n=10, df=k)
```

執行程式後可得一組 $t(10)$ 隨機變數實現值如下：

```
[1] -0.6246844 -1.3782806 -0.1181245 -1.5910752  1.5925016  2.3597004
[7]  0.3335644  0.9782214 -0.9996371 -0.3030537
```

6.4　F 分配

在機率密度函數具有偏態的隨機變數中，有另一個常用的分配稱為 F 分配 (F distribution)，係由英國統計學家 Ronald Aylmer Fisher (1890-1962) 於 1924 年所提出，其主要的功能是用於統計推論。之所以稱為 F 分配，是為了表彰 Fisher 的貢獻 (Fisher 的第一個字母)。

定義 6.6 (F 分配)． 我們稱隨機變數 X 為具有 F 分配的隨機變數，如果其機率密度函數為

$$f(x) = \frac{\Gamma(\frac{k_1+k_2}{2})}{\Gamma(\frac{k_1}{2})\Gamma(\frac{k_2}{2})} \left(\frac{k_1}{k_2}\right)^{\frac{k_1}{2}} x^{\frac{k_1}{2}-1} \left(1+\frac{k_1}{k_2}x\right)^{-\frac{k_1+k_2}{2}}, \quad \text{supp}(X) = \{x : 0 \le x < \infty\}$$

並以 $X \sim F(k_1, k_2)$ 的符號表示之。

圖 6.6 畫出自由度 $k_1 = 10$，以及 $k_2 = 10$ 之下的機率密度函數，其 R 程式如下：

R 程式 6.7.

```
curve(df(x, df1=10, df2=10), 0, 5)
```

底下為連結卡方分配與 F 分配的重要定理，然而我們只是陳述，此定理之證明已超出本書範圍，有興趣的讀者可以參考 Hogg, Tanis, and Zimmerman (2015, pages 176–177)。

定理 6.9. 給定 X_1 與 X_2 為相互獨立之卡方隨機變數：$X_1 \sim \chi^2(k_1)$，$X_2 \sim \chi^2(k_2)$，則

$$X = \frac{X_1/k_1}{X_2/k_2} \sim F(k_1, k_2)$$

關於 F 分配，我們有如下補充：

圖 6.6: F 分配 ($n_1 = 10$, $n_2 = 10$)

F Probability Density Function

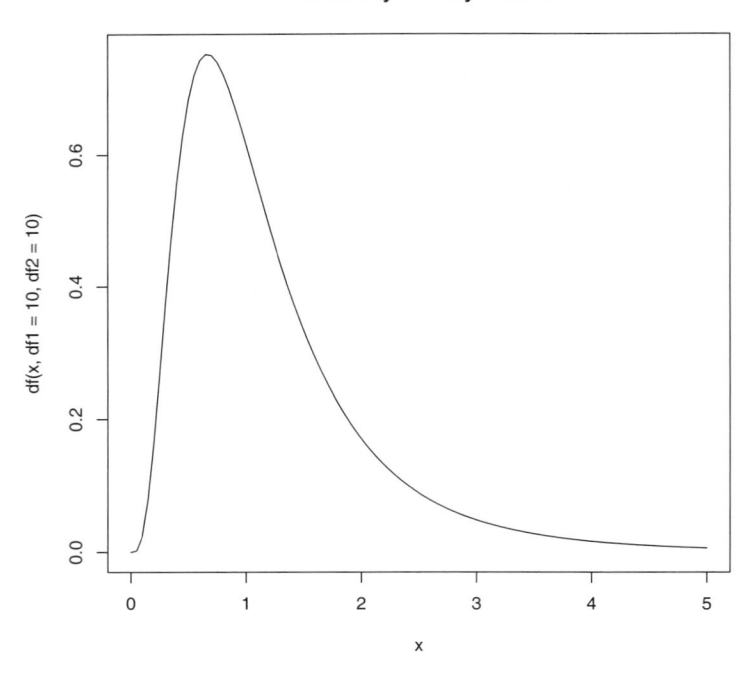

性質 6.6. 若 $X \sim F(k_1, k_2)$ 且 $Y = \frac{1}{X}$，則

$$Y \sim F(k_2, k_1)$$

而 t 分配與 F 分配的關係如下:

性質 6.7. 若 $X \sim t(k)$，則

$$X^2 \sim F(1, k)$$

以上性質可由定義直接求得，我們放在習題由讀者自行練習。

最後我們介紹如何利用 R 製造具有 F 分配之隨機變數實現值。底下的 R 程式造出 10 個 $F(10, 10)$ 隨機變數實現值。其中，`rf` 為生成 F 隨機變數實現值的 R 指令，`n` 代表要製造的隨機變數實現值個數，`df1` 就是自由度 k_1，而 `df2` 就是自由度 k_2。

R 程式 6.8 ($F(k_1, k_2)$ 隨機變數).

```
set.seed(123)
rf(n=10, df1=10, df2=10)
```

執行程式後可得一組 $F(10,10)$ 隨機變數實現值如下:

```
[1] 0.4593582 0.3410236 1.6043728 1.4012736 1.4108312 1.1377127 0.4432887
[8] 1.4652362 0.8764622 0.5986851
```

6.5 附錄

6.5.1 高斯積分

首先定義一個函數:

$$I = \int_{-\infty}^{\infty} e^{-x^2} dx$$

因此,

$$\begin{aligned} I^2 &= \left(\int_{-\infty}^{\infty} e^{-x^2} dx\right)^2 \\ &= \left(\int_{-\infty}^{\infty} e^{-x^2} dx\right)\left(\int_{-\infty}^{\infty} e^{-y^2} dy\right) \\ &= \int_{-\infty}^{\infty} \int_{-\infty}^{\infty} e^{-(x^2+y^2)} dx dy \end{aligned}$$

根據變數變換,

$$x = r\cos\theta,\ y = r\sin\theta,\ 0 \le r < \infty,\ 0 \le \theta < 2\pi$$

則 $x^2 + y^2 = r^2$,

$$|J| = \begin{vmatrix} \frac{\partial x}{\partial r} & \frac{\partial x}{\partial \theta} \\ \frac{\partial y}{\partial r} & \frac{\partial y}{\partial \theta} \end{vmatrix} = \begin{vmatrix} \cos\theta & -r\sin\theta \\ \sin\theta & r\cos\theta \end{vmatrix} = r(\cos^2\theta + \sin^2\theta) = r$$

因此,

$$I^2 = \int_0^\infty \int_0^{2\pi} e^{-r^2}|J|drd\theta$$
$$= \int_0^\infty \int_0^{2\pi} re^{-r^2}drd\theta$$
$$= 2\pi \int_0^\infty re^{-r^2}dr$$
$$= 2\pi \int_0^\infty \frac{1}{2}e^{-v}dv \quad [v = r^2, dv = 2rdr]$$
$$= 2\pi \times \frac{1}{2} = \pi$$

亦即,

$$\int_{-\infty}^\infty e^{-x^2}dx = I = \sqrt{\pi}$$

6.5.2 常態隨機變數機率密度函數

給定

$$f(x) = \frac{1}{\sqrt{2\pi}\sigma}e^{-\frac{1}{2}\left(\frac{x-\mu}{\sigma}\right)^2}$$

$$\int_{-\infty}^\infty f(x)dx = \int_{-\infty}^\infty \frac{1}{\sqrt{2\pi}\sigma}e^{-\frac{1}{2}\left(\frac{x-\mu}{\sigma}\right)^2}dx$$
$$= \int_{-\infty}^\infty \frac{1}{\sqrt{2\pi}\sigma}e^{-\frac{1}{2}z^2}\sigma dz \quad [z = (x-\mu)/\sigma, dx = \sigma dz]$$
$$= \int_{-\infty}^\infty \frac{1}{\sqrt{2\pi}}e^{-y^2}\sqrt{2}dy \quad \left[y = \frac{1}{\sqrt{2}}z, dz = \sqrt{2}dy\right]$$
$$= \frac{1}{\sqrt{\pi}}\int_{-\infty}^\infty e^{-y^2}dy$$
$$= \frac{1}{\sqrt{\pi}} \times \sqrt{\pi} = 1$$

確實為一機率密度函數。

6.5.3 標準柯西分配

給定 $k = 1$, $X \sim t(1)$ 的 pdf 為

$$f(x) = \frac{\Gamma(1)}{\Gamma\left(\frac{1}{2}\right)} \frac{1}{\sqrt{\pi}} (1 + x^2)^{-1}$$

已知 $\Gamma(1) = 1$, $\Gamma\left(\frac{1}{2}\right) = \sqrt{\pi}$ (參見第 13 章, 性質 13.1), 則標準柯西隨機變數的 pdf 為

$$f(x) = \frac{1}{\pi(1 + x^2)}$$

因此, 標準柯西隨機變數的期望值

$$E(X) = \int_{-\infty}^{\infty} x \frac{1}{\pi(1 + x^2)} dx = \left[\frac{1}{2\pi} \log(1 + x^2)\right]_{-\infty}^{\infty} = \infty - \infty$$

不存在。

6.5.4 R 程式: 常態分配機率密度函數

以下為繪製圖 6.3 的 R 程式。

```
R 程式 6.9. xvals = seq(from=-10, to=10, length = 1000)
N1 = dnorm(xvals, mean=0, sd=1)
N2 = dnorm(xvals, mean=0, sd=3)
matplot(xvals, cbind(N1,N2), col=1,
type = "l",
xlab = "x", ylab = "f(x)", ylim = c(0, 0.41),
main = "Normal Probability Densities for Various SD")
text(0.0, 0.40, "N(0,1)", pos = 4, col = 1)
text(5, 0.05, "N(0,9)", pos = 4, col = 1)
```

6.5.5 R 程式: χ^2 分配機率密度函數

以下為繪製圖 6.4 的 R 程式。

```
R 程式 6.10. xvals = seq(0, 20, length.out = 1000)
chisquare1 = dchisq(xvals, df = 3)
chisquare2 = dchisq(xvals, df = 7)
chisquare3 = dchisq(xvals, df =9)
matplot(xvals, col=c(4,2,1), lwd=c(1,2,2),
cbind(chisquare1,chisquare2,chisquare3),
type = "l",
xlab = "x", ylab = "f(x)", ylim = c(0, 0.27),
main = "Chi-Square Probability Densities for df = 3, 7, and 9")
text(0.4, 0.25, "k=3", pos = 4, col = 1)
text(5, 0.13, "k=7", pos = 4, col = 1)
text(10.5, 0.09, "k=9", pos = 4, col = 1)
```

練習題

1. 給定 $X \sim N(\mu, \sigma^2)$ 且
$$Z = \frac{X - \mu}{\sigma}$$
請證明
$$Z \sim N(0, 1)$$

2. 給定常態隨機變數機率密度函數為
$$f(x) = \frac{1}{\sqrt{2\pi}\sigma} e^{-\frac{1}{2}\left(\frac{x-\mu}{\sigma}\right)^2}$$
請直接透過定義證明其動差生成函數為
$$M_X(t) = e^{\mu t + \frac{1}{2}\sigma^2 t^2}$$

3. 證明性質6.5。

4. 令 $Z \sim N(0,1)$,且令 $X = e^Z$,

(a) 試導求 X 的機率密度函數為:
$$f(x) = \frac{1}{\sqrt{2\pi}x}\left[e^{\frac{-(\log x)^2}{2}}\right]$$

(b) 試寫出 X 的砥柱集合。

(c) 試求 X 的 m 階動差: $E(X^m)$

5. 令隨機變數 $X \sim N(4.19, 64)$ 表示股票報酬率, 請回答下列問題:

   (a) 股票平均報酬?

   (b) 股票報酬中位數?

   (c) 若股票報酬低於 3.0 就將其賣出。請問你賣出該股票之機率為何?

6. 給定 $X \sim N(0,1)$ 且令 $Y = e^X$,

   (a) 寫出 Y 的砥柱集合。

   (b) 試找出 Y 的 pdf

   (c) 試求出 $E(Y)$ 與 $Var(Y)$

7. $\{X_i\}_{i=1}^{2} \sim^{i.i.d.} N(\mu, \sigma^2)$, 且
$$Y = aX_1 + bX_2 + c$$

   其中 a, b 以及 c 為常數。試以 MGF 求出 Y 的分配。

8. 令 $X = e^Y$, 其中 $Y \sim N(E(Y), Var(Y))$, 試證明
$$\log E(X) = E(\log X) + \frac{1}{2}Var(\log X)$$

   並與第 5 章的習題 57 做比較。

9. 給定 X, Y 與 W 為相互獨立隨機變數且
$$X \sim N(1,4), \quad Y \sim N(2,9), \quad W \sim \text{Bernoulli}(0.5)$$

   令
$$U = WX + (1-W)Y$$

(a) 試求出 $P(U < 5)$

(b) 試求出 $E(U|W)$

(c) 試求出 $E(U)$

10. 設 $t = \dfrac{Z}{\sqrt{\frac{W}{k}}}$，且 Z 為 $N(0,1)$，W 為 $\chi^2(k)$，而 Z 與 W 為獨立。請問 t^2 呈何種分配?

11. 證明定理 6.2。

12. 試說明: 若 $X \sim F(n_1, n_2)$ 且 $Y = \frac{1}{X}$，則 $Y \sim F(n_2, n_1)$

13. 試說明為何 $[t(k)]^2$ 為 $F(1,k)$ 之分配。

14. 令
$$Z_i \sim^{i.i.d.} N(0,1), \quad i = 1,\ldots,k$$

請問以下隨機變數為何種分配?

(a) $\dfrac{Z_1^2}{Z_2^2}$ (c) $k\bar{Z}^2$

(b) $\dfrac{Z_1}{\sqrt{Z_2^2}}$ (d) Z_1^2

15. 給定
$$\{X, Y, Z\} \sim^{i.i.d.} N(0,1)$$

(a) 計算以下機率
$$P(3X + 2Y < 6Z - 7)$$

(b) 令
$$W = Y^2 + Z^2$$

試找出 W 為何種分配?

(c) 令
$$U = X\sqrt{\dfrac{2}{W}}$$

試找出 U 為何種分配?

16. 給定 $X \sim N(0,1)$，其 pdf 與 CDF 分別為 $\phi(x)$ 與 $\Phi(x)$。

若
$$Y = XD$$

其中
$$D = \begin{cases} 1, & \text{if } X \geq 0 \\ -1, & \text{if } X < 0. \end{cases}$$

(a) 找出 Y 的砥柱集合。

(b) 以 CDF 法找出 Y 的機率密度函數。

7 隨機樣本與敘述統計

7.1 抽樣理論
7.2 敘述統計
7.3 抽樣分配
7.4 常態母體下的抽樣分配
7.5 附錄

我們將在本章介紹母體, 抽樣, 隨機樣本, 以及敘述統計。本章乃是連結機率理論與統計推論的一個重要橋樑。

7.1 抽樣理論

對於任何一個具良好定義的特定事物 (well defined set of objects) 所形成的集合我們稱之為母體 (population)。舉例來說, 所有台大學生的身高, 全球人類的智商, 全台灣家計單位的所得等等, 都可視為一個母體。母體的大小可能是有限, 亦可能為無限。當母體包含一個正在持續進行的過程, 以至於不可能列出或計數出所有元素時 (例如釀酒木桶中酵母菌的數目), 則母體大小為無限。

一般來說, 由於經費或時間上的限制, 或是母體大小為無限時, 我們無法窮究整個母體, 僅能透過觀察母體中的部份集合來推論整個母體, 此部分集合就稱作樣本 (sample)。將樣本由母體抽取出來的過程就稱作抽

樣 (sampling)。而所謂的統計推論 (statistical inferences) 就是探討如何利用樣本窺探母體資訊。我們在這介紹統計分析中最常用也是最重要的一種樣本: 隨機樣本 (random samples)。[1]

定義 7.1 (隨機樣本). 如果一組隨機變數 $\{X_i\}_{i=1}^n$ 係由如下的聯合機率分配所抽出

$$f_X(x_1, x_2, \ldots, x_n) = f_X(x_1)f_X(x_2)\cdots f_X(x_n)$$

則我們稱該組隨機變數 $\{X_i\}_{i=1}^n$ 為一組樣本大小為 n 的隨機樣本 *(random samples)*。

根據此定義, 我們知道隨機樣本有兩大特徵: (1) $\{X_1, X_2, \ldots, X_n\}$ 來自相同的母體分配 $f_X(\cdot)$, 以及 (2) $\{X_1, X_2, \ldots, X_n\}$ 相互獨立。這樣的性質與我們之前所介紹的「獨立且具相同分配」(independent and identically distributed) 的 I.I.D. 隨機變數完全一致, 因此, 隨機樣本又可稱為 I.I.D. 樣本 (I.I.D. samples)。以下的幾種說法代表同一個概念:

1. $\{X_i\}_{i=1}^n$ 為期望值為 μ, 變異數為 σ^2 之隨機樣本

2. $\{X_i\}_{i=1}^n$ 為期望值為 μ, 變異數為 σ^2 之 I.I.D. 樣本

3. $\{X_i\}_{i=1}^n \sim^{i.i.d.} (\mu, \sigma^2)$

當然別忘了, 如果 $\{X_i\}_{i=1}^n \sim^{i.i.d.} (\mu, \sigma^2)$, 則

$$E(X_1) = E(X_2) = \cdots = E(X_n) = \mu$$

$$Var(X_1) = Var(X_2) = \cdots = Var(X_n) = \sigma^2$$

且對於任一 $i \neq j$,

$$E(X_iX_j) = E(X_i)E(X_j)$$

---

[1]統計抽樣的方法有很多, 有興趣的讀者不妨找幾本坊間的統計學教科書來翻一翻, 增廣見聞。原則上, 我們希望所抽到的樣本為母體的縮影, 也就是說, 我們希望所抽到的樣本具有代表性。譬如說, 我們想了解全台大學生身高的分配, 如果你跑到台大籃球校隊的休息室門口抽樣, 顯然會得到台大學生平均身高為 180 公分的錯誤推論。這就是樣本不具代表性的一個例子。

值得一提的是,與隨機變數的概念一樣,"隨機樣本"一詞中的"隨機"之概念來自於"事前" (ex ante)。舉例來說,如果我們在台大校門口記錄前五個通過校門口的台大學生之身高,得到的資料樣本點為 {166, 178, 156, 180, 162},我們將所得到的資料樣本點 (該組五個數字) 稱之為隨機樣本的實現值。數學符號上,$\{X_1, X_2, \ldots, X_n\}$ 是隨機樣本,$\{x_1, x_2, \ldots, x_n\}$ 是隨機樣本的實現值,或是稱為資料觀察值,有時簡稱為資料。

7.2 敘述統計

當我們得到一組隨機樣本的實現值,也就是資料樣本點後,可以透過敘述統計提供資料的概貌。一般來說,我們會提供資料的次數分配 (frequency distribution), 實證分配函數 (empirical distribution function) 以及相關的統計量 (statistics)。

7.2.1 隨機樣本

假設我們有一組 166 名學生的期中考成績資料:

69 5 66 88 73 96 88 92 67 79 74 72 73 63 66 73 60 78 50 86 64 69 40
59 71 32 74 72 87 83 71 87 90 79 57 84 67 78 71 80 51 70 56 99 61 31 46
96 87 73 72 81 72 84 77 75 38 91 82 15 69 75 49 62 13 58 74 79 44 72 84
70 68 37 57 61 43 71 71 36 48 36 35 65 83 69 63 59 46 79 58 82 81 68 50
88 35 55 80 71 59 76 87 71 50 65 76 29 37 68 40 72 47 39 84 58 49 43 83
55 44 73 54 53 56 54 59 79 61 98 69 84 82 74 59 85 64 70 85 78 84 78 63
59 85 57 25 80 69 63 45 84 87 97 98 86 100 100 79 56 91 69 78 72 71 77

我們將這 166 位同學的成績視為母體,假設每一位同學被抽到的機率都相同,則母體均數

$$\mu = x_1 \times \frac{1}{166} + x_2 \times \frac{1}{166} + \cdots + x_{166} \times \frac{1}{166}$$
$$= 69 \times \frac{1}{166} + 5 \times \frac{1}{166} + \cdots + 77 \times \frac{1}{166} = 67.20,$$

母體變異數

$$\sigma^2 = (x_1 - \mu)^2 \times \frac{1}{166} + (x_2 - \mu)^2 \times \frac{1}{166} + \cdots + (x_{166} - \mu)^2 \times \frac{1}{166}$$
$$= (69 - 67.20)^2 \times \frac{1}{166} + (5 - 67.20)^2 \times \frac{1}{166} + \cdots + (77 - 67.20)^2 \times \frac{1}{166}$$
$$= 329.05$$

注意到, 一般而言我們是無法得到整個母體的資料, 因此, 在無法得知全班同學的成績的情況下 (母體均數與母體變異數只有老師知道), 你可以隨機抽樣 50 個同學, 並記錄下他們的成績, 作為一組隨機樣本。亦即, 隨機樣本為:

$$\{X_1, X_2, \ldots, X_{50}\} \sim^{i.i.d.} (\mu = 67.20, \sigma^2 = 329.05)$$

透過以下的 R 程式以抽出放回的方式, 抽出一組 $n = 50$ 的隨機樣本:

R 程式 7.1 (讀取母體資料與抽出隨機樣本).

```
setwd('D:/R')
## 讀取資料
dat = read.csv('Midtermdata.csv', header=TRUE)
mid = dat$Midterm
set.seed(12345)
Midsample = sample(mid, 50, replace=TRUE)
Midsample
```

執行後可得:

```
> Midsample
 [1]  55  57  59  80  61  72  84  83  44  71  96  32  54  69  13  43  13
[18]  74  83 100  61  77  91  43  76  13  58  58  78  48  84  69  87  39
[35]  75  69  85  45  87  40  98  70  97  61  99  84  79  92  79  71
>
```

這就是一組隨機樣本的實現值。

表7.1: 期中考成績次數分配

$[C_i, C_{i+1})$	次數 (f_i)	相對次數 (f_i/n)
$[0, 10)$	0	0.00
$[10, 20)$	3	0.06
$[20, 30)$	0	0.00
$[30, 40)$	2	0.04
$[40, 50)$	6	0.12
$[50, 60)$	6	0.12
$[60, 70)$	6	0.12
$[70, 80)$	11	0.22
$[80, 90)$	9	0.18
$[90, 100)$	6	0.12

7.2.2 次數分配

假設我們有了前一節所抽出的那組 $n = 50$ 的隨機樣本實現值 (亦即一般所謂的資料):

55 57 59 80 61 72 84 83 44 71 96 32 54 69 13 43 13 74 83 100 61 77 91 43 76 13 58 58 78 48 84 69 87 39 75 69 85 45 87 40 98 70 97 61 99 84 79 92 79 71

我們該如何整理以及有系統地呈現這組資料? 換句話說, 如果別人想要知道這群學生的學習表現, 我們該如何統整 (summarize) 這組資料以提供有用的訊息? 事實上, 最符合直覺的方法就是把這組資料的次數分配 (frequency distribution) 找出來。簡單地說, 就是將資料依照成績分成若干組, 然後將成績隸屬該組的個數找出來。以這組資料為例, 我們可以找出分配如表 7.1 所示:

其中, $[C_i, C_{i+1})$ 為第 i 組的組距, 次數 f_i 代表第 i 組的樣本個數, 而相對次數就是將 f_i 除以全體樣本數 n。因此, 由表 7.1 我們可以知道, 成績低於 20 分的有 3 人, 佔樣本比例為 6%, 成績介於 90 分到 100 分的有 6 人, 佔樣本比例為 12%,。

R 程式如下:

R 程式 7.2 (建構次數分配表).

```
breaks = seq(0, 100, by=10)
Midsample.cut = cut(Midsample, breaks, right=FALSE)
Midsample.freq = table(Midsample.cut)
Midsample.freq
```

執行後可得:

```
> Midsample.freq
Midsample.cut
  [0,10)  [10,20)  [20,30)  [30,40)  [40,50)  [50,60)  [60,70)  [70,80)
       0        3        0        2        6        6        6       11
 [80,90) [90,100)
       9        6
```

我們亦可根據表 7.1 的分配，畫出該分配的次數分配圖，也就是所謂的直方圖 (histogram)，如圖 7.1 所示。

R 程式如下:

R 程式 7.3 (繪製直方圖).

```
hist(Midsample, breaks=10, right=FALSE, xlab='Midterm Exam',
main='Histogram of Midterm Exam')
```

7.2.3 實證分配函數

給定隨機樣本 $\{X_i\}_{i=1}^{n} \sim^{i.i.d.} F_X(x)$，概念上與理論的分配函數 $F_X(x) = P(X \leq x)$ 一樣，我們也可以透過隨機樣本計算實證分配函數 (empirical distribution function, EDF) 如下:

$$\hat{F}_n(x) = \frac{\text{樣本中 } X_i \leq x \text{ 的個數}}{n} = \frac{1}{n} \sum_{i=1}^{n} \mathbb{1}_{\{X_i \leq x\}}$$

其中，$\mathbb{1}_{\{X_i \leq x\}}$ 為一指示函數 (indicator function)，

$$\mathbb{1}_{\{X_i \leq x\}} = \begin{cases} 1 & \text{if } X_i \leq x \\ 0 & \text{if } X_i > x \end{cases}$$

圖 7.1: 期中考成績分配直方圖

Histogram of Midterm Exam

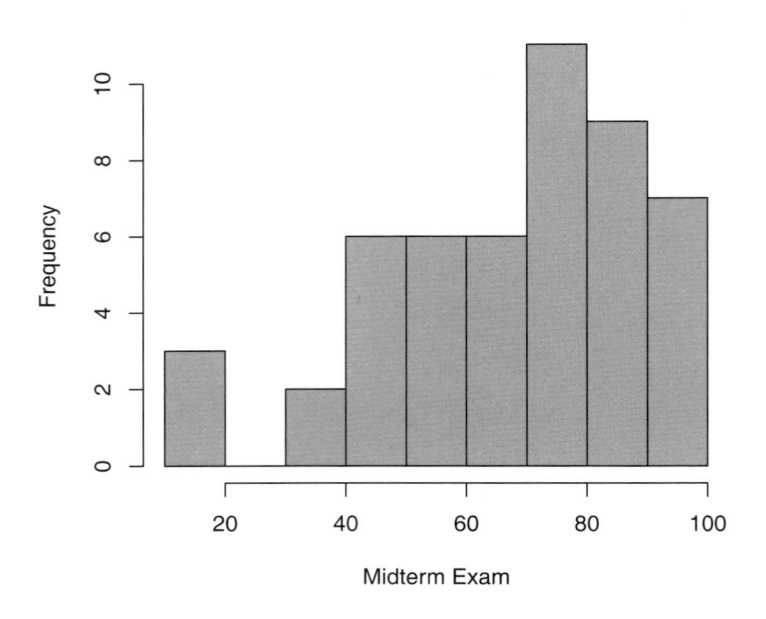

我們將期中考成績的實證分配函數繪製在圖 7.2 中。
R 程式如下:

R 程式 7.4 (繪製直方圖與實證分配函數).

```
medf = ecdf(Midsample)
plot(medf, main='Empirical Distribution Function of Midterm')
```

我們再以財務時間序列資料當作另外一個例子。我們考慮 S&P500 股票價格指數 1950:1–2022:12 的月資料。[2] 令 p_t 代表股票價格, 則股票的月報酬率爲:

$$r_t = 100 \times \left(\frac{p_t - p_{t-1}}{p_{t-1}} \right)$$

圖 7.3 繪製股票價格指數, 股票報酬率, 股票報酬率的實證機率密度函數 (empirical probability density function), 以及股票報酬率的實證分配函

---

[2] 這樣的資料稱作時間序列。我們將在第 18 章介紹時間序列資料的性質。

圖7.2: 期中考成績實證分配函數

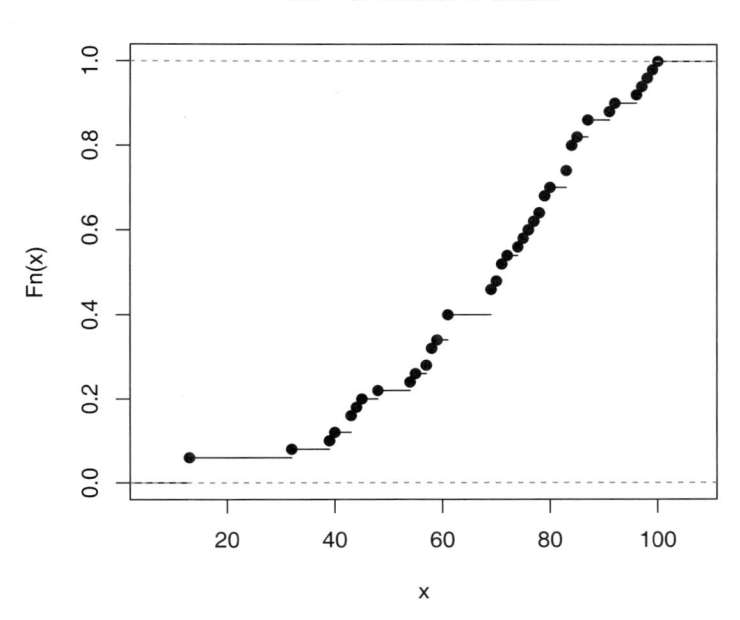

EDF of Midterm Exam

數。注意到我們在繪製股票報酬率的實證機率密度函數時, 特別加入了常態分配的理論 pdf 作爲比較。因此, 爲了配合理論 pdf, 與圖 7.1 的次數分配圖不同的是, 在實證機率密度函數圖中的縱軸單位並非次數 (f_i), 而是機率密度 (density):

$$\frac{f_i}{n(C_i - C_{i-1})}$$

我們不難看出, 常態分配是股票月報酬率的一個不錯的近似分配。

7.2.4 統計量

除了利用次數分配, 直方圖與實證分配函數來刻劃隨機樣本之外, 我們也常以統計量 (statistics) 來描繪隨機樣本的性質。

圖7.3: S&P500 股票指數

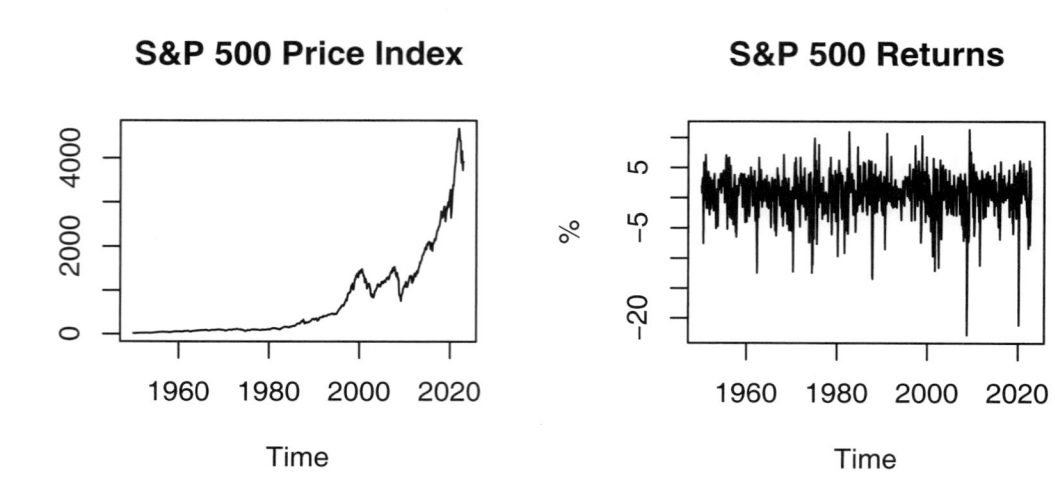

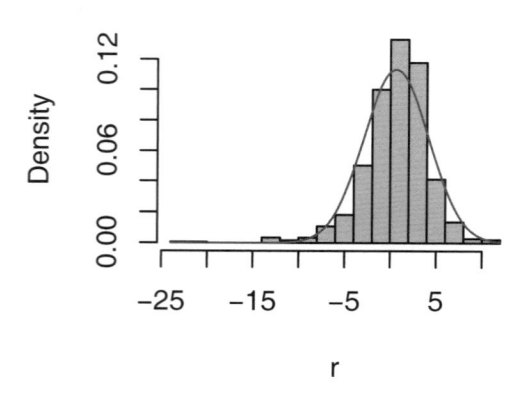

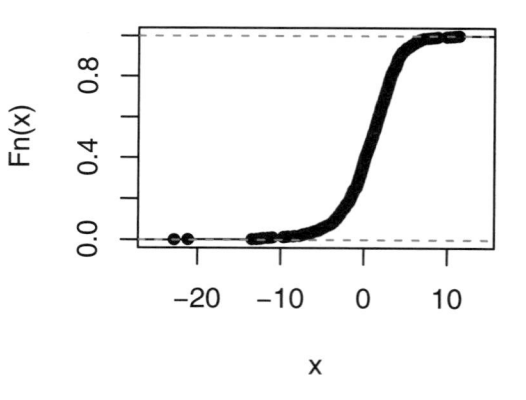

> **定義 7.2.** 給定隨機樣本 $\{X_1, X_2, \ldots, X_n\}$，隨機變數
>
> $$T = t(X_1, X_2, \ldots, X_n)$$
>
> 為隨機樣本的函數，稱之為統計量。

重要的統計量包含樣本均數 (sample mean)、樣本變異數 (sample variance)、樣本相關係數 (sample correlation coefficient)，以及樣本 r 階動差 (sample r-th moments)。

1. 樣本均數

$$\bar{X} = \frac{\sum_{i=1}^n X_i}{n}$$

2. 樣本變異數

$$S^2 = \frac{\sum_{i=1}^n (X_i - \bar{X}_n)^2}{n-1}$$

3. 樣本共變數

$$S_{XY} = \frac{\sum_{i=1}^n (X_i - \bar{X}_n)(Y_i - \bar{Y}_n)}{n-1}$$

4. 樣本相關係數

$$r_{XY} = \frac{S_{XY}}{S_X S_Y} = \frac{\sum_{i=1}^n (X_i - \bar{X}_n)(Y_i - \bar{Y}_n)}{\sqrt{\sum_{i=1}^n (X_i - \bar{X}_n)^2}\sqrt{\sum_{i=1}^n (Y_i - \bar{Y}_n)^2}}$$

5. 樣本 r 階動差

$$M_r = \frac{1}{n}\sum_{i=1}^n X_i^r$$

平均數可以用來當作一組隨機樣本的一個「代表性統計量」，值得一提的是，平均數相當容易受到極端值的影響，使用時應特別注意。其他常用的「代表性統計量」包含中位數 (median) 與眾數 (mode)。所謂中位數係指，小於中位數的資料恰有一半。至於眾數顧名思義就是出現次數最多的資料值。

表7.2: 母體參數及其樣本對應統計量

母體參數	樣本對應統計量
$\mu = E(X_1)$	$\bar{X} = \frac{\sum_{i=1}^{n} X_i}{n}$
$\sigma^2 = Var(X_1)$	$S^2 = \frac{\sum_{i=1}^{n} (X_i - \bar{X}_n)^2}{n-1}$
$\sigma_{XY} = Cov(X_1, Y_1)$	$S_{XY} = \frac{\sum_{i=1}^{n} (X_i - \bar{X}_n)(Y_i - \bar{Y}_n)}{n-1}$
$\rho_{XY} = \frac{Cov(X_1, Y_1)}{\sqrt{Var(X_1)Var(Y_1)}}$	$r_{XY} = \frac{S_{XY}}{S_X S_Y} = \frac{\sum_{i=1}^{n} (X_i - \bar{X}_n)(Y_i - \bar{Y}_n)}{\sqrt{\sum_{i=1}^{n} (X_i - \bar{X}_n)^2} \sqrt{\sum_{i=1}^{n} (Y_i - \bar{Y}_n)^2}}$
$\mu_r = E(X_1^r)$	$M_r = \frac{1}{n} \sum_{i=1}^{n} X_i^r$

樣本變異數是用來衡量資料相對其平均數的分散程度，一般來說，變異數越大，代表資料相對於平均數的分散程度就越大。[3]

總言之，這些統計量就是母體參數如期望值 (母體均數) $E(X_1)$，母體變異數 $Var(X_1)$，母體共變數 $Cov(X_i, X_j)$，母體相關係數 $\rho_{i,j}$，以及母體 r 階動差 $E(X_1^r)$ 的樣本對應 (sample counterpart)。注意到，統計量是隨機樣本的函數，因此，統計量是隨機變數。舉例來說，如果我們隨機抽樣 100 個台大學生，得到平均身高為 165 公分，則數值 165 就是樣本均數 $\bar{X}$ 這個統計量的實現值 $\bar{x}$。我們將母體參數，以及其對應的樣本統計量整理在表 7.2 中。

為了示範如何使用 R 語言中有關敘述統計量的函數，底下我們利用 R 捏造兩組樣本 (資料)，並進一步計算幾個重要的敘述統計量。

---

[3]我們會在第 9 章中說明這裡的分母為何是 $n-1$，而非 n。事實上，當樣本數 n 很大時，除以 $n-1$ 或是 n 的差異不大。

R 程式 7.5 (敘述統計量 R 函數).

```
x=c(87,86,64,84,87,88,70,47,43,84)
y=c(84,65,78,87,94,65,90,97,86,70)
mean(x)   # 樣本平均數
var(x)    # 樣本變異數
sd(x)     # 樣本標準差
cov(x,y)  # 樣本共變數
cor(x,y)  # 樣本相關係數
```

執行後可得:

```
> mean(x)   # 樣本平均數
[1] 74
> var(x)    # 樣本變異數
[1] 298.2222
> sd(x)     # 樣本標準差
[1] 17.26911
> cov(x,y)  # 樣本共變數
[1] -94.55556
> cor(x,y)  # 樣本相關係數
[1] -0.4713651
```

我們再以之前 $n = 50$ 的期中考成績隨機樣本為例,計算相關的敘述統計量如下。

R 程式 7.6 (敘述統計量: 期中考成績隨機樣本).

```
mean(Midsample)    # 樣本平均數
var(Midsample)     # 樣本變異數
sd(Midsample)      # 樣本標準差
```

執行後可得:

```
> mean(Midsample)   # 樣本平均數
[1] 67.12
> var(Midsample)    # 樣本變異數
[1] 494.4343
> sd(Midsample)     # 樣本標準差
[1] 22.23588
```

注意到隨機樣本來自 166 個學生期中考成績之母體, 母體平均數與變異數分別為 $\mu = 67.20$ 以及 $\sigma^2 = 329.05$, 而這組 $n = 50$ 的隨機樣本所算出來的樣本均數為 $\bar{X} = 67.12$, 樣本變異數為 $S^2 = 494.43$。

7.3 抽樣分配

給定統計量 $T_n = t(X_1, X_2, \ldots, X_n)$ 為隨機樣本的函數, 則 T_n 本身自然也是一個隨機變數。我們將 T_n 的機率分配稱之為抽樣分配 (sampling distribution)。抽樣分配取決於 (1) 隨機樣本 $\{X_1, X_2, \ldots, X_n\}$ 所來自的母體分配, 以及 (2) $t(X_1, X_2, \ldots, X_n)$ 的函數形式。

在某些已知特定的母體分配假設下, 我們可以找出某些統計量的實際抽樣分配 (exact sampling distribution), 譬如說, 給定

$$\{X_i\}_{i=1}^n \sim^{i.i.d.} \text{Bernoulli}(p)$$

則我們知道, 若定義統計量 T_n 為隨機樣本的加總,

$$T_n = \sum_{i=1}^n X_i \sim \text{Binomial}(n, p)$$

亦即, 統計量 T_n 的抽樣分配為二項分配。

再舉一個例子, 如果隨機樣本 $\{X_1, X_2, \ldots, X_n\}$ 來自常態分配 $N(\mu, \sigma^2)$, 則

$$T_n = \frac{\sum_{i=1}^n X_i}{n} \sim N\left(\mu, \frac{\sigma^2}{n}\right)$$

亦即, 統計量 T_n 的抽樣分配亦為常態分配 (參見第 6 章定理 6.4)。

事實上, 除了常態分配以外, 我們在第 6 章中所介紹的相關分配, 包含 χ^2 分配, Student's t 分配, 以及 F 分配, 也是某些來自特定母體分配的隨機樣本所建構特定統計量的抽樣分配。我們將在第 10 – 11 章中進一步仔細說明抽樣分配的應用。然而, 在大多數的情況下, 我們無法得知隨機樣本抽自何種母體分配, 屆時我們將借重漸近理論 (asymptotic theory) 來找出當樣本夠大時, 統計量的漸近分配 (asymptotic distribution)。我們將在第 8 章介紹漸近理論。

7.4 常態母體下的抽樣分配

在已知隨機樣本為常態分配的條件下，我們可以得到某些統計量的實際抽樣分配。令 $\{X_i\}_{i=1}^n = \{X_1, X_2, \ldots, X_n\}$ 為一組來自常態母體 $N(\mu, \sigma^2)$ 且樣本大小為 n 的隨機樣本。我們所考慮的統計量為樣本均數：

$$\bar{X}_n = \frac{\sum_{i=1}^n X_i}{n}$$

樣本變異數：

$$S_n^2 = \frac{\sum_{i=1}^n (X_i - \bar{X}_n)^2}{n-1}$$

以及利用 $\bar{X}_n$ 與 S_n^2 所建構的其他統計量。我們將一一介紹如下。

首先，第一個性質是，如果隨機樣本來自常態母體，則樣本均數 $\bar{X}_n$ 也具有常態分配。

定理 7.1. 若 $\{X_i\}_{i=1}^n \sim^{i.i.d.} N(\mu, \sigma^2)$，則

$$\bar{X}_n \sim N\left(\mu, \frac{\sigma^2}{n}\right)$$

Proof. 根據第 6 章的性質 6.4。 □

其次，我們要介紹的性質是，如果隨機樣本來自常態母體，則樣本均數 $\bar{X}_n$ 與樣本變異數 S_n^2 相互獨立。在介紹此性質之前，我們先介紹一個重要的定理：Daly's Theorem。

定理 7.2 (Daly's Theorem)**.** 若 $\{X_i\}_{i=1}^n \sim^{i.i.d.} N(\mu, \sigma^2)$，且 $g(X_1, X_2, \ldots, X_n)$ 為平移不變 *(translation invariant)* 之函數。亦即，對於任意常數 c，

$$g(X_1 + c, X_2 + c, \ldots, X_n + c) = g(X_1, X_2, \ldots, X_n)$$

則樣本均數 $\bar{X}_n$ 與 $g(X_1, X_2, \ldots, X_n)$ 相互獨立。

Proof. 證明超出本書範圍，有興趣的讀者可參閱 Chen (2022)。 □

亦即, Daly's Theorem 告訴我們, 如果隨機樣本來自常態母體, 則樣本均數 $\bar{X}_n$ 與隨機樣本任何的平移不變函數 $g(X_1, X_2, \ldots, X_n)$ 為獨立。

因此, 有了 Daly's Theorem, 我們只須證明樣本變異數 S_n^2 為隨機樣本的平移不變函數, 就足以證明樣本均數 $\bar{X}_n$ 與樣本變異數 S_n^2 相互獨立。

定理 7.3. 若 $\{X_i\}_{i=1}^n \overset{i.i.d.}{\sim} N(\mu, \sigma^2)$, 則 $\bar{X}_n$ 與 S_n^2 相互獨立。

Proof. 欲證明 $\bar{X}_n$ 與 S_n^2 相互獨立, 我們先證明

$$S_n^2 = g(X_1, X_2, \ldots, X_n) = \frac{\sum_{i=1}^n (X_i - \bar{X}_n)^2}{n-1} = \frac{\sum_{i=1}^n \left(X_i - \frac{\sum_{i=1}^n X_i}{n}\right)^2}{n-1}$$

為平移不變之函數:

$$g(X_1 + c, X_2 + c, \ldots, X_n + c) = \frac{1}{n-1} \sum_{i=1}^n \left((X_i + c) - \frac{\sum_{i=1}^n (X_i + c)}{n}\right)^2$$

$$= \frac{1}{n-1} \sum_{i=1}^n \left(X_i - \frac{\sum_{i=1}^n X_i}{n} + c - c\right)^2$$

$$= \frac{1}{n-1} \sum_{i=1}^n \left(X_i - \frac{\sum_{i=1}^n X_i}{n}\right)^2$$

$$= \frac{1}{n-1} \sum_{i=1}^n \left(X_i - \bar{X}_n\right)^2 = g(X_1, X_2, \ldots, X_n)$$

因此, 根據定理 7.2 (Daly's Theorem), $\bar{X}_n$ 與 S_n^2 相互獨立。 □

此定理另外一種證明方法是, 首先注意到

$$X_i - \bar{X}_n = X_i - \frac{X_1 + X_2 + \ldots + X_n}{n}$$

$$= X_i - \frac{X_i}{n} - \frac{1}{n} \sum_{j \neq i} X_j$$

$$= \left(1 - \frac{1}{n}\right) X_i - \frac{1}{n} \sum_{j \neq i} X_j$$

亦即 $X_i - \bar{X}_n$ 為常態隨機變數之線性函數, 是故 $\bar{X}_n$ 與 $X_i - \bar{X}_n$ 均為常態隨機變數且為雙變量常態。[4] 然而, 根據性質 14.1 (第 14 章), 雙變量常

---

[4] 關於如何證明 $\bar{X}_n$ 與 $X_i - \bar{X}_n$ 為雙變量常態, 參見第 14 章性質 14.6。

態隨機變數若不相關, 則兩隨機變數爲獨立。[5] 因此, 在附錄中我們證明 $Cov(\bar{X}_n, X_i - \bar{X}_n) = 0$, 即證明了 $\bar{X}_n$ 與 $X_i - \bar{X}_n$ 相互獨立。從而 $\bar{X}_n$ 與 $(X_i - \bar{X}_n)^2$ 相互獨立, 進而推知 $\bar{X}_n$ 與 $\sum_{i=1}^{n}(X_i - \bar{X}_n)^2$ 相互獨立。是故, $\bar{X}_n$ 與 $S_n^2 = \frac{\sum_{i=1}^{n}(X_i-\bar{X}_n)^2}{n-1}$ 相互獨立。

定理 7.4. 若 $\{X_i\}_{i=1}^{n} \sim^{i.i.d.} N(\mu, \sigma^2)$, 則

$$\frac{\sum_i (X_i - \bar{X}_n)^2}{\sigma^2} \sim \chi^2(n-1)$$

Proof. 首先, 我們需要一個重要性質 (證明參見附錄):

$$\sum_i (X_i - \bar{X}_n)^2 = \sum_i (X_i - \mu)^2 - n(\bar{X}_n - \mu)^2 \tag{1}$$

因此,

$$\frac{\sum_i (X_i - \bar{X}_n)^2}{\sigma^2} = \frac{\sum_i (X_i - \mu)^2}{\sigma^2} - \frac{n(\bar{X}_n - \mu)^2}{\sigma^2}$$

$$= \sum_i \left(\frac{X_i - \mu}{\sigma}\right)^2 - \left(\frac{\bar{X}_n - \mu}{\frac{\sigma}{\sqrt{n}}}\right)^2$$

亦即,

$$W_1 = W_2 - W_3$$

其中,

$$W_1 = \frac{\sum_i (X_i - \bar{X}_n)^2}{\sigma^2}$$

$$W_2 = \sum_i \left(\frac{X_i - \mu}{\sigma}\right)^2 \sim \chi^2(n)$$

$$W_3 = \left(\frac{\bar{X}_n - \mu}{\frac{\sigma}{\sqrt{n}}}\right)^2 \sim \chi^2(1)$$

根據定理 7.2, 我們知道 $\bar{X}_n$ 與 $\sum_{i=1}^{n}(X_i - \bar{X}_n)^2$ 相互獨立, 可推知 $\bar{X}_n^2$ 與 $\sum_{i=1}^{n}(X_i - \bar{X}_n)^2$ 相互獨立, 因此 W_1 與 W_3 爲獨立, 則根據

$$W_2 = W_1 + W_3$$

---

[5]注意! 一般而言, 兩隨機變數相互獨立隱含它們無相關, 反之則不然。一個特例爲, 若兩隨機變數爲多元常態隨機變數, 則無相關隱含相互獨立。

$$M_{W_2}(t) = M_{W_1+W_3}(t) = M_{W_1}(t)M_{W_3}(t)$$

因此,
$$M_{W_1}(t) = \frac{M_{W_2}(t)}{M_{W_3}(t)} = \frac{\left(\frac{1}{1-2t}\right)^{\frac{n}{2}}}{\left(\frac{1}{1-2t}\right)^{\frac{1}{2}}} = \left(\frac{1}{1-2t}\right)^{\frac{n-1}{2}}$$

亦即,$W_1 = \frac{\sum_i (X_i - \bar{X}_n)^2}{\sigma^2}$ 爲自由度 $n-1$ 的卡方隨機變數。 □

定理 7.5. 若 $\{X_i\}_{i=1}^n \sim^{i.i.d.} N(\mu,\sigma^2)$, 且定義

$$S_n^2 = \frac{\sum_i (X_i - \bar{X}_n)^2}{n-1}$$

則
$$\frac{(n-1)S_n^2}{\sigma^2} \sim \chi^2(n-1)$$

Proof. 根據 S_n^2 之定義與定理 7.4 即可得證。 □

定理 7.6. 若 $\{X_i\}_{i=1}^n \sim^{i.i.d.} N(\mu,\sigma^2)$, 則

$$\frac{\sqrt{n}(\bar{X}_n - \mu)}{S_n} \sim t(n-1)$$

首先我們將 $\frac{\sqrt{n}(\bar{X}_n-\mu)}{S_n}$ 重新整理可得

$$\frac{\sqrt{n}(\bar{X}_n - \mu)}{S_n} = \frac{(\bar{X}_n - \mu)}{\sqrt{\frac{S_n^2}{n}}} = \frac{\frac{(\bar{X}_n-\mu)}{\sqrt{\frac{\sigma^2}{n}}}}{\sqrt{\frac{(n-1)S_n^2}{\sigma^2}}}$$

我們已知
$$\frac{\bar{X}_n - \mu}{\sqrt{\frac{\sigma^2}{n}}} \sim N(0,1)$$

且
$$\frac{(n-1)S_n^2}{\sigma^2} \sim \chi^2(n-1)$$

亦即 $\frac{\sqrt{n}(\bar{X}_n-\mu)}{S_n}$ 的分子為 $N(0,1)$, 而分母為卡方隨機變數除上其自由度後再開根號, 根據 $\bar{X}_n$ 與 S_n^2 相互獨立之性質以及 t 分配之定義, 我們知道 $\frac{\sqrt{n}(\bar{X}_n-\mu)}{S_n}$ 為具有自由度為 $(n-1)$ 的 t 分配:

$$\frac{\sqrt{n}(\bar{X}_n-\mu)}{S_n} \stackrel{d}{=} \frac{N(0,1)}{\sqrt{\frac{\chi^2(n-1)}{n-1}}}$$

$$\stackrel{d}{=} t(n-1)$$

定理 7.7. 令 $\{X_i\}_{i=1}^m \sim^{i.i.d.} N(\mu_X, \sigma_X^2)$ 與 $\{Y_i\}_{i=1}^n \sim^{i.i.d.} N(\mu_Y, \sigma_Y^2)$ 為兩組相互獨立之樣本, 則

$$\frac{S_X^2/\sigma_X^2}{S_Y^2/\sigma_Y^2} \sim F(m-1, n-1)$$

由於

$$\frac{(m-1)S_X^2}{\sigma_X^2} \sim \chi^2(m-1)$$

$$\frac{(n-1)S_Y^2}{\sigma_Y^2} \sim \chi^2(n-1)$$

因此, 根據 S_X^2 與 S_Y^2 相互獨立以及 F 分配之定義,

$$\frac{S_X^2/\sigma_X^2}{S_Y^2/\sigma_Y^2} \stackrel{d}{=} \frac{\frac{\chi^2(m-1)}{m-1}}{\frac{\chi^2(n-1)}{n-1}} \stackrel{d}{=} F(m-1, n-1)$$

7.5 附錄

7.5.1 與抽樣分配有關之重要定理證明

1. 證明 $Cov(\bar{X}_n, X_i - \bar{X}_n) = 0$

   根據共變數之定義, 以及 $E(\bar{X}_n) = \mu$, $E(X_i - \bar{X}_n) = \mu - \mu = 0$,

$$Cov(\bar{X}_n, X_i - \bar{X}_n) = E[(\bar{X}_n - \mu)(X_i - \bar{X}_n)]$$

$$= E[(\bar{X}_n - \mu)(X_i - \mu - (\bar{X}_n - \mu))]$$

$$= E[(\bar{X}_n - \mu)(X_i - \mu)] - E[(\bar{X}_n - \mu)(\bar{X}_n - \mu)]$$

$$= Cov(\bar{X}_n, X_i) - Var(\bar{X}_n)$$

由於 $\{X_i\}_{i=1}^n$ 為 I.I.D. 樣本, $Cov(X_i, X_j) = 0, \forall i \neq j$, 因此,

$$\begin{aligned}
Cov(\bar{X}_n, X_i) &= \frac{1}{n}Cov(X_1, X_i) + \frac{1}{n}Cov(X_2, X_i) + \cdots + \frac{1}{n}Cov(X_i, X_i) \\
&\quad + \cdots\cdots + \frac{1}{n}Cov(X_n, X_i) \\
&= 0 + 0 + \cdots + 0 + \frac{1}{n}Cov(X_i, X_i) + 0 + \cdots + 0 \\
&= \frac{1}{n}Var(X_i) = \frac{\sigma^2}{n}
\end{aligned}$$

是故,

$$Cov(\bar{X}_n, X_i - \bar{X}_n) = Cov(\bar{X}_n, X_i) - Var(\bar{X}_n) = \frac{\sigma^2}{n} - \frac{\sigma^2}{n} = 0$$

2. 證明第 (1) 式:

$$\sum_i (X_i - \bar{X}_n)^2 = \sum_i (X_i - \mu)^2 - n(\bar{X}_n - \mu)^2$$

$$\begin{aligned}
\sum_i (X_i - \bar{X}_n)^2 &= \sum_i (X_i - \mu + \mu - \bar{X}_n)^2 \\
&= \sum_i [(X_i - \mu) - (\bar{X}_n - \mu)]^2 \\
&= \sum_i (X_i - \mu)^2 - 2\sum_i (X_i - \mu)(\bar{X}_n - \mu) + \sum_i (\bar{X}_n - \mu)^2 \\
&= \sum_i (X_i - \mu)^2 - 2(\bar{X}_n - \mu)\sum_i (X_i - \mu) + \sum_i (\bar{X}_n - \mu)^2 \\
&= \sum_i (X_i - \mu)^2 - 2n(\bar{X}_n - \mu)^2 + n(\bar{X}_n - \mu)^2 \\
&= \sum_i (X_i - \mu)^2 - n(\bar{X}_n - \mu)^2
\end{aligned}$$

7.5.2　R 程式: S&P500 股票價格指數

繪製股票價格時間序列圖以及股票報酬時間序列圖, 直方圖 (實證機率密度函數圖) 與實證分配函數。

```
setwd('D:/R')
dat = read.csv('SP500.csv', header=TRUE)
sprice = dat$SP
sprice.ts = ts(sprice,start = c(1950, 1), freq = 12)
r = 100*diff(sprice, lag=1)/sprice
r.ts = ts(r,start = c(1950, 2), freq = 12)
redf = ecdf(r)
op=par(mfrow=c(2,2))
plot(sprice.ts, main = "S&P 500 Price Index",ylab='')
plot(r.ts, main = "S&P 500 Returns",ylab='%')
hist(r, breaks=20, right=FALSE, freq = FALSE, xlab='r',
main='Histogram of Stock Returns')
curve(dnorm(x, mean=mean(r), sd=sd(r)), add=TRUE, col="red")
plot(redf, main='EDF of Stock Returns')
```

以上的 R 程式檔 (Descriptive.R), 資料檔 (Midtermdata.csv 與 sp500.csv) 可以在我的個人網頁上取得。首先在 D:\ 底下建立一個 R 子目錄, 然後將程式與資料檔放在 D:\R 下操作即可。

練習題

1. 假設 X_1, X_2 和 X_3 為抽自某分配的隨機樣本, 其 pdf 為

$$f(x) = e^{-x}, \quad 0 < x < \infty$$

   (a) 請寫出 X_1, X_2 和 X_3 的聯合 pdf
   (b) 請算出 $E(X_1 X_2 X_3)$
   (c) 請算出 $Var(X_1 + X_3)$

2. $\{X_i\}_{i=1}^n \sim^{i.i.d.} \text{Bernoulli}(p)$, 且 $Y = \sum_{i=1}^n X_i$,

(a) 試求 $E(X_3)$

(b) 試求 $Var(X_3)$

(c) 試求 $E(Y)$

(d) 試求 $Var(Y)$

(e) 試找出 X_5 的 MGF

(f) 試找出 Y 的 MGF

3. 給定 $\{X_1, X_2\} \sim^{i.i.d.} N(\mu, \sigma^2)$，且

$$Y_1 = X_1 + X_2, \quad Y_2 = X_1 - X_2$$

(a) 證明 Y_1 與 Y_2 均為常態隨機變數。

(b) 證明 Y_1 與 Y_2 相互獨立。

4. 給定 $X \sim \chi^2(m)$，$W = X + Y \sim \chi^2(m+n)$，且 X 與 Y 為獨立。試證明：

$$W - X \sim \chi^2(n)$$

5. 給定 $\{Y_i\}_{i=1}^{6} \sim^{i.i.d.} N(0,1)$，令

$$V = \frac{Y_1 + Y_2 + Y_3 + Y_4 + Y_5}{5}$$

(a) 試求 $W = \sum_{i=1}^{5}(Y_i - V)^2$ 的分配。

(b) 試求 $E(W) = ?$

(c) 試求 $U = \sum_{i=1}^{5}(Y_i - V)^2 + Y_6^2$ 的分配。

(d) 試求 $\frac{2Y_6}{\sqrt{W}}$ 的分配。

(e) 給定 $B = 5V^2$，試求 $X = \frac{Y_6}{\sqrt{B}}$ 的分配。

(f) 試求 c 值使得 $P(X > c) = 0.05$

6. 請到 Federal Reserve Economic Data (FRED) 網站下載英鎊對美元匯率 1971M1-2023M5 月資料 (EXUSUK)，我們以 EX_t 表示。透過 R 程式執行以下任務：

(a) 計算匯率變動率:
$$r_t = 100 \times [\log(EX_t) - \log(EX_{t-1})]$$

(b) 計算:
$$\bar{r} = \frac{1}{T}\sum_t r_t, \quad S^2 = \sqrt{\frac{1}{T-1}\sum_t (r_t - \bar{r})^2}$$

(c) 畫出 r_t 的直方圖, 並在同一張圖畫出 $N(\bar{r}, S^2)$。

(d) 畫出 r_t 的實證分配函數 (EDF)。

8 漸近理論與漸近分配

8.1 漸近理論
8.2 收斂與隨機收斂
8.3 弱大數法則與中央極限定理
8.4 與隨機收斂相關之其他重要定理
8.5 重要抽樣分配之極限性質

本章介紹漸近理論與漸近分配, 也就是在探討當隨機樣本的樣本點變大時, 統計量的極限性質與其近似的分配。是故漸近理論又被稱做大樣本理論。許多統計學中重要的概念如弱大數法則以及中央極限定理都將在本章中一一討論。

8.1 漸近理論

在第 7 章中, 我們介紹了當隨機樣本來自**常態母體**時, 我們可以推導出某些特定統計量如 $T_n = \bar{X}_n$, $T_n = \frac{(n-1)S_n^2}{\sigma^2}$, 或是 $T_n = \frac{\sqrt{n}(\bar{X}_n - \mu)}{S_n}$ 等之實際抽樣分配。然而, 在大多數的情況下, 隨機樣本所來自的母體非常態分配, 甚至是未知分配。此外, 就算母體為常態, 許多統計量的函數形式相當複雜, 實際抽樣分配根本無從導出。然而, 根據漸近理論 (asymptotic theory), 當樣本較大時, 我們可以利用漸近分配 (asymptotic distribution) 來近似 (approximate) 這些統計量的抽樣分配。因此, 漸近理論又稱大

樣本理論 (large sample theory), 與漸近分配相當接近的概念稱極限分配 (limiting distribution), 但略為不同, 我們將會進一步討論。

注意到, 所謂的大樣本, **理論上**是找出統計量在**樣本數趨近於無窮大**時 ($n \to \infty$) 的極限, 但是實務上, 我們不可能有無窮大的樣本, 所以理論上所得到的結果都只是有限樣本的近似, 但是當樣本越大, 我們期待得到越好的近似。

8.2 收斂與隨機收斂

在介紹漸近理論之前, 我們必須先具備一些簡單的序列 (sequence), 極限 (limit), 不等式 (inequality) 以及隨機收斂 (stochastic convergence) 之概念。

8.2.1 實數序列與收斂

首先介紹實數序列, 收斂, 及其極限的概念。

定義 8.1 (實數序列之極限). 給定實數序列 $\{b_1, \ldots, b_n\}$。對於任一 $\varepsilon > 0$, 存在一實數 b 以及一整數 $N(\varepsilon)$ 使得

$$|b_n - b| < \varepsilon, \quad \forall\, n > N(\varepsilon)$$

則我們稱 b 為實數序列 $\{b_1, \ldots, b_n\}$ 的極限 (limit), 並以

$$\lim_{n \to \infty} b_n = b$$

表示之。

簡單地說, 實數序列的收斂意指隨著 n 增加, b_n 會很靠近 b。有多靠近呢? 如果 n 很大且 $n > N(\varepsilon)$, 所有的 b_n 都會掉進 $(b - \varepsilon, b + \varepsilon)$ 的區間中。舉例來說,

$$b_n = \frac{(-1)^n}{n}$$

令 $N(\varepsilon) = 1/\varepsilon$, 對於任一 $\varepsilon > 0$,

$$|b_n - 0| = \left|\frac{(-1)^n}{n}\right| = \frac{1}{n} < \varepsilon, \quad \forall\, n > \frac{1}{\varepsilon}$$

亦即,
$$\lim_{n\to\infty} b_n = 0$$
我們以底下的 R 程式畫出 $b_n = (-1)^n n^{-1}$ 這個序列。

R 程式 8.1 (收斂序列).

```
n=seq(1, 50, by = 1)
bn=(-1)^n/n
plot(bn,type="o")
abline(h = 0.0, col="red")
abline(h = 0.03, col="blue", lty=2)
abline(h = -0.03, col="blue", lty=2)
```

執行程式後可得圖 8.1。我們不難看出, 若取 $\varepsilon = 0.03$, 當 $n > 1/0.03 \approx 34$, b_n 會落入
$$0 \pm 0.03 = (-0.03, 0.03)$$
的區間內。

8.2.2　Markov 不等式與 Chebyshev 不等式

接下來, 我們介紹兩個重要的不等式: Markov 不等式 (Markov Inequality) 與 Chebyshev 不等式 (Chebyshev Inequality)。

定理 8.1 (Markov 不等式). 給定一非負隨機變數 X, 亦即 $P(X \geq 0) = 1$, 對於任意實數 $m > 0$,
$$P(X \geq m) \leq \frac{E(X)}{m}$$

Proof.
$$E(X) = \sum_x xf(x) = \sum_{x<m} xf(x) + \sum_{x\geq m} xf(x)$$
$$\geq \sum_{x\geq m} xf(x)$$
$$\geq \sum_{x\geq m} mf(x) = m\sum_{x\geq m} f(x) = mP(X \geq m)$$
□

圖 8.1: 收斂序列: $b_n = (-1)^n n^{-1}$

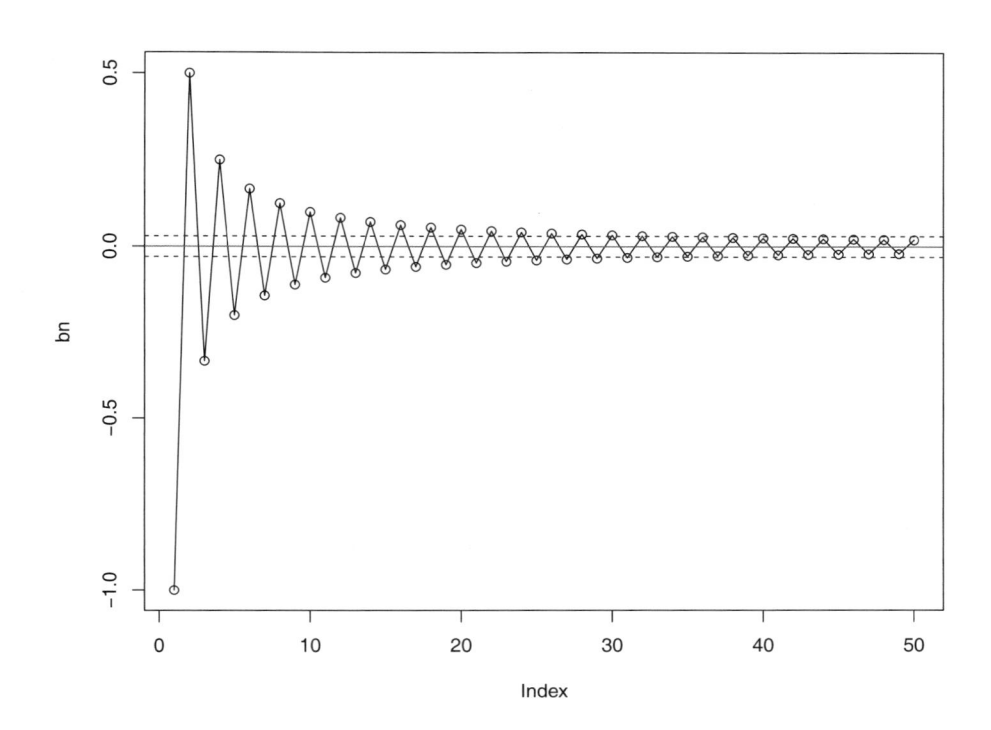

定理 8.2 (Chebyshev 不等式). 給定隨機變數 $Y \sim (E(Y), Var(Y))$, 對於任意常數 $\varepsilon > 0$,
$$P\Big(|Y - E(Y)| \geq \varepsilon\Big) \leq \frac{Var(Y)}{\varepsilon^2}$$

Proof. 令 $X = [Y - E(Y)]^2$, 則 X 為非負隨機變數: $P(X \geq 0) = 1$。此外我們知道, $E(X) = Var(Y)$。因此, 令 $m = \varepsilon^2$, 則根據 Markov 不等式,

$$P\Big(|Y - E(Y)| \geq \varepsilon\Big) = P([Y - E(Y)]^2 \geq \varepsilon^2)$$
$$= \underbrace{P(X \geq \varepsilon^2) \leq \frac{E(X)}{\varepsilon^2}}_{\text{Markov 不等式}} = \frac{Var(Y)}{\varepsilon^2}$$

□

Chebyshev 不等式之應用

給定 $E(Y) = \mu$, $Var(Y) = \sigma^2$, Chebyshev 不等式可改寫成

$$P\Big(|Y - \mu| < \varepsilon\Big) > 1 - \frac{\sigma^2}{\varepsilon^2}$$

令 $\varepsilon = k\sigma$, 則

$$P\Big(|Y - \mu| < k\sigma\Big) > 1 - \frac{1}{k^2}$$

亦即

$$P\Big(\mu - k\sigma < Y < \mu + k\sigma\Big) > 1 - \frac{1}{k^2}$$

因此, 這個不等式告訴我們, 有大於 $1 - \frac{1}{k^2}$ 的機率, 隨機變數 Y 會落在區間 $\mu \pm k\sigma$ 內。舉例來說,

- 若 $k = 2$, 則有超過 $\left(1 - \frac{1}{4}\right) = \frac{3}{4} = 75\%$ 的機率, Y 會落在區間 $\mu \pm 2\sigma$ 內。

- 當 $k = 3$, 則有超過 $\left(1 - \frac{1}{9}\right) = \frac{8}{9} = 89\%$ 的機率, Y 會落在區間 $\mu \pm 3\sigma$ 內。

8.2.3 隨機收斂

隨機變數所形成之序列稱為隨機序列。隨機序列的收斂方式有很多, 我們將介紹機率收斂 (converge in probability), 分配收斂 (convergence in distribution), 以及均方收斂 (converge in mean square)。

定義 8.2 (機率收斂). 給定隨機變數之序列 $\{Y_n\}$。對於任一 $\varepsilon > 0$,

$$\lim_{n \to \infty} P(|Y_n - c| < \varepsilon) = 1$$

或是寫成

$$P(|Y_n - c| < \varepsilon) \longrightarrow 1, \text{ 當 } n \longrightarrow \infty$$

則我們稱 Y_n 機率收斂 *(converge in probability)* 至實數 c, 並以

$$Y_n \xrightarrow{p} c$$

表示之。

因此, 機率收斂意指隨著 n 增加, 隨機變數 $Y_n - c$ 將越來越不可能離開 $(-\varepsilon, +\varepsilon)$ 之區間, 說的更精確一點, 就是說隨著 n 增加, Y_n 非常靠近 c 的機率 (掉進 $(c - \varepsilon, c + \varepsilon)$ 區間的機率) 趨近於 1。

我們亦可將機率收斂的定義改寫成

$$\lim_{n \to \infty} P(|Y_n - c| \geq \varepsilon) = 0$$

亦即隨著 n 增加, Y_n 掉出 $(c - \varepsilon, c + \varepsilon)$ 區間的機率**趨近於**零。

隨機變數 Y_n 除了機率收斂到常數 c, 亦可能機率收斂到隨機變數 Y。根據相同的定義方式,

$$\lim_{n \to \infty} P(|Y_n - Y| < \varepsilon) = 1$$

或是寫成

$$\lim_{n \to \infty} P(|Y_n - Y| \geq \varepsilon) = 0$$

代表 Y_n 機率收斂到 Y, 我們以 $Y_n \xrightarrow{p} Y$ 表示之。

值得注意的是, 機率收斂的定義中, 收斂的不是隨機變數序列 $\{Y_n\}$, 也不是隨機變數 Y_n 的實現值序列 $\{y_n\}$, 收斂的是機率序列 (the sequence of probabilities)。

底下是另一種隨機變數收斂的方式, 稱為分配收斂 (converge in distribution)。

定義 8.3 (分配收斂). 給定隨機變數之序列 $\{Y_n\}$, 其對應之分配函數為 $F_n(y)$, 另有一隨機變數 Y, 其對應之分配函數為 $F_Y(y)$, 若對於所有 $F_Y(y)$ 的連續點 y,

$$\lim_{n \to \infty} F_n(y) = F_Y(y)$$

則我們稱 Y_n 分配收斂 (converge in distribution) 至隨機變數 Y, 並以

$$Y_n \xrightarrow{d} Y$$

表示之。

簡而言之, 分配收斂意指隨著 n 變大, Y_n 的分配函數與 Y 的分配函數越來越靠近。因此, 我們可以在 n 變大時, 以 $F_Y(y)$ 來近似 Y_n 的分配。換句話說, $F_Y(y)$ 乃是 Y_n 在 n 變大時的近似分配 (approximate distribution), 或稱極限分配 (limiting distribution)。注意到, 由於我們並未要求 $F_Y(y)$ 為連續函數, 所以我們只要求收斂成立在 $F_Y(y)$ 的連續點之上。然而, 這個技術上的細節並不重要。大多數常用的極限分配 (如標準常態分配或是 χ^2 分配) 都是連續函數。

最後, 我們介紹均方收斂。

定義 8.4 (均方收斂). 給定隨機變數之序列 $\{Y_n\}$, 當 $n \longrightarrow \infty$,

$$E[(Y_n - c)^2] \longrightarrow 0$$

則我們稱 Y_n 均方收斂 (converge in mean square) 至實數 c, 並以

$$Y_n \xrightarrow{ms} c$$

表示之。

與機率收斂一樣, Y_n 亦可能均方收斂到隨機變數。根據相同的定義方式, 當 $n \longrightarrow \infty$,

$$E[(Y_n - Y)^2] \longrightarrow 0$$

則稱 Y_n 均方收斂到隨機變數 Y, 且以 $Y_n \xrightarrow{ms} Y$ 表示之。底下我們介紹兩個重要定理。

定理 8.3. 給定常數 c,

$$Y_n \xrightarrow{ms} c$$

若且唯若 $\lim_{n \to \infty} E(Y_n) = c$ 且 $\lim_{n \to \infty} Var(Y_n) = 0$

Proof.

$$\begin{aligned}
E[(Y_n - c)^2] &= E([(Y_n - E[Y_n]) + (E[Y_n] - c)]^2) \\
&= E[(Y_n - E[Y_n])^2] + (E[Y_n] - c)^2 + 2E[(Y_n - E[Y_n])(E(Y_n) - c)] \\
&= E[(Y_n - E[Y_n])^2] + (E[Y_n] - c)^2 + 2(E(Y_n) - c)\underbrace{E[(Y_n - E[Y_n])]}_{=0} \\
&= E[(Y_n - E[Y_n])^2] + (E[Y_n] - c)^2
\end{aligned}$$

$\square$

此定理相當實用, 如果我們可以證明 $E(Y_n)$ 趨近於 c, $Var(Y_n)$ 趨近於零, 則隱含 Y_n 均方收斂到 c。

定理 8.4 (機率收斂與均方收斂 I).

$$\text{若 } Y_n \xrightarrow{ms} Y, \text{ 則 } Y_n \xrightarrow{p} Y$$

Proof. 由於 $P(|Y_n - Y| \geq 0) = 1$, 則根據 Markov 不等式, 對於任意實數 $k > 0$,

$$P(|Y_n - Y| \geq k) = P(|Y_n - Y|^2 \geq k^2) \leq \frac{E(|Y_n - Y|^2)}{k^2}$$

若 $Y_n \xrightarrow{ms} Y$, 隱含

$$E(|Y_n - Y|^2) = E[(Y_n - Y)^2] \longrightarrow 0, \text{ 當 } n \longrightarrow \infty$$

因此,

$$P(|Y_n - Y| \geq k) \longrightarrow 0, \text{ 當 } n \longrightarrow \infty$$

$\square$

此定理連結機率收斂與均方收斂, 亦即均方收斂隱含機率收斂 (反之不然)。由於定理 8.4 對隨機變數 Y 成立, 對於收斂到常數 c 也會成立, 以下定理推廣到 $Y = c$ 的情況。

定理 8.5 (機率收斂與均方收斂 II).

$$\text{若 } Y_n \xrightarrow{ms} c, \text{ 則 } Y_n \xrightarrow{p} c$$

最後我們可以結合定理 8.3 與 8.5 得到以下定理：

定理 8.6 (機率收斂之充分條件).

$$\text{若 } \lim_{n\to\infty} E(Y_n) = c, \text{ 且 } \lim_{n\to\infty} Var(Y_n) = 0, \text{ 則 } Y_n \xrightarrow{p} c$$

8.3 弱大數法則與中央極限定理

8.3.1 弱大數法則

一個機率收斂最好的例子就是弱大數法則 (weak law of large numbers, WLLN)。

定理 8.7 (WLLN). 給定隨機樣本 $\{X_i\}_{i=1}^n$ 且 $Var(X_1) = \sigma^2 < \infty$。令 $\bar{X}_n = \frac{1}{n}\sum_{i=1}^n X_i$，則

$$\bar{X}_n \xrightarrow{p} E(X_1)$$

亦即弱大數法則說明了，當樣本很大時，樣本均數機率收斂到母體均數。弱大數法則的證明相當容易了解，茲說明如下。[1]

給定 $E(X_1) = \mu$, $Var(X_1) = \sigma^2$，則 $E(\bar{X}_n) = E(X_1) = \mu$，亦即，

$$\lim_{n\to\infty} E(\bar{X}_n) = \mu$$

再者，

$$\lim_{n\to\infty} Var(\bar{X}_n) = \lim_{n\to\infty} \frac{Var(X_1)}{n} = \lim_{n\to\infty} \frac{\sigma^2}{n} = 0$$

根據定理 8.6，

$$\bar{X}_n \xrightarrow{p} \mu$$

---

[1] 弱大數法則事實上可在不同假設下成立。譬如說，不需假設 $Var(X_1) < \infty$，而可以放寬到只需假設 $E(X_1) < \infty$。然而，在比較寬鬆的假設下，我們需要用到特性函數 (characteristic function) 來證明，已然超出本書範圍。$Var(X_1) < \infty$ 的假設雖較嚴格，但是此假設在大多數經濟學應用中並無不適之處。

也就是說, 給定樣本均數的期望值為 μ, 變異數為 $\frac{\sigma^2}{n}$, 因此, 隨著 n 增加, 變異數會逐漸變小, 使得 $\bar{X}_n$ 的機率分配在極限上會退化到期望值。

弱大數法則可以類推到其他各階動差。

性質 8.1. 給定 $E(X_1^r) < \infty$,
$$\frac{\sum_i X_i^r}{n} \xrightarrow{p} E(X_1^r)$$
此外, 給定 $E(X_1 Y_1) < \infty$,
$$\frac{\sum_i X_i Y_i}{n} \xrightarrow{p} E(X_1 Y_1)$$

底下例子說明弱大數法則的應用。

例 8.1. 假設 $W_n \sim Binomial(n, \mu)$, 令 $Y_n = \frac{W_n}{n}$, 則
$$Y_n \xrightarrow{p} \mu$$

既然 $W_n \sim Binomial(n,\mu)$, 則 $W_n = \sum_i X_i$, 其中 $X_i \sim^{i.i.d.} Bernoulli(\mu)$, 因此,
$$Y_n = \frac{W_n}{n} = \frac{\sum_i X_i}{n}$$
根據 WLLN,
$$Y_n = \frac{\sum_i X_i}{n} \xrightarrow{p} E(X_1) = \mu$$

8.3.2 中央極限定理

分配收斂的一個重要的例子就是中央極限定理 (central limit theorem, CLT)。

定理 8.8 (CLT). 令 $\{X_i\}_{i=1}^n$ 為一組隨機樣本, 其中 $E(X_1) = \mu < \infty$, $Var(X_1) = \sigma^2 < \infty$, 則
$$Z_n = \frac{\bar{X}_n - E(\bar{X}_n)}{\sqrt{Var(\bar{X}_n)}} \xrightarrow{d} N(0,1)$$

Proof. 證明已超出本書範圍。 □

由於 $E(\bar{X}_n) = E(X_1) = \mu$，且 $Var(\bar{X}_n) = Var(X_1)/n = \sigma^2/n$，則 CLT 可寫成以下不同形式：

$$\frac{\bar{X}_n - \mu}{\sqrt{\frac{\sigma^2}{n}}} \xrightarrow{d} N(0,1)$$

$$\frac{\sqrt{n}(\bar{X}_n - \mu)}{\sigma} \xrightarrow{d} N(0,1)$$

$$\sqrt{n}(\bar{X}_n - \mu) \xrightarrow{d} N(0,\sigma^2)$$

以上係將中央極限定理以極限分配的方式呈現，[2] 我們亦可將中央極限定理以漸近分配的方式寫成

$$\frac{\bar{X}_n - \mu}{\sqrt{\frac{\sigma^2}{n}}} \sim^A N(0,1)$$

或是

$$\bar{X}_n \sim^A N\left(\mu, \frac{\sigma^2}{n}\right)$$

其中 $\sim^A$ 代表漸近分配 (asymptotically distributed)，A 即代表了 Asymptotically 的意思。總而言之，中央極限定理告訴我們，無論隨機樣本所來自的母體分配為何，將樣本平均數 $\bar{X}_n$ 予以標準化後，當樣本夠大時，可以用標準常態分配 $N(0,1)$ 近似 $\bar{X}_n$ 的抽樣分配，且無論母體分配為間斷分配或是連續分配均成立。同時，中央極限定理也告訴我們，樣本均數 $\bar{X}_n$ 的漸近分配為 $N(\mu, \frac{\sigma^2}{n})$ 之常態分配。

例 8.2. 假設 $\{X_i\} \sim^{i.i.d.} Bernoulli(\mu)$。則

$$\frac{\bar{X}_n - \mu}{\sqrt{\frac{\mu(1-\mu)}{n}}} \xrightarrow{d} N(0,1)$$

首先注意到，

$$E(\bar{X}_n) = \mu, \quad Var(\bar{X}_n) = \frac{\mu(1-\mu)}{n}$$

---
[2] 注意到極限分配中的參數不能與樣本大小 n 有關。

因此, 根據 CLT,

$$\frac{\bar{X}_n - E(\bar{X}_n)}{\sqrt{Var(\bar{X}_n)}} \xrightarrow{d} N(0,1)$$

亦即

$$\frac{\bar{X}_n - \mu}{\sqrt{\frac{\mu(1-\mu)}{n}}} \xrightarrow{d} N(0,1)$$

也可以寫成

$$\bar{X}_n \sim^A N\left(\mu, \frac{\mu(1-\mu)}{n}\right)$$

在底下的例子中, 我們將以電腦模擬的方式說明中央極限定理。[3] 在此我們以非對稱的卡方分配 $\chi^2(2)$ 作爲母體分配, 可以看出即使隨機樣本來自非對稱的分配, 樣本平均數經過標準化後, 此標準化隨機變數的極限分配爲標準常態分配。根據圖 8.2, 我們不難看出, 由於隨機樣本來自非對稱的 $\chi^2(2)$ 分配, 在 $n = 1$ 時, $\{Z_n\}$ 的分配仍具有右長尾的性質, 然而隨著樣本數變大, $\{Z_n\}$ 的分配會趨於對稱的標準常態分配。

以上模擬所考慮的母體分配是連續分配。因此, 中央極限定理在樣本較小時 ($n = 10$) 就有不錯的近似表現, 底下我們考慮一個間斷分配。亦即, 我們改由 Bernoulli(0.8) 的分配中抽出一組樣本大小爲 n 的隨機樣本 $\{X_i\}_{i=1}^{n}$。模擬結果如圖 8.3 所示。由於母體分配是間斷分配, 一直到 $n = 100$ 時才有不錯的近似。有關電腦模擬的細節, 我們將在第 19 章中詳細介紹。

8.4 與隨機收斂相關之其他重要定理

我們將在此介紹一些與隨機收斂相關之其他重要定理。由於證明超出本書範圍, 我們將不予詳述。

> **定理 8.9** (Continuous Mapping Theorem). 給定 $X_n \xrightarrow{p} X$, 且 $g(\cdot)$ 爲連續函數, 則
> $$g(X_n) \xrightarrow{p} g(X)$$

---

[3]模擬的細節與 R 程式參見第 19 章 19.1.1 節。

圖8.2: 模擬中央極限定理 (來自 $\chi^2(2)$ 母體的隨機樣本)

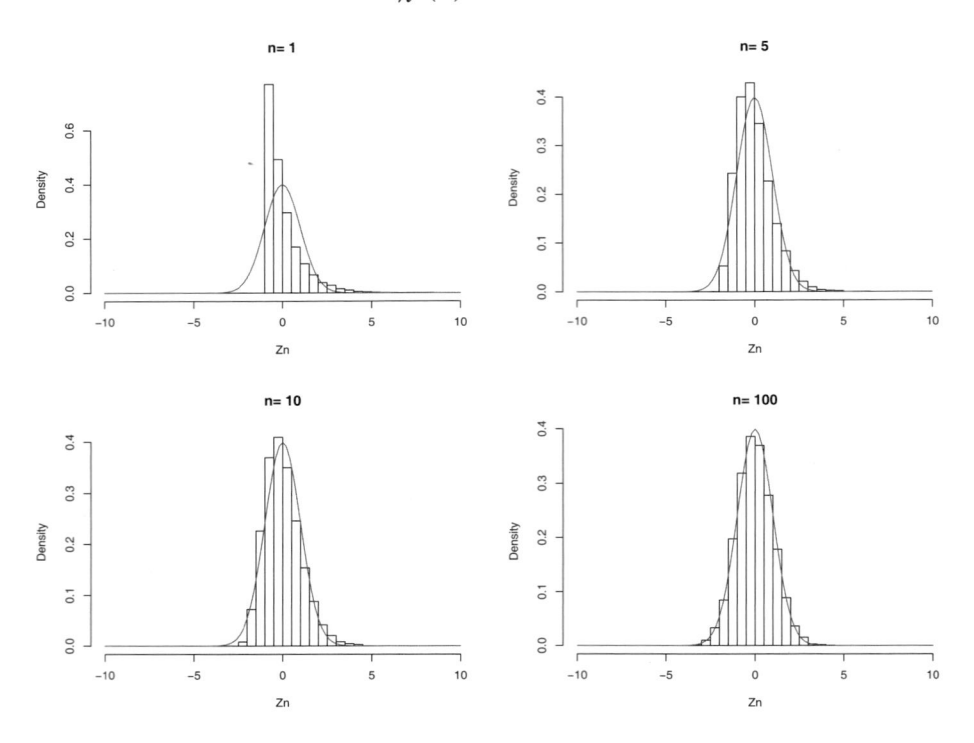

舉例來說，如果 $X_n \xrightarrow{p} X$，則

$$\frac{1}{X_n} \xrightarrow{p} \frac{1}{X}$$

$$X_n^2 \xrightarrow{p} X^2$$

或者

$$\sqrt{X_n} \xrightarrow{p} \sqrt{X}$$

定理 8.10 (機率收斂與分配收斂 I). 給定 $X_n \xrightarrow{p} X$，則

$$X_n \xrightarrow{d} X$$

以下的例子為定理 8.10 之應用。

圖 8.3: 模擬中央極限定理 (來自 Bernoulli (0.8) 母體的隨機樣本)

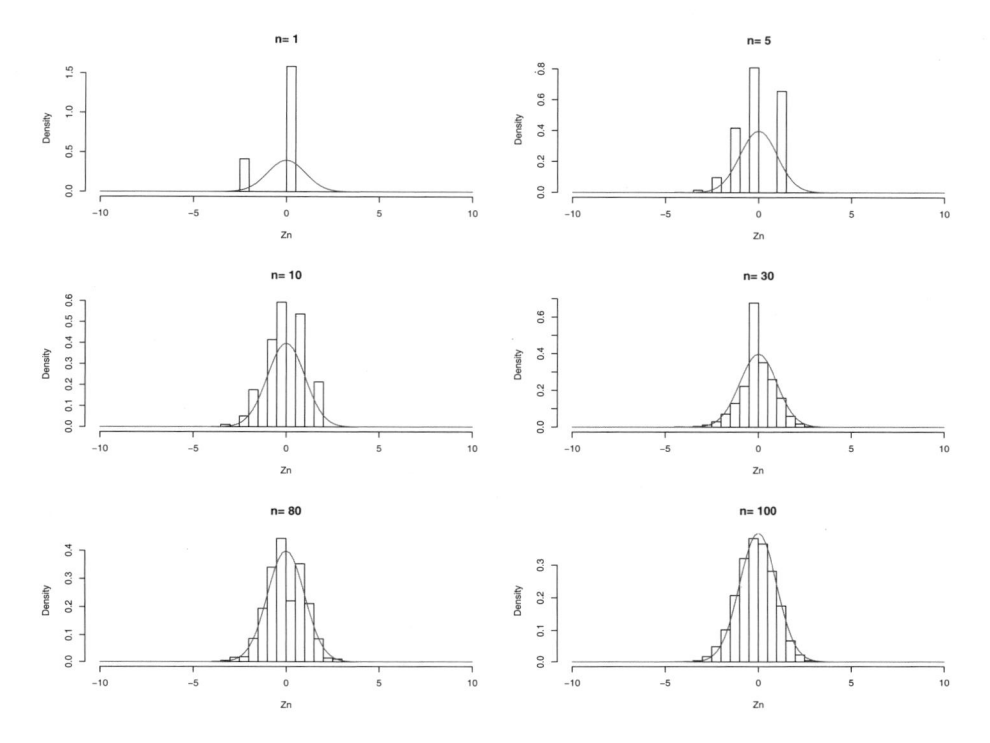

例 8.3. 給定 $X \sim N(1,2)$，且 $Y_n = \left(2 + \frac{1}{n}\right)X + 3$，則

1. $Y_n \xrightarrow{p} (2X + 3)$

2. $Y_n \xrightarrow{d} N(5,8)$

首先注意到，

$$P(|Y_n - (2X+3)| < \varepsilon) = P\left(-\varepsilon < \frac{X}{n} < \varepsilon\right)$$
$$= P(-n\varepsilon < X < n\varepsilon) \longrightarrow 1, \text{ 當 } n \longrightarrow \infty$$

此機率值趨近於 1 的原因在於 X 是常態分配，而 $(-n\varepsilon, n\varepsilon) \longrightarrow (-\infty, \infty)$，亦即趨近於常態分配的砥柱集合 (support)。因此，

$$Y_n \xrightarrow{p} (2X + 3)$$

Story 弱大數法則與中央極限定理

弱大數法則的原型 (prototype) 來自 Jakob Bernoulli (1654-1705) 的 Bernoulli 法則。Jakob 死後 8 年，於 1713 年，在他的姪兒 Nicholas Bernoulli (1687-1759) 替他出版 Ars Conjectandi (The Art of Conjecturing) 一書中，Jakob 證明了以下法則：

$$\lim_{n\to\infty} P\left(\left|\frac{S_n}{n}-p\right|\leq\varepsilon\right)=1,\ \forall\varepsilon>0$$

亦即，獨立且重複地觀測一發生機率為 p 之事件 A，令隨機變數 $X_i=1$ 代表 A 事件發生，而隨機變數 $X_i=0$ 代表 A^c 事件發生，則 $\{X_i\}_{i=1}^n \sim^{i.i.d.}$ Bernoulli(p)，且 $S_n=\sum_i X_i \sim$ Binomial(n,p)。因此，當觀測次數趨近無窮大時，事件發生之相對頻率 $\frac{S_n}{n}$ 接近 p 之機率，將趨近 1。然而，Bernoulli 當時的證明，只適用於二項分配，無法推展到一般的分配。

至於中央極限定理的發展歷史相當長，其原型是 de Moivre-Laplace 定理，分別見於 Abraham de Moivre (1667-1754) 在 1733 年以及 Pierre-Simon Laplace (1749-1827) 在 1812 年所發表的著作中。de Moivre 是法裔的英國數學家。由於信仰新教 (Protestantism)，使得 de Moivre 因宗教上的迫害而鋃鐺入獄。出獄後他移居英國，靠著擔任家庭教師與擔任賭徒以及保險經紀人的顧問謀生。儘管 de Moivre 在學術研究方面成就斐然 (英國皇家學會會員, 柏林科學院院士, 巴黎科學院會員)，卻貧困潦倒，在困頓中以 87 歲高齡離開人世。de Moivre 是在 Nicholas Bernoulli 的建議之下，進一步鑽研二項分配在實驗次數增大時的近似分配。其後，Laplace 以及 Gauss 將 de Moivre 的發現推廣至一般隨機變數。由於 Gauss 對於自己的研究保密到家，使得後人不容易得知到底是 Laplace 還是 Gauss 率先發展一般性的中央極限定理。

從 de Moivre-Laplace 定理被提出以來，歷經百年，直到 20 世紀初，在世界各國眾多數學家如 Aleksandr Lyapunov (1857–1918), Jarl Waldemar Lindeberg (1876–1932), 以及 Paul Lévy (1886–1971) 的努力下，使中央極限定理在理論上更為完備。

接下來, 根據定理 8.10, 上式隱含

$$Y_n \xrightarrow{d} 2X+3$$

亦即

$$Y_n \xrightarrow{d} 2N(1,2)+3$$

整理可得

$$Y_n \xrightarrow{d} N(5,8)$$

定理 8.10 說明機率收斂隱含分配收斂。一般而言, 此定理反之不然, 但是例外如下:

定理 8.11 (機率收斂與分配收斂 II). 給定常數 c 且 $X_n \xrightarrow{d} c$, 則

$$X_n \xrightarrow{p} c$$

亦即, 如果 X_n 分配收斂到一常數 c, 則分配收斂隱含機率收斂。

底下定理與兩機率收斂的隨機序列有關。

定理 8.12. 給定 $X_n \xrightarrow{p} X$ 且 $Y_n \xrightarrow{p} Y$, 則

1. $X_n + Y_n \xrightarrow{p} X + Y$

2. $X_n Y_n \xrightarrow{p} XY$

在統計學許多的應用中, 我們常會碰到的狀況是, 兩個隨機序列中一個是機率收斂 (到某常數), 另一個則是分配收斂。底下定理連結機率收斂與分配收斂。

定理 8.13 (Slutsky's Theorem)**.** 給定 $X_n \xrightarrow{d} X$ 且 $Y_n \xrightarrow{p} c$, 其中 c 為常數。則

1. $X_n + Y_n \xrightarrow{d} X + c$

2. $X_n Y_n \xrightarrow{d} cX$

3. $\dfrac{X_n}{Y_n} \xrightarrow{d} \dfrac{X}{c}$ 當 $c \neq 0$

此外, 在某些情況下, 給定 Y_n 的大樣本分配已知, 底下定理幫助我們找出其函數 $g(Y_n)$ 的大樣本分配。

定理 8.14 (The Delta Method)**.** 給定

$$\sqrt{n}(Y_n - \theta) \xrightarrow{d} N(0, \sigma^2)$$

$g(\cdot)$ 為可微函數, 以及 $g'(\theta)$ 存在且不為零, 則

$$\sqrt{n}(g(Y_n) - g(\theta)) \xrightarrow{d} N(0, [g'(\theta)]^2 \sigma^2)$$

Proof. 以下提供證明之簡述 (sketch)。根據一階 Taylor 近似,

$$g(Y_n) \approx g(\theta) + g'(\theta)(Y_n - \theta)$$

則

$$\frac{\sqrt{n}(g(Y_n) - g(\theta))}{g'(\theta)} \approx \sqrt{n}(Y_n - \theta) \xrightarrow{d} N(0, \sigma^2)$$

□

因此，給定隨機樣本的樣本均數 $\bar{X}$，其函數 $g(\bar{X})$ 的極限分配可透過 Delta Method 求得。

例 8.4. 給定 $\{X_i\}_{i=1}^n \sim^{i.i.d.} (\mu, \sigma^2)$，且 $\bar{X} = \frac{1}{n}\sum_{i=1}^n X_i$，則

$$\sqrt{n}(g(\bar{X}_n) - g(\mu)) \xrightarrow{d} N\left(0, [g'(\mu)]^2 \sigma^2\right)$$

根據 CLT，

$$\frac{\sqrt{n}(\bar{X}_n - \mu)}{\sigma} \xrightarrow{d} N(0,1)$$

亦即

$$\sqrt{n}(\bar{X}_n - \mu) \xrightarrow{d} N(0, \sigma^2)$$

根據 The Delta Method，

$$\sqrt{n}(g(\bar{X}_n) - g(\mu)) \xrightarrow{d} N\left(0, [g'(\mu)]^2 \sigma^2\right)$$

我們再看下一個例子：

例 8.5. 令 $\{X_i\} \sim^{i.i.d.} (\mu, \sigma^2)$ 且 $W_n = e^{\bar{X}_n}$，則

$$\sqrt{n}(W_n - e^\mu) \xrightarrow{d} N(0, e^{2\mu}\sigma^2)$$

根據 CLT，

$$\frac{\sqrt{n}(\bar{X}_n - \mu)}{\sigma} \xrightarrow{d} N(0,1)$$

是故

$$\sqrt{n}(\bar{X}_n - \mu) \xrightarrow{d} N(0, \sigma^2)$$

由於 $W_n = g(\bar{X}_n) = e^{\bar{X}_n}$，因此 $g(\mu) = e^\mu$ 且 $g'(\mu) = e^\mu$，而根據 The Delta Method，

$$\sqrt{n}(W_n - e^\mu) \xrightarrow{d} N(0, e^{2\mu}\sigma^2)$$

以下的例子使用我們之前介紹過的許多定理，讀者應細心思考此例，徹底理解每一步驟中所應用的定理。

8.4 與隨機收斂相關之其他重要定理

例 8.6. $\{X_i\}_{i=1}^n$ 為一抽自均勻分配 (uniform distribution) $U[0,1]$ 的隨機樣本。$\{Y_i\}_{i=1}^n \sim^{i.i.d.} N(0,1)$. 令

$$Z_n = \frac{X_1 + X_2 + \cdots + X_n}{X_1^2 + X_2^2 + \cdots + X_n^2}$$

$$W_n = \frac{\sqrt{n}(Y_1 + Y_2 + \cdots + Y_n)}{X_1^2 + X_2^2 + \cdots + X_n^2}$$

1. 若 Z_n 機率收斂 (converge in probability) 到常數 c, 試求算 c 值。

2. 試找出 W_n 的極限分配 (limiting distribution)。

---

1. 我們將 Z_n 改寫成

$$Z_n = \frac{X_1 + X_2 + \cdots + X_n}{X_1^2 + X_2^2 + \cdots + X_n^2} = \frac{\frac{\sum_i X_i}{n}}{\frac{\sum_i X_i^2}{n}}$$

根據弱大數法則,

$$\frac{\sum_i X_i}{n} \xrightarrow{p} E(X_1)$$

$$\frac{\sum_i X_i^2}{n} \xrightarrow{p} E(X_1^2)$$

根據 continuous mapping theorem,

$$\frac{1}{\frac{\sum_i X_i^2}{n}} \xrightarrow{p} \frac{1}{E(X_1^2)}$$

最後, 根據定理 8.12,

$$Z_n = \underbrace{\left(\frac{1}{\frac{\sum_i X_i^2}{n}}\right)}_{\xrightarrow{p} \frac{1}{E(X_1^2)}} \underbrace{\left(\frac{\sum_i X_i}{n}\right)}_{\xrightarrow{p} E(X_1)}$$

$$\xrightarrow{p} \frac{E(X_1)}{E(X_1^2)} = \frac{\frac{1}{2}}{\frac{1}{3}} = \frac{3}{2}$$

2. 我們將 W_n 改寫成

$$W_n = \left(\frac{Y_1 + Y_2 + \cdots + Y_n}{\frac{1}{\sqrt{n}}}\right)\left(\frac{1}{X_1^2 + X_2^2 + \cdots + X_n^2}\right) = \left(\frac{\frac{\sum_i Y_i}{n}}{\frac{1}{\sqrt{n}}}\right)\left(\frac{1}{\frac{\sum_i X_i^2}{n}}\right)$$

$$= \left(\frac{\bar{Y}_n}{\frac{1}{\sqrt{n}}}\right)\left(\frac{1}{\frac{\sum_i X_i^2}{n}}\right) = \left(\frac{(\bar{Y}_n - 0)}{\frac{1}{\sqrt{n}}}\right)\left(\frac{1}{\frac{\sum_i X_i^2}{n}}\right)$$

$$= \underbrace{\left(\frac{(\bar{Y}_n - E(\bar{Y}_n))}{\sqrt{Var(\bar{Y}_n)}}\right)}_{\xrightarrow{d} N(0,1)}\underbrace{\left(\frac{1}{\frac{\sum_i X_i^2}{n}}\right)}_{\xrightarrow{p} \frac{1}{E(X_1^2)}}$$

$$\xrightarrow{d} N(0,1) \cdot 3 \stackrel{d}{=} N(0,9)$$

8.5　重要抽樣分配之極限性質

在我們了解各項隨機收斂的概念與幾個重要的基本定理後, 我們對於前一章所介紹的幾個重要分配如卡方分配, t 分配, 以及 F 分配的極限性質介紹如下。

定理 8.15. 給定 $W_n \sim \chi^2(n)$。令 $X_n = \frac{W_n}{n}$, 則

$$X_n \xrightarrow{p} 1$$

簡單地說, 一個卡方隨機變數除上其自由度後會機率收斂到常數 1

Proof. 首先注意到,

$$E(X_n) = E\left(\frac{W_n}{n}\right) = 1, \quad Var(X_n) = Var\left(\frac{W_n}{n}\right) = \frac{2}{n}$$

因此,

$$\lim_{n \to \infty} E(X_n) = 1, \quad \lim_{n \to \infty} Var(X_n) = 0$$

根據定理 8.6,

$$X_n \xrightarrow{p} 1$$

□

事實上, 我們亦可利用 WLLN 來證明此定理, 別忘了

$$W_n = \sum_{i=1}^{n} Z_i^2$$

其中 $Z_i \sim N(0,1)$。因此,

$$X_n = \frac{W_n}{n} = \frac{\sum_i Z_i^2}{n}$$

就是一個樣本均數的概念, 根據 WLLN,

$$X_n \xrightarrow{p} E(Z_1^2)$$

最後, 讀者請自行證明 $E(Z_1^2) = 1$ (別忘了 Z_1^2 的分配是什麼)。

定理 8.16. 給定 $U_n \sim t(n)$, 則

$$U_n \xrightarrow{d} N(0,1)$$

亦即, 具有 t 分配的隨機變數會分配收斂到標準常態隨機變數。

Proof. 根據定義,

$$U_n = \frac{Z}{\sqrt{\frac{W_n}{n}}}$$

其中 $Z \sim N(0,1)$ 且 $W_n \sim \chi^2(n)$。既然 Z 為標準常態隨機變數, 則極限上仍是標準常態隨機變數:

$$Z \xrightarrow{d} N(0,1)$$

根據定理 8.15 以及 continuous mapping theorem,

$$\frac{1}{\sqrt{\frac{W_n}{n}}} \xrightarrow{p} \frac{1}{\sqrt{1}}$$

因此, 根據 Slutsky's Theorem,

$$U_n = \frac{Z}{\sqrt{\frac{W_n}{n}}} = \underbrace{Z}_{\xrightarrow{d} N(0,1)} \underbrace{\frac{1}{\sqrt{\frac{W_n}{n}}}}_{\xrightarrow{p} 1} \xrightarrow{d} N(0,1)$$

□

定理 8.17. 給定 $F \sim F(n_1, n_2)$,當 $n_2 \to \infty$,

$$n_1 F \xrightarrow{d} \chi^2(n_1)$$

Proof. 根據定義,

$$n_1 F = \frac{W_1}{\frac{W_2}{n_2}}$$

其中 $W_1 \sim \chi^2(n_1)$, $W_2 \sim \chi^2(n_2)$,因此,

$$n_1 F = \frac{W_1}{\frac{W_2}{n_2}} = \underbrace{W_1}_{\xrightarrow{d} \chi^2(n_1)} \underbrace{\frac{1}{\frac{W_2}{n_2}}}_{\xrightarrow{p} 1} \xrightarrow{d} \chi^2(n_1)$$

$\square$

練習題

1. 證明 $S_n^2 \xrightarrow{p} \sigma^2$

2. 證明 $\bar{X}_n^2 \xrightarrow{p} \mu^2$

3. 給定隨機變數之序列 $\{X_i\}_{i=1}^n$,其中

$$E(X_1) = \mu, \quad Var(X_1) = \sigma^2 < \infty$$

設 $S_n = \sum_{i=1}^n X_i$ 且 $\bar{X}_n = \frac{\sum_{i=1}^n X_i}{n}$,則

(a) 利用 Chebyshev Inequality 證明

$$\lim_{n \to \infty} P\left(\left|\frac{S_n - E(S_n)}{n}\right| \geq \varepsilon\right) = 0$$

(b) 利用上題得出之結果,證明

$$\bar{X}_n \xrightarrow{p} \mu$$

4. 令 $\{X_i\}_{i=1}^n$ 為一隨機樣本, 其分配為均勻分配 $U[0,1]$,

   (a) 請寫出 $E(X_1^2)$

   (b) 請證明
   $$\frac{X_1^2 + X_2^2 + \cdots + X_n^2}{n} \xrightarrow{p} \frac{1}{3}$$

   (c) 此外, 令 $\{Y_i\}_{i=1}^n$ 為一抽自某未知分配的隨機樣本, 其平均數為 0, 變異數為 1, 請證明
   $$\frac{\frac{\sqrt{n}(Y_1 + Y_2 + \cdots + Y_n)}{n}}{\frac{X_1^2 + X_2^2 + \cdots + X_n^2}{n}} \xrightarrow{d} N(0,9)$$

5. 雖然我們從來不曾學過中央極限定理的證明, 請利用你已知的統計學知識, 以白話文說明如何證明中央極限定理。我不是要你證明, 而是說明如何證明。

   試想像以下情境: 社團中有一個你心儀已久的學妹, 然而, 另一位社員亦暗戀該學妹。某一天, 社團中剛好僅有你們三人。你的情敵發現你正拿著一本統計學課本, 便挑釁地說: "喔! 在修統計啊! 知不知道中央極限定理怎麼證呀?" 你很清楚不能說出 "不會", 以免在學妹之前丟臉, 於是便硬著頭皮說: "這並不困難, 首先如此如此, 然後這般這般, 就可以證出來了"

   因此, 請試用 "如此如此, 這般這般" 的白話文告訴我如何證明中央極限定理。

6. 令 $X_n \sim \text{Binomial}(n,\mu)$ 且 $Y_n = \frac{X_n}{n}$,

   (a) 假設 $Y_n \xrightarrow{p} q$, 請算出 q 值。

   (b) 請找出 Y_n 的漸近分配。

   (c) 利用 The Delta Method 找出 Y_n^2 的漸近分配。

7. 令 X, Y, Z 為服從 Poisson 分配的互相獨立之隨機變數, 其平均數分別為 $E(X) = 4, E(Y) = 3, E(Z) = 2$,

(a) 請找出 $W = X + Y + Z$ 的動差生成函數。

(b) 假設 $F(w)$ 表示 W 的分配函數。令 $\{W_i\}_{i=1}^{100}$ 為抽自 $F(w)$ 的隨機樣本。請利用 CLT 估算出

$$P\left(900 \leq \sum_{i=1}^{100} W_i \leq 960\right)$$

8. 令 $\{X_i\}_{i=1}^{n}$ 為抽自 $N(5,15)$ 的隨機樣本，其樣本平均數與樣本變異數定義如下：

$$\bar{X}_n = \frac{\sum_i X_i}{n}$$

$$S^2 = \frac{\sum_i (X_i - \bar{X}_n)^2}{n-1} = \frac{\sum_i X_i^2 - n\bar{X}_n^2}{n-1}$$

我們也定義

$$\tilde{S}^2 = \frac{\sum_i (X_i - \bar{X}_n)^2}{n} = \frac{\sum_i X_i^2 - n\bar{X}_n^2}{n}$$

(a) 請找出 $E(S^2)$ 與 $E(\tilde{S}^2)$

(b) 請找出 $Var(S^2)$ 與 $Var(\tilde{S}^2)$

(c) 假設 $\tilde{S}^2 \xrightarrow{P} k$，請找出 k 值。

9. 給定 $\{X_i\}_{i=1}^{n}$ 為隨機樣本，已知均數與變異數分別為

$$E(X_1) = 2, \quad Var(X_1) = 16$$

令 $\bar{X}_n = \frac{\sum_{i=1}^{n} X_i}{n}$，$Y_n = \bar{X}_n^{-1}$，且 $n = 100$，

(a) 計算 $Var(X_2 + 2X_{15})$

(b) 試求 $\bar{X}_n$ 的漸近分配 (asymptotic distribution)。

(c) 計算 $P(\bar{X}_n > 3)$ 的近似值。

(d) 試求 Y_n 的漸近分配 (asymptotic distribution)。

(e) 計算 $P(Y_n > 0.7)$ 的近似值。

10. 令 $\{X_i\}_{i=1}^{n} \sim i.i.d.\ N(0,5)$，

(a) 試找出常數 c 使得
$$\frac{1}{n}\sum_{i=1}^{n} X_i^2 \xrightarrow{p} c$$

(b) 試找出
$$\frac{X_3}{\sqrt{\frac{1}{n}\sum_{i=1}^{n} X_i^2}}$$
的極限分配。

9 點估計

9.1 古典統計推論
9.2 點估計
9.3 類比原則
9.4 動差法
9.5 最大概似法
9.6 點估計式性質

本章將介紹對於母體未知參數的點估計。我們會討論兩種重要的估計方式：類比原則以及最大概似法。接下來，我們會討論判斷點估計式良莠的評價準則。

9.1 古典統計推論

統計學重要的目的之一在於對母體的推論。一般而言，我們有興趣的母體特徵可用母體參數予以刻劃。舉例來說，母體均數，母體變異數，以及其他各階動差等參數。再如我們介紹過的常態分配，只要能夠知道常態分配的均值與變異數，就足以刻劃整個常態分配。因此，對於母體參數的推論就是統計學中一個相當重要的課題。

所謂的推論，簡單地來說，就是「猜」：我們想要猜未知的母體參數。用比較專業的說法就是，我們想要估計 (estimate) 未知的母體參數。舉例來說, 如果我們想要知道全台大學生的平均身高 (μ), 在無法全面普查的情況下, 我們可以在台大校門口, 隨機抽樣 100 個台大學生, 然後利用這一百個台大學生身高資料所形成的隨機樣本, 來估計全台大學生的平均身高。

如果以 $\{X_i\}_{i=1}^n = \{X_1, X_2, \ldots, X_n\}$ 代表樣本大小為 n 的隨機樣本, 且

$$\{X_i\}_{i=1}^n \sim^{i.i.d.} f(x; \theta)$$

亦即, 隨機樣本 $\{X_i\}_{i=1}^n$ 來自一個參數為 θ 的機率分配 (機率模型)。一般而言, 我們用希臘字母 θ (讀作 theta) 來泛指母體未知參數。

在上述身高資料的例子中, 我們關心的參數 θ 就是母體平均 μ, 亦即 $\theta = \mu = E(X)$。如果我們進一步對於機率分配 $f(x; \theta)$ 做多一點的假設, 舉例來說, 假設身高 X 服從常態分配:

$$f(x; \mu, \sigma) = \frac{1}{\sqrt{2\pi}\sigma} e^{-\frac{1}{2}\left(\frac{x-\mu}{\sigma}\right)^2}$$

其中 (μ, σ) 就是未知參數。

你或許會納悶, 常態分配的砥柱集合為 ($-\infty, \infty$), 但是台大學生身高頂多是在 100 公分到 220 公分之間, 為何我們假設身高 X 服從常態分配? 事實上, 這個例子凸顯了一個重要觀念: 大多數的機率模型都只提供實際資料的一個近似 (approximation)。也就是說, 當我們「假設」身高 X 服從常態分配時, 並不是代表我們相信我們所觀察到的身高資料 $\{X_i\}$ 真的來自常態分配, 而是因為常態分配提供身高資料 $\{X_i\}$ 一個良好近似。統計學家 George Box 曾說過: "[e]ssentially, all models are wrong, but some are useful", 就是這個道理。

在古典統計學 (classical statistics) 中, 參數 θ 被視為「未知常數」, 且利用隨機樣本對參數 θ 進行統計推論: 估計與檢定。相反地, 統計學的另一流派, 貝氏統計學 (Bayesian statistics) 則是將母體參數視為「隨機變數」, 因此貝氏統計學所分析的對象是, 給定隨機樣本下, 母體參數的條件分配:

$$f(\theta | X_1 = x_1, X_2 = x_2, \ldots, X_n = x_n)$$

> **Story 古典統計推論**
>
> 古典統計推論的發展來自許多統計學家的貢獻，其中，最重要的人物當屬英國統計學家/遺傳學家 Ronald Aylmer Fisher (1890–1962)。Fisher 被統計學史學家 Anders Hald 讚譽為現代統計科學的奠基天才 (a genius who almost single-handedly created the foundations for modern statistical science)。
>
> 在估計理論上，Fisher 的主要貢獻在於提出最大概似估計 (maximum likelihood estimation)，估計的有效性 (efficiency) 與充分性 (sufficiency)。在實驗設計以及統計檢定上，Fisher 發展出了變異數分析 (analysis of variance, ANOVA)。此外，為了檢定所需，Fisher 推導出許多重要的實際抽樣分配，如 F 分配。
>
> Fisher 曾因為指出 Karl Pearson (1857–1936) 在卡方分配中自由度的錯誤，得罪了這位統計學界大老。由於 Pearson 擔任當時頗具聲望的統計學期刊 *Biometrika* 之主編，在之後 Pearson 全面封殺 Fisher，不再讓 Fisher 的研究刊登在 *Biometrika* 上。事實上，在 *Biometrika* 另兩位創辦人 (Francis Galton 與 Raphael Weldon) 相繼離世後，一直到他的兒子，同時也是著名統計學家 Egon Pearson (1895–1980) 繼任主編前，這本期刊就成了 Karl Pearson 的個人刊物，只刊登 Karl Pearson 偏好的研究。
>
> 至於在區間估計與假設檢定上，重要的貢獻者為波蘭數學家/統計學家 Jerzy Neyman (1894–1981)，以及之前所提到的，Karl Pearson 之子：Egon Pearson。簡言之，Ronald Aylmer Fisher, Jerzy Neyman, 以及 Egon Pearson 的推論方法是根據頻率學派的機率觀點，所以古典統計推論又被稱作頻率學派 (frequentist) 推論。

我們會在第 20 章介紹貝氏統計分析。

當你手頭有一組隨機樣本，接下來的問題就是：我要怎麼猜？也就是說，我要如何估計？等到你懂得如何估計後，下一個問題就是：我估計得準不準？最後，如果我想證明母體未知參數不等於某特定值，譬如說，有人說台大學生很矮，平均身高只有 150 cm。我該如何應用手頭的這一組隨機樣本證明這個說法是錯誤的？

「如何估計」涉及的就是**點估計** (point estimation) 的概念，「估計得準不準」涉及的就是**區間估計** (interval estimation) 的概念，而「證明對於母體未知參數的某特定說法是錯誤」就是**假設檢定** (hypothesis testing) 所要處理的問題了。

9.1.1 點估計

許多母體未知的參數都是我們有興趣了解的對象。譬如母體的均數 (μ) 或是母體的變異數 (σ^2)。此外，許多機率分配的特性都是由參數所決定，例如 Bernoulli 分配中的參數 p 或是常態分配中的參數 (μ, σ^2)。在某些實際的狀況下, 我們知道機率分配, 卻未必知道真正的參數值。譬如擲一枚偏誤率為 b 的銅板, 我們知道其服從於一個 Bernoulli(b) 的分配, 卻不知道 b 值為何? 當有人拿著這枚銅板來和你賭錢, 你一定會想知道這枚銅板是不是公正的? b 值是否等於 $1/2$?

對於母體未知參數的推論就稱作點估計。利用隨機樣本建構出來, 用來估計母體未知參數的統計量 (公式) 就是點估計式。譬如說, 樣本均數

$$\bar{X}_{100} = \frac{X_1 + X_2 + \cdots + X_{100}}{100}$$

就是利用 $n = 100$ 的隨機樣本所建構出來的一個公式。

簡單地來說, 點估計式是一個公式, 是隨機樣本的函數:

$$\hat{\theta}(X_1, X_2, \ldots, X_n)$$

是觀察到樣本資料前 (*ex post*) 的一個隨機變數。當我們有了隨機樣本實現值, 所算出來的

$$\hat{\theta}(x_1, x_2, \ldots, x_n)$$

就是一個固定數值, 稱之為點估計值。例如我在台大校門口隨機抽樣 100 個台大學生, 算出這 100 個台大學生的平均身高為 165cm, 則 165 這個值就是我用來估計未知母體平均數的一個點估計值。**點估計式與點估計值之間的分別, 和我們之前提過的統計量與統計值之間的分別是一樣的。**

9.1.2 區間估計

點估計值只是一個數值, 當我們利用 165 這個值來估計全台大學生的平均身高時, 我們並不知道這樣的「猜測」有多準? 相對的, 透過區間估計所建構出來的**隨機區間** (random interval) 將能告訴我們估計的準確程度。估計出來的區間越窄, 代表我們的區間估計越準。我們之所以稱它為隨機區間, 理由就在於這個區間也是由隨機樣本所建構出來的。

總而言之, 點估計是用一個點 (a value) 去估計母體未知參數, 而區間估計就是用一個區間 (a range of values) 去估計母體未知參數, 我們期待

這個區間能夠包含 (contain) 母體未知參數。這個隨機區間一般稱作區間估計式 (interval estimator)。當我們說,我們建構了一個母體未知參數 95% 的區間估計式,意指當我們做了很多次抽樣,長期下來,透過相同的區間估計程序所建構出來的很多個隨機區間中,平均有 95% 個區間能夠包含母體未知參數。

9.1.3　假設檢定

所謂的「假設檢定」顧名思義就是要對某個「假設」做出「檢定」。所謂的「假設」就是對於母體未知參數的一個宣稱。譬如說,宣稱台大學生平均身高只有 150cm,宣稱某特定銅板出現正面的機率 (偏誤率) 為 2/3, 等等。而「檢定」係指一種統計推論的程序。一般而言,這個我們試圖尋找證據予以推翻的宣稱,就稱為虛無假設 (null hypothesis)。而假設檢定的目的就是利用隨機樣本來進行分析,希冀能拒絕這個假設。

9.2　點估計

在正式介紹點估計的估計方式之前,我們先定義幾個重要觀念,分別為:估計式 (estimator),估計值 (estimate),以及參數空間 (parameter space)。假設隨機樣本 $X_1, X_2, \ldots, X_n$ 係抽樣自機率密度函數為 $f(x, \theta)$ 的母體,其中 θ 為我們所關心的母體未知參數。

> **定義 9.1** (參數空間). 所謂的參數空間 (*parameter space*) 係指一個參數所有可能數值所形成的集合。我們以大寫的希臘字母 Θ (同樣讀作 *theta*) 來表示這個集合。

舉例來說,常態分配 $N(\theta_1, \theta_2)$ 中,$\theta_1 = \mu$ 為期望值,$\theta_2 = \sigma^2$ 為變異數。既然變異數不能為負數,則 θ_1 的參數空間為

$$\theta_1 \in \Theta_1 \equiv \{\theta_1 : -\infty < \theta_1 < \infty\}$$

而 θ_2 的參數空間為

$$\theta_2 \in \Theta_2 \equiv \{\theta_2 : 0 \leq \theta_2 < \infty\}$$

> **定義 9.2** (估計式與估計值). 如果我們以 $\hat{\theta}$ 代表估計母體參數 θ 的一個估計式,則估計式 (estimator) $\hat{\theta}$ 就是以隨機樣本 $X_1, X_2, \ldots, X_n$ 所形成的函數, 換句話說, $\hat{\theta}$ 就是利用隨機樣本 $X_1, X_2, \ldots, X_n$ 所形成的一個統計量 (statistic):
>
> $$\hat{\theta} = t(X_1, X_2, \ldots, X_n)$$
>
> 因此, 估計式既是一個隨機變數, 也是一個統計量。估計式有其抽樣分配, 我們自然也能計算估計式的期望值 $E(\hat{\theta})$ 與其變異數 $Var(\hat{\theta})$。如果我們將隨機樣本的實現值 $x_1, x_2, \ldots, x_n$ 帶入 $t(\cdot)$, 則 $t(x_1, x_2, \ldots, x_n)$ 就被稱作估計值 (estimate)。

習慣上, 我們在 θ 上面戴一頂小帽子 (hat), 以 $\hat{\theta}$ (讀作 theta hat) 代表 θ 的估計式。在表 9.1 中, 我們比較了母體參數與估計式之間的相異之處。接下來, 我們將會介紹三種重要的估計方式: (1) 類比原則, (2) 動

表 9.1: 母體參數與估計式之間的相異之處

	母體參數 θ	估計式 $\hat{\theta}$
種類	固定常數	隨機變數
是否已知	一般而言未知	樣本抽出前未知 樣本抽出後已知 (稱爲估計值)
例子	$\mu = E(X)$ $\sigma^2 = Var(X)$	$\bar{X} = \frac{1}{n}\sum_i X_i$ $S^2 = \frac{1}{n-1}\sum_i (X_i - \bar{X})^2$

差法, 以及 (3) 最大概似法。

9.3 類比原則

我們首先介紹類比原則 (analogy principle)。這是最具直覺的一種估計方法。其原則爲: 你對於母體的任何特徵有興趣 (例如母體平均數, 母體

變異數, 母體各階動差等), 我們就用樣本相對應的特徵 (樣本平均數, 樣本變異數, 樣本各階動差等) 來估計。透過類比原則所得到的估計式, 就稱作類比估計式 (analog estimator)。以下為類比原則的應用：

1. 利用樣本動差估計母體動差。譬如說, 我們用樣本平均數 (樣本一階動差)

$$\bar{X} = \frac{\sum_{i=1}^{n} X_i}{n}$$

估計母體均數 μ (母體一階動差), 以樣本二階中央動差

$$\hat{\sigma}^2 = \frac{\sum_{i=1}^{n}(X_i - \bar{X})^2}{n}$$

估計母體變異數 σ^2 (二階中央動差)。[1]

2. 對於母體動差的函數則以相對應樣本動差的函數來估計。譬如說, 以 $\sqrt{\bar{X}}$ 來估計 $\sqrt{\mu}$。

3. 欲估計機率 $P(X \leq c)$, 就用樣本裡面具備 $X \leq c$ 性質的比例予以估計。譬如說, 想知道任選一名台大學生, 其身高不大於 166 公分的機率。我們可以隨機抽樣 100 名台大學生, 計算樣本中, 身高不大於 166 公分的學生人數佔樣本總人數比例, 然後就用該比例估計 $P(X \leq 166)$。換句話說, 就是以實證分配函數

$$\hat{F}_n(166) = \frac{\sum_i \mathbb{1}_{\{X_i \leq 166\}}}{n}$$

估計 $F_X(166) = P(X \leq 166)$。

4. 利用樣本中位數估計母體中位數。

5. 利用樣本極大值 (極小值) 估計母體極大值 (極小值)。

---

[1]母體 j 階動差為 $E(X^j)$, 母體 j 階中央動差為 $E[(X-E(X))^j]$, 樣本 j 階動差為 $\frac{\sum_{i=1}^{n} X_i^j}{n}$, 樣本 j 階中央動差為 $\frac{\sum_{i=1}^{n}(X_i-\bar{X})^j}{n}$。

9.4 動差法

假設隨機樣本來自母體 pdf:

$$f(x,\theta_1,\theta_2,\ldots,\theta_k)$$

則母體 j 階動差

$$E(X^j) = m_j(\theta_1,\theta_2,\ldots,\theta_k)$$

為參數 $\theta_1,\theta_2,\ldots,\theta_k$ 的函數。

例 9.1 (均勻隨機變數及其母體動差). 給定 $X \sim U[\theta_1,\theta_2]$, 其參數分別為 θ_1 與 θ_2, 則其一階與二階母體動差分別為:

$$E(X) = m_1(\theta_1,\theta_2) = \int_{\theta_1}^{\theta_2} x \frac{1}{\theta_2 - \theta_1} dx = \frac{\theta_1 + \theta_2}{2}$$

$$E(X^2) = m_2(\theta_1,\theta_2) = \int_{\theta_1}^{\theta_2} x^2 \frac{1}{\theta_2 - \theta_1} dx = \frac{\theta_2^2 + \theta_1\theta_2 + \theta_1^2}{3}$$

亦即, 這些母體動差為參數 θ_1 與 θ_2 的函數。

由於母體 j 階動差所對應的樣本 j 階動差為:

$$\frac{1}{n}\sum_{i=1}^{n} X_i^j$$

根據類比原則, $\frac{1}{n}\sum_{i=1}^{n} X_i^j$ 是 $E(X^j) = m_j(\theta_1,\theta_2,\ldots,\theta_k)$ 最符合直覺的估計式, 因此, 對於 $j = 1,2,\ldots,k$, 下列 k 個方程式 (稱為動差條件, moment conditions):

$$m_j(\hat{\theta}_1,\hat{\theta}_2,\ldots,\hat{\theta}_k) = \frac{1}{n}\sum_{i=1}^{n} X_i^j$$

的解 $\hat{\theta}_1,\hat{\theta}_2,\ldots,\hat{\theta}_k$ 自然是 $(\theta_1,\theta_2,\ldots,\theta_k)$ 最符合直覺的估計式。直觀地想, 如果 $m_j(\hat{\theta}_1,\hat{\theta}_2,\ldots,\hat{\theta}_k)$ 跟 $m_j(\theta_1,\theta_2,\ldots,\theta_k)$ 很靠近的話, 我們自然期待 $(\hat{\theta}_1,\hat{\theta}_2,\ldots,\hat{\theta}_k)$ 跟 $(\theta_1,\theta_2,\ldots,\theta_k)$ 也會很靠近。亦即, 根據 WLLN,

$$\underbrace{m_j(\hat{\theta}_1,\hat{\theta}_2,\ldots,\hat{\theta}_k) = \frac{1}{n}\sum_{i=1}^{n} X_i^j}_{\text{動差條件}} \xrightarrow{p} E(X^j) = m_j(\theta_1,\theta_2,\ldots,\theta_k)$$

這樣的估計法稱作動差法，利用動差法所得到的估計式稱作動差估計式 (method of moments estimator, MME)，其背後的理論基礎來自 WLLN。

定義 9.3 (動差估計式). 給定隨機樣本來自母體 pdf:

$$f(x, \theta_1, \theta_2, \ldots, \theta_k)$$

則參數 $\theta_1, \theta_2, \ldots, \theta_k$ 的動差估計式 $\hat{\theta}_1, \hat{\theta}_2, \ldots, \hat{\theta}_k$ 為 k 個動差條件

$$\underbrace{\frac{1}{n}\sum_{i=1}^{n} X_i^j}_{\text{樣本 } j \text{ 階動差}} = \underbrace{m_j(\hat{\theta}_1, \hat{\theta}_2, \ldots, \hat{\theta}_k)}_{\text{母體 } j \text{ 階動差}}, \quad j = 1, 2, \ldots, k$$

之解。

注意到如果我們有 k 個參數待估計，一般而言，我們需要 k 個動差條件。底下我們提供一個動差法的例子。

例 9.2. 令 $\{X_i\}_{i=1}^{n}$ 為來自均勻分配 $U[\theta_1, \theta_2]$ 的隨機樣本，試求參數 θ_1 以及 θ_2 的動差估計式。

首先我們知道母體一階動差與二階動差分別為:

$$E(X_i) = m_1(\theta_1, \theta_2) = \frac{\theta_1 + \theta_2}{2}$$

$$E(X_i^2) = m_2(\theta_1, \theta_2) = \frac{\theta_2^2 + \theta_1\theta_2 + \theta_1^2}{3}$$

則其一階動差與二階動差條件 (moment conditions) 為:

$$\frac{\sum_{i=1}^{n} X_i}{n} = m_1(\hat{\theta}_1, \hat{\theta}_2) = \frac{\hat{\theta}_1 + \hat{\theta}_2}{2}$$

$$\frac{\sum_{i=1}^{n} X_i^2}{n} = m_2(\hat{\theta}_1, \hat{\theta}_2) = \frac{\hat{\theta}_2^2 + \hat{\theta}_1\hat{\theta}_2 + \hat{\theta}_1^2}{3}$$

其中，動差估計式 $\hat{\theta}_1$ 以及 $\hat{\theta}_2$ 使得以上兩條動差條件成立。為了便於求解 $\hat{\theta}_1$ 以及 $\hat{\theta}_2$，我們令

$$\delta = \frac{\hat{\theta}_1 + \hat{\theta}_2}{2}$$

$$c = \frac{\hat{\theta}_2 - \hat{\theta}_1}{2}$$

因此, 動差條件可改寫成:

$$\frac{\sum_{i=1}^n X_i}{n} = \delta$$

$$\frac{\sum_{i=1}^n X_i^2}{n} = \frac{(\delta+c)^2 + (\delta+c)(\delta-c) + (\delta-c)^2}{3} = \delta^2 + \frac{c^2}{3}$$

亦即,

$$\delta = \frac{\sum_{i=1}^n X_i}{n} = \bar{X}$$

$$[3pt]c = \sqrt{3\left(\frac{\sum_{i=1}^n X_i^2}{n} - \bar{X}^2\right)} = \sqrt{\frac{3}{n}\sum_{i=1}^n (X_i - \bar{X})^2}$$

注意到根據定義, $c = (\hat{\theta}_2 - \hat{\theta}_1)/2 > 0$。最後, 解出 δ 與 c 之後, 我們就能求解出:

$$\hat{\theta}_1 = \delta - c = \bar{X} - \sqrt{\frac{3}{n}\sum_{i=1}^n (X_i - \bar{X})^2}$$

$$\hat{\theta}_2 = \delta + c = \bar{X} + \sqrt{\frac{3}{n}\sum_{i=1}^n (X_i - \bar{X})^2}$$

9.5 最大概似法

當我們應用類比估計法時, 並不需要知道母體分配。在本節中, 我們介紹另一種假設母體分配已知的估計法: 最大概似法 (method of maximum likelihood)。

9.5.1 最大概似估計式

假設 $\{X_i\}_{i=1}^n$ 為來自母體分配 $f(x,\theta)$ 的隨機樣本, 其中函數 $f(\cdot)$ 已知, 但 θ 為未知的母體參數。由於 $X_1,\ldots,X_n$ 為隨機樣本, 其聯合機率分配可以寫成:

$$f(x_1,\ldots,x_n;\theta) = f(x_1,\theta)\cdots f(x_n,\theta) = \prod_i f(x_i;\theta) \qquad (1)$$

對於第 (1) 式, 我們過去習慣解讀成**給定 θ 下, $x_1,\ldots,x_n$ 的函數**。然而, 我們也可以將第 (1) 式解讀為**給定 $x_1,\ldots,x_n$ 下, θ 的函數**。在第二種解讀下, 我們把這樣的函數稱作 θ 的概似函數 (likelihood function)。

定義 9.4 (概似函數). 給定隨機樣本的實現值 $x_1,\ldots,x_n$, 概似函數為
$$\mathcal{L}(x_1,\ldots,x_n;\theta) = \mathcal{L}(\mathbf{x};\theta) = \prod_i f(x_i;\theta)$$

亦即, 將這組隨機樣本實現值出現的可能性視為參數 θ 的函數。在不會造成混淆的情況下, 我們有時會以 $\mathcal{L}(\theta)$ 替代 $\mathcal{L}(\mathbf{x};\theta)$ 以減少數學符號的負擔。

最大概似估計式 (maximum likelihood estimator, MLE) 就是要找到一個參數值 θ 使得概似函數 $\mathcal{L}$ 極大:
$$\hat{\theta} = \arg\max_{\theta \in \Theta} \mathcal{L}(\theta)$$

其中, Θ 為參數空間。用白話解釋就是說,**我們要找出一個參數值 $\theta = \hat{\theta}$ 使得該組樣本出現的可能性最大**。亦即, 給定某組樣本 $\{X_1 = x_1, X_2 = x_2, \ldots, X_n = x_n\}$, 如果參數值 $\theta = \hat{\theta}_1$ 相對於 $\theta = \hat{\theta}_2$ 能夠讓我們**更有可能** (more likely) 觀察到這組樣本, 則毫無疑問地 $\hat{\theta}_1$ 會是一個優於 $\hat{\theta}_2$ 的估計式。而最大概似法就是要在參數空間中找出能夠讓我們**最有可能** (most likely) 觀察到這組樣本的參數。

求解 MLE 的步驟十分簡單, 並不是我們學習最大概似法的重點。許多人能夠依樣畫葫蘆地將 MLE 求出, 卻不懂 MLE 的意義。在此, 我們提供一個例子給讀者, 希望能讓大家理解什麼是最大概似法。

例 9.3. 一個箱子裏放置五顆球, 分別為藍球與綠球。令 p 代表箱中藍球比例, 而 p 為一未知參數, 亦即, 我們不知道箱子裏藍球與綠球的確切個數。為了估計 p, 我們以抽出放回的方式隨機選取 10 顆球。亦即, 我們得到一組 $\{X_1, X_2, \ldots, X_{10}\}$ 的隨機樣本。

如果我們令
$$X_i = \begin{cases} 1, & \text{抽出藍球} \\ 0, & \text{抽出綠球} \end{cases}$$

則根據這個例子, 我們知道 $X_i \sim \text{Bernoulli}(p)$, 而 p 就是箱中藍球比例。同時, 我們令 $Y = \sum_{i=1}^{10} X_i$, 則 Y 代表 10 顆球中, 藍球的個數, 且

$$Y \sim \text{Binomial}(10, p)$$

茲討論以下兩組可能的樣本實現值:

- 樣本實現值 I: 在 10 顆球中有 7 顆藍球, $Y = 7$, 因此, 在不同的參數值 p 下, 樣本實現值 I 出現的可能性分別列在表 9.2。

表9.2: 樣本實現值 I: 在 10 顆球中有 7 顆藍球, $Y = 7$

p	$P(Y = 7) = \binom{10}{7} p^7 (1-p)^3$	
0	0	
1/5	0.000786	
2/5	0.042467	
3/5	0.214991	⇐ 極大值
4/5	0.201327	
5/5	0	

- 樣本實現值 II: 在 10 顆球中有 2 顆藍球, $Y = 2$, 同理, 在不同的參數值 p 下, 樣本實現值 II 出現的可能性分別列在表 9.3。

表9.3: 樣本實現值 II: 在 10 顆球中有 2 顆藍球, $Y = 2$

p	$P(Y = 2) = \binom{10}{2} p^2 (1-p)^8$	
0	0	
1/5	0.301990	⇐ 極大值
2/5	0.120932	
3/5	0.010617	
4/5	0.000074	
5/5	0	

因此, 給定樣本實現值 I, $\hat{p} = 3/5$ 會使樣本實現值 I 出現的可能性最大, 我們就以 3/5 當作 p 的最大概似估計值。而給定樣本實現值 II, $\hat{p} = 1/5$ 會使樣本 II 出現的可能性最大, 我們就以 1/5 當作 p 的最大概似估計值。我們將表 9.2 與表 9.3 結合在一起, 則表 9.4 中的任一數字就是在不同隨機樣本與不同參數值下的概似函數值。

表9.4: 概似函數

p	$P(Y = 7) = \binom{10}{7}p^7(1-p)^3$	$P(Y = 2) = \binom{10}{2}p^2(1-p)^8$
0	0	0
1/5	0.000786	0.301990
2/5	0.042467	0.120932
3/5	0.214991	0.010617
4/5	0.201327	0.000074
5/5	0	0

這個例子也同時說明了一件事: 估計式是隨機樣本的函數, 給定不同的樣本實現值 (例子中為 $Y = 7$ 或 $Y = 2$), 我們就會得到不同的估計值 ($\hat{p} = 3/5$ 或 $\hat{p} = 1/5$)。

注意到在表 9.4 的例子中, 我們的參數空間為有限:

$$\Theta = \{0, 1/5, 2/5, 3/5, 4/5, 1\}$$

如果 $\mathcal{L}(\theta)$ 對於 θ 是可微的, 且參數空間為實數線, 則 MLE 就是以下方程式 (最大概似方程式, maximum likelihood equation) 之解:

$$\frac{\partial \mathcal{L}(\theta)}{\partial \theta} = 0$$

由於任何極大化 $\mathcal{L}(\theta)$ 的參數值 θ 也同時極大化對數概似函數 (log-likelihood function):

$$\hat{\theta} = \arg\max_{\theta \in \Theta} \log \mathcal{L}(\theta)$$

其中,

$$\log \mathcal{L}(\theta) = \sum_i \log f(x_i, \theta)$$

因此，為了計算上的方便，我們有時會轉而計算以下的極大化條件：

$$\frac{\partial \log \mathcal{L}(\theta)}{\partial \theta} = 0$$

例 9.4. 假設
$$\{X_i\}_{i=1}^{n} \sim^{i.i.d.} Bernoulli(p),$$
試找出 p 的 MLE。

由於 $f(x,p) = p^x(1-p)^{1-x}$，概似函數為：

$$\mathcal{L}(p) = f(x_1, \ldots, x_n, p) = \prod_i f(x_i, p) = p^{\sum_i x_i}(1-p)^{\sum_i(1-x_i)}$$

則對數概似函數為：

$$\log \mathcal{L}(p) = \log p \sum_i x_i + \log(1-p) \sum_i (1-x_i)$$

且

$$\frac{d \log \mathcal{L}(p)}{dp} = \frac{1}{p} \sum_i x_i - \frac{1}{1-p} \sum_i (1-x_i) = 0 \qquad (2)$$

亦即我們可以求得

$$\frac{\sum_i x_i}{n} = \arg\max_p \mathcal{L}(p)$$

就是 p 的最大概似估計值。當然我們可以驗證該極值確實為極大值：

$$\frac{d^2 \log \mathcal{L}(p)}{dp^2} = -p^{-2} \sum_i x_i - (1-p)^{-2} \sum_i (1-x_i) < 0 \qquad (3)$$

因此，p 的最大概似估計式為

$$\hat{p} = \frac{\sum_i X_i}{n} = \bar{X}$$

例 9.5. 給定
$$\{X_i\}_{i=1}^{n} \sim^{i.i.d.} U[0,\theta]$$
試找出 θ 的 MLE。

根據 X 的 pdf,

$$f(x) = \begin{cases} \frac{1}{\theta}, & 0 \leq x \leq \theta \\ 0, & \text{otherwise.} \end{cases}$$

或是寫成:

$$f(x) = \frac{1}{\theta} \mathbb{1}_{\{x \leq \theta\}}$$

其中 $\mathbb{1}_{\{x \leq \theta\}}$ 為一指示函數,

$$\mathbb{1}_{\{x \leq \theta\}} = \begin{cases} 1 & \text{if } 0 \leq x \leq \theta \\ 0 & \text{if } \theta < x \end{cases}$$

則概似函數為:

$$\mathcal{L}(\theta) = f(x_1, \ldots, x_n, \theta) = \prod_i f(x_i, \theta) = \prod_i \frac{1}{\theta} \mathbb{1}_{\{x_i \leq \theta\}} = \frac{1}{\theta^n} \prod_i \mathbb{1}_{\{x_i \leq \theta\}}$$

注意到指示函數有如下性質:

$$\mathbb{1}_A \times \mathbb{1}_B = \mathbb{1}_{A \cap B}$$

因此,

$$\prod_i \mathbb{1}_{\{x_i \leq \theta\}} = \mathbb{1}_{\{\{x_1 \leq \theta\} \cap \{x_2 \leq \theta\} \cap \cdots \cap \{x_n \leq \theta\}\}}$$

如果我們將 $x_1, \ldots, x_n$ 從最小排到最大,

$$x_{(1)} \leq x_{(2)} \leq \cdots \leq x_{(n)}$$

其中 $x_{(k)}$ 表示排序為第 k 個。注意到, $\{x_i \leq \theta\}$ 若對所有 i 都成立, 則 $\{x_{(n)} \leq \theta\}$ 必然也成立 (反之亦然), 因此,

$$\mathbb{1}_{\{\{x_1 \leq \theta\} \cap \{x_2 \leq \theta\} \cap \cdots \cap \{x_n \leq \theta\}\}} = \mathbb{1}_{\{x_{(n)} \leq \theta\}}$$

則概似函數可寫成:

$$\mathcal{L}(\theta) = \frac{1}{\theta^n} \mathbb{1}_{\{x_{(n)} \leq \theta\}}$$

圖 9.1: 概似函數: $\mathcal{L}(\theta) = \frac{1}{\theta^n} \mathbb{1}\{\theta \geq x_{(n)}\}$

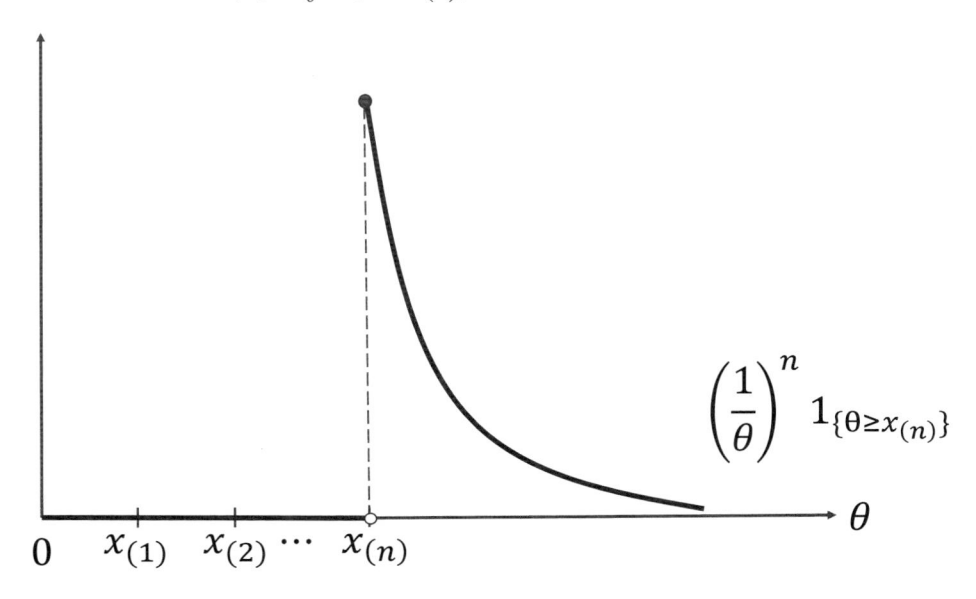

其中, $\mathbb{1}_{\{x_{(n)} \leq \theta\}}$ 為一指示函數,

$$\mathbb{1}_{\{x_{(n)} \leq \theta\}} = \begin{cases} 1 & \text{if } 0 \leq x_{(n)} \leq \theta \\ 0 & \text{if } \theta < x_{(n)} \end{cases}$$

我們將概似函數與參數空間 Θ 畫在圖 9.1 中。

因此, 要極大化概似函數, 我們需要 θ 的值越小越好, 但是又必須符合 $\theta \geq X_{(n)}$。因此, θ 的最大概似估計式為 $\hat{\theta} = X_{(n)}$, 其中, $X_{(n)}$ 稱為 n 階順序統計量 (order statistic)。

定義 9.5 (順序統計量). 給定隨機樣本

$$\{X_1, X_2, \ldots, X_n\}$$

如果我們將 $X_1, \ldots, X_n$ 從最小排到最大, 並以

$$X_{(1)} \leq X_{(2)} \leq \cdots \leq X_{(n)}$$

表示, 令 $X_{(k)}$ 代表隨機樣本排序後, 排序為第 k 個的樣本, 我們稱 $X_{(k)}$ 為 k 階的順序統計量 (k-th order statistic)。

因此，樣本極大值就是 n 階的順序統計量，而樣本極小值就是 1 階的順序統計量

$$X_{(1)} = \min(X_1, \ldots, X_n)$$
$$X_{(n)} = \max(X_1, \ldots, X_n)$$

注意到 $X_{(n)}$ 的 pdf 為 (我們放在習題讓讀者自行驗證)：

$$f(x) = \frac{n}{\theta}\left(\frac{x}{\theta}\right)^{n-1}, \quad 0 \leq x \leq \theta$$

我們可以據此求算出期望值 $E(X_{(n)})$ 與變異數 $Var(X_{(n)})$ 等動差。

接下來，我們介紹 MLE 一個相當重要的性質：MLE 不變性 (invariance property)，或是稱作不變原則。[2]

定理 9.1 (MLE 不變性). 如果 $\hat{\theta}$ 是 θ 的 *MLE*，且 $\tau(\theta)$ 為 θ 的函數，則 $\hat{\tau} = \tau(\hat{\theta})$ 為 $\tau(\theta)$ 的 *MLE*。

舉例來說，若 $\{X_i\}_{i=1}^n$ 為來自母體分配 Bernoulli(p) 的隨機樣本，則根據上一個例子，p 的 MLE 為 $\hat{p} = \bar{X}$。而 $Var(X_1) = p(1-p)$ 的 MLE 就是 $\hat{p}(1-\hat{p}) = \bar{X}(1-\bar{X})$。值得注意的是，不變性可以推廣到一個以上的參數。舉例來說，若 $(\hat{\theta}_1, \hat{\theta}_2)$ 分別為 (θ_1, θ_2) 的 MLE，則 $\tau = \frac{\theta_1 + \theta_2}{2}$ 的 MLE 為

$$\hat{\tau} = \frac{\hat{\theta}_1 + \hat{\theta}_2}{2}$$

9.6 點估計式性質

在本節中，我們將討論點估計式的性質。亦即，我們將介紹一些評價準則 (criteria) 來評斷點估計式。這些性質分別為：(1) 不偏性 (unbiased)，(2) 有效性 (efficient)，以及 (3) 一致性 (consistent)。

---
[2] 也有人翻成代入原則。

Story 動差法與最大概似法

在參數估計上，動差法為 Karl Pearson (1857–1936) 於 1894 年所創，而最大概似法是由 Ronald Aylmer Fisher (1890–1962) 在 1922 年所提出。Fisher 發展出最大概似法之後，就不斷尋求各式評斷準則 (詳見下一節介紹的不偏性，有效性與一致性)，藉以說明他的最大概似法遠遠優於 Pearson 的動差法，而 Pearson 亦不甘示弱，從 1917 年開始，這對學術界長期的宿敵就不斷地在期刊各自發表批評對方估計法的文章。

從若干的統計性質而言，最大概似法確實優於動差法。然而，在某些情況下，概似函數無法輕易求解，相較之下，動差法就顯得簡單易解。

值得一提的是，應用最大概似法估計時，當參數不易從極大化的一階條件中求出封閉解 (closed-form solutions)，我們通常會以數值方法求解。此時，我們就可以利用動差法所得到的估計值當作起始值。這樣的做法，可視為 Pearson 與 Fisher 相輔相成的「大和解」。

9.6.1 不偏性

一個估計式 $\hat{\theta}$ 的期望值等於母體參數 θ，亦即，

$$E(\hat{\theta}) = \theta$$

我們稱該估計式 $\hat{\theta}$ 為一不偏估計式 (unbiased estimator)。簡單地說，就是當你用 $\hat{\theta}$ 來猜 θ，「平均而言」會猜對。因此，如果一個估計式沒有具備不偏性，則其偏誤 (bias) 可以定義成：

$$B(\hat{\theta}) = E(\hat{\theta}) - \theta$$

例 9.6. 若 $\{X_i\}_{i=1}^n \sim^{i.i.d.} (\mu, \sigma^2)$，令

$$\bar{X} = \frac{\sum_{i=1}^n X_i}{n}, \quad S^2 = \frac{\sum_{i=1}^n (X_i - \bar{X})^2}{n-1}, \quad \hat{\sigma}^2 = \frac{\sum_{i=1}^n (X_i - \bar{X})^2}{n}$$

則 $\bar{X}$ 與 S^2 分別為 μ 與 σ^2 的不偏估計式，而 $\hat{\sigma}^2$ 則為 σ^2 的偏誤估計式。

茲分述如下：

$$E(\bar{X}) = E\left(\frac{\sum_i X_i}{n}\right) = \frac{\sum_i E(X_i)}{n} = \frac{\sum_i \mu}{n} = \frac{n\mu}{n} = \mu$$

根據變異數的定義

$$\sigma^2 = Var(X_i) = E(X_i^2) - [E(X_i)]^2 = E(X_i^2) - \mu^2$$

$$\frac{\sigma^2}{n} = Var(\bar{X}) = E(\bar{X}^2) - [E(\bar{X})]^2 = E(\bar{X}^2) - \mu^2$$

因此,

$$E\left[\sum_i (X_i - \bar{X})^2\right] = E\left[\sum_i X_i^2 - n\bar{X}^2\right]$$
$$= \sum_i E(X_i^2) - nE(\bar{X}^2)$$
$$= n(\sigma^2 + \mu^2) - n\left[\frac{\sigma^2}{n} + \mu^2\right]$$
$$= (n-1)\sigma^2$$

$$E(S^2) = E\left(\frac{\sum_i (X_i - \bar{X})^2}{n-1}\right) = \frac{(n-1)\sigma^2}{n-1} = \sigma^2$$

最後, 我們知道

$$\hat{\sigma}^2 = \frac{\sum_{i=1}^n (X_i - \bar{X})^2}{n} = \frac{n-1}{n} S^2$$

是故

$$E(\hat{\sigma}^2) = \frac{n-1}{n} E(S^2) = \frac{n-1}{n} \sigma^2$$

其偏誤為

$$B(\hat{\sigma}^2) = E(\hat{\sigma}^2) - \sigma^2 = \frac{-1}{n} \sigma^2$$

9.6.2 有效性

我們在前一小節中介紹了「不偏」這個性質。我們之所以認為不偏性是估計式一個好的性質, 就在於不偏估計式給我們一個「平均而言猜得準」的估計公式。然而, 一如之前所述, 估計式有其自己的抽樣分配, 我們不但關心估計式的期望值, 也應該要關心其變異程度 (亦即其精確度)。舉例來說, 我們抽 100 個台大學生並算出樣本平均身高 $\bar{X}$ 來估計 μ, 我們也可以任選兩個樣本點 X_1, X_{15} 算出另一個估計式 $\check{X} = \frac{X_1 + X_{15}}{2}$ 來估計台大學生的平均身高。值得注意的是, $\bar{X}$ 與 $\check{X}$ 都是不偏估計式 (請自行驗證), 但是

$$Var(\bar{X}) = \frac{\sigma^2}{n}$$

$$Var(\check{X}) = \frac{\sigma^2}{2}$$

亦即,當 $n > 2$ 時,$\check{X}$ 的變異數大於 $\bar{X}$ 的變異數,其精確度自然不及 $\bar{X}$ 來得高。

一般來說,如果兩個估計式都具不偏性,我們把變異數較小的不偏估計式稱作有效估計式 (efficient estimator)。「有效」的概念可以分成相對有效性 (relative efficiency) 與絕對有效性 (absolute efficiency)。相對有效性的定義如下:

定義 9.6 (相對有效性). 兩個不偏估計式中, 具有較小變異者, 較有效率。舉例來說,令 $\hat{\theta}_1$ 以及 $\hat{\theta}_2$ 均為 θ 的不偏估計式。

1. 如果 $Var(\hat{\theta}_1) < Var(\hat{\theta}_2)$, 則我們說 $\hat{\theta}_1$ 比 $\hat{\theta}_2$ 相對有效。

2. $\hat{\theta}_1$ 與 $\hat{\theta}_2$ 的相對有效性可用以下指標衡量:

$$有效性 = \frac{Var(\hat{\theta}_1)}{Var(\hat{\theta}_2)}$$

而絕對有效性的定義則是:

定義 9.7 (絕對有效性). $\hat{\theta}$ 為所有不偏估計式中,變異數最小的不偏估計式,則我們稱 $\hat{\theta}$ 具絕對有效性。

絕對有效性又被稱作 Cramér-Rao 有效性 (Cramér-Rao efficient)。這涉及到「最小變異不偏估計式」與「Cramér-Rao 下界」的概念,有興趣的讀者可參考第 9.6.5 節的選讀內容。

細心的讀者不難發現,我們以上所介紹的「有效性」的概念,是應用在比較兩個不偏估計式,問題是,如果我有兩個估計式,一個是較大變異的不偏估計式,另一個則是較小變異的偏誤估計式,試問,我該如何比較這兩個估計式? 為了回答這個問題,我們將把「有效性」的概念從「較小變異」推廣到「較小均方誤」。我們首先定義均方誤 (mean squared error)。

定義 9.8 (均方誤). 均方誤 *(mean squared error)* 一般簡稱為 *MSE*, 其定義為

$$MSE(\hat{\theta}) \equiv E\left[(\hat{\theta} - \theta)^2\right]$$

用白話文來說, 均方誤就是將估計式與母體參數之間的差距 (估計誤差) 取平方後, 再取期望值, 也就是以平方衡量的平均估計誤差。透過一些簡單的計算,

$$\text{MSE}(\hat{\theta}_n) = E\left[(\hat{\theta}_n - \theta)^2\right] = E\left[(\hat{\theta}_n - E(\hat{\theta}_n) + E(\hat{\theta}_n) - \theta)^2\right]$$
$$= E\left[(\hat{\theta}_n - E(\hat{\theta}_n))^2\right] - 2\underbrace{E\left[(\hat{\theta}_n - E(\hat{\theta}_n))(E(\hat{\theta}_n) - \theta)\right]}_{=(E(\hat{\theta}_n) - \theta)E[\hat{\theta}_n - E(\hat{\theta}_n)] = 0} + E\left[(E(\hat{\theta}_n) - \theta)^2\right]$$
$$= E\left[(\hat{\theta}_n - E(\hat{\theta}_n))^2\right] + (E(\hat{\theta}_n) - \theta)^2$$
$$= Var(\hat{\theta}_n) + (E(\hat{\theta}_n) - \theta)^2$$
$$= Var(\hat{\theta}_n) + (B(\theta))^2$$

亦即, 估計式的均方誤就等於估計式的變異數再加上其偏誤的平方。

性質 9.1.
$$MSE(\hat{\theta}_n) = Var(\hat{\theta}_n) + (B(\theta))^2$$

因此, 具有較小均方誤的估計式就是一個較有效的估計式, 無論該估計式為偏誤或是不偏。值得注意的是:

1. 均方誤的有效性立基於估計式的變異數與偏誤, 因此, 變異數越小, 或是偏誤越小的估計式越具備有效性。

2. 如果兩個估計式均為不偏, 則均方誤的第二項都為零, 比較哪個估計式的均方誤較小, 就等同於比較哪個估計式的變異數較小。

定理 9.2. 假設 $\{X_i\}_{i=1}^n \sim^{i.i.d.} N(\mu, \sigma^2)$, 且令

$$\bar{X} = \frac{\sum_{i=1}^n X_i}{n}, \quad S^2 = \frac{\sum_{i=1}^n (X_i - \bar{X})^2}{n-1}, \quad \hat{\sigma}^2 = \frac{\sum_{i=1}^n (X_i - \bar{X})^2}{n}$$

則
$$MSE(\hat{\sigma}^2) < MSE(S^2)$$

Proof. 根據定義,
$$S^2 = \frac{n}{n-1}\hat{\sigma}^2$$

由於 $\{X_i\}_{i=1}^n \sim^{i.i.d.} N(\mu,\sigma^2)$，根據第 7 章的定理 7.5，

$$\frac{(n-1)S^2}{\sigma^2} \sim \chi^2(n-1)$$

是故，

$$\frac{n\hat{\sigma}^2}{\sigma^2} \sim \chi^2(n-1)$$

根據卡方分配的性質，卡方隨機變數的變異數等於 2 倍的自由度，

$$Var\left(\frac{(n-1)S^2}{\sigma^2}\right) = Var\left(\frac{n\hat{\sigma}^2}{\sigma^2}\right) = 2(n-1)$$

經過整理可得:

$$Var(S^2) = \frac{2\sigma^4}{n-1}$$

$$Var(\hat{\sigma}^2) = \frac{2(n-1)\sigma^4}{n^2}$$

根據例 9.6，我們已知 S^2 為不偏估計式，$B(\sigma^2) = 0$，而 $\hat{\sigma}^2$ 為偏誤估計式，$B(\sigma^2) = -\frac{1}{n}\sigma^2$，因此，

$$\text{MSE}(S^2) = \frac{2\sigma^4}{n-1} + 0 = \frac{2\sigma^4}{n-1}$$

$$\text{MSE}(\hat{\sigma}^2) = \frac{2(n-1)\sigma^4}{n^2} + \left(-\frac{\sigma^2}{n}\right)^2 = \frac{(2n-1)\sigma^4}{n^2}$$

$$\text{MSE}(\hat{\sigma}^2) - \text{MSE}(S^2) = \sigma^4\left(\frac{1-3n}{n^2(n-1)}\right) < 0$$

□

亦即，相對於 S^2 而言，$\hat{\sigma}^2$ 有較小的均方誤。換句話說，偏誤估計式 $\hat{\sigma}^2$ 比不偏估計式 S^2 更具有效性。

9.6.3 一致性

以上討論的性質 (不偏性與有效性) 均為固定樣本數 n 下，估計式所具備的性質，因此，又被稱作小樣本性質 (small sample property)。在本小節，我們將進一步討論估計式的大樣本性質 (large sample property)，或

是說, 估計式的極限性質 (limiting property)。在某些情況下, 即使估計式在小樣本時, 不具備「不偏」或「有效」等良好性質, 如果當樣本數 n 增加時, 該估計式具有優良的大樣本性質, 我們仍然會將之視為一個不錯的估計式。在此, 我們將會把估計式 $\hat{\theta}$ 寫成 $\hat{\theta}_n$ 用以提醒讀者估計式與樣本大小 n 有關。

一個重要的大樣本性質就是一致性 (consistent), 一個具備一致性的估計式就叫做一致估計式 (consistent estimator)。其定義如下:

定義 9.9 (一致估計式). 如果
$$\hat{\theta}_n \xrightarrow{p} \theta$$
則稱 $\hat{\theta}_n$ 為 θ 的一致估計式。

換句話說, 如果 $\hat{\theta}_n$ 機率收斂到 θ, 則稱 $\hat{\theta}_n$ 為 θ 的一致估計式。亦即, 當樣本數越來越大時, 點估計式的值與母體參數靠近的可能性越來越大, 其機率值趨近於一。

例 9.7. 若 $\{X_i\}_{i=1}^n \sim^{i.i.d.} (\mu, \sigma^2)$, 則 $\bar{X}_n$ 為母體均數 μ 的一致估計式。

根據 WLLN,
$$\bar{X}_n \xrightarrow{p} E(X_1) = \mu$$

例 9.8. 若 $\{X_i\}_{i=1}^n \sim^{i.i.d.} (\mu, \sigma^2)$, 令
$$\bar{X}_n = \frac{\sum_{i=1}^n X_i}{n}, \quad S_n^2 = \frac{\sum_{i=1}^n (X_i - \bar{X}_n)^2}{n-1}, \quad \hat{\sigma}_n^2 = \frac{\sum_{i=1}^n (X_i - \bar{X}_n)^2}{n}$$
證明 S_n^2 與 $\hat{\sigma}_n^2$ 均為 σ^2 的一致估計式。

$$\hat{\sigma}_n^2 = \frac{\sum_{i=1}^n (X_i - \bar{X}_n)^2}{n} = \underbrace{\frac{\sum_{i=1}^n X_i^2}{n}}_{\xrightarrow{p} E(X_i^2)} - \underbrace{\bar{X}_n^2}_{\xrightarrow{p} \mu^2}$$

其中, 第一個機率收斂來自 WLLN, 第二項則是根據 WLLN 與 continuous mapping theorem (CMT)。然而, 我們知道,
$$E(X_i^2) = Var(X_i) + [E(X_i)]^2 = \sigma^2 + \mu^2$$

因此,
$$\frac{\sum_{i=1}^{n} X_i^2}{n} \xrightarrow{p} \sigma^2 + \mu^2$$

則
$$\hat{\sigma}_n^2 \xrightarrow{p} (\sigma^2 + \mu^2) - \mu^2$$

亦即
$$\hat{\sigma}_n^2 \xrightarrow{p} \sigma^2$$

此外, 由於
$$\frac{n}{n-1} \longrightarrow 1 \text{ as } n \longrightarrow \infty$$

我們可以得到
$$S_n^2 = \underbrace{\frac{n}{n-1}}_{\longrightarrow 1} \underbrace{\hat{\sigma}_n^2}_{\xrightarrow{p} \sigma^2} \xrightarrow{p} \sigma^2$$

一般來說, 要證明一致性有以下幾種方法:

1. 如果估計式具樣本均數之形式 (滿足 WLLN 所需條件), 或是其函數, 則可利用 WLLN 以及 CMT, 如例 9.7 與 9.8 所示。

2. 直接從機率收斂的定義著手。

3. 透過均方收斂證明。

由機率收斂的定義去做有時相當複雜。在此, 我們說明如何以均方收斂證明估計式的一致性。首先介紹兩個新觀念: MSE 一致性 (MSE consistent), 與漸近不偏性 (asymptotically unbiased)。

定義 9.10 (MSE 一致性). 當
$$\hat{\theta}_n \xrightarrow{ms} \theta$$
我們稱 $\hat{\theta}_n$ 為 θ 的一個 MSE 一致估計式,

注意到所謂的 MSE 一致性, 就是立基於均方收斂。

定義 9.11 (漸近不偏). 當
$$\lim_{n \to \infty} E(\hat{\theta}_n) = \theta$$
則 $\hat{\theta}_n$ 為漸近不偏。

接下來, 我們介紹以下定理:

定理 9.3. 若 $\hat{\theta}_n$ 為不偏, 則 $\hat{\theta}_n$ 亦為漸近不偏。

這個定理並不難理解, 如果 $\hat{\theta}_n$ 為不偏估計式, 則對於所有的樣本數 n,

$$E(\hat{\theta}_n) = \theta$$

既然這是對所有 n 都成立, 當然在 $n \to \infty$ 時也成立。也就是說,

$$\lim_{n \to \infty} E(\hat{\theta}_n) = \lim_{n \to \infty} \theta = \theta$$

定理 9.4 (MSE 一致性與一致性). 若估計式具 MSE 一致性, 則估計式為一致估計式

Proof. 根據第 8 章中的定理 8.5,

$$\hat{\theta}_n \xrightarrow{ms} \theta \;\Rightarrow\; \hat{\theta}_n \xrightarrow{p} \theta$$

$\square$

因此, 根據定理 9.4, 驗證一致性的條件為:

$$\lim_{n \to \infty} E(\hat{\theta}_n) = \theta$$

以及

$$\lim_{n \to \infty} Var(\hat{\theta}_n) = 0$$

只要以上兩個條件均符合, 則 $\hat{\theta}_n$ 就是 θ 的一致估計式。

值得注意的是, 以上的條件為充分條件 (sufficient condition), 而非充要條件 (necessary and sufficient condition)。因此, 若以上兩個條件均符合, 則 $\hat{\theta}_n$ 具一致性, 然而, 當 $\hat{\theta}_n$ 具一致性, 以上兩個條件未必成立。

9.6.4 估計式與估計值

最後, 關於估計式與估計值有幾點想法值得進一步討論。首先, 我們一再強調估計式是一個由隨機樣本組成的公式, 是一個統計量, 同時也是一個隨機變數。因此, 每個估計式會有自己的抽樣分配, 也會有期望值 $E(\hat{\theta})$ 以及變異數 $Var(\hat{\theta})$ 等動差。而估計式的性質就是立基在其隨機性之上。簡言之, 當我們在討論估計式的性質時, 都是在樣本實現 (realize) 之前才有意義, 也就是說, 這些好性質都是事前的 (*ex ante*)。

然而, 一旦我們抽出某特定樣本 (樣本實現之後), 所得到的就不再是估計式, 而是估計值。估計值本身是一個常數, 並無任何隨機性質可以討論。假設我們抽樣 100 個台大學生並算出樣本平均身高 $\bar{X} = 166$。此時, $E(166)$ 不一定等於母體平均 μ: 當你運氣好, $\mu = 166$ 時,

$$E(166) = 166 = \mu$$

當你運氣不好, $\mu \neq 166$ 時,

$$E(166) = 166 \neq \mu$$

你或許想問, 照這麼說, 一旦樣本實現之後, 166 這個值本身不就沒有任何意義了? 答案就是, 166 這個值有沒有意義, 值不值得作為參考, 端視將 166 這個值「製造出來」的估計式有沒有具備良好性質。如果估計式具備良好性質, 則透過估計式所算出來的估計值就會是一個對於母體參數有意義且值得參考的猜測值。想像估計式為製造產品的一部機器, 而估計值就是這部機器所製造出來的產品。假設我們無法直接判斷製造出來的產品品質優劣 (例如說, 產品被密封在罐子中), 但重要的是, 如果我們知道製造該產品的機器具有良好品質, 自然較能肯定產品具有良好品質。

9.6.5 最小變異不偏估計式 (選讀)

我們在此節介紹最小變異不偏估計式 (Minimum Variance Unbiased Estimator, MVUE)。我們首先介紹評價函數與訊息函數。

評價函數與訊息函數

定義給定隨機樣本 $\mathbf{X} = \{X_1, X_2, \ldots, X_n\}$ 下的對數概似函數:

$$\log \mathcal{L}(\theta; \mathbf{X}) = \sum_i \log f(X_i; \theta)$$

注意到這個函數與給定隨機樣本實現值 $\mathbf{x} = \{x_1, x_2, \ldots, x_n\}$ 下的對數概似函數 $\log \mathcal{L}(\theta; \mathbf{x})$ 不同的是, $\log \mathcal{L}(\theta; \mathbf{X})$ 是隨機變數的函數, 所以本身也是隨機變數。

假設 $f(X_i, \theta)$ 對於 θ 是可微的, 則我們可以定義評價函數 (score) 與訊息函數 (information) 如下。

定義 9.12 (評價函數與訊息函數).

1. 評價函數 *(score function)*

$$S(\theta; \mathbf{X}) = \frac{\partial \log \mathcal{L}(\theta; \mathbf{X})}{\partial \theta} = \sum_i \frac{\partial}{\partial \theta} \log f(X_i; \theta)$$

2. 訊息函數 *(information function)*

$$I(\theta) = Var(S(\theta; \mathbf{X}))$$

評價函數根據定義就是在衡量對數概似函數如何隨參數值 θ 變動而改變, 且

$$E(S(\theta; \mathbf{X})) = 0 \qquad (4)$$

而訊息函數又稱費雪訊息函數 (Fisher information function), 是評價函數的變異數, 根據定義,

$$I(\theta) = Var(S(\theta; \mathbf{X})) = E[S(\theta; \mathbf{X})^2] = E\left[\left(\frac{\partial \log \mathcal{L}(\theta; \mathbf{X})}{\partial \theta}\right)^2\right]$$

注意到, 有時候以下列方法計算訊息函數會較容易:

$$I(\theta) = E\left[-\frac{\partial^2 \log \mathcal{L}(\theta; \mathbf{X})}{\partial \theta^2}\right] \qquad (5)$$

以上第 (4) 與 (5) 式的證明可參考 Ramanathan (1993, 頁 179–180)。

最小變異不偏估計式

我們接下來介紹最小變異不偏估計式。

定理 9.5 (MVUE). $\hat{\theta}$ 為 θ 之一最小變異不偏估計式, 若且唯若

1. $E(\hat{\theta}) = \theta, \forall \theta$
2. $Var(\hat{\theta}) \leq Var(\hat{\theta}^*), \forall \hat{\theta}^*$ 且 $E(\hat{\theta}^*) = \theta$

根據定理9.5, 我們知道 $\hat{\theta}$ 為最小變異不偏估計式必須符合兩個條件: (1) $\hat{\theta}$ 是不偏的, (2) 對於所有 θ 的不偏估計式而言, $\hat{\theta}$ 具有最小的變異。一如前述, 最小變異不偏估計式具有絕對有效性。

一般來說, θ 的不偏估計式何其之多, 我們無法將 $\hat{\theta}$ 的變異數與所有其他不偏估計式的變異數一一比較。因此, 要判斷 $\hat{\theta}$ 是否具有最小的變異極為困難。底下的定理協助我們判斷 $\hat{\theta}$ 是否為最小變異不偏估計式。

定理 9.6 (Cramér-Rao 不等式). 令 $\{X_i\}_{i=1}^{n}$ 為來自母體 *pdf* 為 $f(x)$ 的隨機樣本。則 *Cramér-Rao* 不等式 *(Cramér-Rao inequality)* 為

$$Var(\hat{\theta}) \geq \frac{[1 + B'(\theta)]^2}{I(\theta)}$$

其中,

$$I(\theta) \equiv E\left[\left(\frac{\partial \log \mathcal{L}(\theta)}{\partial \theta}\right)^2\right] = E\left[-\frac{\partial^2 \log \mathcal{L}(\theta)}{\partial \theta^2}\right]$$

$B(\theta)$ 為偏誤, 且

$$\underline{CR} = \frac{[1 + B'(\theta)]^2}{I(\theta)}$$

稱為 *Cramér-Rao* 下界 *(Cramér-Rao lower bound, CRLB)*。

Proof. 證明已超出本書範圍, 有興趣的讀者可參閱 Ramanathan (1993, page 180–181)。 □

輔理 9.1. 如果 $\hat{\theta}$ 為 θ 的不偏估計式, 則 $B(\theta) = 0$, 而 Cramér-Rao 不等式變成

$$Var(\hat{\theta}) \geq \frac{1}{I(\theta)}$$

亦即 Cramér-Rao 下界為

$$\underline{CR} = \frac{1}{I(\theta)}$$

簡單地說, 任何一個不偏估計式的變異數都會符合 Cramér-Rao 不等式。因此, 如果某一不偏估計式的變異數剛好等於 CRLB, 則該估計式必為最小變異不偏估計式。

例 9.9. 假設 $\{X_i\}_{i=1}^n$ 為來自母體分配 Bernoulli(p) 的隨機樣本, p 的 MLE 為 $\hat{p} = \bar{X}$, 且 $Var(\hat{p}) = \frac{p(1-p)}{n}$, 試求出 $\hat{p}$ 的 CRLB 並驗證 $\hat{p}$ 為 MVUE。

根據第 (3) 式,

$$\frac{d^2 \log \mathcal{L}(p; \mathbf{X})}{dp^2} = -p^{-2} \sum_i X_i - (1-p)^{-2} \sum_i (1-X_i)$$

因此,

$$I(p) = -E\left[-p^{-2} \sum_i X_i - (1-p)^{-2} \sum_i (1-X_i)) \right]$$
$$= \frac{np}{p^2} + \frac{n(1-p)}{(1-p)^2}$$
$$= \frac{n}{p} + \frac{n}{1-p}$$
$$= \frac{n}{p(1-p)}$$

$$\underline{CR} = \frac{1}{I(p)} = \frac{p(1-p)}{n}$$

在這個例子中,

$$\underline{CR} = Var(\hat{p})$$

亦即, $\hat{p}$ 的變異數剛好等於 CRLB, 是故 $\hat{p}$ 為最小變異不偏估計式 (MVUE)。

例 9.10. 假設 $\{X_i\}_{i=1}^n \sim^{i.i.d.} f(x,\theta)$，其中

$$f(x,\theta) = \frac{1}{\theta}e^{-\frac{x}{\theta}}, \quad \text{supp}(X) = \{x | 0 \leq x < \infty\}$$

試求 θ 的 MLE, $\hat{\theta}$ 以及其 CRLB。驗證 $\hat{\theta}$ 為 MVUE。

給定 $f(x)$，

$$E(X) = \int_0^\infty x f(x) dx = \int_0^\infty x \frac{1}{\theta} e^{-\frac{x}{\theta}} dx = \theta$$

$$Var(X) = E(X^2) - [E(X)]^2 = \int_0^\infty x^2 \frac{1}{\theta} e^{-\frac{x}{\theta}} dx - \theta^2 = 2\theta^2 - \theta^2 = \theta^2$$

其對數概似函數為：

$$\log \mathcal{L}(\theta) = -n \log \theta - \frac{\sum_i x_i}{\theta}$$

根據 FOC，

$$\frac{\partial \log \mathcal{L}(\theta)}{\partial \theta} = \frac{-n}{\theta} + \frac{\sum_i x_i}{\theta^2} = 0$$

可得

$$\frac{\sum_i x_i}{n} = \arg\max_\theta \log \mathcal{L}(\theta)$$

因此，其 MLE 為

$$\hat{\theta} = \frac{\sum_i X_i}{n} = \bar{X}$$

則

$$E(\hat{\theta}) = E(\bar{X}) = E(X_1) = \theta$$

$$B(\theta) = E(\hat{\theta}) - \theta = 0$$

$$Var(\hat{\theta}) = Var(\bar{X}) = \frac{Var(X_1)}{n} = \frac{\theta^2}{n}$$

此外，

$$\frac{\partial^2 \log \mathcal{L}(\theta; \mathbf{X})}{\partial \theta^2} = n\theta^{-2} - 2\theta^{-3} \sum_i X_i$$

因此,

$$I(\theta) = E\left[-\frac{\partial^2 \log \mathcal{L}(\theta; \mathbf{X})}{\partial \theta^2}\right]$$

$$= -E\left[n\theta^{-2} - 2\theta^{-3}\sum_i X_i\right]$$

$$= -n\theta^{-2} + 2\theta^{-3}E\left[\sum_i X_i\right]$$

$$= -n\theta^{-2} + 2\theta^{-3}n\theta$$

$$= -n\theta^{-2} + 2n\theta^{-2}$$

$$= n\theta^{-2} = \frac{n}{\theta^2}$$

$$\underline{CR} = \frac{[1 + B'(\theta)]^2}{I(\theta)} = \frac{1}{I(\theta)} = \frac{\theta^2}{n} = Var(\hat{\theta})$$

如同上一個例子,$\hat{\theta}$ 的變異數剛好等於 CRLB,是故 $\hat{\theta}$ 為最小變異不偏估計式 (MVUE)。

練習題

1. 假設 $\{X_i\}_{i=1}^n$ 為來自如下 pdf 的隨機樣本:

$$f(x,\theta) = \frac{1}{\theta}e^{-\frac{x}{\theta}}$$

   (a) 請找出 θ 的 MLE, $\hat{\theta}_n$

   (b) 證明 $\hat{\theta}_n$ 是 θ 的一致估計式。

2. 證明 $\bar{X}_{100}$ 比 $\bar{X}_{50}$ 相對有效。

3. 若 $\{X_i\}_{i=1}^n \sim i.i.d.\ (\mu, \sigma^2)$,且我們知道

$$Var(S_n^2) = \frac{\mu_4 - (\frac{n-3}{n-1})\sigma^4}{n}$$

   其中 $\mu_4 < \infty$。請利用 MSE 一致性證明 S_n^2 為一致估計式:

$$S_n^2 \xrightarrow{p} \sigma^2$$

4. 若有一組資料 $W_1, W_2, \ldots W_n$ 抽樣自一常態分配 $N(\mu, 1)$ 之母體, 其中 μ 爲未知的母體參數。我們以 $\Phi(\cdot)$ 來表示標準常態分配的累積機率密度函數: $\Phi(a) = P(Z \leq a)$, 其中 Z 爲標準常態隨機變數 (Standard Normal Random Variable)。

   (a) 定義 $q = P(W_1 > k)$, 其中 k 爲已知常數。試以該組樣本

   $$\{W_1, W_2, \ldots W_n\}$$

   求得 q 的最大概似估計式 (Maximum Likelihood Estimator), 以 $\hat{q}$ 表示。

   (b) 請找出 $\sqrt{n}(\hat{q} - q)$ 的漸近分配 (Asymptotic Distribution)。

5. 設 $X_1, \ldots, X_n$ 爲 i.i.d. 的均勻隨機變數: $U[0, \theta]$, 我們已知 θ 的最大概似估計式爲樣本最大值 $\hat{\theta} = X_{(n)} = \max\{X_1, X_2, \ldots, X_n\}$。

   (a) 試證明 $\hat{\theta}$ 的機率密度函數爲

   $$f(y) = \frac{n}{\theta^n} y^{n-1}, \quad 0 \leq y \leq \theta$$

   (b) 請算出 $E(\hat{\theta})$

   (c) 請問 $\hat{\theta}$ 是否不偏? 若 $\hat{\theta}$ 有偏誤, 請寫出 θ 的不偏估計式。

   (d) 請問 $\hat{\theta}$ 是否爲 θ 的一致估計式?

   (e) 請找出 θ 的類比估計式, 並以 $\tilde{\theta}$ 表示。

   (f) 請問 $\tilde{\theta}$ 是否爲 θ 的一致估計式?

6. 假設某社團其成員年齡呈常態分配, 平均數 μ, 變異數 $\sigma^2 = 80$, 爲了瞭解 μ 爲何, 你從社團通訊錄隨機選取隨機樣本: $\{X_i\}_{i=1}^n$,

   (a) 請說明你將用何種類比估計式, 並寫出此估計式 $\hat{\mu}$ 的公式。

   (b) 請命名並界定好的估計式所具有的兩種性質。並證明你利用的估計式具有這兩種性質。

(c) 假設你的樣本數為 175，請問你估計的平均年齡與實際平均年齡誤差在 1 歲以內的機率為何？即 $P(\mu - 1 \leq \hat{\mu} \leq \mu + 1) = ?$

7. 設 $X_1, X_2, \ldots, X_n$ 是由

$$f(x, p) = (1-p)^x p, \quad x = 0, 1, 2, \ldots, \quad p \in (0, 1)$$

的分配中抽出的一組隨機樣本，試求 p 的最大概似估計式。

8. 假設 $Y_1, \ldots, Y_n$ 為來自均數 μ，變異數 σ^2 之常態分配中取出的隨機樣本，請計算以下兩估計式的 MSE：

$$\hat{\sigma}_1^2 = S^2 = \frac{1}{n-1} \sum_{i=1}^n (Y_i - \overline{Y})^2$$

$$\hat{\sigma}_2^2 = \frac{1}{2}(Y_1 - Y_2)^2$$

9. 令 $Y \sim \text{Binomial}(n, p)$，其 discrete pdf 為

$$f(y) = \binom{n}{y} p^y (1-p)^{n-y}, \quad y = 0, 1, 2, \ldots, n$$

$$E(Y) = np, \quad Var(Y) = np(1-p)$$

下述兩式均為 p 的估計式：

$$\hat{p}_1 = \frac{Y}{n}, \quad \hat{p}_2 = \frac{Y+1}{n+2}$$

(a) 請問 $\hat{p}_1$ 是否不偏？請寫出 $\hat{p}_1$ 的偏誤值。

(b) 請問 $\hat{p}_2$ 是否不偏？請寫出 $\hat{p}_2$ 的偏誤值。

(c) 請寫出 $\text{MSE}(\hat{p}_1)$

(d) 請寫出 $\text{MSE}(\hat{p}_2)$

10. 令 $\{X_i\}_{i=1}^n$ 為抽自 Bernoulli(p) 分配的隨機樣本，令 $\delta^2 \equiv Var(X_3)$，請找出 δ 的最大概似估計式。

11. 令 $\{X_1, X_2\} \sim^{i.i.d.} (\mu, \sigma^2)$，且有一線性估計式為

$$\sum_{i=1}^2 a_i X_i = a_1 X_1 + a_2 X_2$$

(a) 請找出令 $\sum_{i=1}^{2} a_i X_i$ 為 μ 的不偏估計式之條件。

(b) 請找出 a_1, a_2 的值，使 $\sum_{i=1}^{2} a_i X_i$ 為 μ 的 BLUE (變異數最小的最佳線性不偏估計式)。

12. 令 $\{X_i\}_{i=1}^{n}$ 為抽自 pmf 為

$$g(x) = p(1-p)^{x-1}, \; x = 1, 2, 3, \ldots$$

的隨機樣本，其中 p 為未知參數。

(a) 證明 $E(X) = \frac{1}{p}$

(b) 證明 $Var(X) = \frac{1-p}{p^2}$

(c) 請利用動差法 (method of moments) 找出 p 的點估計式 $\hat{p}$，並證明 $\hat{p}$ 為一致的估計式。

13. 考慮以下之 pmf

$$f(x, \theta) = k\theta^x, \; 0 < \theta < 1, \; x = 0, 1, 2, \ldots$$

(a) 請求出 k 值。

(b) 給定隨機樣本 $\{X_i\}_{i=1}^{n} \sim f(x, \theta)$，請導出 θ 的對數概似函數。

(c) 請導出 θ 的最大概似估計式，並以 $\hat{\theta}_n$ 表示。

(d) 證明 $\hat{\theta}_n$ 為一致估計式。

(e) 找出 $\sqrt{Var(X)}$ 的最大概似估計式。

14. 給定 $\{X_i\}_{i=1}^{m} \sim^{i.i.d.} (\mu, \sigma_X^2)$ 以及 $\{Y_i\}_{i=1}^{n} \sim^{i.i.d.} (\mu, \sigma_Y^2)$，其中 X_i 與 Y_i 為獨立。此外，σ_X^2 和 σ_Y^2 為已知。令 $\hat{\mu} = \alpha \bar{X} + \beta \bar{Y}$ 為 μ 的估計式，其中 $\bar{X} = \frac{\sum_i X_i}{m}$, $\bar{Y} = \frac{\sum_i Y_i}{n}$，

(a) 找出 α 和 β 以使 $\hat{\mu}$ 為 MVUE。

(b) 假設我們利用 $\ddot{\mu} = \bar{X}$ 估計 μ，則 $\hat{\mu}$ 和 $\ddot{\mu}$ 這兩個估計式哪一個比較有效？為什麼？

15. 試以 Chebyshev 不等式說明為何我們偏好變異數較小的不偏估計式?

16. $\{X_i\}_{i=1}^n$ 為來自 $N(\mu,\sigma^2)$ 的隨機樣本。

    (a) 試求 μ, σ^2 及 σ 的最大概似估計式。

    (b) 令 $Z \stackrel{d}{=} N(0,1)$, 且以 $\phi(z)$ 與 $\Phi(z)$ 代表其 pdf 與 CDF, 亦即

    $$\phi(z) = \frac{1}{\sqrt{2\pi}} e^{-\frac{z^2}{2}}$$

    $$\Phi(z) = \int_{-\infty}^{z} \phi(t)dt$$

    請找出 $\theta = P(X \leq 1)$ 的最大概似估計式。

17. 給定隨機樣本 $\{X_i\}_{i=1}^n \sim^{i.i.d.} F(x)$, 其中 X_i 代表第 i 個台大學生的身高, 而 $F(x)$ 為 X 的分配函數。定義指標隨機變數 (indicator random variable) 為

    $$\mathbb{1}_{\{X_i \leq x\}} = \begin{cases} 1 & \text{if } X_i \leq x \\ 0 & \text{if } X_i > x \end{cases}$$

    且令

    $$\hat{F}_n(x) = \frac{\sum_{i=1}^n \mathbb{1}_{\{X_i \leq x\}}}{n}$$

    (a) 請說明 $\hat{F}_n(x)$ 的意義。

    (b) $\hat{F}_n(x)$ 是否為 $F(x)$ 的不偏估計式?

    (c) $\hat{F}_n(x)$ 是否為 $F(x)$ 的一致估計式?

    (d) 請找出 $\hat{F}_n(x)$ 的漸近分配。

18. 給定隨機樣本 $\{X_i\}_{i=1}^n$ 來自 pmf 為

    $$f(x) = \frac{e^{-\lambda}\lambda^x}{x!}$$

    之母體 (此分配稱作 Poisson 分配, 我們將在第 12 章再作詳細介紹)。

(a) 試找出 λ 的最大概似估計式，並以 $\hat{\lambda}$ 表示。

(b) $\hat{\lambda}$ 是否為 λ 的 MVUE?

(c) 試找出 $\delta = a\lambda + b$ 的最大概似估計式，其中 a 與 b 為常數。

19. 給定
$$\{X_i\}_{i=1}^n \sim^{i.i.d.} f(x)$$
其中，
$$f(x) = \frac{x^{\alpha-1} e^{-\frac{1}{\beta}x}}{\beta^\alpha \Gamma(\alpha)}, \quad \text{supp}(X) = \{x | 0 < x < \infty\}, \quad \alpha, \beta > 0$$

$$\Gamma(\alpha) = \int_0^\infty x^{\alpha-1} e^{-x} dx$$

此分配稱作 Gamma 分配，我們將在第 13 章再作詳細介紹。已知 Gamma 分配的期望值與變異數分別為：

$$E(X) = \alpha\beta$$
$$Var(X) = \alpha\beta^2$$

請驗證參數 α 與 β 的動差估計式分別為：

$$\hat{\alpha} = \frac{n\bar{X}^2}{\sum_i (X_i - \bar{X})^2}$$
$$\hat{\beta} = \frac{1}{n\bar{X}} \sum_i (X_i - \bar{X})^2$$

20. 給定 $\{Y_i\}_{i=1}^n \sim^{i.i.d.} (\mu, \sigma^2)$。考慮以下估計式：

$$\bar{Y}^* = \frac{1}{n} \sum_{i=1}^n w_i Y_i, \quad w_i \geq 0, \quad \frac{1}{n}\sum_{i=1}^n w_i = 1$$

(a) 證明 $\bar{Y}^*$ 為 μ 的不偏估計式。

(b) 試找出 $\bar{Y}^*$ 的變異數。

(c) 試找出
$$\bar{Y}^* \xrightarrow{p} \mu$$
的充分條件為
$$\frac{w(n)}{n} \longrightarrow 0$$

21. 給定 $\{X_1, X_2, \ldots, X_n\}$ 為來自以下分配的隨機樣本:
$$f(x,\theta) = (\theta+1)x^\theta, \quad 0 \leq x \leq 1, \quad \theta > -1.$$

(a) 請找出 θ 的動差估計式，以 $\hat{\theta}_{MM}$ 表示。

(b) $\hat{\theta}_{MM}$ 是否為不偏估計式?

(c) $\hat{\theta}_{MM}$ 是否為一致估計式?

(d) 請找出 $\sqrt{n}(\hat{\theta}_{MM} - \theta)$ 的極限分配。

(e) 請找出 θ 的最大概似估計式，以 $\hat{\theta}_{ML}$ 表示。

(f) $\hat{\theta}_{ML}$ 是否為一致估計式?

22. 給定
$$\{X_i\}_{i=1}^n \sim^{i.i.d.} U[-\theta, \theta], \quad \theta > 0$$

(a) 請找出 θ 的動差估計式，以 $\hat{\theta}_{MM}$ 表示。

(b) 證明其偏誤 $B(\hat{\theta}_{MM}) = E(\hat{\theta}_{MM}) - \theta < 0$。

(c) 證明 $\hat{\theta}_{MM}$ 為 θ 的一致估計式。

(d) 寫下概似函數 $\mathcal{L}(\theta)$。

(e) 請找出 θ 的最大概似估計式，以 $\hat{\theta}_{ML}$ 表示。

10 區間估計

10.1 區間估計
10.2 樞紐量法與實際區間估計式
10.3 樞紐量與近似區間估計式
10.4 母體比例之區間估計

　　在前一章中, 我們介紹了對於母體未知參數的點估計。我們曾說明, 可以透過估計式的變異數來判斷估計的準確度。譬如說, 我們能得到諸如「估計式 A 比估計式 B 準」, 或是「估計式 A 是所有不偏估計式中最準」的結論。本章介紹一種可直接揭露其準確程度的估計式: 區間估計式。根據估計式的抽樣分配, 我們會介紹兩種重要的區間估計方式: 實際區間估計與近似區間估計。

10.1 區間估計

10.1.1 區間估計的定義與概論

我們在第 9 章中介紹的點估計就是利用一個「點」去估計母體未知參數, 而本章所要介紹的區間估計就是以一個「區間」去估計母體未知參數。透過建構某個「隨機區間」, 使該隨機區間有特定的機率 (譬如說 0.9) 會包含母體未知參數 (稱作涵蓋機率)。**在給定相同的涵蓋機率下, 該隨機區間越窄, 就代表我們的估計越準確。**值得注意的是, 我們會設定一個相當高的涵蓋機率, 如 90%, 95% 或是 99%, 然而, 我們不會追求 100% 的涵蓋機率, 因為一般而言, 100% 的涵蓋機率會建構出一個包含整個母體參數空間的區間, 這樣的區間沒有統計應用與決策上的價值。舉例來說, 如果我們有興趣的參數是支持率的母體比率 p, 則區間 [0,1] 會有 100% 的涵蓋機率, 但是這樣的區間毫無意義。

我們定義區間估計式 (interval estimator) 如下:

定義 10.1 (區間估計式). 令 $\{X_i\}_{i=1}^n$ 為來自母體分配 $f(x,\theta)$ 的隨機樣本, 考慮兩個統計量 L 跟 U 滿足

1. $L(X_1, X_2, \ldots, X_n) < U(X_1, X_2, \ldots, X_n)$

2. $P\big(L(X_1, X_2, \ldots, X_n) \leq \theta \leq U(X_1, X_2, \ldots, X_n)\big) = 1 - \alpha$

則隨機區間 (random interval)

$$\big[L(X_1, X_2, \ldots, X_n), U(X_1, X_2, \ldots, X_n)\big]$$

稱作 θ 的 $100(1-\alpha)\%$ 區間估計式 (interval estimator), 其中 $1-\alpha$ 稱作涵蓋機率 (coverage probability), 或是涵蓋 (coverage)。一般來說, 我們會設定 $1-\alpha$ 為 95% 或是 90%。

這個定義看起來有點抽象, 一個重要的觀念是, θ 是一個固定參數, 而 L 與 U 才是隨機變數。亦即, 機率 $P(\cdot)$ 是定義在 L 與 U 之上。譬如說, 對於 95% 區間估計式的解釋為, 不斷用相同的程序抽樣與建構區間, 當我們重複很多次後, 在所建構出來千千萬萬個區間中, 大約會有 95% 的這類區間會包含母體參數 θ, 因此, 這又是個樣本抽出前 (*ex ante*) 的概念。

此外, 我們必須強調的是, 95% 的區間估計式是在重複多次後, 我們才能得到有大約 95% 的這類區間會包含母體參數。在重複次數不多的情況下, 譬如說重複建構 95% 的區間估計 20 次, 則並非這 20 個區間恰好會有 19 個包含母體參數。因此, 有時你會聽到: "100 個區間恰有 95 個會包含母體參數" 的說法, 但這樣的說法並不適當。一個比較好的說

法是: "**平均而言**, 100 個區間有 95 個會包含母體參數", 或者是, "100 個區間中**約略**有 95 個會包含母體參數"。

$L(\cdot)$ 與 $U(\cdot)$ 可能為線性, 也可能為非線性。然而, 一個最符合直覺的區間估計式, 就是以點估計式 $\hat{\theta}$ 為中心, 上下加減一個常數 c:

$$[\hat{\theta} - c, \hat{\theta} + c]$$

亦即, $L(\cdot)$ 與 $U(\cdot)$ 為線性函數,

$$L(X_1, X_2, \ldots, X_n) = \hat{\theta} - c$$

$$U(X_1, X_2, \ldots, X_n) = \hat{\theta} + c$$

其中, c 又被稱作點估計式的誤差邊界 (margin of error)。因此, 區間估計式又可視為點估計式加減誤差邊界。

例 10.1 (給定 σ^2 已知, 建構 μ 的區間估計式). 令 $\{X_i\} \sim^{i.i.d.} N(\mu, \sigma^2)$ 且假設 σ 已知。若 $\bar{X}_n$ 為樣本平均數, 試找出一個固定常數 c 值使得

$$P(\bar{X}_n - c \leq \mu \leq \bar{X}_n + c) = 0.95 \tag{1}$$

並稱此區間 $[\bar{X}_n - c, \bar{X}_n + c]$ 為母體均數 μ 的一個 95% 區間估計式。

首先,「給定 σ^2 已知」是一個不切實際的假設, 一般而言, μ 與 σ^2 均為未知參數。在此, 我們是為了簡化問題, 才作出這樣的假設, 當讀者對區間估計式的建構, 透過此簡化的例子能夠有一粗淺了解之後, 我們將放寬此假設, 讓 μ 與 σ^2 均未知。

基本上, 我們要找出一個 c 值使得隨機區間 $[\bar{X}_n - c, \bar{X}_n + c]$ 包含母體均數 μ 的機率為 0.95。由於

$$\bar{X}_n \sim N\left(\mu, \frac{\sigma^2}{n}\right)$$

亦即,

$$\frac{\bar{X}_n - \mu}{\frac{\sigma}{\sqrt{n}}} \sim N(0, 1)$$

根據標準常態分配,

$$P\left(-Z_{0.025} \leq \frac{\bar{X}_n - \mu}{\frac{\sigma}{\sqrt{n}}} \leq Z_{0.025}\right) = 0.95$$

整理後可得:

$$P\left(\bar{X}_n - Z_{0.025}\frac{\sigma}{\sqrt{n}} \leq \mu \leq \bar{X}_n + Z_{0.025}\frac{\sigma}{\sqrt{n}}\right) = 0.95 \qquad (2)$$

比較 (1) 與 (2) 兩式, 則

$$c = Z_{0.025}\frac{\sigma}{\sqrt{n}} = 1.96\frac{\sigma}{\sqrt{n}}$$

從而我們得到

$$P\left(\bar{X}_n - 1.96\frac{\sigma}{\sqrt{n}} \leq \mu \leq \bar{X}_n + 1.96\frac{\sigma}{\sqrt{n}}\right) = 0.95 \qquad (3)$$

或是

$$P\left(\mu \in \left[\bar{X}_n - 1.96\frac{\sigma}{\sqrt{n}},\ \bar{X}_n + 1.96\frac{\sigma}{\sqrt{n}}\right]\right) = 0.95 \qquad (4)$$

我們稱隨機區間

$$\left[\bar{X}_n - 1.96\frac{\sigma}{\sqrt{n}},\ \bar{X}_n + 1.96\frac{\sigma}{\sqrt{n}}\right]$$

為母體均數 μ 的區間估計式 (interval estimator)。我們亦可寫作

$$\left[\bar{X}_n \pm 1.96\frac{\sigma}{\sqrt{n}}\right]$$

所謂的區間估計式就是一組公式, 或是一套程序。一旦我們得到樣本實現值, 將 $\bar{X}_n = \bar{x}$ ($\bar{x}$ 為一實際數值) 帶入這套公式, 就會得到 95% 的區間估計值 (interval estimate)。區間估計值是一個固定區間 (fixed interval), 也稱作信心水準 (confidence level) 為 95% 的「信賴區間」(confidence interval)。

以下我們討論一些非常容易混淆的觀念。

> ### Story 區間估計與信賴區間
>
> 信賴區間 (confidence interval) 是由波蘭統計學家 Jerzy Neyman (1894-1981) 於 1934 年在英國皇家統計學會的年會演講中首度提出的概念。由於給定隨機樣本實現值,所謂 95% 的信賴區間 (亦即區間估計值) 為固定區間,此固定區間包含母體參數的機率非 0 即 1,因此,當時大部分的統計學者,包括 R.A. Fisher 都對信賴區間的概念感到混淆,無法理解所謂的 95% 的機率值意指何物。英國皇家統計學會年會主席 G.M. Bowley (1869-1957) 針對 Neyman 論文的評論中說道:「我不確定此信心的概念是否僅是一信心戲法耳」(I am not at all sure that the "confidence" is as "confident trick"),亦即,Bowley 認為 Neyman 是利用「信賴水準」來規避機率一詞之使用。
>
> 事實上,如果我們以 $X_i = 1$ 代表第 i 次試驗所建構的 95% 的信賴區間能夠包含母體參數之事件,令 $Y = \sum_i X_i$ 代表 100 個 95% 的信賴區間中,恰能包含母體參數的隨機區間個數,則 Y 具有二項分配:
>
> $$Y \sim \text{Binomial}(100, 0.95)$$

首先, 在部分教科書中, 以「信賴區間」這個名詞同時來指涉區間估計式 (interval estimator) 與區間估計值 (interval estimates), 我們必須小心分辨。此外, 信心水準 (confidence level) 並不是機率 (probability)。那你一定好奇地想問, 例子中的 95% 到底是不是機率? 答案為: 是也不是 (yes and no)。

給定例 10.1 中 $c = 1.96\frac{\sigma}{\sqrt{n}}$,如果你指的是區間估計式,則 95% 是一個涵蓋機率,對於任何母體均數 μ,該隨機區間 $[\bar{X}_n - c, \bar{X}_n + c]$ 包含 μ 的機率為 95%。舉例來說,若真實的 μ 為 5,則 $P(5 \in [\bar{X}_n - c, \bar{X}_n + c]) = 0.95$,同理,若真實的 μ 為 20,則 $P(20 \in [\bar{X}_n - c, \bar{X}_n + c]) = 0.95$ 必然成立。

然而, 如果你已經得到樣本實現值, 並帶入區間估計式後, 所得到的信賴區間 (區間估計值) 為 $[\bar{x} - c, \bar{x} + c]$ (注意 $\bar{X}_n$ 與 $\bar{x}$ 的區別), 則我們說: 我們有 95% 的**信心**, $[\bar{x} - c, \bar{x} + c]$ 會包含 μ, 而這個信心是來自於我們知道透過相同的程序所建構出來的區間, 在多次抽樣後, 約略有 95% 這類的固定區間會包含 μ, 但是**信心不是機率**。

最後要強調的是, 一旦算出區間估計值 $[\bar{x} - c, \bar{x} + c]$, 則該區間包含 μ 的機率非 0 即 1, 亦即要嘛 $[\bar{x} - c, \bar{x} + c]$ 包含 μ, 要嘛則是 $[\bar{x} - c, \bar{x} + c]$ 不包含 μ, 原因在於 $[\bar{x} - c, \bar{x} + c]$ 是一個固定區間, 而非隨機區間。

表10.1: N(0,1) 臨界值

$(1-\alpha)$	$\frac{\alpha}{2}$	$Z_{\frac{\alpha}{2}}$
0.90	0.05	1.645
0.95	0.025	1.960
0.99	0.005	2.576

10.1.2 考慮一般化的信心水準

令 $\{X_i\} \sim^{i.i.d.} N(\mu, \sigma^2)$，假設 σ 已知。若 $\bar{X}_n$ 為樣本均數，則

$$\bar{X}_n \sim N\left(\mu, \frac{\sigma^2}{n}\right), \quad \frac{\bar{X}_n - \mu}{\frac{\sigma}{\sqrt{n}}} \sim N(0,1)$$

令 $Z_{\frac{\alpha}{2}}$ 為標準常態分配臨界值，滿足:

$$P\left(-Z_{\frac{\alpha}{2}} \leq \frac{\bar{X}_n - \mu}{\frac{\sigma}{\sqrt{n}}} \leq Z_{\frac{\alpha}{2}}\right) = 1 - \alpha$$

則第 (4) 式可改寫成一個更一般化的形式:

$$P\left(\mu \in \left[\bar{X}_n - Z_{\frac{\alpha}{2}}\frac{\sigma}{\sqrt{n}}, \; \bar{X}_n + Z_{\frac{\alpha}{2}}\frac{\sigma}{\sqrt{n}}\right]\right) = 1 - \alpha$$

我們稱

$$\left[\bar{X}_n - Z_{\frac{\alpha}{2}}\frac{\sigma}{\sqrt{n}}, \; \bar{X}_n + Z_{\frac{\alpha}{2}}\frac{\sigma}{\sqrt{n}}\right] \tag{5}$$

為 μ 的一個 $100 \cdot (1-\alpha)\%$ 的區間估計式。給定 $\bar{X}_n = \bar{x}$，我們稱

$$\left[\bar{x} - Z_{\frac{\alpha}{2}}\frac{\sigma}{\sqrt{n}}, \; \bar{x} + Z_{\frac{\alpha}{2}}\frac{\sigma}{\sqrt{n}}\right] \tag{6}$$

為 μ 的一個信心水準為 $100 \cdot (1-\alpha)\%$ 的信賴區間。一般來說，$1 - \alpha = 0.90, 0.95$ 或是 0.99，其對應的臨界值如表 10.1 所示。對於第 (5) 式我們有以下的觀察。給定相同的涵蓋機率 $1 - \alpha$ 下，

1. 標準差 (σ) 越大，則區間估計式的區間越寬。

2. 樣本點 (n) 越多，區間估計式的區間越窄。

事實上，給定相同的涵蓋機率 $1 - \alpha$ 之下，區間估計式的區間寬窄代表其估計的準確程度，區間越窄，代表估計的越準確。一般來說，標準差越小或是樣本點越多，都能夠增加我們估計的準確度。

例 10.2. 令 $\{X_i\}_{i=1}^{250} \sim^{i.i.d.} N(\mu, 0.25)$，若 $\bar{X}_{250} = \bar{x} = 0.44$ 為樣本平均數，試找出母體均數 μ 的一個 99% 信賴區間。

已知區間估計式為

$$\bar{X}_{250} \pm Z_{\frac{\alpha}{2}} \frac{\sigma}{\sqrt{n}}$$

因此

$$\bar{x} \pm Z_{\frac{\alpha}{2}} \frac{\sigma}{\sqrt{n}} = 0.44 \pm Z_{0.005} \frac{\sqrt{0.25}}{\sqrt{250}}$$

$$= 0.44 \pm 2.576 \times 0.0316 = 0.44 \pm 0.0815$$

亦即，μ 的 99% 信賴區間為 $[0.3585, 0.5215]$。

10.2 樞紐量法與實際區間估計式

我們將介紹針對母體未知參數 θ 更為一般化的區間估計式建構程序: 樞紐量法 (pivotal method)。其中，涉及到實際抽樣分配已知的情況下，我們可以建構出實際區間估計式 (exact interval estimator)，反之，如果實際抽樣分配未知，我們必須藉助大樣本理論建構近似區間估計式 (approximate interval estimator)，或是稱作漸近區間估計式 (asymptotic interval estimator)。我們在此介紹實際區間估計式，至於近似區間估計式則留待下一節再介紹。

茲說明實際區間估計式建構步驟如下:

1. 決定信心水準 $1 - \alpha$，一般來說，$1 - \alpha = 0.90, 0.95$，或是 0.99。

2. 建構一個隨機樣本的函數, $\varphi(\theta, X_1, X_2, \ldots, X_n)$, 其中, $\varphi(\cdot)$ 必須包含母體未知參數 θ, 且 $\varphi(\cdot)$ 的抽樣分配與 θ 無關, 亦不包含任何未知參數:

$$P(\varphi(\theta, X_1, X_2, \ldots, X_n) \leq x) = F_n(x)$$

我們將 $\varphi(\cdot)$ 稱為樞紐量 (pivotal quantity), 簡稱 pivot。$\varphi(\cdot)$ 的抽樣分配必須為已知分配。[1]

3. 利用 $\varphi(\cdot)$ 的抽樣分配決定兩個臨界值 l 與 u 使得

   (a) $P(l \leq \varphi(\theta, X_1, X_2, \ldots, X_n) \leq u) = 1 - \alpha$

   (b) $P(\varphi(\theta, X_1, X_2, \ldots, X_n) \leq l) = \frac{\alpha}{2}$

   (c) $P(\varphi(\theta, X_1, X_2, \ldots, X_n) \geq u) = \frac{\alpha}{2}$

4. 重新整理 $l \leq \varphi(\theta, X_1, X_2, \ldots, X_n) \leq u$ 為

$$L(X_1, X_2, \ldots, X_n) \leq \theta \leq U(X_1, X_2, \ldots, X_n)$$

顯而易見地, 以下的機率值應該相等且都等於 $1 - \alpha$:

$$\begin{aligned} 1 - \alpha &= P\big(l \leq \varphi(\theta, X_1, X_2, \ldots, X_n) \leq u\big) \\ &= P\big(L(X_1, X_2, \ldots, X_n) \leq \theta \leq U(X_1, X_2, \ldots, X_n)\big) \end{aligned}$$

因此, θ 的區間估計式為

$$\big[L(X_1, X_2, \ldots, X_n), U(X_1, X_2, \ldots, X_n)\big]$$

在例 10.1 中, $\theta = \mu$, 因此, 其樞紐量為:

$$\varphi(\mu, X_1, X_2, \ldots, X_n) = \frac{\bar{X} - \mu}{\frac{\sigma}{\sqrt{n}}} \sim N(0, 1)$$

其中, σ 為已知參數。

我們將透過以下三個例子, 讓讀者能夠進一步理解如何透過樞紐量建構實際區間估計式。

---

[1] $\varphi(\cdot)$ 的抽樣分配已知, 才能建構實際區間估計式, 若 $\varphi(\cdot)$ 的抽樣分配未知, 就必須仰賴大樣本理論建構近似區間估計式。

例 10.3 (給定 σ^2 未知, 建構 μ 的區間估計式). 給定

$$\{X_i\} \sim^{i.i.d.} N(\mu, \sigma^2)$$

且 σ^2 未知。試找出 μ 的 $100 \cdot (1-\alpha)\%$ 區間估計式。

根據抽樣分配性質,

$$\frac{\bar{X}_n - \mu}{\frac{\sigma}{\sqrt{n}}} = \sqrt{n}\left(\frac{\bar{X}_n - \mu}{\sigma}\right) \sim N(0,1)$$

$$\frac{(n-1)S_n^2}{\sigma^2} \sim \chi^2(n-1)$$

且兩者為獨立。是故,

$$\frac{\sqrt{n}\left(\frac{\bar{X}_n - \mu}{\sigma}\right)}{\sqrt{\frac{(n-1)S_n^2}{\sigma^2}/(n-1)}} \sim t(n-1)$$

亦即

$$\varphi = \sqrt{n}\left(\frac{\bar{X}_n - \mu}{S_n}\right) = \frac{\sqrt{n}\left(\frac{\bar{X}_n - \mu}{\sigma}\right)}{\sqrt{\frac{(n-1)S_n^2}{\sigma^2}/(n-1)}} \sim t(n-1)$$

因此, 根據 t 分配

$$P\left(-t_{\frac{\alpha}{2}}(n-1) \leq t(n-1) \leq t_{\frac{\alpha}{2}}(n-1)\right) = 1 - \alpha$$

亦即,

$$P\left(-t_{\frac{\alpha}{2}}(n-1) \leq \sqrt{n}\left(\frac{\bar{X}_n - \mu}{S_n}\right) \leq t_{\frac{\alpha}{2}}(n-1)\right) = 1 - \alpha$$

經過整理可得:

$$P\left(\bar{X}_n - t_{\frac{\alpha}{2}}(n-1)\frac{S_n}{\sqrt{n}} \leq \mu \leq \bar{X}_n + t_{\frac{\alpha}{2}}(n-1)\frac{S_n}{\sqrt{n}}\right) = 1 - \alpha$$

從而 μ 的 $100 \cdot (1-\alpha)\%$ 區間估計式為

$$\left[\bar{X}_n - t_{\frac{\alpha}{2}}(n-1)\frac{S_n}{\sqrt{n}}, \quad \bar{X}_n + t_{\frac{\alpha}{2}}(n-1)\frac{S_n}{\sqrt{n}}\right] \tag{7}$$

例 10.4 (給定 μ 已知, 建構 σ^2 的區間估計式). 給定

$$\{X_i\} \sim^{i.i.d.} N(\mu,\sigma^2)$$

且 μ 已知。試找出 σ^2 的 $100 \cdot (1-\alpha)\%$ 區間估計式。

我們知道 $Z_i = \frac{X_i - \mu}{\sigma} \sim N(0,1)$, 且

$$\sum_{i=1}^{n} Z_i^2 \sim \chi^2(n)$$

我們考慮以下樞紐量:

$$\varphi = \sum_{i=1}^{n} \frac{(X_i - \mu)^2}{\sigma^2} \sim \chi^2(n)$$

因此, 根據 χ^2 分配,

$$P\left(\chi^2_{1-\frac{\alpha}{2}}(n) \leq \chi^2(n) \leq \chi^2_{\frac{\alpha}{2}}(n)\right) = 1 - \alpha$$

亦即,

$$P\left(\chi^2_{1-\frac{\alpha}{2}}(n) \leq \frac{\sum_{i=1}^{n}(X_i - \mu)^2}{\sigma^2} \leq \chi^2_{\frac{\alpha}{2}}(n)\right) = 1 - \alpha$$

經過整理可得:

$$P\left(\frac{\sum_{i=1}^{n}(X_i - \mu)^2}{\chi^2_{\frac{\alpha}{2}}(n)} \leq \sigma^2 \leq \frac{\sum_{i=1}^{n}(X_i - \mu)^2}{\chi^2_{1-\frac{\alpha}{2}}(n)}\right) = 1 - \alpha$$

從而 σ^2 的 $100 \cdot (1-\alpha)\%$ 區間估計式為

$$\left[\frac{\sum_{i=1}^{n}(X_i - \mu)^2}{\chi^2_{\frac{\alpha}{2}}(n)}, \frac{\sum_{i=1}^{n}(X_i - \mu)^2}{\chi^2_{1-\frac{\alpha}{2}}(n)}\right] \tag{8}$$

例 10.5 (給定 μ 未知, 建構 σ^2 的區間估計式). 給定

$$\{X_i\} \sim^{i.i.d.} N(\mu,\sigma^2)$$

且 μ 未知。試找出 σ^2 的 $100 \cdot (1-\alpha)\%$ 區間估計式。

根據

$$\varphi = \frac{(n-1)S_n^2}{\sigma^2} \sim \chi^2(n-1)$$

則 σ^2 的 $100 \cdot (1-\alpha)\%$ 區間估計式為

$$\left[\frac{(n-1)S_n^2}{\chi_{\frac{\alpha}{2}}^2(n-1)}, \; \frac{(n-1)S_n^2}{\chi_{1-\frac{\alpha}{2}}^2(n-1)} \right] \tag{9}$$

我們將以上所提及的四種實際區間估計式的例子整理於表 10.2 中。注意到這四種情況的隨機樣本 $\{X_i\}$ 都假設來自常態母體:

$$\{X_i\}_{i=1}^n \sim^{i.i.d.} N(\mu, \sigma^2)$$

當然這四種不同情況中, 只有情況 (2) 與 (4) 在實務上有意義, 而情況 (1) 與 (3) 只是單純理論上的討論與分析。

表10.2: 實際區間估計式: $\{X_i\}_{i=1}^n \sim^{i.i.d.} N(\mu, \sigma^2)$

	待估計母體未知參數 θ	情況	樞紐量 φ	φ 的實際抽樣分配
(1)	μ	σ 已知	$\dfrac{\bar{X}_n - \mu}{\sqrt{\frac{\sigma^2}{n}}}$	$N(0,1)$
(2)	μ	σ 未知	$\dfrac{\bar{X}_n - \mu}{\sqrt{\frac{S_n^2}{n}}}$	$t(n-1)$
(3)	σ^2	μ 已知	$\dfrac{\sum_i (X_i - \mu)^2}{\sigma^2}$	$\chi^2(n)$
(4)	σ^2	μ 未知	$\dfrac{(n-1)S_n^2}{\sigma^2}$	$\chi^2(n-1)$

10.3　樞紐量與近似區間估計式

在前一節的例子中, 由於假設隨機樣本 $\{X_i\}$ 來自 i.i.d. 常態分配, 從而所建構出來的樞紐量 $\varphi(\cdot)$ 具有已知的抽樣分配, 我們得以找出實際區間估計式。然而, 如果有以下任一種情況:

(a) $\{X_i\}$ 來自未知的分配, 則樞紐量的抽樣分配未知,

(b) $\{X_i\}$ 來自已知分配但樞紐量的抽樣分配卻未知

此時, 我們就必須藉由大樣本理論建構近似區間估計式。

例 10.6. 給定
$$\{X_i\} \sim^{i.i.d.} (\mu, \sigma^2)$$
且 σ 已知。試找出 μ 的 $100 \cdot (1-\alpha)\%$ 近似區間估計式。

根據 CLT,
$$\frac{\sqrt{n}(\bar{X}_n - \mu)}{\sigma} \xrightarrow{d} N(0,1)$$

因此,
$$P\left(-Z_{\frac{\alpha}{2}} \leq \frac{\sqrt{n}(\bar{X}_n - \mu)}{\sigma} \leq Z_{\frac{\alpha}{2}}\right) \longrightarrow 1 - \alpha$$

或是寫成
$$P\left(-Z_{\frac{\alpha}{2}} \leq \frac{\sqrt{n}(\bar{X}_n - \mu)}{\sigma} \leq Z_{\frac{\alpha}{2}}\right) \approx 1 - \alpha$$

亦即 μ 的 $100 \cdot (1-\alpha)\%$ 近似區間估計式為:
$$\left[\bar{X}_n - Z_{\frac{\alpha}{2}} \frac{\sigma}{\sqrt{n}}, \quad \bar{X}_n + Z_{\frac{\alpha}{2}} \frac{\sigma}{\sqrt{n}}\right] \tag{10}$$

承上例, 如果 σ 未知, 該怎麼辦?

例 10.7. 給定
$$\{X_i\} \sim^{i.i.d.} (\mu, \sigma^2)$$
且 σ 未知。試找出 μ 的 $100 \cdot (1-\alpha)\%$ 近似區間估計式。

首先注意到
$$\frac{\sqrt{n}(\bar{X}_n - \mu)}{S_n} = \frac{\sqrt{n}(\bar{X}_n - \mu)}{\sigma} \frac{\sigma}{S_n}$$

根據 continuous mapping theorem,
$$\frac{\sigma}{S_n} \xrightarrow{p} 1$$

再者, 根據 CLT,
$$\frac{\sqrt{n}(\bar{X}_n - \mu)}{\sigma} \xrightarrow{d} N(0,1)$$

因此, 運用 Slutsky's theorem,

$$\frac{\sqrt{n}(\bar{X}_n - \mu)}{S_n} = \frac{\sqrt{n}(\bar{X}_n - \mu)}{\sigma} \frac{\sigma}{S_n} \xrightarrow{d} N(0,1)$$

亦即,

$$P\left(-Z_{\frac{\alpha}{2}} \leq \frac{\sqrt{n}(\bar{X}_n - \mu)}{S_n} \leq Z_{\frac{\alpha}{2}}\right) \longrightarrow 1 - \alpha$$

因此, μ 的 $100 \cdot (1 - \alpha)$% 近似區間估計式為

$$\left[\bar{X}_n - Z_{\frac{\alpha}{2}}\frac{S_n}{\sqrt{n}},\ \ \bar{X}_n + Z_{\frac{\alpha}{2}}\frac{S_n}{\sqrt{n}}\right] \tag{11}$$

細心的讀者不難發現第 (7) 式與第 (11) 式之間的異同。這兩個 μ 的區間估計式都是在 σ^2 未知的假設下所建構出來的。然而, 第 (7) 式是在 $\varphi(\cdot)$ 的抽樣分配 (t 分配) 已知的情況下所得到的實際區間估計式, **無論樣本數多寡均成立**。相反的, 第 (11) 式是在**樣本夠大時才會成立**的近似區間估計式, $\varphi(\cdot)$ 的抽樣分配則是以 $N(0,1)$ 來近似。至於樣本數要多大才叫夠大, 並無定論。一般來說, 只要 X_i 來自的分配不要太奇怪 (嚴重左偏斜或右偏斜), 則 $n \geq 30$ 就會給我們一個不錯的近似。再者, 即使 X_i 來自非常態分配, 如果該分配大體來說具對稱性 (roughly symmetric), 甚至只要 $n \geq 15$ 就可以得到不錯的近似。當然我們不排除會遇到一些少見但奇怪的分配, 在此情況下, 即使 $n \geq 30$ 甚至 $n \geq 50$ 都還是無法良好地以標準常態近似。

10.4 母體比例之區間估計

除了母體均數與變異數之外, 另一個重要的母體參數就是母體比例。我們在此介紹如何建構母體比例之區間估計式。

例 10.8. 給定

$$\{X_i\}_{i=1}^n \overset{i.i.d.}{\sim} Bernoulli(p)$$

試找出母體比例 p 的 $100 \cdot (1 - \alpha)$% 近似區間估計式。

首先注意到,

$$E(X_1) = p$$
$$Var(X_1) = p(1-p)$$

則其點估計式分別為:

$$\hat{p} = \bar{X} = \frac{1}{n}\sum_{i=1}^{n} X_i$$
$$\widehat{Var(X_1)} = \hat{p}(1-\hat{p}) = \bar{X}(1-\bar{X})$$

此外,

$$Var(\bar{X}) = \frac{p(1-p)}{n}$$

且 $Var(\bar{X})$ 的估計式為:

$$\widehat{Var(\bar{X})} = \frac{\hat{p}(1-\hat{p})}{n} = \frac{\bar{X}(1-\bar{X})}{n}$$

根據 WLLN,

$$\bar{X} \xrightarrow{p} E(X_1) = p$$

根據 CLT,

$$\frac{\bar{X} - p}{\sqrt{\frac{p(1-p)}{n}}} \xrightarrow{d} N(0,1)$$

因此, 我們考慮的樞紐量為:

$$\varphi = \frac{\bar{X} - p}{\sqrt{\frac{\bar{X}(1-\bar{X})}{n}}}$$

根據 CMT, 與 Slutsky's theorem,

$$\varphi = \frac{\bar{X} - p}{\sqrt{\frac{\bar{X}(1-\bar{X})}{n}}} = \underbrace{\frac{\bar{X} - p}{\sqrt{\frac{p(1-p)}{n}}}}_{\xrightarrow{d} N(0,1)} \underbrace{\frac{\sqrt{\frac{p(1-p)}{n}}}{\sqrt{\frac{\bar{X}(1-\bar{X})}{n}}}}_{\xrightarrow{p} 1} \xrightarrow{d} N(0,1)$$

則母體比例 p 的 $100 \cdot (1-\alpha)\%$ 近似區間估計式為:

$$\left[\bar{X} - Z_{\frac{\alpha}{2}}\sqrt{\frac{\bar{X}(1-\bar{X})}{n}}, \ \bar{X} + Z_{\frac{\alpha}{2}}\sqrt{\frac{\bar{X}(1-\bar{X})}{n}}\right]$$

練習題

1. 假設 $\{X_i\}_{i=1}^n \sim^{i.i.d.} N(\mu,\sigma^2)$，其中，$\sigma^2$ 已知。根據 $\{X_i = x_i\}_{i=1}^n$ 求得母體平均數 μ 的 95% 信賴區間為 $[-1.5, 1.2]$，則可知 $P(-1.5 < \mu < 1.2) = 0.95$。以上敘述是否正確？請說明你的理由。

2. 已知一常態母體平均數的信賴區間，5 ± 0.6533 是來自樣本數為 36，信賴水準為 0.95 所求得。若母體變異數為已知，則母體變異數為何？

3. 設 $X_1,\ldots,X_n$ 為抽自具有一未知參數 θ 的分配之隨機樣本，$E(X_i) = \theta$，$Var(X_i) = g(\theta)$，$g(\cdot)$ 為 θ 的連續函數。已知 θ 的類比估計式為 $\hat{\theta} = \bar{X}$，請寫出 θ 的 $(1-\alpha)$ 近似區間估計式。

4. 有兩個獨立隨機樣本：$X_1,\ldots,X_n$ 為抽自 Bernoulli(p_1) 的隨機樣本，$Y_1,\ldots,Y_n$ 為抽自 Bernoulli(p_2) 的隨機樣本。請寫出 $p_1 - p_2$ 的 $(1-\alpha)$ 近似區間估計式。

5. 假設隨機樣本 $X_1,\ldots,X_n$ 為抽自 pdf 為

$$f(x) = \frac{1}{\theta} e^{-\frac{x}{\theta}}, \quad 0 < x < \infty$$

之母體，其中 $E(X) = \theta$，$Var(X) = \theta^2$，請寫出 θ 的 $(1-\alpha)$ 近似區間估計式。

6. 投擲一枚不公正 (出現正面的機率為 B) 的銅板 400 次出現 100 次正面。令 $X_i = 1$ 表示銅板出現正面。

   (a) 請利用動差法找出 B 的點估計式。

   (b) 請找出 B 的 95% 漸近區間估計式。

7. 令隨機樣本 $\{X_i\}_{i=1}^n \sim^{i.i.d.} f(x,\theta)$，其中

$$f(x,\theta) = \frac{1}{\theta} e^{-\frac{1}{\theta}x}$$

   (a) 請寫出 θ 的 MLE：$\hat{\theta}_n$

(b) 找出 $\hat{\theta}_n$ 的漸近分配。

(c) 請找出 θ 的 95% 漸近區間估計式。

8. 給定

$$\{X_i\}_{i=1}^n \sim^{i.i.d.} \text{Uniform}[\theta, \theta+1]$$

(a) 試找出 θ 的動差估計式，以 $\hat{\theta}$ 表示。

(b) $\hat{\theta}$ 是否為不偏估計式?

(c) $\hat{\theta}$ 是否為一致估計式?

(d) 請找出 θ 的 95% 漸近區間估計式。

11 假設檢定

11.1 假設檢定的基本觀念
11.2 樞紐量與假設檢定
11.3 檢定的 p-值
11.4 誤差機率與檢定力
11.5 檢定力函數
11.6 假設檢定與區間估計

　　我們將在本章介紹古典統計推論中,第三個重要議題:假設檢定。顧名思義,就是利用統計上的「檢定」方法,來推論我們對於母體參數做出的「假設」是否正確。統計上,假設檢定又被稱為「顯著性檢定」。一如上一章區間估計式的討論中,有實際區間估計與近似區間估計之別,在本章裡,亦有實際檢定與近似檢定之分。

11.1　假設檢定的基本觀念

11.1.1　假設

在統計學中,所謂的「假設」(hypothesis) 就是我們對於母體參數的宣稱,譬如說,我宣稱本校學生的平均身高為 166 公分,或是我宣稱本校學生的平均智商為 130。有時候,hypothesis 又被翻譯成「假說」。對於未知的母體參數, 我們可以有各式各樣不同的假設, 舉例來說, 若 $\mu = E(X)$, $\sigma^2 = Var(X)$, 可能的假設有:

- $\mu = 166$

- $\mu \geq 166$

- $\sigma^2 \neq 10$

11.1.2　虛無假設與對立假設

在假設檢定中, 我們考慮兩個互斥的假設:

1. 虛無假設 (null hypothesis) 就是研究者所要檢定的假設, 一般以 H_0 的符號代表。

2. 對立假設 (alternative hypothesis) 就是與虛無假設完全相反的假設, 如果虛無假設不成立, 則對立假設就為真, 一般以 H_1 或是 H_A 的符號代表。

舉例來說, 若虛無假設為

$$H_0 : \mu = 166$$

則對立假設可以是

$$H_1 : \mu > 166, \quad H_1 : \mu < 166, \quad H_1 : \mu \neq 166$$

在以上的例子中, 如果假設中, 僅包含一個特定的假設值, 如 $\mu = 166$, 則該假設稱作簡單假設 (simple hypothesis), 反之, 如果假設中, 可能的參數假設值不只一個, 則該假設稱為複合假設 (composite hypothesis), 如 $\mu > 166$。我們通常將虛無假設以簡單假設的方式呈現, 而對立假設則為複合假設。

11.1.3 如何執行假設檢定?

假設檢定 (hypothesis testing) 的目的就是針對這些宣稱提供統計上的檢驗,以統計的檢定方法來推論假設的真偽。我們用底下的例子來說明如何執行假設檢定。

> **例 11.1.** 某藥廠宣稱只有 5% 的人在服用過他們的新藥後,出現嚴重副作用。食品藥物管理局對此感到懷疑,決定應用統計方法予以檢定。在給予 287 個受試者服用此藥後,發現,在 287 名受試者有 25 位出現嚴重副作用,根據這組樣本,食品藥物管理局該如何檢定藥廠的宣稱?

在這個簡單的例子中,包含了執行假設檢定所需要的各個要素:

1. 資料 (隨機樣本): 以 $X_i = 1$ 代表第 i 個受試者有嚴重副作用,$X_i = 0$ 代表沒有嚴重副作用產生。顯而易見地,在這 287 個 X 中,有 25 個 1,以及 262 個 X 為 0。

$$\bar{X} = 25/287 = 0.0871$$

2. 機率模型:

$$\{X_i\}_{i=1}^{287} \sim^{i.i.d.} \text{Bernoulli}(\mu),$$

$$E(X_i) = \mu, \ Var(X_i) = \mu(1-\mu)$$

3. 假設: 我們所要檢定的虛無假設為 $\mu = 0.05$,並設定:

$$\begin{cases} H_0: & \mu = 0.05 \\ H_1: & \mu > 0.05 \end{cases}$$

4. 根據資料與統計檢定程序,做出決策。

假設檢定的基本邏輯在於,且讓我們**姑且暫時相信** H_0 為真 (the benefit of the doubt)。這也跟無罪推定的邏輯一致: 我們先預設嫌疑人無罪,如果要對嫌疑人定罪,我們必須蒐集到強烈的證據足以證明嫌疑人有罪。

在假設 $H_0: \mu = 0.05$ 為真的情況下, 即使我們所抽出來的每一組樣本的平均值 $\bar{X}$ 不會「剛好」等於 0.05, 卻應該會「相當接近」0.05。換言之, 給定虛無假設成立的情況下, 樣本均數遠大於 0.05 的可能性極低 (very unlikely), 亦即, 在假設 H_0 為真的情況下出現一個極端值的可能性將會十分微小。因此, 如果這種「不太可能」的事件真的發生了, 我們就可以據此拒絕虛無假設。簡而言之, 如果 $\bar{X}$ 的值太大, 大過於某個常數 c, 我們就拒絕虛無假設。

接下來問題就來了, 這樣的極端事件發生的機率要多小才算是「不太可能」? 根據過去的慣例, 我們選取一個極小的機率, 如 $\alpha = 0.10, 0.05$ 或是 0.01, 來作為拒絕虛無假設的基礎。

根據虛無假設為真的機率分配下 (我們通常稱之為虛無分配, null distribution), $\bar{X}$ 的值大過於某個常數 c, 且發生此極端事件的條件機率

$$P(\bar{X} > c | H_0 為真)$$

非常小, 我們就做出拒絕虛無假設的決策。此微小機率 α 通常被稱作顯著水準 (significance level)。假設檢定又被叫做顯著性檢定 (test of significance), 意指根據隨機樣本來決定是否足以顯著地拒絕 (具有充分證據拒絕) 虛無假設。因此, **統計上的「顯著」並不是指「數值」的大小, 而是指「機率」的大小。發生此極端事件的機率小, 才稱此極端事件具顯著性**。如果希望得到較強的證據拒絕虛無假設, 不建議使用 10% 的顯著水準。一般來說, 對於顯著水準的看法是:

- $\alpha = 0.10$: 建議性的證據 (suggestive evidence)

- $\alpha = 0.05$: 合理的證據 (reasonable evidence)

- $\alpha = 0.01$: 強烈的證據 (strong evidence)

如果利用例 11.1 來說明的話, 就是要找出一個臨界值 c 使得

$$P(\bar{X} \geq c | \mu = 0.05) = \alpha \tag{1}$$

一旦我們找到此臨界值 c 後，並且根據隨機樣本實現值得知 $\bar{X} = \bar{x}$，則我們的決策法則為

$$\text{「拒絕虛無假設, 當 } \bar{x} > c \text{」}$$

或是說，定義一個拒絕域 (rejection region, RR):

$$RR = \left\{ \text{拒絕} H_0, \text{ 當 } \bar{X} \geq c \right\}$$

當 $\bar{x}$ 落入拒絕區域: $\bar{x} \in RR$，則拒絕虛無假設。

值得一提的是，我們的決策法則乃是樣本實現前所確立下來的法則，亦即，c 值是在樣本實現前所找出來的臨界值，這又是一個樣本實現前 (ex ante) 的概念。至於拒絕與否的決策則是由樣本實現後的 $\bar{x}$ 與 c 做比較。再者，第 (1) 式中的機率值有兩大特徵: 第一，這是一個樣本實現前 (ex ante) 的機率，第二，這是一個條件機率，受限於 (conditional on) $H_0: \mu = 0.05$ 為真的這個條件。

我們回到藥廠的例子，根據第 (1) 式，

$$P(\bar{X} \geq c | \mu = 0.05) = \alpha$$

由於 $E(\bar{X}) = \mu$, $Var(\bar{X}) = \frac{\mu(1-\mu)}{n}$，標準化後可得

$$P\left(\frac{\bar{X} - \mu}{\sqrt{\frac{\mu(1-\mu)}{n}}} \geq \frac{c - \mu}{\sqrt{\frac{\mu(1-\mu)}{n}}} \bigg| \mu = 0.05 \right) = \alpha$$

既然這是條件機率，我們就直接將 $\mu = 0.05$ 的條件代入，

$$P\left(\frac{\bar{X} - 0.05}{\sqrt{\frac{0.05(1-0.05)}{n}}} \geq \frac{c - 0.05}{\sqrt{\frac{0.05(1-0.05)}{n}}} \right) = \alpha$$

因此，只要我們能夠知道 $\frac{\bar{X} - 0.05}{\sqrt{\frac{0.05(1-0.05)}{n}}}$ 這個統計量的抽樣分配，我們就能找出 c 值。然而，在此例子中，我們並不知道 $\frac{\bar{X} - 0.05}{\sqrt{\frac{0.05(1-0.05)}{n}}}$ 的分配。所幸，我們還有大樣本理論可以幫助我們。

在 $\mu = 0.05$ 的虛無假設下, 根據 CLT, 我們知道

$$\frac{\bar{X} - 0.05}{\sqrt{\frac{0.05(1-0.05)}{n}}} \xrightarrow{d} N(0,1)$$

也就是說, 雖然我們不知道 $\frac{\bar{X}-0.05}{\sqrt{\frac{0.05(1-0.05)}{n}}}$ 的抽樣分配是什麼, 但是我們知道在樣本夠大時, 我們可以用標準常態分配 $N(0,1)$ 來近似 $\frac{\bar{X}-0.05}{\sqrt{\frac{0.05(1-0.05)}{n}}}$ 的分配。亦即, 若我們設定

$$\frac{c - 0.05}{\sqrt{\frac{0.05(1-0.05)}{n}}} = Z_\alpha$$

則該條件機率為:

$$P\left(\frac{\bar{X} - 0.05}{\sqrt{\frac{0.05(1-0.05)}{n}}} \geq \frac{c - 0.05}{\sqrt{\frac{0.05(1-0.05)}{n}}}\right) = P\left(\frac{\bar{X} - 0.05}{\sqrt{\frac{0.05(1-0.05)}{n}}} \geq Z_\alpha\right) \approx \alpha$$

也就是說, $\{拒絕 H_0, 當 \bar{X} \geq c\}$ 就是一個顯著水準近似 α 的檢定。

因此, c 值為

$$c = 0.05 + Z_\alpha \sqrt{\frac{0.05(1 - 0.05)}{n}}$$

若選取的 $\alpha = 0.01$, 則 $Z_\alpha = 2.33$, 且 $\sqrt{\frac{0.05(1-0.05)}{287}} = 0.0128$, 故 $c = 0.05 + 2.33 \times 0.0128 = 0.079824 \approx 0.08$。亦即, 拒絕域為

$$RR = \{拒絕 H_0, 當 \bar{X} \geq 0.08\} \tag{2}$$

拒絕域如圖 11.1 所示。

在本例中, $\bar{X} = \bar{x} = 0.0871 > 0.08 = c$, 意即 $\bar{x} \in RR$, 我們據此在 $\alpha = 0.01$ 的顯著水準下, 拒絕 $H_0 : \mu = 0.05$, 接受 $H_1 : \mu > 0.05$ 的對立假設。

一般來說, 透過統計上的檢定程序, 我們的決策為

- 拒絕 (reject) 虛無假設 H_0 且接受對立假設 H_1 為真

圖 11.1: 拒絕域 I

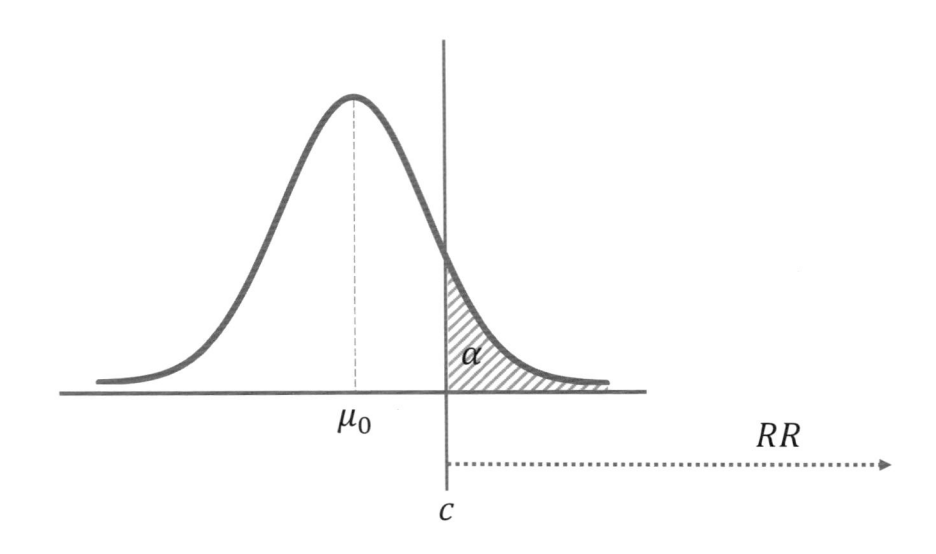

- 無法拒絕 (fail to reject) 虛無假設 H_0。

注意到我們不說「接受 H_0」的原因在於, 即使我們找不到證據推翻 H_0, 並不代表 H_0 就是無庸置疑地為真, 只不過是目前找不到充分證據來推翻 H_0 罷了。你或許會在某些場合或是某些書上聽到或看到「接受 H_0」的說法, 但是請記得「接受 H_0」並不代表 H_0 是無庸置疑地為真 (absolutely true)。

11.2 樞紐量與假設檢定

我們有兩種方法執行假設檢定, 假設給定特定常數 μ_0, 我們所要檢定的虛無假設為:

$$\mu = \mu_0$$

我們可以採用的第一種方法如上所示, 利用第 (1) 式找出臨界值 c 之後, 當

$$\bar{x} \in RR = \left\{ 拒絕 H_0, 當 \bar{X} \geq c \right\}$$

Story 假設檢定

以機率與統計方法判斷特定假設是否成立，最早可追溯到 1700 年代探究人類性別比之研究，亦即，檢視男女出生比率是否為 1:1 的假設，重要的研究者包含 John Arbuthnot (1667–1735) 以及 Pierre-Simon Laplace (1749–1827)。

之後在統計學的發展中，著重的是顯著性檢定，亦即，檢定資料是否來自特定機率分配 (如 Karl Pearson 的 χ^2 檢定)，或是檢定不同群體的均值是否相等 (R.A. Fisher 的變異數分析)。他們問的是，樣本資料分配與特定機率分配之差異，或是群體間均值之差異是否"顯著"。當時的統計學家所注重的是意圖檢視的假設 (即虛無假設)，但是並沒有對立假設的概念。

現代的假設檢定理論主要奠基於 Jerzy Neyman 與 Egon Pearson (Karl 的兒子) 兩人之貢獻。在他們的理論中，引進了兩個創新的概念：對立假設與檢定力函數。考慮對立假設的想法是，無論虛無假設有多不可置信，拒絕虛無假設的正當性來自，存在著另一個對立假設，讓我們能以更大的機率來解釋所觀察到的樣本。

對此，Egon 毫不吝於將此學術創新歸功於那位亦師亦友的好好先生：William Sealy Gosset 的啟發。

"The idea of defining the class of 'alternative hypotheses' formed an essential part of Jerzy Neyman's and my approach to the testing of statistical hypotheses. The germ of the idea which we formalized was almost certainly given to me by W. S. Gosset, though I doubt whether he was aware of this."

則拒絕虛無假設。

另一種方法則是呼應上一章區間估計式的建構。我們可以建構一個樞紐量：

$$\varphi = \varphi(X_1, \ldots, X_n, \mu) = \frac{\bar{X} - \mu}{\sqrt{\frac{\mu(1-\mu)}{n}}}$$

然後找出 $\varphi(\cdot)$ 的抽樣分配。在藥廠的例子中 (例 11.1)，根據 CLT，

$$\varphi \xrightarrow{d} N(0,1)$$

接著根據 $\varphi(\cdot)$ 的抽樣分配 $P(N(0,1) \geq \varphi^*) = \alpha$ 找出臨界值 $\varphi^* = Z_\alpha$ 使得

$$P(\varphi \geq \varphi^*) = P(\varphi \geq Z_\alpha) \approx \alpha$$

而決策法則 (拒絕域) 為：

$$RR = \{拒絕 H_0, \text{ 當 } \varphi \geq \varphi^*\} \tag{3}$$

最後, 將隨機樣本實現值 $x_1,\ldots,x_n$ 以及虛無假設下的參數值 μ_0 帶入樞紐量 $\varphi(\cdot)$ 中, 求算出

$$\varphi_0 = \varphi(x_1,\ldots,x_n,\mu_0)$$

若

$$\varphi_0 \in RR = \left\{\text{拒絕}H_0, \ \ \text{當} \ \varphi \geq \varphi^*\right\}$$

則我們在近似 α 的顯著水準下, 拒絕 $H_0 : \mu = \mu_0$ 的虛無假設。由於

$$P(\varphi \geq \varphi^*) \approx \alpha$$

也就是說, 顯著水準近似於 α, 這樣的檢定稱之為近似檢定, 或叫做大樣本檢定。然而, 若 $\varphi(\cdot)$ 的抽樣分配已知, 就是顯著水準等於 α 的檢定, 稱之為實際檢定。

11.2.1 假設檢定程序

以下說明如何透過樞紐量執行假設檢定, 其中, θ 代表我們所欲檢定的母體參數。

1. 設立虛無假設 (H_0) 與對立假設 (H_1)

    - $H_0 : \theta = \theta_0$
    - $H_1 :$ 三種可能:

        (a) $\theta > \theta_0$: 右尾檢定 (right-tailed test, RTT)

        (b) $\theta < \theta_0$: 左尾檢定 (left-tailed test, LTT)

        (c) $\theta \neq \theta_0$: 雙尾檢定 (two-tailed test, TTT)

2. 建構樞紐量

$$\varphi(X_1,\ldots,X_n,\theta)$$

    在假設檢定中, 樞紐量又稱作檢定量 (test statistic)。

3. 找出 $\varphi(\cdot)$ 的抽樣分配, (如標準常態分配, t 分配, χ^2 分配, F 分配等)。若實際抽樣分配未知, 可使用樞紐量的極限分配。一般來說, 會透過 CLT 配合其他大樣本理論之定理, 以標準常態分配近似 $\varphi(\cdot)$ 的抽樣分配。

4. 選擇顯著水準, $\alpha = 0.01$ 或是 0.05。

5. 根據 $\varphi(\cdot)$ 的抽樣分配或近似分配找出臨界值 φ^*, 並建構拒絕域 (rejection region, RR)。舉例來說, 如果 $\varphi \sim N(0,1)$, 則其臨界值為 Z_α (右尾檢定), $-Z_\alpha$ (左尾檢定), 或是 $Z_{\frac{\alpha}{2}}$ (雙尾檢定)。其拒絕域為:

   (a) RTT:
   $$RR = \left\{ 拒絕\ H_0, 當\ \varphi \geq Z_\alpha \right\}$$

   (b) LTT:
   $$RR = \left\{ 拒絕\ H_0, 當\ \varphi \leq -Z_\alpha \right\}$$

   (c) TTT:
   $$RR = \left\{ 拒絕\ H_0, 當\ |\varphi| \geq Z_{\frac{\alpha}{2}} \right\},$$

   或是寫成
   $$RR = \left\{ 拒絕\ H_0, 當\ \varphi \geq Z_{\frac{\alpha}{2}} 或是\ \varphi \leq -Z_{\frac{\alpha}{2}} \right\}$$

6. 檢視 $\varphi_0 = \varphi(x_1, \ldots, x_n, \theta_0)$ 是否掉入拒絕域並做出決策。

若以 $\varphi \sim N(0,1)$ 為例, 拒絕域如圖 11.2 所示。

11.2.2 以樞紐量進行檢定

再以藥廠的例子來說明, 我們選擇的樞紐量是

$$\varphi = \frac{\bar{X} - \mu}{\sqrt{\frac{\mu(1-\mu)}{n}}} \tag{4}$$

圖11.2: 拒絕域 II

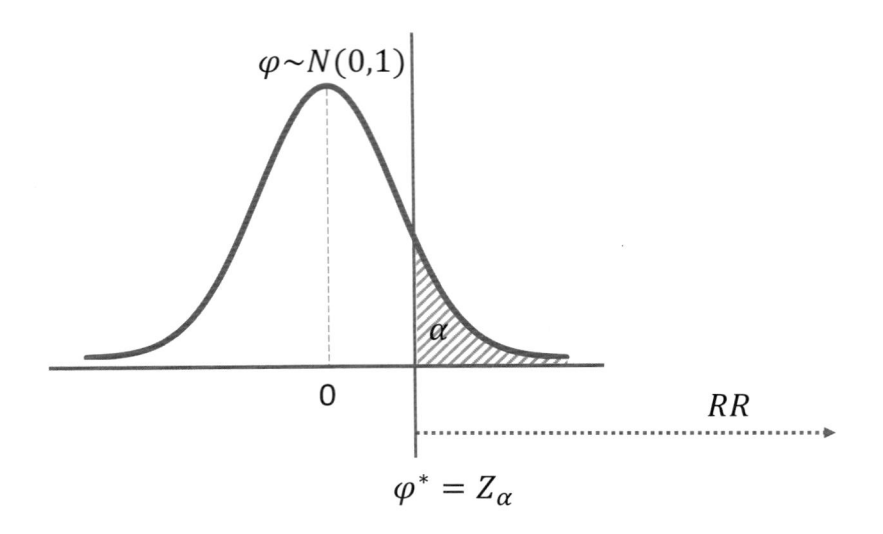

由 CLT 可得,
$$\varphi = \frac{\bar{X} - \mu}{\sqrt{\frac{\mu(1-\mu)}{n}}} \xrightarrow{d} N(0,1)$$

根據標準常態以及所選取的顯著水準 $\alpha = 0.01$, 臨界值為 $Z_{0.01}$ 使得

$$0.01 = P(N(0,1) \geq Z_{0.01})$$

查表得知 $\varphi^* = Z_{0.01} = 2.33$, 則拒絕域為

$$RR = \left\{ 拒絕 H_0, \ 當 \ \varphi \geq 2.33 \right\}$$

由於 $\mu = \mu_0 = 0.05$,

$$\sqrt{\frac{\mu_0(1-\mu_0)}{n}} = \sqrt{\frac{0.05(1-0.05)}{287}} = 0.0128$$

則

$$\varphi_0 = \frac{\bar{x} - \mu_0}{\sqrt{\frac{\mu_0(1-\mu_0)}{n}}} = \frac{0.0871 - 0.05}{0.0128} = 2.8984$$

顯而易見地，$\varphi_0 = 2.8984 > 2.33$ 落入拒絕域，因此，我們據此在顯著水準 $\alpha = 0.01$ 下拒絕 $H_0 : \mu = 0.05$ 的虛無假設。

再次提醒，以上的藥廠例子中，由於 $\{X_i\}_{i=1}^{287} \sim^{i.i.d.} \text{Bernoulli}(\mu)$，因此我們無法得知

$$\varphi = \frac{\bar{X} - \mu}{\sqrt{\frac{\mu(1-\mu)}{n}}}$$

的實際分配，而是利用 CLT 找出 $\frac{\bar{X}-\mu}{\sqrt{\frac{\mu(1-\mu)}{n}}}$ 的極限分配，並據以作檢定。亦即，這是一個顯著水準**近似於** 0.01 的近似檢定 (大樣本檢定)。

11.2.3 另一個樞紐量

由於這是一個大樣本檢定，我們也可以考慮另一個樞紐量：

$$\varphi = \frac{\bar{X} - \mu}{\sqrt{\frac{\bar{X}(1-\bar{X})}{n}}} \tag{5}$$

且根據 CLT, CMT 與 Slutsky's theorem,

$$\varphi = \frac{\bar{X} - \mu}{\sqrt{\frac{\bar{X}(1-\bar{X})}{n}}} = \frac{\bar{X} - \mu}{\sqrt{\frac{\mu(1-\mu)}{n}}} \frac{\sqrt{\frac{\mu(1-\mu)}{n}}}{\sqrt{\frac{\bar{X}(1-\bar{X})}{n}}} \xrightarrow{d} N(0,1)$$

注意到分母的部分，$\sqrt{\frac{\mu(1-\mu)}{n}}$ 被我們以 $\sqrt{\frac{\bar{X}(1-\bar{X})}{n}}$ 替代。同理，φ_0 的建構如下：

$$\varphi_0 = \frac{\bar{x} - \mu_0}{\sqrt{\frac{\bar{x}(1-\bar{x})}{n}}}$$

讀者可以代入以上藥廠例子中的數值，你將發現，此時在 $\alpha = 0.01$ 的顯著水準下，

$$\varphi_0 = 2.2289 < Z_{0.01} = 2.33$$

我們無法拒絕 H_0，這跟之前透過第 (4) 式的樞紐量所得到的結論並不一致。不過在 $\alpha = 0.05$ 的顯著水準下，

$$\varphi_0 = 2.2289 > Z_{0.05} = 1.64$$

我們就可以拒絕 $H_0 : \mu = 0.05$ 的虛無假設。

由於這是大樣本近似檢定，所以第 (4) 式與第 (5) 式都是合理的樞紐量，不過使用第 (5) 式的優點是，該樞紐量與建構區間估計式的樞紐量一致。參見 Hogg, McKean, and Craig (2018, page 278), Hogg, Tanis, and Zimmerman (2015, page 378) 以及 Ramanathan (1993, pages 232–233) 之討論。

11.2.4 實際檢定

我們將以底下另一個例子來說明實際檢定。

例 11.2. 給定
$$\{X_i\}_{i=1}^n \sim^{i.i.d.} N(\mu, \sigma^2)$$
且 σ^2 未知。在顯著水準為 α 下，檢定
$$\begin{cases} H_0 : & \mu = \mu_0 \\ H_1 : & \mu \neq \mu_0 \end{cases}$$

根據第 10 章所學，在 σ^2 未知的情況下，我們所選的 $\varphi(\cdot)$ 為

$$\varphi = \frac{\bar{X} - \mu}{\frac{S}{\sqrt{n}}} \sim t(n-1)$$

亦即，$\varphi(\cdot)$ 為自由度等於 $n-1$ 的 t 分配。因此，根據 $P(t \leq t_1^*) = \frac{\alpha}{2}$ 以及 $P(t \geq t_2^*) = \frac{\alpha}{2}$，我們知道

$$t_1^* = t_{1-\frac{\alpha}{2}}(n-1) = -t_{\frac{\alpha}{2}}(n-1),$$

且

$$t_2^* = t_{\frac{\alpha}{2}}(n-1)$$

接下來，我們求算

$$\varphi_0 = t_0 = \frac{\bar{x} - \mu_0}{\frac{S}{\sqrt{n}}}$$

若 $t_0 \leq -t_{\frac{\alpha}{2}}(n-1)$ 或是 $t_0 \geq t_{\frac{\alpha}{2}}(n-1)$，則拒絕 $H_0 : \mu = \mu_0$ 之虛無假設。

11.3 檢定的 p-值

在上一節假設檢定程序的討論中, 我們的決策法則為:

1. 決定一顯著水準 α, 並找出樞紐量 φ, 臨界值 φ^* 以及拒絕域 RR。

2. 檢視 φ_0 是否落入拒絕域。

這樣的作法有一個麻煩的地方, 那就是給定一個特定的顯著水準 α, 我們就得查出相對應的 φ^*, 以及找出相對應的拒絕域。

在此, 我們將介紹一個有用的概念: p-值 (p-value)。所謂的 p-值就是在 H_0 為真的情況下, 比觀測值至少同樣極端之區域的機率, 亦即, 回到之前藥廠的例子, 我們知道 $\bar{X} = 0.0871$。給定 H_0 為真的情況下 ($\mu = 0.05$), 樣本均數 $\bar{X}$ 會大於 0.0871 的機率就是其 p-值:

$$p\text{-值} = P(\bar{X}_{287} \geq 0.0871 | \mu = 0.05) = P\left(\frac{\bar{X}_{287} - 0.05}{0.0128} \geq \frac{0.0871 - 0.05}{0.0128}\right)$$

$$= P\left(\frac{\bar{X}_{287} - 0.05}{0.0128} \geq 2.90\right)$$

$$\approx P(Z \geq 2.90)$$

$$= 0.0019$$

其中 $Z \sim N(0,1)$。以樞紐量 φ 的方式表達, p-值就是

$$p\text{-值} = P(\varphi \geq \varphi_0) \approx P(Z \geq 2.90) = 0.0019$$

由於 0.0019 很小, 代表在 H_0 為真的情況下, 我們觀察到一件「幾乎不可能發生的事」, 因此, 這將使我們懷疑原先的 H_0 為真的假設, 進而獲致拒絕 H_0 的決策。

p-值在研究上相當便利好用, 對於研究者而言, p-值讓我們不必再一個一個辛苦查表。許多的統計套裝軟體都會幫我們計算出檢定的 p-值, 你只需決定喜愛的顯著水準, 再比較 p-值與 α 孰大孰小即可。決策法則為:

表 11.1: 檢定誤差

	無法拒絕 H_0	拒絕 H_0
H_0 為真	正確決策	型一誤差
H_0 為假	型二誤差	正確決策

- 拒絕 H_0, 當 p-值 $\leq \alpha$

- 無法拒絕 H_0, 當 p-值 $> \alpha$

舉例來說, 如果計算出來的 p-值=0.048。當 α = 0.05 時, 我們「拒絕 H_0」, 然而, 當 α = 0.01 時, 我們的決策為「無法拒絕 H_0」。

11.4 誤差機率與檢定力

在檢定的過程中, 我們被迫要在虛無假設與對立假設之間做出選擇, 一如法官必須在有罪與無罪的判決上做出決策。法官可能會冤枉好人, 將一名無罪的人送入監獄, 法官亦可能會錯縱罪人, 將一名有罪之人當庭開釋。

同理, 在假設檢定的過程中, 我們可能會在 H_0 為真的情況下拒絕 H_0, 亦有可能在 H_0 為假的情況下, 作出無法拒絕 H_0 的決策。前者稱為型一誤差 (type I error), 後者稱為型二誤差 (type II error), 我們以表 11.1 說明檢定誤差。

犯下型一誤差的機率我們以 α 表示,[1] 亦即

$$\alpha = P(型一誤差) = P(拒絕 H_0 \mid H_0 為真)$$

我們亦稱 α 為該檢定的「檢定範圍」或是「檢定大小」(size of the test)。

---

[1] 細心的讀者不難發現, 我們用同一個符號 α 來代表顯著水準以及犯型一誤差的機率, 這是否隱含 $P($型一誤差$) = \alpha =$ 顯著水準? 答案為, 當虛無假設是簡單假設時, $P($型一誤差$)$ 確實等於顯著水準。然而, 如果虛無假設是複合假設時, 則兩者未必相等, 顯著水準是可容忍的最大型一誤差的機率。不過本書只考慮虛無假設為簡單假設, 所以就用 α 來同時代表顯著水準以及犯型一誤差的機率。

而犯下型二誤差的機率我們以 β 表示, 亦即

$$\beta = P(型二誤差) = P(無法拒絕H_0 \mid H_0為假)$$

值得注意的是, β 取決於 H_0 為假, 也就是取決於母體參數的真值。如果我們以 θ 代表母體參數的真值, 則 β 就是 θ 的函數

$$\beta = \beta(\theta)$$

此外, 令

$$\pi(\theta) = 1 - \beta(\theta) = 1 - P(型二誤差) = P(拒絕H_0 \mid H_0為假)$$

代表了我們的檢定正確地拒絕了不為真的 H_0, 我們稱 $\pi(\theta)$ 為檢定的檢定力 (power)。我們以右尾檢定為例, 將型一誤差的機率 (α) 與型二誤差的機率 (β) 畫在圖 11.3 中。

再以藥廠為例, 依照之前提及, 在 $\alpha = 0.01$ 的顯著水準下, 拒絕域為 (參見第 (2) 式)

$$RR = \left\{拒絕H_0, 當\bar{X} \geq 0.08\right\}$$

如果母體參數 μ 的真值為 0.09, 則

$$\beta = P(型二誤差) = P(無法拒絕H_0 \mid H_0為假)$$

$$= P(\bar{X} < 0.08 \mid \mu = 0.09)$$

$$= P\left(\frac{\bar{X} - 0.09}{\sqrt{\frac{0.09(1-0.09)}{287}}} < \frac{0.08 - 0.09}{\sqrt{\frac{0.09(1-0.09)}{287}}}\right) \approx P\left(Z < \frac{0.08 - 0.09}{\sqrt{\frac{0.0819}{287}}}\right)$$

$$= P\left(Z < \frac{0.08 - 0.09}{0.016892}\right) = P(Z < -0.59) = 0.2776$$

而檢定力 $\pi = 1 - \beta = 1 - 0.2776 = 0.7224$

圖11.3: 型一誤差的機率 (α) 與型二誤差的機率 (β)

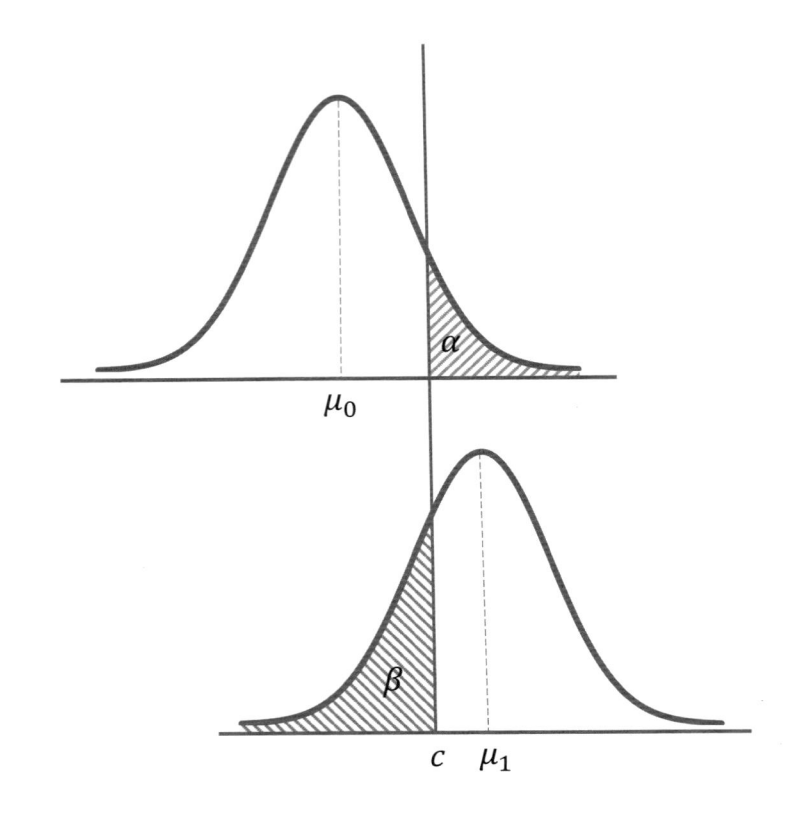

11.5 檢定力函數

根據以上的討論, 我們知道檢定力是母體參數真值的函數, 故又稱檢定力函數。檢定力函數的定義為:

$$\pi(m) = P(拒絕\ H_0 | \theta = m)$$

因此, $\pi(\theta_0) = P(拒絕\ H_0 | \theta = \theta_0) = \alpha$, 亦即, 在 H_0 為真的情況下, $\pi(\theta_0)$ 就是顯著水準, 就是犯型一誤差的機率。相對的, 如果 H_1 為真, 則 $\pi(m)$ 就是該檢定的檢定力, 就是不犯型二誤差的機率:

$$\pi(m) = 1 - \beta(m)$$

圖11.4: 檢定力函數 ($H_0 : \mu = \mu_0$ vs. $H_1 : \mu > \mu_0$)

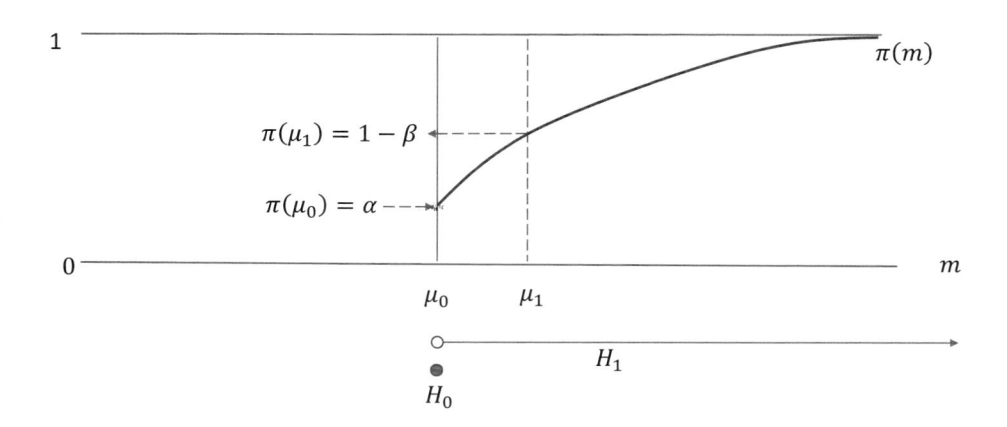

如果考慮 $\theta = \mu$ 為母體均值,則虛無假設為 $H_0 : \mu = \mu_0$,檢定力函數如圖 11.4 所示。注意到在虛無假設下的參數空間為:

$$\Theta_1 = \{\mu | \mu = \mu_0\}$$

只有一個點 μ_0 (因為是簡單假設),而對立假設下的參數空間為:

$$\Theta_1 = \{\mu | \mu > \mu_0\}$$

對於誤差機率與檢定力有如下的討論。

1. $\alpha + \beta$ 通常被當作衡量檢定好壞的指標。我們希望 $\alpha + \beta$ 越小越好。此外,注意到 $\alpha + \beta$ 的機率值可以比 1 來得大。

2. 雖然我們希望 $\alpha + \beta$ 越小越好,但是在樣本數 n 固定的情況下,α 越小則 β 越大,反之,β 越小則 α 越大。亦即 α 與 β 之間存在著抵換關係 (trade-off)。

3. 如果我們可以增加樣本數 n,則在 α 固定下,β 將會隨著 n 增加而減少。

最後值得一提的是,如果我們考慮一般化的右尾檢定,設定虛無假設為複合假設:

- $H_0 : \mu \leq \mu_0$
- $H_1 : \mu > \mu_0$

虛無假設下的參數空間為:

$$\Theta_1 = \{\mu | \mu \leq \mu_0\}$$

而對立假設下的參數空間為:

$$\Theta_1 = \{\mu | \mu > \mu_0\}$$

則檢定力函數如圖 11.5 所示。

1. 當 $m > \mu_0$, $\pi(m) = 1 - \beta(m)$ 為檢定力。

2. 當 $m \leq \mu_0$ 時, $\pi(m)$ 為型 I 誤差機率。

3. 而 $m = \mu_0$ 時, $\alpha = \pi(\mu_0)$ 就是檢定大小 (或是稱為顯著水準)。不難看出, 在虛無假設為複合假設的形式下, α 是最大的型 I 誤差機率。

11.6 假設檢定與區間估計

本節探討**雙尾假設檢定與區間估計**之關係, 如果是左尾檢定或是右尾檢定則要搭配單邊的信賴區間 (one-sided confidence intervals), 我們不在本書介紹。關於單邊的信賴區間, 有興趣的讀者可參考 Dekking et al. (2005, 頁 366–367)。

我們在此以一個例子來說明兩者之間的關係。

例 11.3. 給定

$$\{X_i\}_{i=1}^n \sim^{i.i.d.} Bernoulli(\mu)$$

1. 建構母體比例 μ 的近似 $(1 - \alpha)$ 的區間估計式。

2. 在顯著水準近似 α 下, 檢定 $H_0 : \mu = \mu_0$ vs. $H_1 : \mu \neq \mu_0$

圖 11.5: 檢定力函數 ($H_0 : \mu \leq \mu_0$ vs. $H_1 : \mu > \mu_0$)

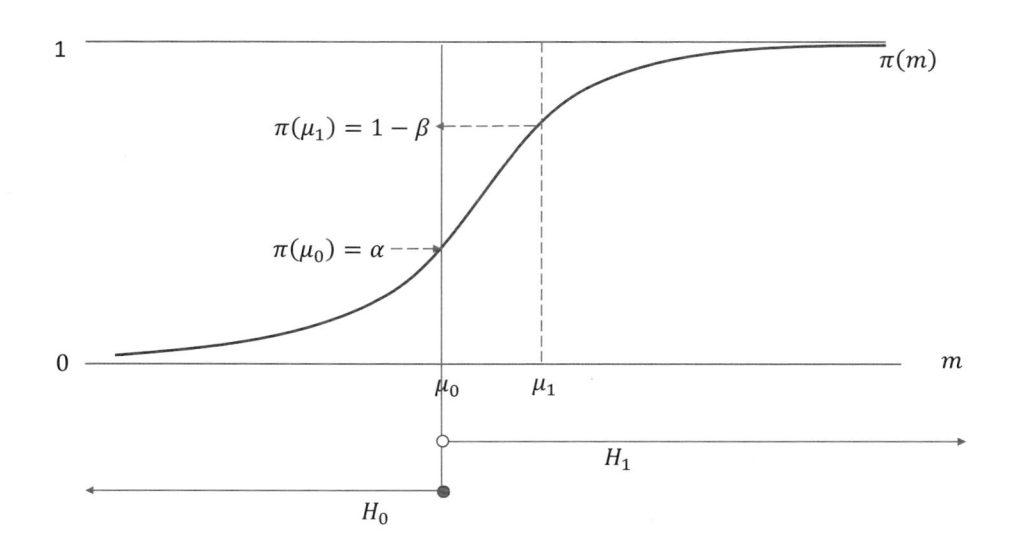

給定第 (5) 式的樞紐量:

$$\varphi = \frac{\bar{X} - \mu}{\sqrt{\frac{\bar{X}(1-\bar{X})}{n}}} \xrightarrow{d} N(0,1)$$

我們知道 μ 的 $(1-\alpha)$ 的區間估計式為

$$\left[\bar{X} - Z_{\frac{\alpha}{2}}\sqrt{\frac{\bar{X}(1-\bar{X})}{n}}, \quad \bar{X} + Z_{\frac{\alpha}{2}}\sqrt{\frac{\bar{X}(1-\bar{X})}{n}}\right]$$

若令

$$\delta = Z_{\frac{\alpha}{2}}\sqrt{\frac{\bar{x}(1-\bar{x})}{n}}$$

且已知樣本均數的實現值為 $\bar{x}$, 則區間估計值 (信賴區間) 為

$$[\bar{x} - \delta, \quad \bar{x} + \delta] \tag{6}$$

給定相同的樞紐量做假設檢定, 大樣本分配為標準常態分配, 由於是雙尾檢定, 所選定的臨界值分別為 $Z_{\frac{\alpha}{2}}$ 與 $-Z_{\frac{\alpha}{2}}$, 因此, 拒絕域為

$$RR = \left\{拒絕\ H_0, 當\ \varphi \geq Z_{\frac{\alpha}{2}}\ 或是\ \varphi \leq -Z_{\frac{\alpha}{2}}\right\}$$

若 $\varphi_0 = \varphi(x_1,\ldots,x_n,\mu_0)$ 落入拒絕域：

$$\varphi_0 \geq Z_{\frac{\alpha}{2}} \quad \text{或是} \quad \varphi_0 \leq -Z_{\frac{\alpha}{2}}$$

我們就拒絕虛無假設。重新整理可得, 拒絕虛無假設的條件是

$$\frac{\bar{x} - \mu_0}{\sqrt{\frac{\bar{x}(1-\bar{x})}{n}}} \geq Z_{\frac{\alpha}{2}} \quad \text{或是} \quad \frac{\bar{x} - \mu_0}{\sqrt{\frac{\bar{x}(1-\bar{x})}{n}}} \leq -Z_{\frac{\alpha}{2}}$$

亦即,

$$\bar{x} \geq \mu_0 + Z_{\frac{\alpha}{2}}\sqrt{\frac{\bar{x}(1-\bar{x})}{n}} \quad \text{或是} \quad \bar{x} \leq \mu_0 - Z_{\frac{\alpha}{2}}\sqrt{\frac{\bar{x}(1-\bar{x})}{n}}$$

代入 $\delta = Z_{\frac{\alpha}{2}}\sqrt{\frac{\bar{x}(1-\bar{x})}{n}}$ 可得, 拒絕虛無假設的條件是

$$\bar{x} \geq \mu_0 + \delta \quad \text{或是} \quad \bar{x} \leq \mu_0 - \delta \tag{7}$$

因此, 如果樣本均數實現值 $\bar{x}$ 落入右尾拒絕域 ($\bar{x} \geq \mu_0 + \delta$), 則區間估計值 (信賴區間) $[\bar{x} - \delta, \bar{x} + \delta]$ 不會包含虛無假設下的參數值 μ_0, 如圖 11.6 所示 (信賴區間的下界 $\bar{x} - \delta$ 大於 μ_0)。反之, 當樣本均數實現值 $\bar{x}$ 沒有落入右尾拒絕域 ($\bar{x} < \mu_0 + \delta$), 則區間估計值 (信賴區間) $[\bar{x} \pm \delta]$ 會包含虛無假設下的參數值 μ_0, 如圖 11.7 所示。讀者可自行繪製 $\bar{x}$ 落在左尾拒絕域時的情況。

總而言之, 我們可以整理假設檢定與區間估計之間的關係如下。當假設檢定的設定為雙尾檢定時, 對於母體參數 θ 而言,

1. 若涵蓋機率為 $100 \cdot (1-\alpha)\%$ 的區間估計值 (信賴區間) 不包含虛無假設下的參數值 θ_0, 則我們在顯著水準 $100 \cdot \alpha\%$ 下, 可以拒絕 $\theta = \theta_0$ 的虛無假設。

2. 若涵蓋機率為 $100 \cdot (1-\alpha)\%$ 的區間估計值 (信賴區間) 包含虛無假設下的參數值 θ_0, 則我們在顯著水準 $100 \cdot \alpha\%$ 下, 無法拒絕 $\theta = \theta_0$ 的虛無假設。

11.6 假設檢定與區間估計

圖11.6: 信賴區間與拒絕域 I

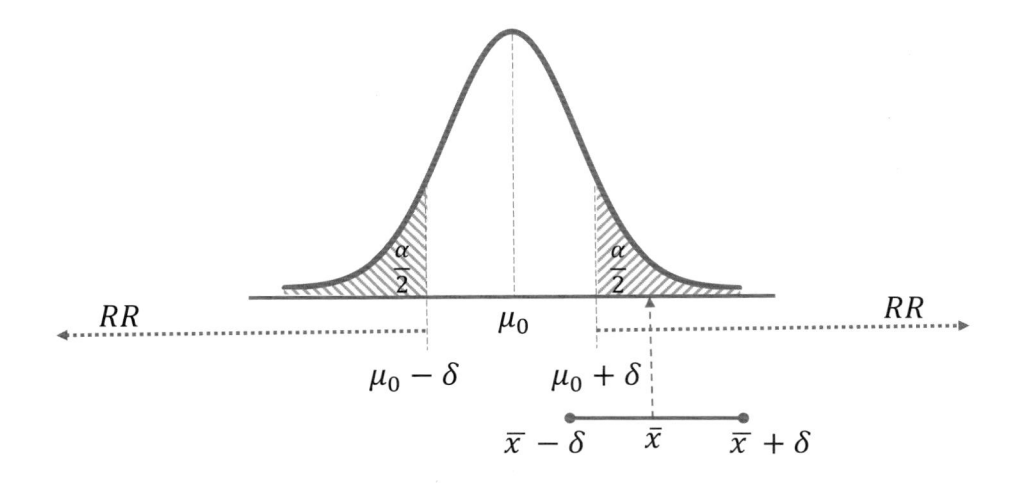

圖11.7: 信賴區間與拒絕域 II

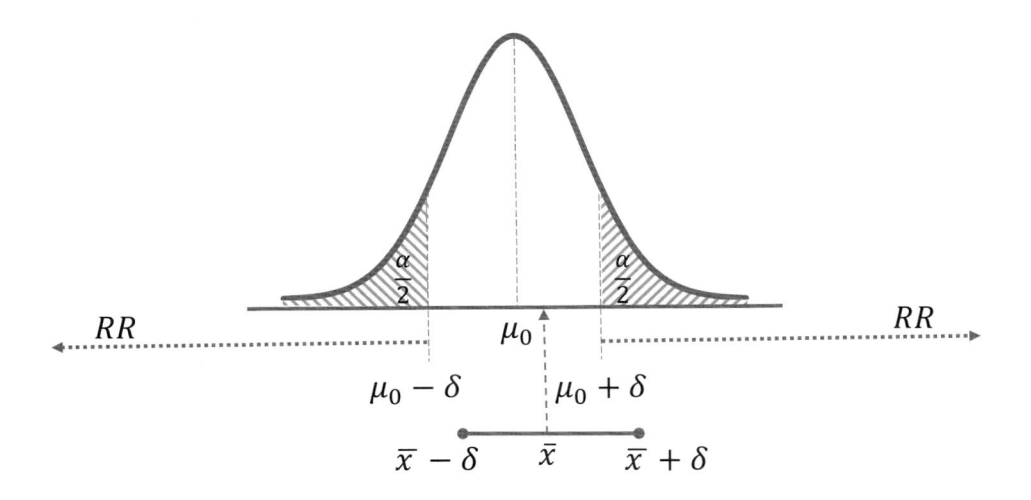

練習題

1. 假設 $X_1, X_2, \ldots, X_n$ 為抽自 Bernoulli 分配的樣本，參數 p 為未知，若欲檢驗下列假設：$H_0: p = 0.2$, $H_1: p = 0.4$，令 $n=10$，若 $\sum_{i=1}^{10} X_i > 3$ 就拒絕 H_0，請問檢定力為何？

2. 假設某特定母體的 IQ 呈常態分配 $N(\mu, 100)$，且若我們有 $n=16$ 的隨機樣本，$\bar{X} = 113.5$，用來檢定 $H_0: \mu = 110$, $H_1: \mu > 110$，則根據以下情況，我們是否能拒絕 H_0？

    (a) 5% 顯著水準？

    (b) 10% 顯著水準？

    此外，這個檢定的 p-值為何？

3. 你在一家生產汽車輪胎的公司工作。貴公司所生產的「AAA 輪胎」中的某個型號之預期壽命為 33,000 英里。現在，你設計了一個新的樣式，生產成本和舊型號的一樣，但你認為新樣式的預期壽命較長。因此，你希望能夠利用 50 個根據新模型製造出來的產品來證明你的說法。因此，你的假設如下：

    $$\begin{cases} H_0: & \mu \leq 33000 \\ H_1: & \mu > 33000 \end{cases}$$

    已知「AAA 輪胎」預期壽命的標準差為 2,500 英里。

    (a) 請寫出在 5% 顯著水準的情況下，拒絕 H_0 的決策法則。

    (b) 假設你設計的新輪胎實際的預期壽命為 33,750 英里。上題的檢定力為何？

    假設這 50 個產品的平均壽命為 $\bar{X}_{50} = 33,700$ 英里，

    (c) 在 5% 顯著水準的情況下，你是否能拒絕 H_0？

(d) 這個檢定的 p-value 為何?

4. 給定 $X_1,...,X_n$ 為抽自 Bernoulli(p) 分配的隨機樣本。令檢定 H_0 : $p = \frac{1}{2}$ 和 $H_1 : p = \frac{1}{3}$ 的拒絕域 (RR) 為

$$RR = \left\{ 拒絕\ H_0\ 當\ \sum_{i=1}^{n} X_i \leq c \right\}$$

利用 CLT 找出 n 和 c, 使型一誤差的機率為 0.1, 且型二誤差的機率為 0.2。

5. 在一家公司中抽出一個 400 名員工的隨機樣本, 結果有 180 名為女性員工。在 5% 的顯著水準下, 檢定公司中女性員工的比例 (p) 是否顯著地少於 50%。

6. 令 $X_1, X_2,...,X_n$ 為抽自均勻分配 $U(0,\theta), \theta > 0$, 樣本大小 n 的隨機樣本。

(a) 請利用動差法求出 θ 的估計式 $\hat{\theta}$

(b) 請證明 $\hat{\theta}$ 為 θ 的一致估計式。

(c) 給定以下的虛無假設與對立假設

$$H_0 : \theta = \frac{6}{5}$$
$$H_1 : \theta = \frac{8}{5}$$

若拒絕域為 $RR = \{$拒絕 H_0 當 $X > 1\}$, 請算出型一誤差, α, 以及型二誤差, β 之值。

7. 勞工部門要你評估為失業者開辦的職業訓練計畫之執行成效, 從失業者名單隨機抽出 100 名失業者並讓他們參與此計畫。在完成訓練之後, 有 S_n 名參與者找到工作。令 θ 為失業者在完成訓練後找到工作的機率。過去經驗顯示有 0.50 比例的失業者在沒有參加任何訓練計畫之下, 仍能找到工作。令 $X_i = 1$ 表示找到工作, 而 $X_i = 0$ 表示找不到工作。顯而易見地, X_i 為 Bernoulli 隨機變數。給定 θ 的類比估計式為 $\bar{X}$, 現在我們要檢定 $H_0 : \theta = 0.50, H_1 : \theta = 0.70$, 也就是職業訓練計畫是否將找到工作之機率自 0.50 提升至 0.70?

(a) 請問 X_i 與 S_n 之間的關係為何?

(b) 請找出 θ 的 95% 漸近區間估計式。

(c) 若 $S_n \geq 60$ 我們決定拒絕虛無假設。請利用 CLT 找出檢定大小 (size) 和檢定力 (power)。

(d) 是否有可能建構一個檢定, 其檢定大小為 0?

8. 有一抽自某母體的隨機樣本規模為 30, 其母體平均數 μ 與母體變異數 σ^2, 其中

$$\sum_{i=1}^{30} X_i = 120 \quad \sum_{i=1}^{30} X_i^2 = 8310$$

已知 μ 和 σ^2 的估計式分別為 $\bar{X} = \frac{1}{n}\sum_i X_i$ 和 $S^2 = \frac{1}{n-1}\sum_i (X_i - \bar{X})^2$,

(a) 建構出 μ 的 95% 漸近區間估計式。

(b) 在顯著水準為 $\alpha=1\%$ 下, 檢定 $H_0 : \mu = 5$ 與 $H_1 : \mu \neq 5$

(c) 請找出 p-value。

(d) 畫出上述檢定的檢定力函數。

9. 假設 $\{X_i\}_{i=1}^n \sim^{i.i.d.} N(\mu_X, \sigma^2)$, $\{Y_j\}_{j=1}^n \sim^{i.i.d.} N(\mu_Y, \sigma^2)$, 其中 μ_X, μ_Y, 且 σ^2 未知。已知 $\bar{X} - \bar{Y} = 2.1$, $S_X = 10$, $S_Y = 9$, n=10, 請在 $\alpha = 2.5\%$ 下檢定 $H_0 : \mu_X - \mu_Y = 0$ 與 $H_1 : \mu_X - \mu_Y > 0$

10. 假設箱子裡有四顆球, 其中有 θ 顆綠球, $4 - \theta$ 顆藍球。以抽出放回的方式抽出 100 顆球, 其中有 60 顆綠球, 40 顆藍球。

(a) 在 5% 的顯著水準下檢定 $H_0 : \theta = 2$ vs. $H_1 : \theta > 2$

(b) 計算 p-值。

(c) 若 $\theta = 1$, 請計算檢定力。

(d) 建構 θ 的 95% 近似區間估計式。

(e) 算出 95% 的近似區間估計值, 該信賴區間是否包含 $\theta = 2$? 請以此結果, 說明區間估計式與假設檢定之間的關係。

11. 給定 $X_i \sim^{i.i.d.} f(x,\theta)$，其中

$$f(x,\theta) = \frac{x}{\theta^2} e^{-\frac{x}{\theta}}, \ x > 0, \ \theta > 0$$

   (a) 試證明 X 的 MGF 為

   $$M_X(t) = (1-\theta t)^{-2}$$

   (b) 試算出 $E(X)$ 以及 $Var(X)$
   (c) 請以動差法找出 θ 的估計式，並以 $\tilde{\theta}$ 表示之。
   (d) 請以最大概似法找出 θ 的估計式，並以 $\hat{\theta}$ 表示之。
   (e) 請比較 $\tilde{\theta}$ 與 $\hat{\theta}$
   (f) 請證明

   $$\varphi = \frac{\hat{\theta} - \theta}{\sqrt{Var(\hat{\theta})}} \xrightarrow{d} N(0,1)$$

   (g) 給定 $n = 100$, $\bar{X} = 6$，請在 5% 顯著水準下，檢定 $H_0 : \theta = 4$ vs. $H_1 : \theta < 4$

12. 給定

$$\{X_i\}_{i=1}^{n} \sim^{i.i.d.} U[0,\theta], \ \theta > 0$$

   (a) 以最大概似法找出 θ 的估計式，並以 $\hat{\theta}_{ML}$ 表示之。
   (b) 請找出 $\hat{\theta}_{ML}$ 的 pdf
   (c) 請找出 $E(\hat{\theta}_{ML})$
   (d) 請證明 $\hat{\theta}_{ML}$ 為 θ 的一致估計式。
   (e) 請以 $\hat{\theta}_{ML}$ 找出 θ 的不偏估計式，並以 $\tilde{\theta}$ 表示之。
   (f) 請找出 θ 的動差估計式，並以 $\hat{\theta}_{MM}$ 表示之。
   (g) 給定隨機樣本 $\{X_i\}_{i=1}^{5} \sim^{i.i.d.} U[0,\theta]$，且 $\{X_1,X_2,X_3,X_4,X_5\} = \{0.5, 0.5, 0.5, 0.5, 3.5\}$。請根據以上隨機樣本說明 $\hat{\theta}_{MM}$ 不是一個好的估計式。

(h) 請證明

$$\varphi = \frac{X_{(n)}}{\theta}, \ X_{(n)} = \max\{X_1, X_2, \ldots, X_n\}$$

為一樞紐量。

(i) 請證明 θ 的 $(1-\alpha)$ 區間估計式為

$$\left[\frac{X_{(n)}}{u}, \frac{X_{(n)}}{l}\right]$$

其中

$$u^n - l^n = 1 - \alpha, \ 1 - u^n = \frac{\alpha}{2}, \ \text{and } l^n = \frac{\alpha}{2}$$

(j) 給定以下假設:

$$H_0 : \theta = 2$$
$$H_1 : \theta < 2$$

若檢定的拒絕域為

$$RR = \left\{\text{拒絕 } H_0 \text{ 當 } X_{(n)} \leq 1.4\right\}$$

　i. 請計算犯型一誤差的機率。

　ii. 請找出檢定力函數, $\pi(\theta)$

13. 我們想要檢定一枚銅板是否公正。在 1000 次獨立的投擲中，得到 544 次正面與 456 次反面。

(a) 建構一個適當的機率模型來描繪銅板投擲。

(b) 寫下檢定一枚銅板是否公正的虛無假設與對立假設。

(c) 利用 CLT 計算漸進 p-值。

14. 給定 $\{X_i\}_{i=1}^n \sim^{i.i.d.} f(x, \theta)$, 其中

$$f(x, \theta) = \theta(1-\theta)^x, \ x = 0, 1, 2, \ldots$$

(a) 試找出 X 的 MGF，$M_X(t)$

(b) 試找出 $E(X)$ 以及 $Var(X)$

(c) 試找出 θ 的動差估計式，並以 $\hat{\theta}_n$ 表示。

(d) 證明 $\hat{\theta}_n$ 為 θ 的一致估計式。

(e) 找出 $\hat{\theta}_n$ 的漸進分配。

(f) 給定 $n = 100$ 以及 $\bar{X}_n = 5$，

  i. 找出 θ 的 95% 近似區間估計式。

  ii. 在 5% 的顯著水準下檢定

  $$H_0: \theta = 0.25 \text{ vs. } H_1: \theta < 0.25$$

15. 給定
$$\{X_i\}_{i=1}^n \sim^{i.i.d.} \text{Uniform}[0, \theta], \quad \theta > 0$$

(a) 試找出中位數 m 的最大概似估計式，以 $\hat{m}$ 表示。

(b) 找出 $E(\hat{m}) = ?$

(c) 找出 $Var(\hat{m}) = ?$

(d) $\hat{m}$ 是否為一致估計式?

(e) 說明 $\varphi = \frac{\hat{m}}{m}$ 為 m 的樞紐量。

(f) 如果我們欲檢定 $H_0: m = 3$ vs. $H_1: m < 3$。在顯著水準 α 底下，拒絕域為:

$$RR = \{\text{拒絕 } H_0 \text{ 當 } \hat{m} \leq c\}$$

試找出常數 c 值。

12 其他離散隨機變數

12.1 幾何分配

12.2 Poisson 分配

12.3 附錄

我們將在本章介紹一些常用的離散隨機變數,包括幾何隨機變數與 Poisson 隨機變數。

12.1 幾何分配

幾何隨機變數與二項隨機變數都與獨立的 Bernoulli 試驗有關。我們已經學過,擲銅板 n 次,若令隨機變數 Y 代表出現正面個數,則 Y 為一個二項隨機變數:

$$Y = \sum_{i=1}^{n} X_i \sim \text{Binomial}(n,p), \quad \text{其中 } \{X_i\}_{i=1}^{n} \overset{i.i.d.}{\sim} \text{Bernoulli}(p)$$

給定相同的獨立 Bernoulli 試驗,如果我們擲銅板多次,只要得到正面就停止。定義隨機變數 X 為,「在得到一次正面所需要的投擲次數」,則 X 就是一個幾何隨機變數。幾何隨機變數的離散機率密度函數如下:

定義 12.1 (幾何隨機變數). 若 X 具幾何分配, 則

$$f(x) = P(X = x) = (1-p)^{x-1}p, \quad \text{supp}(X) = \{x : x = 1, 2, 3, \ldots\}$$

我們以 $X \sim Geo(p)$ 表示之。

我們不難驗證

$$\sum_{x=1}^{\infty} f(x) = \sum_{x=1}^{\infty} (1-p)^{x-1}p = p\left[\frac{1}{1-(1-p)}\right] = 1$$

性質 12.1 (幾何隨機變數 MGF). 若 $X \sim Geo(p)$, 則其 MGF 為

$$M_X(t) = \frac{pe^t}{1-(1-p)e^t}, \quad t < -\log(1-p)$$

Proof. 證明詳見附錄. □

因此, 我們不難求出幾何隨機變數的期望值與變異數分別為:

$$E(X) = \frac{1}{p}, \quad Var(X) = \frac{1-p}{p^2}$$

底下我們給一個例子, 說明幾何分配在總體經濟學中的應用。在新興凱因斯模型 (New Keynesian models) 中, 對於名目價格的僵固性有許多不同的模型建構方式。其中一個著名的模型為 Calvo (1983) 交錯定價模型 (staggered price model)。

例 12.1 (Calvo 交錯定價模型). 假設廠商在每一期都有 $1-\theta$ 的機率可以訂定新價格, 而有 θ 的機率必須維持價格不變, $0 < \theta < 1$. 令 T 代表廠商在第 T 期的時候, 得以訂定新價格, $T = 1, 2, \ldots$

1. 試找出 T 的機率函數, $f(t)$
2. 平均而言, 廠商要多久才能訂定新價格?

顯而易見的, $T \sim Geo(1-\theta)$, 因此, T 的機率函數為

$$f(t) = \theta^{t-1}(1-\theta)$$

而 T 的期望值為

$$E(T) = \frac{1}{1-\theta}$$

亦即, 平均而言, 廠商要等待 $\frac{1}{1-\theta}$ 期才能訂定新價格。

最後, 我們介紹如何利用 R 製造幾何隨機變數的實現值。底下的 R 程式造出 10 個 Geo(0.5) 隨機變數的實現值:

R 程式 12.1.

```
set.seed(123)
rgeom(n=10, prob=0.5)
```

其中, rgeom 為生成幾何隨機變數實現值的 R 指令, n 代表要製造的隨機變數實現值的個數, prob 指的就是機率值, 執行程式後可得一組 Geo(0.5) 隨機變數實現值如下:

[1] 1 3 0 0 0 5 3 0 0 0

12.2 Poisson 分配

Poisson 分配得名自法國數學家 Siméon Denis Poisson (1781–1840)。該分配可用來刻劃單位時間內, 或是單位空間內的發生次數或個數。以下為幾個 Poisson 隨機變數之例子:

1. 在一小時內, 到麥當勞櫃檯點餐的顧客人數。

2. 單位體積內酵母細胞的數目。

3. 每天總機的電話通數。

4. 一本書中每頁的錯字數。

5. 某條道路上每三公里發生車禍的次數。

Poisson 試驗有兩個重要的性質。第一, 對於相同單位的時間或空間內, 事件發生的機率相等。第二, 在不重疊的時間段落或空間單位裡, 事件各自發生的次數是獨立的。茲將 Poisson 分配的離散機率密度函數敘述如下。

12.2 Poisson 分配

定義 12.2 (Poisson 隨機變數). 若 X 具 Poisson 分配, 則其 pmf 為

$$f(x) = P(X = x) = \frac{e^{-\lambda}\lambda^x}{x!}, \quad \text{supp}(X) = \{x : x = 0,1,2,\ldots\}$$

其中 $e \approx 2.71828$, λ 為參數, 我們以 $X \sim Poisson(\lambda)$ 表示之。

根據指數函數的展開,

$$e^\lambda = 1 + \frac{\lambda}{1!} + \frac{\lambda^2}{2!} + \cdots = \sum_{x=0}^{\infty} \frac{\lambda^x}{x!}$$

因此,

$$\sum_{x=0}^{\infty} f(x) = \sum_{x=0}^{\infty} \frac{e^{-\lambda}\lambda^x}{x!} = e^{-\lambda} \sum_{x=0}^{\infty} \frac{\lambda^x}{x!} = e^{-\lambda}e^\lambda = 1$$

Poisson 隨機變數的動差生成函數如下:

性質 12.2 (Poisson 隨機變數 MGF). Poisson 隨機變數的 MGF 為:

$$M_X(t) = e^{\lambda(e^t-1)}$$

Proof. 根據定義,

$$M_X(t) = E\left[e^{tX}\right] = \sum_{x=0}^{\infty} e^{tx} \frac{e^{-\lambda}\lambda^x}{x!}$$
$$= \sum_{x=0}^{\infty} \frac{e^{-\lambda}(\lambda e^t)^x}{x!}$$
$$= \sum_{x=0}^{\infty} e^{-\lambda} e^{\lambda e^t} \frac{e^{-\lambda e^t}(\lambda e^t)^x}{x!}$$
$$= e^{-\lambda} e^{\lambda e^t} \sum_{x=0}^{\infty} \frac{e^{-\lambda e^t}(\lambda e^t)^x}{x!}$$
$$= e^{-\lambda} e^{\lambda e^t} = e^{\lambda(e^t-1)}$$

$\square$

因此, Poisson 分配的期望值與變異數為:

性質 12.3 (Poisson 隨機變數的期望值與變異數). 給定 $X \sim Poisson(\lambda)$,

$$E(X) = Var(X) = \lambda$$

Story Poisson 分配

Poisson 分配係由 Siméon Denis Poisson (1781-1840) 在 1837 年從二項分配的極限推導而來。發表在著作 Recherches sur la probabilité des jugements en matiére criminelle et en matiére civile (Research on the Probability of Judgments in Criminal and Civil Matters) 中。事實上，早在 1711 年，Poisson 分配就已經被 Abraham de Moivre (1667-1754) 所提出，然而 de Moivre 的貢獻被忽略，後人將此分配以 Poisson 之名命名之。

作為二項分配的極限，Poisson 推導出 Poisson 分配，但是在往後的研究中，他並沒有繼續討論這種分配的性質。Ladislaus von Bortkiewicz (1868-1931) 利用 Poisson 分配計算普魯士軍隊士兵被馬踢傷因而致死的人數，雖然這是一個有趣的例子，但是百年來在日常生活中，Poisson 分配依然沒有一個適切的應用。直到 William Sealy Gosset (1876-1937) 在 Biometrika 以學生 (Student) 的名義發表一篇有關酵母活菌的論文,[a] 發現單位體積內酵母細胞的數目可由 Poisson 分配來描述。

[a]Student (1907), "On the Error of Counting with a Haemacytometer," Biometrika, 5:3, 351-360.

Proof. 根據 MGF,

$$M_X(t) = e^{\lambda(e^t-1)}$$
$$M'_X(t) = e^{\lambda(e^t-1)}\lambda e^t = M_X(t)\lambda e^t$$
$$M''_X(t) = M'_X(t)\lambda e^t + M_X(t)\lambda e^t$$

因此,

$$E(X) = M'_X(0) = M_X(0)\lambda e^0 = \lambda$$
$$E(X^2) = M''_X(0) = M'_X(0)\lambda e^0 + M_X(0)\lambda e^0 = \lambda^2 + \lambda$$
$$Var(X) = E(X^2) - E(X)^2 = \lambda^2 + \lambda - \lambda^2 = \lambda$$

□

亦即, 參數 λ 同時代表 Poisson 隨機變數的期望值與變異數。附錄提供說明如何以定義直接計算 Poisson 隨機變數的期望值與變異數。

接下來我們介紹如何利用 R 製造 Poisson 隨機變數的實現值。底下的 R 程式造出 10 個 Poisson(5) 隨機變數的實現值:

R 程式 12.2.

```
set.seed(123)
rpois(n=10, lambda=5)
```

其中, rpois 為生成 Poisson 隨機變數實現值的 R 指令, n 代表要製造的隨機變數實現值的個數, lambda 指的就是參數 λ, 執行程式後可得一組 Poisson(5) 隨機變數實現值如下:

```
[1] 4 7 4 8 9 2 5 8 5 5
```

12.2.1 Poisson 極限定理

我們在此介紹一個有關 Poisson 分配的重要性質: Poisson 極限定理 (Poisson Limit Theorem)。

定理 12.1 (Poisson 極限定理). 給定常數 λ, 且

$$X_n \sim Binomial\left(n, \frac{\lambda}{n}\right),$$

則

$$P(X_n = x) = \binom{n}{x}\left(\frac{\lambda}{n}\right)^x\left(1 - \frac{\lambda}{n}\right)^{n-x} \longrightarrow \frac{e^{-\lambda}\lambda^x}{x!} \quad as \quad n \to \infty$$

亦即, Poisson 分配是二項分配 $Binomial\left(n, \frac{\lambda}{n}\right)$ 的一個極限分配。

Proof. 證明詳見附錄。 □

Poisson 分配是二項分配的極限, 則我們可以利用 Poisson 分配作為二項分配的近似分配。譬如說, 給定 $p = 0.03$, $n = 80$, 則 $\lambda = np = 80 \times 0.03 = 2.4$。我們將二項分配的機率值 $\binom{n}{x}(0.03)^x(0.97)^{n-x}$ 與 Poisson 分配的機率值 $\frac{e^{-2.4}2.4^x}{x!}$ 分列於表 12.1。顯而易見地, Poisson 分配提供了二項隨機變數一個不錯的近似。我們也將此定理表現在圖 12.1 中。

給定 $\lambda = 2.4$, 我們分別畫出 $X_{10} \sim \left(10, \frac{2.4}{10}\right)$, $X_{30} \sim \left(30, \frac{2.4}{30}\right)$, $X_{100} \sim \left(100, \frac{2.4}{100}\right)$, 以及 $X \sim \text{Poisson}(2.4)$ 之機率分配。不難看出, 給定 λ 為一個定值時, 當 n 很大 ($p = \lambda/n$ 很小), 則 Poisson 分配就可以替代二項分配。

表12.1: 二項分配與 Poisson 分配機率值

x	$\binom{n}{x}(0.03)^x(0.97)^{n-x}$	$\frac{e^{-2.4}(2.4)^x}{x!}$
0	0.087	0.091
1	0.216	0.218
2	0.264	0.261
3	0.213	0.209
4	0.127	0.125
5	0.059	0.060
6	0.023	0.024
7	0.008	0.008
8	0.002	0.002

Poisson 極限定理之應用: 阿國選里長

阿國想要競選里長, 為了籌措競選經費, 阿國決定辦一場募款餐會。一般募款餐會為了鼓勵民眾踴躍參加, 會在最後舉辦摸彩活動。亦即從購買餐券的民眾中, 隨機抽選一人送獎品。然而, 由於得獎者僅有一人, 參與的民眾愈多, 則中獎機率愈低, 造成民眾參與不夠熱烈。為了增加募款餐會的參與人數, 阿國找小茜來幫忙, 討論是否可能增加給獎人數以刺激餐券買氣。

足智多謀的小茜幫阿國想到了一個新的摸彩方法: 首先, 假定有 n 個人參加, 準備編號分別為 $1, 2, \ldots, n$ 的球, 放入桶子中。每位來賓入場時抽選一個號碼球, 抽出放回。最後, 摸彩時由阿國在桶中抽出一個號碼球, 凡是在入場時抽選到與阿國抽出號碼相同的來賓, 都可以獲得禮物。因此, 得獎的機率提高, 願意參加餐會的人自然會變多。

阿國很喜歡這個點子, 刺激參與人數變多固然是件好事, 但是送獎品出去畢竟也是個支出, 阿國擔心採納小茜的建議後, 會造成額外的支出。因此, 阿國想要瞭解, 使用新的摸彩方式後, 得獎人數分別為 $0, 1, 2, \ldots$ 的機率分別是多高? 而這些機率值是否會因參與人數 n 增加而改變?

由於小茜的數學不好, 阿國於是找上電腦專家小馬, 希望小馬能幫他計算一下這些機率值, 以幫助他作決策。小馬利用電腦模擬, 首先模擬參

圖 12.1: Poisson 極限定理

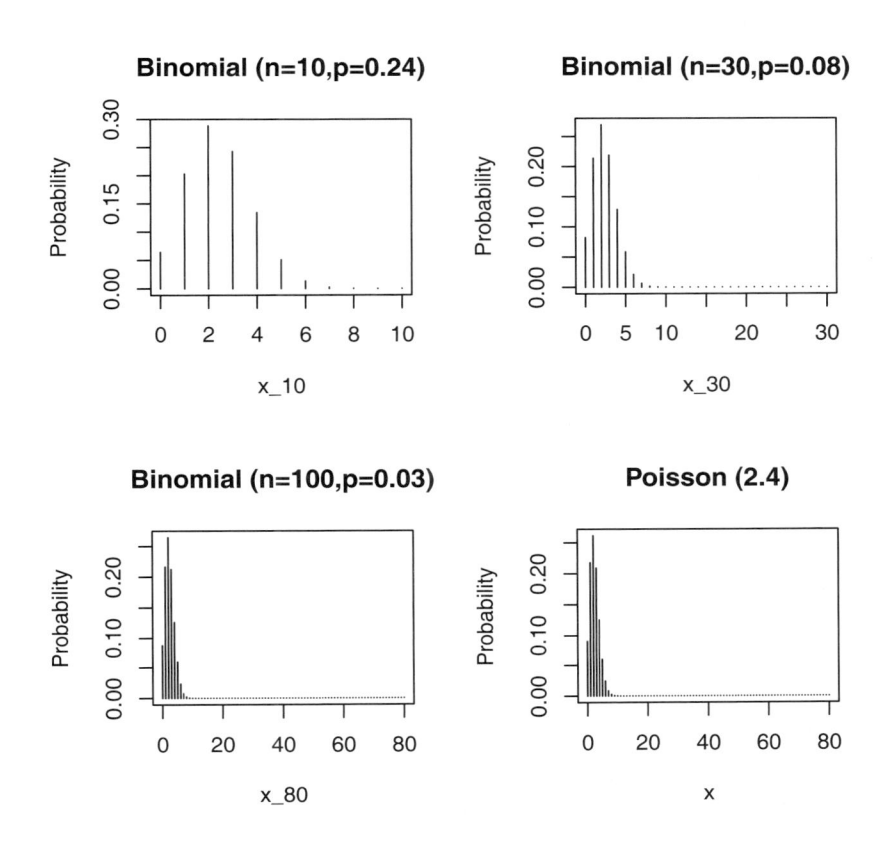

Binomial (n=10,p=0.24)

Binomial (n=30,p=0.08)

Binomial (n=100,p=0.03)

Poisson (2.4)

與人數為 $n = 1000$ 人時, 有 k 個人得獎的機率如表 12.2 所示。

接下來, 小馬決定將參與人數增加, 模擬在 $n = 10000$ 以及 $n = 100000$ 的情況。出乎意料地, 數字都非常接近。也就是說, 不論參加餐會的人數有多少, 都不會改變任 k 個人得獎機率。小馬雖然是個電腦奇才, 對於統計學卻是個半吊子, 不知如何解釋這樣的結果給阿國聽, 只能瞪著電腦發呆...

且讓我們為小馬來解惑。首先注意到, 小茜所建議的新摸彩方式, 可以視為一個 Bernoulli 隨機試驗過程。亦即, 每一個來賓所抽到的號碼要嘛是得獎號碼, 要嘛不是, 即為兩種出象的 Bernoulli 隨機試驗。若總共有 n 個來賓參加募款餐會, 則任一號碼為得獎號碼的機率為 $\frac{1}{n}$, 令 $X_i = 1$

表12.2: 得獎人數及其可能性

k	得獎人數為 k 的機率
0	37%
1	37%
2	18%
3	6%
4	2%
5 或以上	極微小

代表第 i 位來賓所抽到的號碼為得獎號碼,

$$\{X_i\}_{i=1}^n \sim^{i.i.d.} \text{Bernoulli}\left(\frac{1}{n}\right)$$

而 $Y_n = \sum_{i=1}^n X_i$ 則代表 n 個來賓中的得獎人數。因此,

$$Y_n \sim \text{Binomial}\left(n, \frac{1}{n}\right)$$

且得獎人數為 y 的機率為

$$P(Y_n = y) = \binom{n}{y}\left(\frac{1}{n}\right)^y\left(1 - \frac{1}{n}\right)^{n-y}$$

令 $\lambda = np = n \times \frac{1}{n} = 1$, 根據 Poisson 極限定理,

$$P(Y = y) = \binom{n}{y}\left(\frac{1}{n}\right)^y\left(1 - \frac{1}{n}\right)^{n-y} \longrightarrow \frac{e^{-1}}{y!} \text{ as } n \longrightarrow \infty$$

我們將 n =5, 10, 100, 1000 以及 10000 的二項分配以及 Poisson 分配機率值分別列在表 12.3 中。顯而易見地,小馬的電腦模擬沒有做錯,如果小馬學過 Poisson 極限定理,他將知道隨著 n 變大,得獎人數為 y 的機率值將趨近於 $\frac{e^{-1}}{y!}$。

12.2.2 關於參數 λ 的詮釋

之前提到,給定 $X \sim \text{Poisson}(\lambda)$, 則 $\lambda = E(X)$, 也就是說參數 λ 為 Poisson 隨機變數 X 的期望值。一般來說, λ 是無法觀察到的參數,在應用上,

表12.3: 二項分配以及 Poisson 分配機率值

	機率值					
	二項分配: $\binom{n}{y}\left(\frac{1}{n}\right)^y\left(1-\frac{1}{n}\right)^{n-y}$					Poisson 分配: $\frac{e^{-1}}{y!}$
y	n=5	10	100	1000	10000	
0	0.3277	0.3487	0.3660	0.3677	0.3679	0.3679
1	0.4096	0.3874	0.3697	0.3681	0.3679	0.3679
2	0.2048	0.1937	0.1849	0.1840	0.1839	0.1839
3	0.0512	0.0574	0.0610	0.0613	0.0613	0.0613
4	0.0064	0.0112	0.0149	0.0153	0.0153	0.0153
5	0.0003	0.0015	0.0029	0.0030	0.0031	0.0031

我們通常設定 λ 為樣本平均值。理由很簡單，我們在第 9 章中已經介紹過，在母體期望值未知的情況下，我們使用樣本平均值來估計母體期望值。舉例來說，根據過去經驗，某 3C 量販店平均**一星期**賣出兩台數位相機，則 $\lambda = 2$。因此，**每星期**賣出 5 台數位相機的機率為

$$\frac{e^{-2}2^5}{5!} = 0.036$$

然而，如果我們要計算的是**每個月**賣出 5 台數位相機的機率，此時 $\lambda = 2 \times 4 = 8$，且**每個月**賣出 5 台數位相機的機率為

$$\frac{e^{-8}8^5}{5!} = 0.091$$

例 12.2. 每年平均有 6 個颱風侵襲台灣。令隨機變數 X 代表一年內侵襲台灣的颱風數目，$X \sim Poisson(\lambda)$。

1. 提供一個合理的 λ 值。

2. 算出 $P(X < 2)$

3. 算出 $P(6 < X < 8)$

由於每年平均有 6 個颱風, 故設定 $\lambda = 6$,

$$P(X < 2) = P(X = 0) + P(X = 1) = \frac{e^{-6}6^0}{0!} + \frac{e^{-6}6^1}{1!}$$

$$= 0.002479 + 0.014873 = 0.017351$$

$$P(6 < X < 8) = p(X = 7) = 0.137677$$

12.3　附錄

12.3.1　幾何分配 MGF

根據定義

$$M_X(t) = E(e^{tX}) = \sum_{i=1}^{\infty} e^{tx}(1-p)^{x-1}p$$
$$= pe^t + (1-p)pe^{2t} + (1-p)^2 pe^{3t} + (1-p)^3 pe^{4t} + \cdots \quad (1)$$

乘上 $(1-p)e^t$ 後可得:

$$(1-p)e^t M_X(t) = (1-p)pe^{2t} + (1-p)^2 pe^{3t} + (1-p)^3 pe^{4t} + \cdots \quad (2)$$

因此, 將第 (1) 式減去第 (2) 式,

$$[1 - (1-p)e^t]M_X(t) = pe^t,$$

亦即,

$$M_X(t) = \frac{pe^t}{1 - (1-p)e^t}$$

12.3.2　Poisson 隨機變數的期望值與變異數

首先注意到

$$e^\lambda = \sum_{x=0}^{\infty} \frac{\lambda^x}{x!} = \sum_{x=1}^{\infty} \frac{\lambda^{x-1}}{(x-1)!} = \sum_{x=2}^{\infty} \frac{\lambda^{x-2}}{(x-2)!} = \cdots = \sum_{x=k}^{\infty} \frac{\lambda^{x-k}}{(x-k)!}$$

因此, 根據定義

$$E(X) = \sum_{x=0}^{\infty} x \frac{e^{-\lambda}\lambda^x}{x!}$$
$$= 0\frac{e^{-\lambda}\lambda^0}{0!} + \sum_{x=1}^{\infty} x\frac{e^{-\lambda}\lambda^x}{x!}$$
$$= e^{-\lambda}\lambda \sum_{x=1}^{\infty} \frac{\lambda^{x-1}}{(x-1)!} = \lambda$$

$$E(X(X-1)) = \sum_{x=0}^{\infty} x(x-1)\frac{e^{-\lambda}\lambda^x}{x!}$$
$$= 0(0-1)\frac{e^{-\lambda}\lambda^0}{0!} + 1(1-1)\frac{e^{-\lambda}\lambda^1}{1!} + \sum_{x=2}^{\infty} x(x-1)\frac{e^{-\lambda}\lambda^x}{x!}$$
$$= e^{-\lambda}\lambda^2 \sum_{x=2}^{\infty} \frac{\lambda^{x-2}}{(x-2)!} = \lambda^2$$

則

$$E(X^2) = \lambda^2 + E(X) = \lambda^2 + \lambda$$

且

$$Var(X) = E(X^2) - [E(X)]^2 = \lambda^2 + \lambda - \lambda^2 = \lambda$$

12.3.3　Poisson 極限定理之證明

$$\binom{n}{x}\frac{\lambda^x}{n^x}\left(1-\frac{\lambda}{n}\right)^{n-x}$$
$$= \frac{n(n-1)\cdots(n-x+1)}{x!}\frac{\lambda^x}{n^x}\left(1-\frac{\lambda}{n}\right)^{n-x}$$
$$= \frac{1\left(1-\frac{1}{n}\right)\left(1-\frac{2}{n}\right)\cdots\left(1-\frac{x-1}{n}\right)}{x!}\lambda^x\left(1-\frac{\lambda}{n}\right)^n\left(1-\frac{\lambda}{n}\right)^{-x}$$

由於

$$\lim_{n\to\infty} \left[1\left(1-\frac{1}{n}\right)\left(1-\frac{2}{n}\right)\cdots\left(1-\frac{x-1}{n}\right)\right] = 1$$

$$\lim_{n\to\infty}\left(1-\frac{\lambda}{n}\right)^{-x}=1$$

$$\lim_{n\to\infty}\left(1-\frac{\lambda}{n}\right)^{n}=e^{-\lambda}$$

因此

$$\binom{n}{x}\frac{\lambda^x}{n^x}\left(1-\frac{\lambda}{n}\right)^{n-x}\longrightarrow\frac{e^{-\lambda}\lambda^x}{x!}\quad\text{as}\quad n\to\infty$$

練習題

1. 已知隨機變數 X、Y 均呈 Poisson 分配且相互獨立，

$$E(X)=\lambda,\ E(Y)=\mu$$

   (a) 請問 $X+Y$ 呈現何種分配?
   (b) 該分配的期望值為多少?
   (c) 試證明 X 在給定 $X+Y=n$ 下的條件分配:

   $$X|X+Y=n \sim \text{Binomial}\left(n,\frac{\lambda}{\lambda+\mu}\right)$$

2. 已知每天早上尖峰時間的車禍件數呈 Poisson 分配，平均每小時 2 件，下午尖峰時間的車禍件數亦呈 Poisson 分配，平均每小時 4 件。若兩個時段發生車禍件數相互獨立，則一天內兩段尖峰時間總計發生 3 件以上車禍的機率是多少?

3. 令 X_1, X_2 和 X_3 為相互獨立之 Poisson 隨機變數，平均數分別為 $E(X_1)=2, E(X_2)=1$，以及 $E(X_3)=4$。

   (a) 請寫出 $Y=X_1+X_2+X_3$ 的動差生成函數。
   (b) 請算出 $P(7\leq Y\leq 9)$。不用算出精確的數字，只要寫出算式即可。

4. 請利用 Binomial 隨機變數以及 Poisson 隨機變數的 MGF 證明 Poisson 極限定理 (定理 12.1)。

5. 抵達國際機場的旅客檢查設施之旅客呈隨機並獨立的 Poisson 分配。若平均每 15 分鐘有 10 位旅客抵達, 請算出 1 個小時中無人抵達的機率。

6. 給定:
$$\{X_1, X_2, \ldots, X_n\} \sim^{i.i.d.} \text{Poisson}(\lambda)$$

   (a) 試證明:
$$Y_n = X_1 + X_2 + \cdots + X_n \sim \text{Poisson}(n\lambda)$$

   (b) 試找出 λ 的最大概似估計式。

7. 給定 $X \sim \text{Geo}(p)$,

   (a) 試證明:
$$P(X = n + k | X > n) = P(X = k), \ k, n \geq 1$$

   (b) 試證明, 對於任何整數 $k \geq 1$,
$$P(X \geq k) = (1-p)^k$$

13 其他連續隨機變數

13.1 Gamma 隨機變數
13.2 指數隨機變數
13.3 指數隨機變數與 Poisson 隨機變數
13.4 附錄

我們將在本章介紹一些常用的連續隨機變數，包括 Gamma 隨機變數與指數隨機變數。

13.1 Gamma 隨機變數

常態分配雖然應用很廣泛，然而其對稱性質 (symmetric) 有時候無法刻劃某一些具有不對稱 (asymmetric) 分配的現象。亦即，在某些時候我們需要具有偏態曲線 (skewed curve) 的機率密度函數來描繪一些隨機現象。舉例來說，如果我們以 $X \geq 0$ 代表企業在市場上存續 X 期，又可稱 X 為企業的存續時間 (survival time)。一般來說，存續時間具有偏態的性質，亦即，給定 $\mu = E(X)$，

$$P(X > \mu) < P(X < \mu)$$

「存續時間大於平均存續時間」的機率小於「存續時間小於平均存續時間」的機率，如圖 13.1 所示。

圖13.1: 偏態分配 ($\mu = 13$, $q_{0.5} = 10.91$)

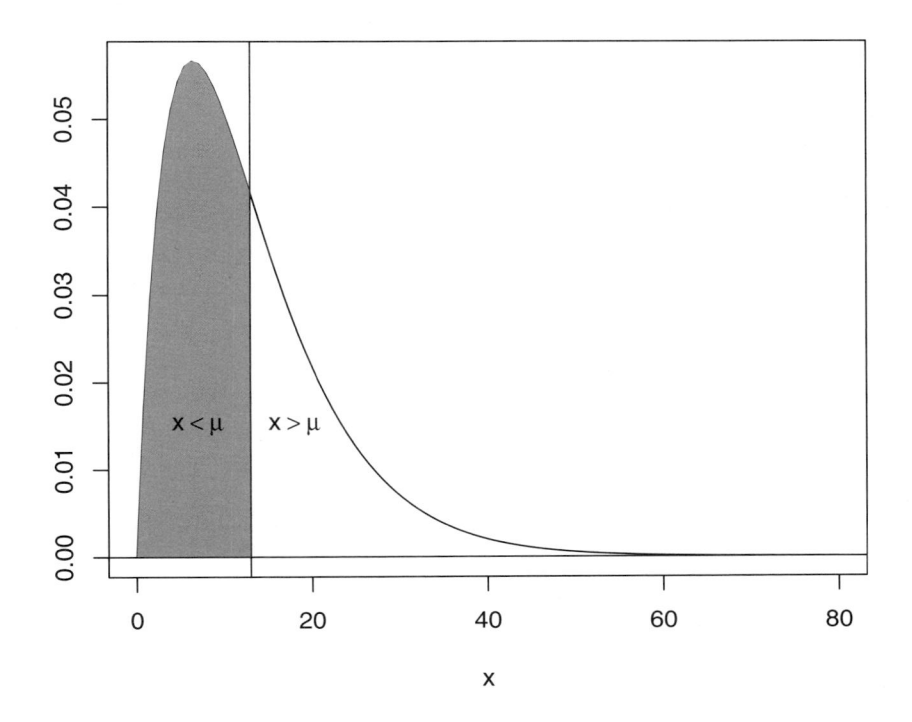

舉例來說, 根據經濟部中小企業處《2006 年中小企業白皮書》統計數字顯示, 台灣中小企業平均壽命只有 13 年, 企業總數中只有 18.34% 的企業, 經營年數超過 20 年。在這個圖例中, $\mu = 13$, 而中位數 $q_{0.5} = 10.91$, 亦即, 期望值大於中位數。

$$0.5 = P(X < 10.91) < P(X < 13)$$

因此,

$$P(X < 13) > P(X > 13)$$

也就是說, 企業「能夠超過全體企業平均經營壽命 13 年」的機率, 小於「未達全體企業平均經營壽命 13 年即倒閉」的機率。企業存續年數就是一個具有偏態的分配。[1]

---

[1] 參見廖瑞真 (2011), 中小企業如何打破成長魔咒?, 天下雜誌 374 期。

許多分配具有偏態性質，我們在第 6 章中介紹過的卡方分配與 F 分配就是偏態分配。我們在此進一步介紹一個重要的偏態分配: Gamma 分配, 事實上, 卡方分配也是 Gamma 分配的一個特例。在介紹 Gamma 分配之前, 我們先介紹 Gamma 函數。

定義 13.1 (Gamma 函數). 對於任何 $\alpha > 0$,

$$\Gamma(\alpha) = \int_0^\infty x^{\alpha-1} e^{-x} dx$$

稱為 Gamma 函數。

關於 Gamma 函數, 有如下的重要性質。

性質 13.1.

1. $\Gamma(1) = 1$ 且 $\Gamma\left(\frac{1}{2}\right) = \sqrt{\pi}$

2. 對於 $\alpha > 1$, $\Gamma(\alpha + 1) = \alpha \Gamma(\alpha)$

3. 對於任何正整數 n, $\Gamma(n) = (n-1)!$

4. 對於 $\xi > 0$,
$$\int_0^\infty x^{\alpha-1} e^{-\xi x} dx = \left(\frac{1}{\xi}\right)^\alpha \Gamma(\alpha)$$

Proof. 證明參見附錄。 □

接下來我們介紹 Gamma 分配。

定義 13.2 (Gamma 隨機變數). 我們稱隨機變數 X 為一 Gamma 隨機變數 *(Gamma random variable)*, 如果其機率密度函數為:

$$f(x) = \frac{x^{\alpha-1} e^{-\frac{1}{\beta}x}}{\beta^\alpha \Gamma(\alpha)}, \quad \text{supp}(X) = \{x : 0 < x < \infty\}, \quad \alpha, \beta > 0$$

我們以 $X \sim Gamma(\alpha, \beta)$ 表示之。

圖13.2: Gamma 隨機變數的機率密度函數

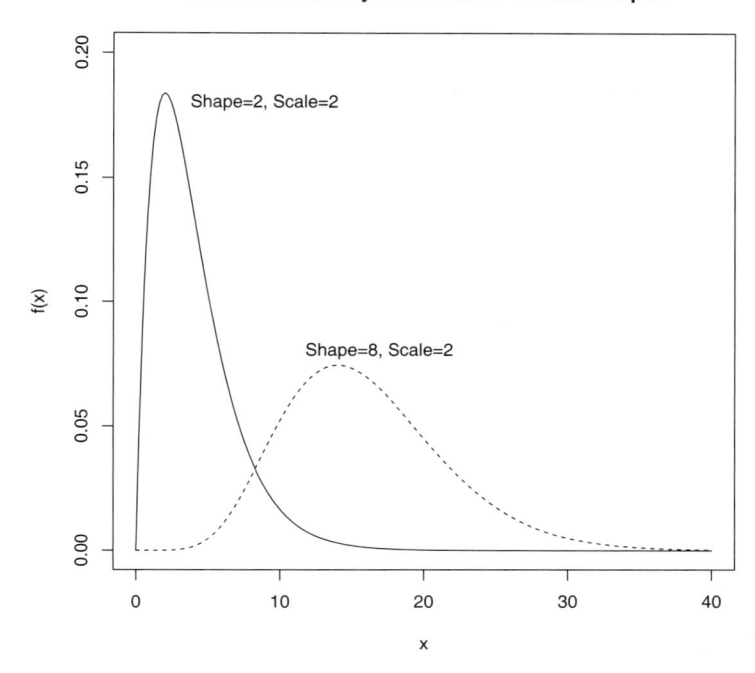

Gamma Probability Densities for Various Shapes

給定 $\beta > 0$, 根據性質 13.1, 我們可以驗證

$$\int_0^\infty f(x)dx = \int_0^\infty \frac{x^{\alpha-1}e^{-\frac{1}{\beta}x}}{\beta^\alpha \Gamma(\alpha)}dx = \frac{1}{\beta^\alpha \Gamma(\alpha)}\int_0^\infty x^{\alpha-1}e^{-\frac{1}{\beta}x}dx$$
$$= \frac{1}{\beta^\alpha \Gamma(\alpha)}\beta^\alpha \Gamma(\alpha) = 1$$

Gamma 分配有兩個參數, 其中, α 稱之為形態參數 (shape parameter), 而 β 稱之為尺度參數 (scale parameter)。我們將 $\beta = 2$, 但對應不同的形態參數值 ($\alpha = 2$ 以及 8) 的 Gamma 隨機變數機率密度函數繪於圖 13.2 中。我們不難看出, 當 α 值越大, Gamma 分配的偏態程度就越小, 趨向於對稱。

我們也將 Gamma 分配的機率密度函數在 $\alpha = 2$, 但考慮不同的尺度參數值 ($\beta = 2$ 以及 8) 下的情況繪於圖 13.3 中。根據圖 13.3, 當 β 值越

圖 13.3: Gamma 隨機變數的機率密度函數

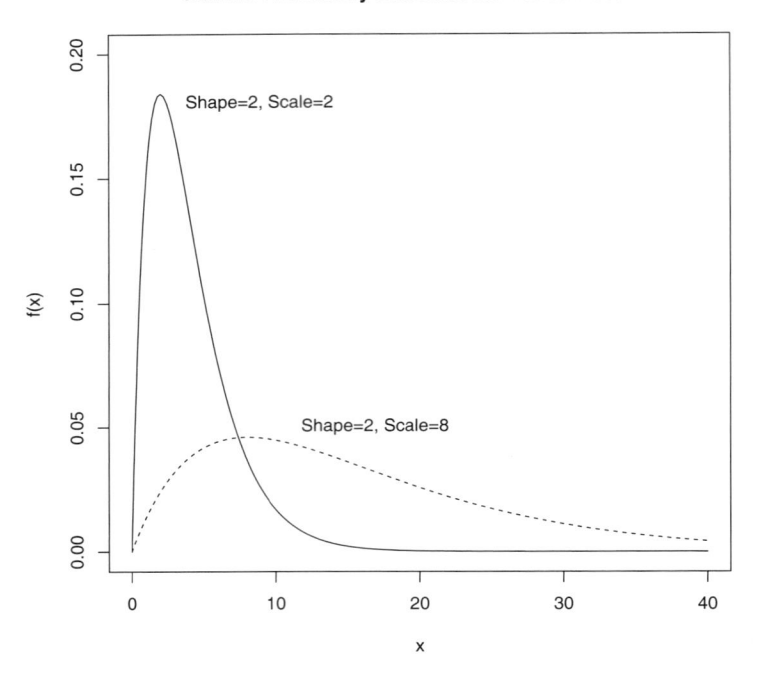

Gamma Probability Densities for Various Scales

（Shape=2, Scale=2；Shape=2, Scale=8）

大時，其機率密度函數就越扁平。繪製圖 13.2 與 13.3 的 R 程式參見附錄。

底下定理提供 Gamma 隨機變數的動差生成函數。

定理 13.1 (Gamma 隨機變數 MGF). 給定 $X \sim Gamma(\alpha, \beta)$, 則其 MGF 為：

$$M_X(t) = \left(\frac{1}{1-\beta t}\right)^\alpha \quad for \ t < \frac{1}{\beta}$$

Proof.

$$M_X(t) = E(e^{tX}) = \int_0^\infty e^{tx} \frac{x^{\alpha-1} e^{-\frac{1}{\beta}x}}{\beta^\alpha \Gamma(\alpha)} dx = \frac{1}{\beta^\alpha \Gamma(\alpha)} \int_0^\infty x^{\alpha-1} e^{-\frac{1}{\beta}(1-\beta t)x} dx$$

$$= \frac{1}{\beta^\alpha \Gamma(\alpha)} \left(\frac{1}{\frac{1}{\beta}(1-\beta t)}\right)^\alpha \Gamma(\alpha) = \left(\frac{1}{1-\beta t}\right)^\alpha$$

注意到我們用到了性質 13.1, 其中, 由於 $t < \frac{1}{\beta}$, 因此, 符合性質 13.1 的條件:
$$\xi = \frac{1}{\beta}(1 - \beta t) > 0$$

□

注意到當 $1 - \beta t \leq 0$, 積分的結果將會是無限大。這也就是爲什麼我們要將 Gamma 隨機變數的動差生成函數定義在 $t < \frac{1}{\beta}$ 的範圍內。我們可以進一步得到 Gamma 隨機變數的重要動差如下:

$$E(X) = M'(t)|_{t=0} = \alpha\beta$$
$$E(X^2) = M''(t)|_{t=0} = (1 + \alpha)\alpha\beta^2$$
$$Var(X) = \alpha\beta^2$$

當然, 我們也可以直接求算 Gamma 隨機變數的 r 階動差。

定理 13.2 (Gamma 隨機變數的的 r 階動差). 給定 $X \sim Gamma(\alpha,\beta)$, 則其 r 階動差爲:
$$E(X^r) = \frac{\beta^r \Gamma(\alpha + r)}{\Gamma(\alpha)}$$

Proof.

$$E(X^r) = \int_0^\infty x^r \frac{x^{\alpha-1} e^{-\frac{1}{\beta}x}}{\beta^\alpha \Gamma(\alpha)} dx = \int_0^\infty \frac{x^{\alpha+r-1} e^{-\frac{1}{\beta}x}}{\beta^\alpha \Gamma(\alpha)} dx$$
$$= \frac{1}{\beta^\alpha \Gamma(\alpha)} \int_0^\infty x^{\alpha+r-1} e^{-\frac{1}{\beta}x} dx$$
$$= \frac{1}{\beta^\alpha \Gamma(\alpha)} \beta^{\alpha+r} \Gamma(\alpha + r) = \frac{\beta^r \Gamma(\alpha + r)}{\Gamma(\alpha)}$$

其中, 我們再度用到性質 13.1。 □

因此,
$$E(X) = \frac{\beta \Gamma(\alpha + 1)}{\Gamma(\alpha)} = \frac{\beta \alpha \Gamma(\alpha)}{\Gamma(\alpha)} = \alpha\beta$$
$$E(X^2) = \frac{\beta^2 \Gamma(\alpha + 2)}{\Gamma(\alpha)} = \frac{\beta^2 (\alpha + 1)\Gamma(\alpha + 1)}{\Gamma(\alpha)} = \frac{\beta^2 (\alpha + 1)\alpha \Gamma(\alpha)}{\Gamma(\alpha)} = \alpha(\alpha+1)\beta^2$$

$$E\left(\frac{1}{X}\right) = \frac{\beta^{-1}\Gamma(\alpha-1)}{\Gamma(\alpha)} = \frac{\beta^{-1}\Gamma(\alpha-1)}{(\alpha-1)\Gamma(\alpha-1)} = \frac{1}{\beta(\alpha-1)}$$

底下為 Gamma 隨機變數的重要性質。

定理 13.3. 給定 $X \sim Gamma(\alpha,\beta)$, 且 $c > 0$, 則

$$cX \sim Gamma(\alpha, c\beta)$$

Proof. 根據 MGF 的性質 $M_{aX}(t) = M_X(at)$ 即得證。 □

根據以上定理, Gamma 隨機變數乘上 c 倍, 則尺度參數值亦等比例乘上 c 倍。據此, 我們可以得知為何 Gamma 隨機變數的第二個參數稱為尺度參數值 (尺度的放大或縮小)。

Gamma 分配的一個重要特例是, 在 $\alpha = \frac{k}{2}$, $\beta = 2$ 的參數設定下, 就是一個自由度為 k 的卡方分配。亦即, 根據定義可得以下性質:

性質 13.2 (卡方隨機變數與 Gamma 隨機變數).

$$\chi^2(k) \stackrel{d}{=} Gamma\left(\frac{k}{2}, 2\right)$$

最後我們介紹如何利用 R 製造 Gamma 隨機變數的實現值。底下的 R 程式造出 10 個 Gamma(2,2) 隨機變數的實現值。其中, rgamma 為生成 Gamma 隨機變數實現值的 R 指令, n 代表要製造的隨機變數實現值個數, shape 指的就是參數 α, scale 就是參數 β,

R 程式 13.1 (Gamma 隨機變數).

```
set.seed(123)
rgamma(n=10, shape=2, scale = 2)
```

執行程式後可得:

```
[1] 1.7841871 6.6236948 0.2887499 3.3250466 8.6717580 4.2352314 0.7014354
[8] 0.2608002 6.7475639 3.9460933
```

13.2 指數隨機變數

當 $\alpha = 1$, Gamma$(1,\beta)$ 隨機變數又稱為指數隨機變數 (exponential random variables), 以其機率密度函數呈現指數曲線而得名。在離散隨機變數中, 我們介紹過 Poisson 分配, 衡量的是一段期間內, 事件發生次數的機率, 譬如說, 一小時內出現的公車班次。相對應的, 我們也可以衡量兩班公車之間的等待時間, 而刻劃等待時間的機率分配即為指數分配。

定義 13.3 (指數隨機變數). 我們稱隨機變數 X 為一指數隨機變數, 如果其機率密度函數為

$$f(x) = \begin{cases} \frac{1}{\beta}e^{-\frac{1}{\beta}x}, & \text{if } x \geq 0, \\ 0, & \text{otherwise.} \end{cases}$$

$\text{supp}(X) = \{x : 0 \leq x < \infty\}$, 並以 $X \sim exp(\beta)$ 表示之。

我們將 $\beta = 5$ 指數隨機變數的機率密度函數繪於圖 13.4 中, R 指令如下:

R 程式 13.2 (指數隨機變數的機率密度函數).

```
curve(dexp(x, rate=0.2), from=0, to=50)
```

注意到 R 指令中 rate 代表的是 $\frac{1}{\beta}$, from 與 to 用來設定繪圖時的值域。同時, 我們可以根據定義找出指數隨機變數的 CDF

$$\begin{aligned} F(x) &= P(X \leq x) \\ &= \int_0^x \frac{1}{\beta}e^{-\frac{1}{\beta}u}du \\ &= -e^{-\frac{1}{\beta}u}\Big]_0^x \\ &= -e^{-\frac{1}{\beta}x} - (-1) = 1 - e^{-\frac{x}{\beta}} \end{aligned}$$

因此,

$$P(X > x) = 1 - P(X \leq x) = e^{-\frac{x}{\beta}}$$

由於

$$\exp(\beta) \stackrel{d}{=} \text{Gamma}(1,\beta)$$

圖13.4: 指數隨機變數的機率密度函數

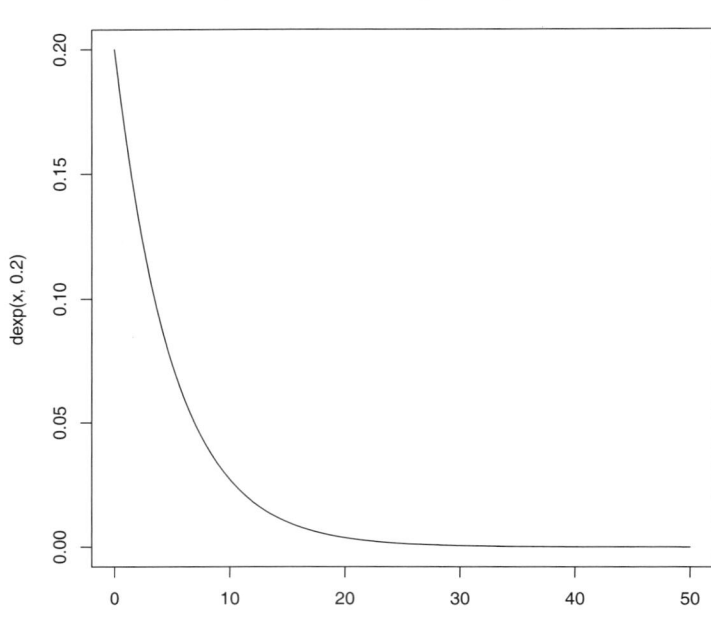

Exponential Probability Density Function

因此，$\exp(\beta)$ 隨機變數的動差生成函數與重要動差分別為：

$$M_X(t) = \frac{1}{1-\beta t}$$

$$E(X) = 1 \times \beta = \beta$$

$$Var(X) = 1 \times \beta^2 = \beta^2$$

指數隨機變數除了用來刻劃「等待時間」，也可用來刻劃「存續時間」(length of life or duration)。因此，參數 $\beta = E(X)$ 除了可以詮釋為預期等待時間，也可以看做是預期存續時間，或稱預期壽命。然而，值得注意的是，跟 Gamma 隨機變數不一樣的地方在於，Gamma 隨機變數的 pdf 具有倒 U 形式 (hump shape)，先遞增後遞減，而指數隨機變數的 pdf 則是單調遞減 (monotonic decreasing)。參見圖 13.2 與13.4。

性質 13.3 (指數隨機變數的無憶性). 若 $X \sim exp(\beta)$,

$$P(X > m + n | X > m) = P(X > n)$$

我們可以透過以下的例子了解何謂「無憶性」。譬如說, 你已經在站牌底下等了 m 分鐘的公車, 此時, 阿慶也加入等公車的行列。顯而易見的, 無論是你或阿慶, 至少再等 n 分鐘後公車才來的機率是相同的。也就是說, 給定你已經等了 m 分鐘, 然後你得至少再等 n 分鐘的條件機率 $P(X > m + n | X > m)$ 等同於阿慶至少再等 n 分鐘的非條件機率 $P(X > n)$。

最後我們介紹如何利用 R 製造指數隨機變數的實現值。事實上, 由於 $exp(\beta) \stackrel{d}{=} Gamma(1, \beta)$, 因此, 我們可以用 rgamma(n=10,shape=1,scale=2) 來製造 $exp(2)$ 的隨機變數的實現值。不過指數隨機變數也有自己的 R 指令。底下的 R 程式造出 10 個 $exp(2)$ 指數隨機變數的實現值, 其中, rexp 為生成指數隨機變數實現值的 R 指令, n 代表要製造的隨機變數個數, rate 就是 scale 的倒數, 意即參數 $1/\beta$。

R 程式 13.3 (指數隨機變數).

```
set.seed(123)
rexp(n=10, rate = 0.5)
```

執行程式後可得:

```
[1] 1.68691452 1.15322054 2.65810974 0.06315472 0.11242195 0.63300243
[7] 0.62845458 0.29053361 5.45247293 0.05830689
```

最後, 我們將 Gamma 隨機變數, χ^2 隨機變數, 以及指數隨機變數的關係提供於圖 13.5 中。

13.3 指數隨機變數與 Poisson 隨機變數

之前我們已經介紹過了, 指數分配與 Poisson 分配猶如一體的兩面, Poisson 分配, 衡量的是一段期間內, 事件發生次數的機率, 而指數分配衡量的是兩接連事件發生之間的等待時間。

圖13.5: Gamma 隨機變數的機率密度函數

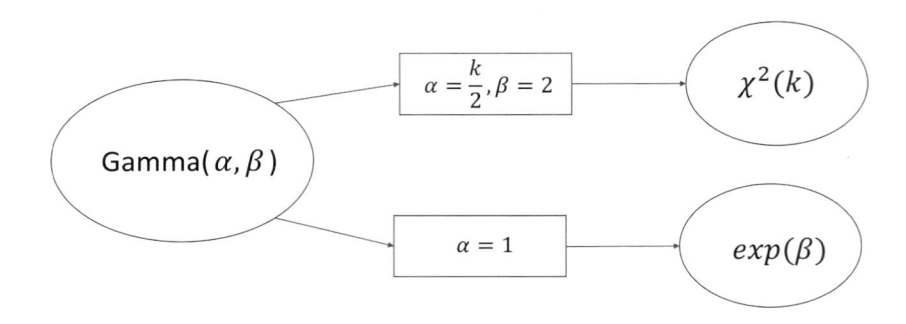

```
Gamma(α, β) ──[α = k/2, β = 2]──→ χ²(k)
          └──[α = 1]──→ exp(β)
```

如果我們令 T 代表從零時 (原點) 開始直到第一次事件發生的等待時間。舉例來說, T 代表今天第一班公車到來前的等待時間。假設根據過去經驗, 單位時間 [0,1] 內, 平均有 λ 輛的公車會抵達, (亦即 [0,t] 期間有 λt 輛的公車會抵達)。[2] 因此, 等待時間 T 的機率分配為:

$$F(t) = P(T \leq t) = 1 - P(T > t)$$
$$= 1 - P(\text{在 } [0,t] \text{ 的區間內沒有公車抵達})$$

如果我們令 X 代表在 [0,t] 的區間內公車的抵達班次, 根據 Poisson 分配, 其機率為

$$P(X = x) = \frac{e^{-\lambda t}(\lambda t)^x}{x!}$$

因此, 在 [0,t] 的區間內沒有公車抵達 ($X = 0$) 的機率就是

$$P(X = 0) = P(\text{在 } [0,t] \text{ 的區間內沒有公車抵達})$$
$$= \frac{e^{-\lambda t}(\lambda t)^0}{0!} = e^{-\lambda t}$$

從而,

$$F(t) = 1 - P(\text{在 } [0,t] \text{ 的區間內沒有公車抵達})$$
$$= 1 - e^{-\lambda t}$$

---

[2]也就是說, 如果單位時間為小時, 亦即平均每小時有 λ 輛的公車會抵達, 而平均每天 (24 個小時) 有 24λ 輛的公車會抵達。

因此,
$$f(t) = F'(t) = \lambda e^{-\lambda t}$$
令 $\lambda = \frac{1}{\beta}$, 則
$$f(t) = \frac{1}{\beta}e^{-\frac{t}{\beta}}$$
這正是指數分配的機率密度函數。

簡言之, 這說明了以 Poisson 分配所衡量的「在 [0,t] 區間內沒有公車抵達」的機率等於以指數分配所衡量的「至少等待 t 時間公車才會來」的機率。

13.4 附錄

13.4.1 Gamma 函數相關性質證明

1. 根據定義,
$$\Gamma(1) = \int_0^\infty e^{-x}dx = -e^{-x}\big]_0^\infty = 1$$

2. 根據定義,
$$\Gamma\left(\frac{1}{2}\right) = \int_0^\infty x^{-\frac{1}{2}}e^{-x}dx$$

令 $x = \frac{1}{2}y^2$, 則 $dx = ydy$, 且原式變成

$$\Gamma\left(\frac{1}{2}\right) = \int_0^\infty \left[\frac{1}{2}y^2\right]^{-\frac{1}{2}} e^{-\frac{1}{2}y^2} ydy = \int_0^\infty \sqrt{2}e^{-\frac{1}{2}y^2}dy$$
$$= \sqrt{2\pi}\sqrt{2}\int_0^\infty \frac{1}{\sqrt{2\pi}}e^{-\frac{1}{2}y^2}dy$$

注意到 $\frac{1}{\sqrt{2\pi}}e^{-\frac{1}{2}y^2}$ 為 $N(0,1)$ 的 pdf,

$$\int_0^\infty \frac{1}{\sqrt{2\pi}}e^{-\frac{1}{2}y^2}dy = \frac{1}{2}$$

因此,
$$\Gamma\left(\frac{1}{2}\right) = \frac{\sqrt{2\pi}\sqrt{2}}{2} = \sqrt{\pi}$$

3. 根據定義,
$$\Gamma(\alpha+1) = \int_0^\infty x^\alpha e^{-x} dx$$

令 $u = x^\alpha$, $v = -e^{-x}$, 則 $dv = e^{-x}dx$, 利用分部積分,

$$\begin{aligned}\Gamma(\alpha+1) &= \int_0^\infty u\,dv \\ &= uv\Big]_0^\infty - \int_0^\infty v\,du \\ &= x^\alpha(-e^{-x})\Big]_0^\infty - \int_0^\infty -e^{-x}\alpha x^{\alpha-1}dx \\ &= -x^\alpha e^{-x}\Big]_0^\infty + \alpha\int_0^\infty x^{\alpha-1}e^{-x}dx \\ &= 0 + \alpha\Gamma(\alpha) \\ &= \alpha\Gamma(\alpha)\end{aligned}$$

注意到 $-x^\alpha e^{-x}\Big]_0^\infty = 0$ 係來自於:

$$\begin{aligned}\lim_{x\to\infty}\left[\frac{x^\alpha}{e^x}\right] &= \lim_{x\to\infty}\left[\frac{e^{\alpha\log x}}{e^x}\right] \\ &= \lim_{x\to\infty}\left[e^{\alpha\log x - x}\right] \\ &= \lim_{x\to\infty}\left[e^{x\left[\alpha\frac{\log x}{x}-1\right]}\right]\end{aligned}$$

根據 L'Hôpital's Rule,

$$\lim_{x\to\infty}\frac{\log x}{x} = \lim_{x\to\infty}\frac{\frac{1}{x}}{1} = 0$$

因此,

$$\lim_{x\to\infty}\left[\alpha\frac{\log x}{x}-1\right] = -1$$

則

$$\lim_{x\to\infty}\left[e^{x\left[\alpha\frac{\log x}{x}-1\right]}\right] = 0$$

4. 根據上述性質，

$$\Gamma(n) = (n-1)\Gamma(n-1) = (n-1)(n-2)\Gamma(n-2)$$
$$= (n-1)(n-2)\cdots 1\Gamma(1)$$
$$= (n-1)!$$

5. 對於 $\xi > 0$, 令 $y = \xi x$, 則 $dy = \xi dx$ 且

$$\int_0^\infty x^{\alpha-1} e^{-\xi x} dx = \int_0^\infty \left(\frac{y}{\xi}\right)^{\alpha-1} e^{-y} \left(\frac{1}{\xi}\right) dy$$
$$= \xi^{-\alpha} \int_0^\infty y^{\alpha-1} e^{-y} dy$$
$$= \left(\frac{1}{\xi}\right)^\alpha \Gamma(\alpha)$$

給定 $W \sim \chi^2(k)$, 則 $W \sim Gamma\left(\frac{k}{2}, 2\right)$。因此，根據定理 13.2,

$$E(W^{-1}) = \frac{2^{-1}\Gamma\left(\frac{k}{2}-1\right)}{\Gamma\left(\frac{k}{2}\right)} = \frac{2^{-1}\Gamma\left(\frac{k}{2}-1\right)}{\left(\frac{k}{2}-1\right)\Gamma\left(\frac{k}{2}-1\right)} = \frac{1}{k-2}$$

13.4.2　R 程式: Gamma 分配機率密度函數

以下為繪製圖 13.2 與 13.3 的 R 程式。

R 程式 13.4.

```
xvals = seq(0, 40, length=200)
G1 = dgamma(xvals, shape=2,scale=2)
G2 = dgamma(xvals, shape=8,scale=2)
G3 = dgamma(xvals, shape=2,scale=8)
matplot(xvals, col=1, cbind(G1,G2),
type = "l",
xlab = "x", ylab = "f(x)", ylim = c(0, 0.2),
main = "Gamma Probability Densities for Various Shapes")
text(3, 0.18, "Shape=2, Scale=2", pos = 4, col = 1)
text(11, 0.08, "Shape=8, Scale=2", pos = 4, col = 1)
matplot(xvals, col=1, cbind(G1,G3),
type = "l",
xlab = "x", ylab = "f(x)", ylim = c(0, 0.2),
main = "Gamma Probability Densities for Various Scales")
text(3, 0.18, "Shape=2, Scale=2", pos = 4, col = 1)
text(11, 0.05, "Shape=2, Scale=8", pos = 4, col = 1)
```

練習題

1. 給定指數隨機變數之機率密度函數為

$$f(x) = \begin{cases} \frac{1}{\theta} e^{-\frac{1}{\theta}x} & \text{if } x \geq 0 \\ 0 & \text{otherwise} \end{cases}$$

試證

$$\int_0^\infty f(x)dx = 1$$

2. 證明性質13.3 (指數隨機變數的無憶性)。

3. 給定 $X \sim \exp(\theta)$，請以指數隨機變數的 pdf 與動差生成函數之定義驗證

$$M_X(t) = \frac{1}{1 - \theta t}$$

4. 已知某一售票亭，顧客到達的間隔時間呈指數分配。經長期觀察，間隔時間的平均長度為 10 分鐘。

   (a) 今若第一位顧客已到達，則第二位顧客將在 7 分鐘以後到達的機率為何？

   (b) 若利用 Poisson 分配求算機率又為何？

5. 令 $Z \sim U(0,1)$，且 $Y = -\log(1 - Z)$

   (a) 使用 CDF 法找出 Y 的分配。

   (b) 假設 $X \sim \text{Poisson}(Y)$

   　　i. 試求出 $E(X|Y = y) = ?$
   　　ii. 試求出 $E(X) = ?$
   　　iii. 試求出 $Var(X) = ?$

14 多變量常態分配

14.1 基礎線性代數
14.2 隨機向量以及變異數–共變數矩陣
14.3 雙變量常態分配
14.4 多變量常態分配

　　本章介紹多變量常態分配。我們將在此章介紹隨機向量的概念，並介紹一些基礎線性代數的知識。

14.1 基礎線性代數

我們在此介紹一些基礎線性代數概念，許多性質將不會證明，有興趣的讀者請自行參考線性代數相關書籍。

　　在本章中，我們考慮的向量 (vector) 或是矩陣 (matrix)，其元素都是實數。此外，向量 (vector) 指的都是行向量 (column vector):

$$\mathbf{x} = \begin{bmatrix} x_1 \\ x_2 \\ \vdots \\ x_n \end{bmatrix}$$

矩陣則以 $\mathbf{A}$ 表示，並以 $[A]_{ij}$ 或是 a_{ij} 代表 $\mathbf{A}$ 第 i 列與第 j 行所對應的

元素, 其中 $i = 1, 2, \ldots, m$, $j = 1, 2, \ldots, n$, 亦即,

$$\mathbf{A} = [a_{ij}] = \begin{bmatrix} a_{11} & a_{12} & \cdots & a_{1n} \\ a_{21} & a_{22} & \cdots & a_{2n} \\ \vdots & \vdots & \ddots & \vdots \\ a_{m1} & a_{m2} & \cdots & a_{mn} \end{bmatrix}$$

為一個 $m \times n$ 的矩陣。因此, 一個維度 m 的行向量可視為一個 $m \times 1$ 的矩陣, 而一個維度 n 的列向量可視為一個 $1 \times n$ 的矩陣。$\mathbf{x}$ 的轉置 (transpose) 則為

$$\mathbf{x}' = \begin{bmatrix} x_1 & x_2 & \cdots & x_n \end{bmatrix}$$

為了行文方便, 我們有時會以隨文的方式表示: $\mathbf{x} = [x_1, x_2, \ldots, x_n]'$, 且注意到

$$\mathbf{x}'\mathbf{x} = x_1^2 + x_2^2 + \cdots + x_n^2 = \sum_{i=1}^{n} x_i^2$$

為向量的長度 (length)。

當 $m = n$, 則稱矩陣 $\mathbf{A}$ 為一方陣 (square matrix)。給定一個方陣 $\mathbf{A}$, 如果 $a_{ij} = a_{ji}$, 則稱矩陣 $\mathbf{A}$ 為對稱矩陣 (symmetric matrix)。

一般矩陣乘積只有在第一個矩陣的行數和第二個矩陣的列數相同時才有定義。若矩陣 $\mathbf{A}$ 的維度為 $m \times n$, 矩陣 $\mathbf{B}$ 的維度為 $n \times p$, 則其乘積 AB 為一個 $m \times p$ 的矩陣:

$$[AB]_{ij} = \sum_{k=1}^{n} a_{ik} b_{kj}$$

注意到若兩向量 $v, w \in \mathbb{R}^n$, 則 $v'w$ 可視為 $1 \times n$ 的矩陣乘上一個 $n \times 1$ 的矩陣, 會得到一個 1×1 的元素, 剛好就是其點積 (dot product), 或是內積 (inner product)。

$$v'w = v \cdot w$$

至於 vw' 則可視為 $n \times 1$ 的矩陣乘上一個 $1 \times n$ 的矩陣, 最後的結果會得到一個 $n \times n$ 的矩陣。

舉例來說, 底下 R 程式先定義向量

$$\mathbf{x} = \begin{bmatrix} 1 \\ 2 \\ 3 \\ 4 \\ 5 \end{bmatrix}$$

接下來計算:

$$\mathbf{x}'\mathbf{x} = \begin{bmatrix} 1 & 2 & 3 & 4 & 5 \end{bmatrix} \begin{bmatrix} 1 \\ 2 \\ 3 \\ 4 \\ 5 \end{bmatrix} = 1^2 + 2^2 + 3^2 + 4^2 + 5^2 = 55$$

以及

$$\mathbf{x}\mathbf{x}' = \begin{bmatrix} 1 \\ 2 \\ 3 \\ 4 \\ 5 \end{bmatrix} \begin{bmatrix} 1 & 2 & 3 & 4 & 5 \end{bmatrix} = \begin{bmatrix} 1 & 2 & 3 & 4 & 5 \\ 2 & 4 & 6 & 8 & 10 \\ 3 & 6 & 9 & 12 & 15 \\ 4 & 8 & 12 & 16 & 20 \\ 5 & 10 & 15 & 20 & 25 \end{bmatrix}$$

在 R 程式中, 我們以 %*% 來計算內積。

R 程式 14.1.

```
x = c(1:5)
x
t(x)%*%x
x%*%t(x)
```

執行後可得:

```
> x
[1] 1 2 3 4 5
> t(x)%*%x
```

```
         [,1]
[1,]       55
> x%*%t(x)
     [,1] [,2] [,3] [,4] [,5]
[1,]    1    2    3    4    5
[2,]    2    4    6    8   10
[3,]    3    6    9   12   15
[4,]    4    8   12   16   20
[5,]    5   10   15   20   25
```

如果一個矩陣主對角線上的元素均為 1，而其他元素均為 0，亦即 $a_{jj} = 1$ 而 $a_{ij} = 0$, 我們稱之為單位矩陣 (identity matrix)，並以 $\mathbf{I}$ 表示:

$$\mathbf{I} = \begin{bmatrix} 1 & 0 & \cdots & 0 \\ 0 & 1 & \cdots & 0 \\ \vdots & \vdots & \ddots & \vdots \\ 0 & 0 & \cdots & 1 \end{bmatrix}$$

定義 14.1(直交矩陣). 如果

$$\mathbf{C'C} = \mathbf{I}$$

我們稱方陣 $\mathbf{C}$ 為一直交矩陣 *(orthogonal matrix)*。

由於 $\mathbf{C^{-1}C} = \mathbf{CC^{-1}} = \mathbf{I}$, 因此,

$$\mathbf{C^{-1}} = \mathbf{C'}$$

其中, $\mathbf{C^{-1}}$ 為 $\mathbf{C}$ 的逆矩陣 (inverse of a matrix)。在 R 語言中，我們用 solve() 這個函數求算逆矩陣。

R 程式 14.2.

```
A=matrix(c(1,2,3,2),2)
A
invA = solve(A)
invA
invA%*%A
```

執行後可得:

```
> A
     [,1] [,2]
[1,]   1    3
[2,]   2    2
> invA = solve(A)
> invA
     [,1]  [,2]
[1,] -0.5   0.75
[2,]  0.5  -0.25
> invA%*%A
     [,1] [,2]
[1,]   1    0
[2,]   0    1
```

定義 14.2 (二次型式). 給定對稱矩陣 **A**, 其二次型式 *(quadratic form)* 定義為

$$Q(\mathbf{x}) = \mathbf{x}'\mathbf{A}\mathbf{x} = \sum_i \sum_j a_{ij} x_i x_j, \ \mathbf{x} \in \mathbb{R}^n$$

對於任何 **x** ≠ **0**, 下表說明了一個對稱矩陣 **A** 及其二次型式之間的關係:

二次型式	矩陣 **A**
$\mathbf{x}'\mathbf{A}\mathbf{x} > 0$	正定矩陣 (positive-definite matrix)
$\mathbf{x}'\mathbf{A}\mathbf{x} \geq 0$	半正定矩陣 (positive-semidefinite matrix)
$\mathbf{x}'\mathbf{A}\mathbf{x} < 0$	負定矩陣 (negative-definite matrix)
$\mathbf{x}'\mathbf{A}\mathbf{x} \leq 0$	半負定矩陣 (negative-semidefinite matrix)

14.2　隨機向量以及變異數-共變數矩陣

令 $\mathbf{X} \in \mathbb{R}^n$ 為一隨機向量 (random vector),

$$\mathbf{X} = \begin{bmatrix} X_1 \\ X_2 \\ \vdots \\ X_n \end{bmatrix}$$

其均數向量 (mean vector) 為 $\boldsymbol{\mu} = E(\mathbf{X})$,亦即

$$\boldsymbol{\mu} = \begin{bmatrix} \mu_1 \\ \mu_2 \\ \vdots \\ \mu_n \end{bmatrix} = \begin{bmatrix} E(X_1) \\ E(X_2) \\ \vdots \\ E(X_n) \end{bmatrix}$$

而變異數-共變數矩陣 (variance-covariance matrix) 則為

$$\begin{aligned}
\boldsymbol{\Lambda} &= Var(\mathbf{X}) \\
&= E[(\mathbf{X} - \boldsymbol{\mu})(\mathbf{X} - \boldsymbol{\mu})'] \\
&= E\left(\begin{bmatrix} X_1 - \mu_1 \\ X_2 - \mu_2 \\ \vdots \\ X_n - \mu_n \end{bmatrix} \begin{bmatrix} X_1 - \mu_1 & X_2 - \mu_2 & \cdots & X_n - \mu_n \end{bmatrix}\right) \\
&= \begin{pmatrix} E[(X_1 - \mu_1)^2] & E[(X_1 - \mu_1)(X_2 - \mu_2)] & \cdots & E[(X_1 - \mu_1)(X_n - \mu_n)] \\ E[(X_2 - \mu_2)(X_1 - \mu_1)] & E[(X_2 - \mu_2)^2] & \cdots & E[(X_2 - \mu_2)(X_n - \mu_n)] \\ \vdots & \vdots & \ddots & \vdots \\ E[(X_n - \mu_n)(X_1 - \mu_1)] & E[(X_n - \mu_n)(X_2 - \mu_2)] & \cdots & E[(X_n - \mu_n)^2] \end{pmatrix} \\
&= \begin{pmatrix} Var(X_1) & Cov(X_1, X_2) & \cdots & Cov(X_1, X_n) \\ Cov(X_2, X_1) & Var(X_2) & \cdots & Cov(X_2, X_n) \\ \vdots & \vdots & \ddots & \vdots \\ Cov(X_n, X_1) & Cov(X_n, X_2) & \cdots & Var(X_n) \end{pmatrix}
\end{aligned}$$

亦即

$$[\boldsymbol{\Lambda}]_{ij} = E[(X_i - \mu_i)(X_j - \mu_j)], \quad i, j = 1, 2, \ldots, n$$

為了方便起見,在不會混淆的情形下,我們有時會將隨機向量稱為隨機變數,均數向量稱為均數或是期望值,而變異數-共變數矩陣稱為變異數。

定理 14.1. 變異數-共變數矩陣為半正定矩陣。

Proof. 對於任何 $\mathbf{y} \in \mathbb{R}^n$,

$$\begin{aligned}
\mathbf{y}'\Lambda\mathbf{y} &= \mathbf{y}'E((\mathbf{X}-\mu)(\mathbf{X}-\mu)')\mathbf{y} \\
&= E(\mathbf{y}'(\mathbf{X}-\mu)(\mathbf{X}-\mu)'\mathbf{y}) \\
&= E([\mathbf{y}'(\mathbf{X}-\mu)]^2) \geq 0
\end{aligned}$$

□

下一個定理是有關隨機向量的線性轉換。

定理 14.2. 令 $\mathbf{X}$ 為一 n 維度的隨機向量，其均數與變異數分別為 μ 與 Λ。給定 $m \times n$ 矩陣 $\mathbf{B}$ 以及 m-向量 $\mathbf{b}$，且 $\mathbf{Y} = \mathbf{BX} + \mathbf{b}$，則

$$E(\mathbf{Y}) = \mathbf{B}\mu + \mathbf{b}$$

$$Var(\mathbf{Y}) = \mathbf{B}\Lambda\mathbf{B}'$$

Proof. $\mathbf{Y}$ 的期望值為

$$E(\mathbf{Y}) = E(\mathbf{BX}+\mathbf{b}) = \mathbf{B}E(\mathbf{X}) + \mathbf{b} = \mathbf{B}\mu + \mathbf{b}$$

$\mathbf{Y}$ 的變異數為

$$\begin{aligned}
Var(\mathbf{Y}) &= Var(\mathbf{BX}+\mathbf{b}) \\
&= E\left[\left(\mathbf{BX}+\mathbf{b}-[\mathbf{B}\mu+\mathbf{b}]\right)\left(\mathbf{BX}+\mathbf{b}-[\mathbf{B}\mu+\mathbf{b}]\right)'\right] \\
&= E\left[(\mathbf{BX}-\mu)(\mathbf{B}(\mathbf{X}-\mu))'\right] \\
&= E\left[\mathbf{B}(\mathbf{X}-\mu)(\mathbf{X}-\mu)'\mathbf{B}'\right] \\
&= \mathbf{B}E\left[(\mathbf{X}-\mu)(\mathbf{X}-\mu)'\right]\mathbf{B}' \\
&= \mathbf{B}Var(\mathbf{X})\mathbf{B}' \\
&= \mathbf{B}\Lambda\mathbf{B}'
\end{aligned}$$

□

14.3 雙變量常態分配

給定常態隨機向量

$$\begin{bmatrix} X_1 \\ X_2 \\ \vdots \\ X_n \end{bmatrix} \sim N\left(\begin{bmatrix} \mu_1 \\ \mu_2 \\ \vdots \\ \mu_n \end{bmatrix}, \begin{bmatrix} \sigma_1^2 & \sigma_{12} & \cdots & \sigma_{1n} \\ \sigma_{21} & \sigma_2^2 & \cdots & \sigma_{2n} \\ \vdots & \cdots & \ddots & \vdots \\ \sigma_{n1} & \cdots & \sigma_{n(n-1)} & \sigma_n^2 \end{bmatrix} \right)$$

我們稱隨機向量 $\begin{pmatrix} X_1 & X_2 & \cdots & X_n \end{pmatrix}'$ 具有多變量常態分配。在此, 我們首先考慮 $n = 2$ 的常態隨機向量, 又稱雙變量常態分配。

定義 14.3 (雙變量常態分配). 若 X, Y 為兩隨機變數, 且其聯合機率密度函數為

$$f(x,y) = \frac{1}{2\pi\sigma_X\sigma_Y\sqrt{1-\rho^2}} e^{-\frac{W}{2}}$$

其中

$$W = \frac{1}{1-\rho^2} \left[\left(\frac{x-\mu_X}{\sigma_X} \right)^2 - 2\rho \left(\frac{x-\mu_X}{\sigma_X} \right) \left(\frac{y-\mu_Y}{\sigma_Y} \right) + \left(\frac{y-\mu_Y}{\sigma_Y} \right)^2 \right]$$

且 $\text{supp}(X,Y) = (-\infty,\infty) \times (-\infty,\infty)$。我們稱 (X,Y) 為雙變量常態隨機變數 *(bivariate normal random variables)* 並以

$$(X,Y) \sim BVN(\mu_X, \mu_Y, \sigma_X, \sigma_Y, \sigma_{XY})$$

表示之。

圖 14.1 畫出一個雙變量常態分配的聯合機率密度函數, 其中 $\mu_X = \mu_Y = 0$, $\sigma_X = \sigma_Y = 1$, 以及 $\rho = 0.5$。

R 程式如下:

第14章 多變量常態分配

圖14.1: 雙變量常態分配聯合機率密度函數

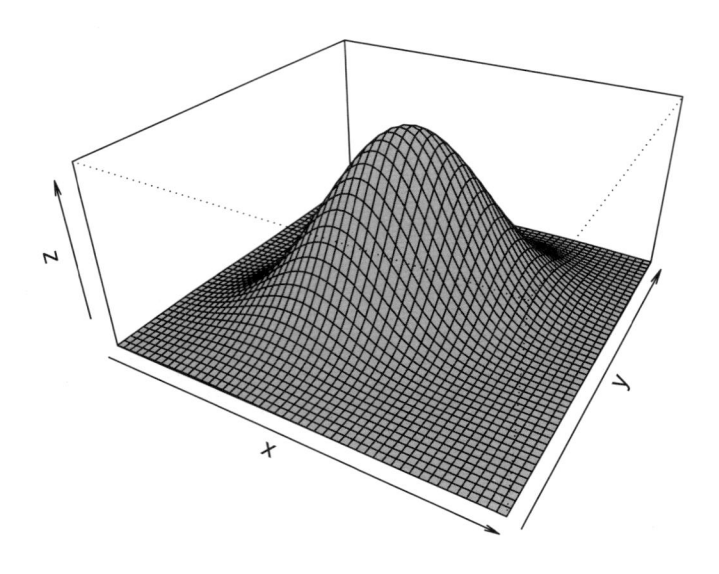

Bivariate Normal Density

R 程式 14.3 (雙變量常態分配).

```
x = y = seq(-3, 3, length.out=50)
mu1 = mu2 = 0
sigma1 = sigma2 = 1
rho = 0.5
bnf = function(x,y) {
  2*pi*sigma1*sigma2*sqrt(1-rho^2)*exp(-
.5*(((x - mu1)/sigma1)^2-2*rho*((x - mu1)/sigma1)
        *((y - mu2)/sigma2)+((y - mu2)/sigma2)^2)/(1-
rho^2)) }
z = outer(x, y, FUN=bnf)
persp(x, y, z, theta = 30, phi = 30, expand = 0.5,
col="lightblue", main="Bivariate Normal Density")
```

讀者可自行調整 ρ 值的設定，看看其聯合機率密度函數的形狀會有何變化。底下為一個與雙變量常態分配有關的重要性質。

性質 14.1. 若 X, Y 為雙變量常態隨機變數，則 X, Y 為獨立的充分且必要條件為

$$Cov(X,Y) = 0$$

Proof. 由於一般而言，X, Y 獨立隱含 X, Y 零相關，因此我們只需要證明充分條件，亦即，X, Y 零相關隱含 X, Y 獨立。給定 $Cov(X,Y) = 0$，則

$$f_{XY}(x,y) = \frac{1}{2\pi\sigma_X\sigma_Y} e^{-\frac{1}{2}\left[\left(\frac{x-\mu_X}{\sigma_X}\right)^2 + \left(\frac{y-\mu_Y}{\sigma_Y}\right)^2\right]}$$

$$= \frac{1}{\sqrt{2\pi}\sigma_X} e^{-\frac{1}{2}\left(\frac{x-\mu_X}{\sigma_X}\right)^2} \frac{1}{\sqrt{2\pi}\sigma_Y} e^{-\frac{1}{2}\left(\frac{y-\mu_Y}{\sigma_Y}\right)^2} = f_X(x)f_Y(y)$$

□

14.4 多變量常態分配

在本節中，我們推廣到 n-常態隨機向量，亦即多變量常態分配。我們將以三種不同的定義來介紹多變量常態分配。第一個定義在一般教科書並不常見，但是十分重要且有用。

定義 14.4 (多變量常態分配 I). 給定一個隨機 n-向量 $\mathbf{X} = (X_1\ X_2\ \cdots\ X_n)'$，其均數與變異數分別以 $\boldsymbol{\mu}$ 與 $\boldsymbol{\Lambda}$ 表示。如果對於所有 $\mathbf{a} \in \mathbb{R}^n$，隨機變數 $\mathbf{a}'\mathbf{X}$ 為常態隨機變數，則 $\mathbf{X}$ 服從多變量常態分配，並以

$$\mathbf{X} \stackrel{d}{=} N(\boldsymbol{\mu}, \boldsymbol{\Lambda})$$

表示之。

也就是說，一個隨機向量服從多變量常態分配，若且唯若此向量的元素之每一個線性組合服從常態分配。注意到此定義並不要求 X_i 與 X_j 為獨立。

另一個與獨立有關的重要性質如下。

性質 14.2. 給定 $\mathbf{X} = (X_1\ X_2\ \cdots\ X_n)'$ 各元素相互獨立且 $X_i \sim N(\mu_i, \sigma_i^2)$, 則 $\mathbf{X} = (X_1\ X_2\ \cdots\ X_n)'$ 服從多變量常態分配。

Proof. 根據第 6 章的性質 6.5, $X_1, X_2, \ldots, X_n$ 的線性組合服從常態分配, 因此, 定義 14.4 告訴我們 $\mathbf{X} = (X_1\ X_2\ \cdots\ X_n)'$ 服從多變量常態分配。 □

相反地, 如果 $\mathbf{X}$ 各元素不獨立, 則 $\mathbf{X} = (X_1\ X_2\ \cdots\ X_n)'$ 並不一定服從多變量常態分配。以下為另一個重要定理。

定理 14.3. 隨機 n-向量 $\mathbf{X} \stackrel{d}{=} N(\boldsymbol{\mu}, \boldsymbol{\Lambda})$, 給定 $m \times n$ 矩陣 $\mathbf{B}$ 以及 m-向量 $\mathbf{b}$, 且 $\mathbf{Y} = \mathbf{BX} + \mathbf{b}$, 則

$$\mathbf{Y} \stackrel{d}{=} N(\mathbf{B}\boldsymbol{\mu} + \mathbf{b}, \mathbf{B}\boldsymbol{\Lambda}\mathbf{B}')$$

Proof. 我們已經在定理 14.2 中證明 $\mathbf{Y}$ 的期望值與變異數分別為 $\mathbf{B}\boldsymbol{\mu} + \mathbf{b}$, 與 $\mathbf{B}\boldsymbol{\Lambda}\mathbf{B}'$, 因此, 我們只需要進一步證明 $\mathbf{Y}$ 為常態隨機向量。考慮任一向量 $\mathbf{a}$,

$$\begin{aligned}\mathbf{a}'\mathbf{Y} &= \mathbf{a}'\mathbf{BX} + \mathbf{a}'\mathbf{b} \\ &= (\mathbf{B}'\mathbf{a})'\mathbf{X} + \mathbf{a}'\mathbf{b} \\ &= \mathbf{c}'\mathbf{X} + d\end{aligned}$$

其中 $\mathbf{c} = \mathbf{B}'\mathbf{a}$ 以及 $d = \mathbf{a}'\mathbf{b}$, 而根據定義 14.4, 我們知道 $\mathbf{c}'\mathbf{X}$ 服從常態分配, 加上常數 d 後, $\mathbf{a}'\mathbf{Y} = \mathbf{c}'\mathbf{X} + d$ 仍服從常態分配。因此, $\mathbf{a}'\mathbf{Y}$ 服從常態分配, 根據定義 14.4, $\mathbf{Y}$ 服從多變量常態分配。 □

根據定理 14.3, 我們可推得以下的性質。

性質 14.3. 若 $X_1, X_2, \ldots, X_n$ 為多變量常態分配, 則任意 $i \neq j$, X_i 與 X_j 為雙變量常態分配。

Proof. 給定

$$\begin{bmatrix} X_1 \\ X_2 \\ \vdots \\ X_n \end{bmatrix} \stackrel{d}{=} N(\boldsymbol{\mu}, \boldsymbol{\Lambda}), \quad \boldsymbol{\mu} = \begin{bmatrix} \mu_1 \\ \mu_2 \\ \vdots \\ \mu_n \end{bmatrix}, \quad \boldsymbol{\Lambda} = \begin{bmatrix} \sigma_1^2 & \sigma_{12} & \cdots & \sigma_{1n} \\ \sigma_{21} & \sigma_2^2 & \cdots & \sigma_{2n} \\ \vdots & \cdots & \ddots & \vdots \\ \sigma_{n1} & \sigma_{n2} & \cdots & \sigma_n^2 \end{bmatrix}$$

且令矩陣 $\mathbf{B}$ 為 $2 \times n$ 的選取矩陣, 其所有元素為 0, 除了第 1 列的第 i 個元素以及第 2 列的第 j 個元素為 1。根據定理 14.3, $\mathbf{Y} = \mathbf{BX}$ 為多變量常態分配 (雙變量常態分配):

$$\mathbf{Y} = \mathbf{BX} = \begin{bmatrix} X_i \\ X_j \end{bmatrix} = \mathbf{BX} \stackrel{d}{=} N\left(\begin{bmatrix} \mu_i \\ \mu_j \end{bmatrix}, \begin{bmatrix} \sigma_i^2 & \sigma_{ij} \\ \sigma_{ji} & \sigma_j^2 \end{bmatrix}\right)$$

或是:

$$\begin{bmatrix} X_i \\ X_j \end{bmatrix} \sim BVN(\mu_i, \mu_j, \sigma_i, \sigma_j, \sigma_{ij})$$

□

以上性質, 還可以推廣到任何 $(X_1\ X_2\ \cdots\ X_n)'$ 的子集合。

性質 14.4. 給定 $(X_1\ X_2\ \cdots\ X_n)'$ 具有多變量常態分配, 則任何 $(X_1\ X_2\ \cdots\ X_n)'$ 的子集合所形成的隨機向量亦服從多變量常態分配。

理由如下: 令 $\mathbf{B}$ 為 $k \times n$ 的選取矩陣, 其中 $k \subseteq n$ 為子集合 I 的元素個數, 舉例來說, 若 $k = 3$, 且欲選取的子集合為 (X_1, X_3, X_7), 則

$$\mathbf{B} = \begin{bmatrix} 1 & 0 & \cdots & \cdots & \cdots & \cdots & \cdots & \cdots & 0 \\ 0 & 0 & 1 & 0 & \cdots & \cdots & \cdots & \cdots & 0 \\ 0 & \cdots & \cdots & \cdots & \cdots & 0 & 1 & 0 & \cdots & 0 \end{bmatrix}, \quad \mathbf{Y} = \mathbf{BX} = \begin{bmatrix} X_1 \\ X_3 \\ X_7 \end{bmatrix}$$

依此類推, 我們可用 $\mathbf{Y} = \mathbf{BX}$ 代表任何 $(X_1\ X_2\ \cdots\ X_n)'$ 的子集合所形成的隨機向量, 而根據定理 14.3, $\mathbf{Y}$ 具有多變量常態分配。

多變量常態分配還具有以下性質:

性質 14.5 (多變量常態分配之重要性質). 給定 $\mathbf{X} = (X_1\ X_2\ \cdots\ X_n)'$ 為多變量常態分配,

1. 任一 X_j 為常態隨機變數。
2. $\sum_{i=1}^{n} X_i$ 為常態隨機變數。

Proof.

1. 當 **a** 為一向量, 其所有元素為 0, 除了第 i 個元素為 1。

2. 當 **a** 為一向量, 其所有元素為 1。

$\square$

我們底下提供一個例子, 讓讀者能夠更深入了解多變量常態分配。

例 14.1. 給定 $X \stackrel{d}{=} N(0,1)$, Z 與 X 獨立, 且 $P(Z = 1) = P(Z = -1) = \frac{1}{2}$。令 $Y = ZX$, 找出 Y 的機率分配。

$$\begin{aligned}
P(Y \leq y) &= P(Y \leq y, Z = 1) + P(Y \leq y, Z = -1) \\
&= P(ZX \leq y, Z = 1) + P(ZX \leq y, Z = -1) \\
&= P(X \leq y)P(Z = 1) + P(-X \leq y)P(Z = -1) \\
&= P(X \leq y)P(Z = 1) + P(X \geq -y)P(Z = -1) \\
&= \frac{1}{2}\Phi(y) + \frac{1}{2}\Phi(y) \\
&= \Phi(y).
\end{aligned}$$

亦即, $Y \stackrel{d}{=} N(0,1)$, 但是注意到:

$$P(X + Y = 0) = P(X + ZX = 0) = P(ZX = -X) = P(Z = -1) = \frac{1}{2} \neq 0$$

也就是說, 即使 $X \stackrel{d}{=} N(0,1)$, 且 $Y \stackrel{d}{=} N(0,1)$, 但 $(X,Y)'$ 並不服從多變量常態分配。[1]

接下來, 我們提供多變量常態分配的另一個定義。我們首先定義多變量隨機向量的聯合動差生成函數 (joint moment generating function)。

定義 14.5 (多變量動差生成函數). 給定隨機 n-向量 **X**, 其動差生成函數為

$$M_\mathbf{X}(\mathbf{t}) = E(e^{\mathbf{t}'\mathbf{X}})$$

---

[1] 注意到若 $(X,Y)'$ 服從多變量常態分配, 則 $X + Y$ 必為常態隨機變數, 則 $P(X + Y = 0) = 0$。

根據多變量隨機向量的動差生成函數，我們提供第二個多變量常態分配的定義。

定義 14.6 (多變量常態分配 II). 給定隨機 n-向量 $\mathbf{X}$, 其 $\boldsymbol{\mu} = E(\mathbf{X})$, $\boldsymbol{\Lambda} = Var(\mathbf{X})$。$\mathbf{X}$ 服從多變量常態分配, 若且唯若 $\mathbf{X}$ 具有如下多變量動差生成函數:

$$M_{\mathbf{X}}(\mathbf{t}) = e^{\mathbf{t}'\boldsymbol{\mu} + \frac{1}{2}\mathbf{t}'\boldsymbol{\Lambda}\mathbf{t}}$$

最後, 我們透過機率密度函數來定義多變量常態隨機向量。

定義 14.7 (多變量常態分配 III). 給定隨機 n-向量 $\mathbf{X}$, 其期望值與變異數分別以 $\boldsymbol{\mu} = E(\mathbf{X})$ 以及 $\boldsymbol{\Lambda} = Var(\mathbf{X})$ 表示。$\mathbf{X}$ 服從多變量常態分配, 若且唯若 $\mathbf{X}$ 具有如下多變量機率密度函數:

$$f_{\mathbf{X}}(\mathbf{x}) = \left(\frac{1}{\sqrt{2\pi}}\right)^n \frac{1}{\sqrt{\det(\boldsymbol{\Lambda})}} \exp\left\{-\frac{1}{2}(\mathbf{x} - \boldsymbol{\mu})'\boldsymbol{\Lambda}^{-1}(\mathbf{x} - \boldsymbol{\mu})\right\}, \quad \mathbf{x} \in \mathbb{R}^n$$

下面的定理將多變量常態分配的定義 I, II 以及 III 連結在一起, 其證明已經超出本書範圍。

定理 14.4. 給定 $\det(\boldsymbol{\Lambda}) > 0$ *(non-singular)*, 則定義 *I, II* 以及 *III* 為等價。

底下為有關多變量常態隨機向量的一個特殊且重要性質。

定理 14.5. 令 $\mathbf{X}$ 服從多變量常態分配。若 $\mathbf{X}$ 的元素為獨立, 若且唯若這些元素為零相關。

Proof. 由於獨立必然隱含零相關, 我們在此僅須證明零相關隱含獨立。
首先注意到, 不失一般性, 我們假設所有的變異數 $\sigma_i^2 > 0$, 且根據 $Cov(X_i, X_j) = 0, \forall i \neq j$,

$$\boldsymbol{\Lambda}^{-1} = \begin{bmatrix} 1/\sigma_1^2 & 0 & \cdots & 0 \\ 0 & 1/\sigma_2^2 & \cdots & 0 \\ 0 & 0 & \ddots & 0 \\ 0 & \cdots & 0 & 1/\sigma_n^2 \end{bmatrix}$$

因此,
$$f_\mathbf{X}(\mathbf{x}) = \left(\frac{1}{\sqrt{2\pi}}\right)^n \frac{1}{\prod_{i=1}^n \sigma_i} \exp\left\{-\frac{1}{2}\sum_{i=1}^n \frac{(x_i-\mu_i)^2}{\sigma_i^2}\right\}$$
$$= \prod_{i=1}^n \frac{1}{\sqrt{2\pi}\sigma_i} \exp\left\{-\frac{1}{2}\frac{(x_i-\mu_i)^2}{\sigma_i^2}\right\}$$

□

定理 14.5 就是將性質 14.1 予以一般化。我們來看有關此定理的一個例子。

例 14.2. 給定 $(X_1, X_2) \sim^{i.i.d.} N(0,1)$。請證明 $X_1 + X_2$ 與 $X_1 - X_2$ 相互獨立。

首先我們觀察到, 因為 $(X_1, X_2) \sim^{i.i.d.} N(0,1)$, 則
$$\mathbf{X} = \begin{bmatrix} X_1 \\ X_2 \end{bmatrix} \stackrel{d}{=} N\left(\begin{bmatrix} 0 \\ 0 \end{bmatrix}, \begin{bmatrix} 1 & 0 \\ 0 & 1 \end{bmatrix}\right)$$

因此,
$$\mathbf{Y} = \begin{bmatrix} X_1 + X_2 \\ X_1 - X_2 \end{bmatrix} = \begin{bmatrix} 1 & 1 \\ 1 & -1 \end{bmatrix}\begin{bmatrix} X_1 \\ X_2 \end{bmatrix} = \mathbf{BX} + \mathbf{0}$$

且
$$\mathbf{B\Lambda B}' = \begin{bmatrix} 1 & 1 \\ 1 & -1 \end{bmatrix}\begin{bmatrix} 1 & 0 \\ 0 & 1 \end{bmatrix}\begin{bmatrix} 1 & 1 \\ 1 & -1 \end{bmatrix} = \begin{bmatrix} 2 & 0 \\ 0 & 2 \end{bmatrix}$$

根據定理 14.3,
$$\mathbf{Y} = \begin{bmatrix} X_1 + X_2 \\ X_1 - X_2 \end{bmatrix} \stackrel{d}{=} N\left(\begin{bmatrix} 0 \\ 0 \end{bmatrix}, \begin{bmatrix} 2 & 0 \\ 0 & 2 \end{bmatrix}\right)$$

亦即, $Cov(X_1 + X_2, X_1 - X_2) = 0$。因此, 根據定理 14.5, 我們知道 $X_1 + X_2$ 與 $X_1 - X_2$ 相互獨立。我們再來看另外一個例子:

例 14.3. 給定 $\mathbf{X} \stackrel{d}{=} N(\mathbf{0}, \mathbf{\Lambda})$, 且
$$\mathbf{\Lambda} = \begin{bmatrix} 1 & 0 & 0 \\ 0 & 9 & 25 \\ 0 & 25 & 16 \end{bmatrix}$$

則根據定理 14.5, X_1 與 $(X_2, X_3)'$ 相互獨立。而 X_2 與 X_3 則不獨立。

在第 7 章中, 定理 7.3 說明了如果隨機樣本來自常態母體, 其樣本平均數與樣本變異數相互獨立。底下定理重述定理 7.3:

定理 14.6 ($\bar{X}_n$ 與 S_n^2 相互獨立). 給定 $\{X_i\}_{i=1}^n \sim i.i.d.\ N(\mu, \sigma^2)$, 且

$$\bar{X}_n = \frac{\sum_{i=1}^n X_i}{n}, \quad S_n^2 = \frac{\sum_{i=1}^n (X_i - \bar{X})^2}{n-1}$$

則 $\bar{X}_n$ 與 S_n^2 相互獨立。

Proof. 我們先證明 $\bar{X}_n$ 與 $(X_1 - \bar{X}_n, X_2 - \bar{X}_n, \ldots, X_n - \bar{X}_n)'$ 相互獨立。既然 S_n^2 為 $(X_1 - \bar{X}_n, X_2 - \bar{X}_n, \ldots, X_n - \bar{X}_n)'$ 的函數, 若 $\bar{X}_n$ 與 $(X_1 - \bar{X}_n, X_2 - \bar{X}_n, \ldots, X_n - \bar{X}_n)'$ 相互獨立則 $\bar{X}_n$ 與 S_n^2 相互獨立。

顯而易見, 因為 $X_1, X_2, \ldots, X_n$ 為 i.i.d. 常態隨機變數, 因此

$$\mathbf{X} = (X_1, X_2, \ldots, X_n)' \stackrel{d}{=} N(\boldsymbol{\mu}, \boldsymbol{\Lambda})$$

其中

$$\boldsymbol{\mu} = \begin{bmatrix} \mu \\ \mu \\ \vdots \\ \mu \end{bmatrix}, \quad \boldsymbol{\Lambda} = \sigma^2 \mathbf{I} = \begin{bmatrix} \sigma^2 & 0 & \cdots & 0 \\ 0 & \sigma^2 & \cdots & 0 \\ \vdots & \cdots & \ddots & 0 \\ 0 & \cdots & 0 & \sigma^2 \end{bmatrix}$$

由於

$$\begin{bmatrix} \bar{X}_n \\ X_1 - \bar{X}_n \\ X_2 - \bar{X}_n \\ \vdots \\ X_{n-1} - \bar{X}_n \\ X_n - \bar{X}_n \end{bmatrix} = \begin{bmatrix} \frac{1}{n} & \frac{1}{n} & \frac{1}{n} & \cdots & \frac{1}{n} \\ 1-\frac{1}{n} & -\frac{1}{n} & -\frac{1}{n} & \cdots & -\frac{1}{n} \\ -\frac{1}{n} & 1-\frac{1}{n} & -\frac{1}{n} & \cdots & -\frac{1}{n} \\ \vdots & \vdots & \ddots & \vdots & \vdots \\ -\frac{1}{n} & \cdots & -\frac{1}{n} & 1-\frac{1}{n} & -\frac{1}{n} \\ -\frac{1}{n} & -\frac{1}{n} & \cdots & -\frac{1}{n} & 1-\frac{1}{n} \end{bmatrix} \begin{bmatrix} X_1 \\ X_2 \\ \vdots \\ X_{n-1} \\ X_n \end{bmatrix} = \mathbf{BX}$$

根據定理 14.3, 我們可以得到 $\bar{X}_n$ 與 $X_1 - \bar{X}_n, X_2 - \bar{X}_n, \ldots, X_n - \bar{X}_n$ 為多

變量常態分配：

$$\begin{bmatrix} \bar{X}_n \\ X_1 - \bar{X}_n \\ X_2 - \bar{X}_n \\ \vdots \\ X_n - \bar{X}_n \end{bmatrix} \stackrel{d}{=} N(\mathbf{B}\boldsymbol{\mu}, \sigma^2 \mathbf{B}\mathbf{B}')$$

注意到

$$\sigma^2 \mathbf{B}\mathbf{B}' = \begin{bmatrix} \frac{1}{n} & 0 & 0 & \cdots & 0 \\ 0 & b_{22} & b_{23} & \cdots & b_{2n} \\ 0 & b_{32} & b_{33} & \cdots & b_{3n} \\ \vdots & \vdots & \vdots & \ddots & \vdots \\ 0 & b_{n2} & b_{n3} & \cdots & b_{nn} \end{bmatrix} \tag{1}$$

其中 b_{ij} 是什麼並不重要，我們就不計算出來。根據第 (1) 式，我們知道 $\bar{X}_n$ 與 $(X_1 - \bar{X}_n, X_2 - \bar{X}_n, \ldots, X_n - \bar{X}_n)'$ 相互獨立，故得證。 □

我們可以進一步得到以下性質：

性質 14.6 ($\bar{X}_n$ 與 $X_i - \bar{X}_n$ 為雙變量常態分配). 給定 $\{X_i\}_{i=1}^n \sim i.i.d.$ $N(\mu, \sigma^2)$，且 $\bar{X}_n = \frac{\sum_{i=1}^n X_i}{n}$，則對於任意 i，$\bar{X}_n$ 與 $X_i - \bar{X}_n$ 為雙變量常態分配。

Proof. 首先，根據以上定理之證明，我們知道 $\bar{X}_n$ 與 $X_1 - \bar{X}_n, X_2 - \bar{X}_n, \ldots, X_n - \bar{X}_n$ 為多變量常態分配。因此，根據性質 14.3，$\bar{X}_n$ 與 $X_i - \bar{X}_n$ 為雙變量常態分配。 □

最後，我們介紹如何透過 R 語言製造多變量常態隨機變數 (向量) 的實現值。在此，我們使用 MASS 的套裝程式中的 mvrnorm() 函數。

R 程式 14.4.

```
install.packages("MASS")
library(MASS)
Sigma = matrix(c(5,3,-1,3,3,1,-1,1,6),3,3)
Mu = c(2,3,-5)
mvrnorm(n = 10, Mu, Sigma)
```

執行後可得:

```
> mvrnorm(n = 10, Mu, Sigma)
            [,1]     [,2]       [,3]
 [1,] -1.8880290 1.677044 -0.4965937
 [2,]  0.9751289 2.997539 -3.9174311
 [3,]  4.1023625 2.436436 -9.9352390
 [4,]  2.7672278 4.875090 -1.6801357
 [5,]  4.6141494 6.263828 -1.4716838
 [6,]  4.5220348 2.905306 -9.4015953
 [7,] -0.7814641 2.229365 -1.1987098
 [8,]  3.3667649 4.486891 -7.7731909
 [9,]  4.4596931 4.689027 -5.8455622
[10,]  3.6610154 4.719547 -4.9490708
```

練習題

1. 令 $\mathbf{X}$ 為服從多變量常態分配的 n-向量。若

$$U_1 = \sum_{i=1}^{n} b_i X_i$$

$$U_2 = \sum_{i=1}^{n} c_i X_i$$

請證明 $(U_1\ U_2)'$ 服從多變量常態分配。

2. 給定 $\{X_i\}_{i=1}^{4} \overset{i.i.d.}{\sim} N(0,1)$。若 $Y_1 = X_1 + 2X_2 + 3X_3 + 4X_4$, $Y_2 = 4X_1 + 3X_2 + 2X_3 + X_4$，試找出 $\mathbf{Y} = (Y_1\ Y_2)'$ 的分配。

3. 給定

$$\mathbf{X} \overset{d}{=} N\left(\begin{bmatrix} 2 \\ 3 \end{bmatrix}, \begin{bmatrix} 3 & -1 \\ -1 & 5 \end{bmatrix}\right)$$

令

$$Y_1 = 2X_1 + X_2\ \text{且}\ Y_2 = 3X_1 - 2X_2,$$

請找出 $\mathbf{Y} = (Y_1\ Y_2)'$ 的分配。

4. 給定 $(X_1, X_2)'$ 為多變量常態隨機變數，$\mu_i = E(X_i)$, $\sigma_i^2 = Var(X_i)$, $i = 1, 2$，且

$$\sigma_{12} = Cov(X_1, X_2), \quad \rho = \frac{\sigma_{12}}{\sigma_1 \sigma_2}, \quad \Lambda = \begin{bmatrix} \sigma_1^2 & \sigma_{12} \\ \sigma_{21} & \sigma_2^2 \end{bmatrix}$$

已知多變量常態隨機變數的聯合 pdf 為：

$$f_\mathbf{X}(\mathbf{x}) = \left(\frac{1}{\sqrt{2\pi}}\right)^n \frac{1}{\sqrt{\det(\Lambda)}} \exp\left\{-\frac{1}{2}(\mathbf{x} - \boldsymbol{\mu})' \Lambda^{-1} (\mathbf{x} - \boldsymbol{\mu})\right\}, \quad \mathbf{x} \in \mathbb{R}^n$$

(a) 試證明

$$\Lambda^{-1} = \frac{1}{1 - \rho^2} \begin{pmatrix} \frac{1}{\sigma_1^2} & -\frac{\rho}{\sigma_1 \sigma_2} \\ -\frac{\rho}{\sigma_1 \sigma_2} & \frac{1}{\sigma_2^2} \end{pmatrix}$$

(b) 試找出 $(X_1, X_2)'$ 的機率密度函數為

$$f_{X_1 X_2}(x_1, x_2) = \left(\frac{1}{2\pi}\right) \frac{1}{\sigma_1 \sigma_2 \sqrt{1 - \rho^2}} e^{-\frac{W}{2}}$$

其中

$$W = \frac{1}{(1 - \rho^2)} \left[\left(\frac{X_1 - \mu_1}{\sigma_1}\right)^2 - \frac{2\rho (x_1 - \mu_1)(x_2 - \mu_2)}{\sigma_1 \sigma_2} + \left(\frac{X_2 - \mu_2}{\sigma_2}\right)^2 \right]$$

5. 給定隨機 n-向量 $\mathbf{X}$，其 $\boldsymbol{\mu} = E(\mathbf{X})$, $\Lambda = Var(\mathbf{X})$。若 $\mathbf{X}$ 具有如下多變量動差生成函數：

$$M_\mathbf{X}(\mathbf{t}) = e^{\mathbf{t}'\boldsymbol{\mu} + \frac{1}{2}\mathbf{t}'\Lambda\mathbf{t}}$$

令 $Y = \mathbf{a}'\mathbf{X}$, $m = \mathbf{a}'\boldsymbol{\mu}$ 以及 $\sigma^2 = \mathbf{a}'\Lambda\mathbf{a}$，試證明

$$M_Y(\tau) = E(e^{\tau Y}) = e^{m\tau + \frac{1}{2}\tau^2 \sigma^2}$$

6. $\{X_1, X_2\}$ 為抽自 $N(0,2)$ 的隨機樣本，$\{Y_1, Y_2\}$ 為抽自 $N(1,4)$ 的隨機樣本，且 X_i 和 Y_j 之間相互獨立。

(a) 令 $S = \frac{X_1 + X_2}{2}$, $T = \frac{Y_1 + Y_2}{2}$，請找出 $S + T$ 的分配為何？

(b) 令
$$W = \frac{2(X_1 + X_2)^2}{(Y_1 - Y_2)^2}$$
請問 W 的分配為何？

(c) 令
$$V = \frac{(X_1 - S)^2 + (X_2 - S)^2}{2}$$
請找出 V 的分配。

(d) 令
$$M = \frac{S - Y_1 + 1}{\sqrt{5V}}$$
請說明 S 與 V 相互獨立，並找出 M 的分配。

15 簡單迴歸分析 (I): 基本概念

15.1 迴歸分析的基本概念
15.2 線性迴歸模型
15.3 線性迴歸模型之估計
15.4 迴歸參數估計式的性質
15.5 迴歸分析的實例探討
15.6 附錄

本章介紹簡單迴歸分析 (simple regression analysis)。迴歸分析乃是經濟學實證研究中, 最為重要的分析工具。在簡單迴歸分析中, 我們只考慮兩個變數之間的關係。

15.1 迴歸分析的基本概念

迴歸分析 (regression analysis) 以成對的資料點 (paired data) 研究兩個或兩個以上變數之間的關係。以兩個變數為例, 所謂成對的資料點係指隨機樣本為: $\{X_i, Y_i\}_{i=1}^n$, 亦即, 給定一個資料 X_i, 就會有一個相對應的資料 Y_i。如果經濟理論告訴我們 X 與 Y 之間具有一定的關係 (theoretical relation), 我們可用條件機率分配如條件機率密度函數 $f_{Y|X=x}(y) = f(y|x)$ 來刻畫兩隨機變數之關係。舉例來說, Y 為「勞動所得」, X 為「教育程度」, 亦即, 我們關心在不同的教育程度下 $(X = x)$, 勞動所得的條件

機率分配。

能夠了解整個條件機率分配固然很好,但是在多數的情況下,條件期望值已足以提供我們的決策所需。舉例來說,如果我們想知道,從勞動所得的角度來說,念大學是否值得,我們的決策就會取決於是否:

$$E(勞動所得|教育程度 = 大學) > E(勞動所得|教育程度 = 高中)$$

也就是說,大學畢業生的平均薪資是否大於高中畢業生的平均薪資? 此外,我們在第 5 章曾經學過,

$$E(Y|X) = \arg\max_{g(X)} E\left([Y - g(X)]^2\right)$$

亦即,條件期望值 $E(Y|X)$ 是隨機變數 Y 的最佳預測式。因此,迴歸分析的焦點大多都放在條件期望值之上,也就是均值迴歸 (mean regression)。[1]

在第 5 章我們學過,

$$E(Y|X) = h(X),$$

也就是條件期望值為 X 的函數。如果我們進一步假設條件期望值為線性函數:

$$E(Y|X) = h(X) = \alpha + \beta X,$$

則我們考慮的就是一個線性迴歸模型。注意到所謂的線性是指條件期望值為參數 α 與 β 的線性函數,舉例來說,

$$E(Y|X) = \alpha + \beta X^2$$

或是

$$E(Y|X) = \alpha + \beta \sqrt{X}$$

都是線性迴歸模型。

---

[1] 在少數特定的情況下,我們會關注條件分量 (conditional quantiles),譬如說,從所得不均狀況的角度來說,薪資中位數的重要性就高於平均薪資。此時的分析工具就不是均值迴歸,而是分量迴歸 (quantile regression)。

15.2　線性迴歸模型

15.2.1　線性迴歸模型

在此我們介紹基本的線性迴歸模型 (linear regression model)。

定義 15.1 (線性迴歸模型 I). 考慮成對的隨機樣本

$$\{X_i, Y_i\}_{i=1}^n \sim^{i.i.d.} f_{XY}(x,y)$$

且

$$E(Y_i|X_i) = \alpha + \beta X_i \tag{1}$$

$$Var(Y_i|X_i) = \sigma^2 \tag{2}$$

$$Y_i|X_i \sim (\alpha + \beta X_i, \sigma^2) \text{ 相互獨立。} \tag{3}$$

茲討論線性迴歸模型的基本假設如下:

(A1) 線性條件期望值 (linear conditional expectation):

$$E(Y_i|X_i) = \alpha + \beta X_i$$

(A2) 均齊變異 (homoskedasticity):

$$Var(Y_i|X_i) = \sigma^2, \ \forall i,$$

亦即 Y_i 的條件變異數為一常數, 不會隨 X_i 改變而改變。舉例來說, 如果 Y 代表勞動所得, X 代表教育程度, 則均齊變異隱含:

$$Var(勞動所得|教育程度 = 大學) = Var(勞動所得|教育程度 = 高中)$$

亦即, 給定教育程度不同的群體, 各群體內的所得變異程度是相同的。如果 Y_i 的條件變異數不為常數則稱之為「非均齊變異」(heteroskedasticity), 如何處理非均齊變異已超出本書範圍, 有興趣的讀者可參閱計量經濟學之相關書籍。

(A3) $\{X_i, Y_i\}_{i=1}^n$ 為成對隨機樣本, 也就是說 $(X_1, Y_1), (X_2, Y_2), \ldots, (X_n, Y_n)$ 為獨立的隨機變數。若資料為橫斷面資料 (cross-section data), 此假設多能成立。然而, 資料若為時間數列 (time series data) 如國內生產毛額 (GDP), 則該假設不成立。譬如說, 去年的 GDP 與今年的 GDP 具有相關性, 並不獨立。對於時間數列我們將在第 18 章討論。

我們可以利用圖 15.1 來說明線性迴歸模型。由圖 15.1 可知, 給定任何一個特定的 $X = x_0$, 則 Y_0 就是抽自均數為 $\alpha + \beta x_0$, 變異數為 σ^2 的隨機變數:

$$Y_0 \sim (\alpha + \beta x_0, \sigma^2)$$

同理, 給定另一個 $X = x_1$, Y_1 就是抽自均數為 $\alpha + \beta x_1$, 變異數為 σ^2 的隨機變數:

$$Y_1 \sim (\alpha + \beta x_1, \sigma^2)$$

其中, 依照假設 (A1), $E(Y_i|X_i)$ 為一線性函數:

$$E(Y_i|X_i) = \alpha + \beta X_i$$

值得注意的是, 圖 15.1 裡兩分配相異之處在於其位置不同 (條件期望值不同), 至於兩分配的長相高矮胖瘦均相同, 這就是線性迴歸模型中之假設 (A2)。

15.2.2 線性迴歸模型的另一種表示法

如果我們定義 e_i 為

$$e_i \equiv Y_i - E(Y_i|X_i) = Y_i - (\alpha + \beta X_i)$$

則上式可以改寫成

$$Y_i = \alpha + \beta X_i + e_i \tag{4}$$

其中 e_i 一般稱作迴歸模型的誤差 (error), 或是干擾項 (disturbance)。直言之, 誤差的意義就是 Y_i 與其條件期望值 $E(Y_i|X_i)$ 之間的差異。如果

第15章 簡單迴歸分析 (I): 基本概念

圖15.1: 線性迴歸模型

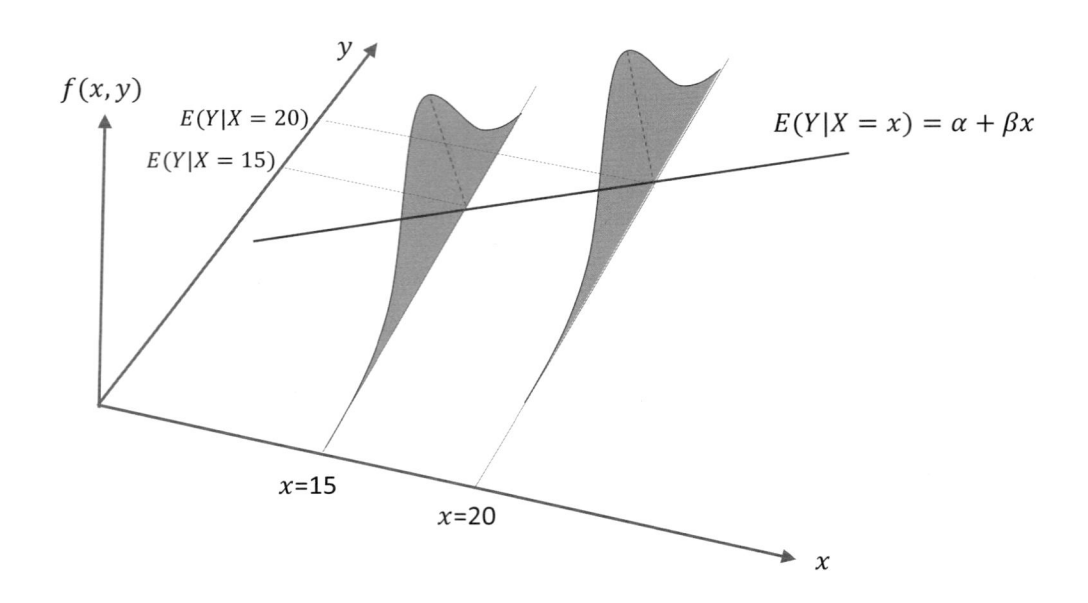

我們將條件期望值 $E(Y_i|X_i)$ 想成給定 X_i 的資訊下, 對於 Y_i 的預測, 則 e_i 就是一個預測誤差。

首先, 根據 e_i 的定義,

$$E(e_i|X_i) = E(Y_i - E(Y_i|X_i)|X_i) = E(Y_i|X_i) - E(Y_i|X_i) = 0 \qquad (5)$$

此外, 根據假設 (A2), 我們知道

$$\begin{aligned}Var(e_i|X_i) &= E(e_i^2|X_i) - [E(e_i|X_i)]^2 \\ &= E(e_i^2|X_i) \\ &= E\big([Y_i - E(Y_i|X_i)]^2|X_i\big) \\ &= Var(Y_i|X_i) = \sigma^2 \end{aligned} \qquad (6)$$

最後, 根據式 (5) 與 (6), 我們可得

$$e_i|X_i \sim^{i.i.d.} (0, \sigma^2) \qquad (7)$$

因此, 我們可以將線性迴歸模型假設 (A1)–(A4) 改寫成與誤差項 e_i 有關的假設如下:

(A1*) 參數為線性關係:
$$Y_i = \alpha + \beta X_i + e_i$$

(A2*) 均齊變異 (homoskedasticity):
$$Var(e_i|X_i) = \sigma^2$$

(A3*) $\{e_i\}_{i=1}^n$ 之條件機率分配:
$$e_i|X_i \sim^{i.i.d.} (0,\sigma^2)$$

(A4*) 解釋變數具外生性:
$$E(e_i|X_i) = 0$$

因此, 線性迴歸模型的另一種常見表示法如下:

定義 15.2 (線性迴歸模型 II). 給定成對隨機樣本 $\{X_i, Y_i\}_{i=1}^n$

$$Y_i = \alpha + \beta X_i + e_i \tag{8}$$
$$E(e_i|X_i) = 0 \tag{9}$$
$$Var(e_i|X_i) = \sigma^2 \tag{10}$$
$$e_i|X_i \sim^{i.i.d.} (0,\sigma^2) \tag{11}$$

其中, α 與 β 分別代表了母體迴歸線的截距與斜率。線性迴歸模型 II 是一般常見的迴歸模型表達方式, 雖然不如線性迴歸模型 I 簡潔易懂, 但此表達方式相當符合所謂的「模型加上誤差」直覺:

$$\underbrace{Y_i}_{\text{實際資料}} = \underbrace{\alpha + \beta X_i}_{\text{(a) 模型}} + \underbrace{e_i}_{\text{(b) 誤差}}$$

亦即, 我們所觀察到的實際資料可分成 (a) 利用模型可以捕捉到的部分, 以及 (b) 誤差, 亦即模型無法解釋的部分。

注意到, 根據簡單雙重期望值法則 (第 5 章定理 5.4) 與變異數分解 (第 5 章定理 5.6), 我們可以得到以下性質。

性質 15.1.

$$E(e_i) = E(X_i e_i) = 0 \tag{12}$$
$$Var(e_i) = E(e_i^2|X_i) = E(e_i^2) = \sigma^2 \tag{13}$$
$$Var(X_i e_i) = \sigma^2 E[X_i^2] \tag{14}$$

Proof. 第 (12) 式來自

$$E(e_i) = E[E(e_i|X_i)] = E[0] = 0$$
$$E(X_i e_i) = E[E(X_i e_i|X_i)] = E[X_i E(e_i|X_i)] = E[X_i \cdot 0] = 0$$

至於第 (13) 式的推導如下:

$$Var(e_i) = E[Var(e_i|X_i)] + Var(E[e_i|X_i]) = \sigma^2 + 0 = \sigma^2$$
$$E(e_i^2|X_i) = Var(e_i|X_i) + [E(e_i|X_i)]^2 = \sigma^2 + 0 = \sigma^2$$
$$E(e_i^2) = E[E(e_i^2|X_i)] = E[\sigma^2] = \sigma^2$$

最後, 根據

$$Var(X_i e_i|X_i) = X_i^2 Var(e_i|X_i) = X_i^2 \sigma^2$$

我們可得第 (14) 式

$$Var(X_i e_i) = E[Var(X_i e_i|X_i)] + Var(E[X_i e_i|X_i])$$
$$= \sigma^2 E[X_i^2] + 0 = \sigma^2 E[X_i^2]$$

□

15.2.3 迴歸分析與因果關係

給定一個線型迴歸模型:

$$Y_i = \alpha + \beta X_i + e_i$$

其中 e_i 代表了 Y_i 的變異中, 無法以 X_i 解釋的部分。舉例來說, 如果 Y_i 代表所得, X_i 代表教育程度, 則 e_i 就是一個人的所得高低無法以教育程

> **Story 迴歸**
>
> 迴歸是由 Galton 爵士 (Sir Francis Galton, 1822-1911) 在 1877 年所提出。Galton 將此概念運用在遺傳學上的研究，他將觀察到的父親與其小孩身高資料以一個線性關係來描繪，亦即根據父子身高成對的資料 (x,y)，他發現 x, y 可用 $y = f(x) = a + bx$ 予以刻劃。同時他亦發現，如果父親高於平均身高，則其小孩亦高於平均身高，但是小孩偏離平均身高的程度小於父親偏離平均身高的程度。反之，如果父親低於平均身高則其小孩亦低於平均身高，但是小孩偏離平均身高的程度小於父親偏離平均身高的程度。Galton 將此發現稱之為「向平均迴歸」(regression toward the mean)，此亦為「迴歸」(regression) 這個名詞的由來。這個概念與現代統計學中的「迴歸」並不相同，但卻是「迴歸」一詞的起源。

度解釋的部分。因此，如果希望迴歸模型能夠做出教育程度對於所得具有因果關係的詮釋，e_i 裡面就不該包含其他會透過教育程度影響所得的因素，也就是說，影響所得的其他因素 (歸類在 e_i 中) 不會與教育程度有關：

$$Cov(X_i, e_i) = 0$$

若 X_i 符合 $Cov(X_i, e_i) = 0$ 之要求，我們就稱解釋變數 X_i 具有外生性 (exogeneity)。在我們的模型假設中，第 (9) 式要求

$$E(e_i | X_i) = 0$$

該假設隱含了

$$Cov(X_i, e_i) = E(X_i e_i) - E(X_i) E(e_i) = 0 - 0 = 0$$

因此，一般來說，我們會把 $E(e_i | X_i) = 0$ 視為讓迴歸模型具有因果關係詮釋的「外生性假設」(exogeneity assumption)。

15.3 線性迴歸模型之估計

根據線性迴歸模型：

$$\{X_i, Y_i\}_{i=1}^n \sim^{i.i.d.} f_{XY}(x,y)$$

$$E(Y_i | X_i) = \alpha + \beta X_i, \quad Var(Y_i | X_i) = \sigma^2$$

顯而易見, 模型中的 α, β 以及 σ^2 為三個待估計的未知參數。以下, 我們討論如何用不同方法估計這些參數, 包括: 類比原則, 動差法, 以及最小平方法。此外, 如果我們進一步假設被解釋變數的條件機率分配 $f(y|x)$ 為常態分配, 我們還可以利用最大概似法來估計線性迴歸模型。

15.3.1 類比原則

根據雙重期望值法則 (參見第 5 章的定理 5.4 與 5.5), 我們知道:

$$E(Y) = E[E(Y|X)] = E(\alpha + \beta X) = \alpha + \beta E(X)$$
$$E(XY) = E[E(XY|X)] = E[XE(Y|X)] = E[X(\alpha + \beta X)] = \alpha E(X) + \beta E(X^2)$$

因此, 我們可以求解出 β 與 α, 分別為

$$\beta = \frac{E(XY) - E(X)E(Y)}{E(X^2) - [E(X)]^2} = \frac{E[(X - E(X))(Y - E(Y))]}{E[(X - E(X))^2]} = \frac{Cov(X,Y)}{Var(X)}$$
$$\alpha = E(Y) - \beta E(X)$$

因此, 根據類比原則 (analogy principle), β 與 α 的估計式分別為

$$\hat{\beta} = \frac{\frac{1}{n}\sum_i (X_i - \bar{X})(Y_i - \bar{Y})}{\frac{1}{n}\sum_i (X_i - \bar{X})^2} = \frac{\sum_i (X_i - \bar{X})(Y_i - \bar{Y})}{\sum_i (X_i - \bar{X})^2} \tag{15}$$

$$\hat{\alpha} = \bar{Y} - \hat{\beta}\bar{X} \tag{16}$$

15.3.2 最小平方法

由於 $e_i = Y_i - (\alpha + \beta X_i)$ 是一個預測誤差, 我們當然希望以 $E(Y_i|X_i) = \alpha + \beta X_i$ 來預測 Y_i 的誤差能夠越小越好, 換言之, 就是希望 Y_i 能夠被 $\alpha + \beta X_i$ 解釋的部分越大越好。如果我們將預測誤差視為一種損失, 則我們希望能夠極小以下誤差平方和的損失函數 (loss function):

$$l(e_i) = \sum_i e_i^2 \tag{17}$$

一般來說, 損失函數的函數形式不一定如第 (17) 式所示, 也可以是誤差絕對和: $l(e_i) = \sum_i |e_i|$, 甚至是以效用函數 $u(\cdot)$ 來衡量損失的痛苦, 亦即

$l(e_i) = u(e_i)$。值得注意的是, 無論是誤差平方和或是誤差絕對和, 我們所關心 (或是說所感到痛苦) 的是誤差的大小 (size), 對於誤差為正或是為負, 並不予以考慮, 這就是為什麼在這兩種損失函數中, 分別考慮誤差的平方或是其絕對值。

損失函數若為誤差平方和, 則估計方法就稱為**最小平方法** (method of least-squares), 而利用最小平方法所找出來的估計式就稱作**最小平方估計式**(least-squares estimators)。[2]

值得注意的是, 最小平方法是一種數學上的求解方法 (a mathematical solution), 當我們利用樣本資料估計迴歸線時, 我們利用最小平方法求解得到「最小平方解」(least-squares *solutions*), 並且在給定機率模型假設下, 最小平方解就稱作最小平方估計式 (least-squares *estimators*)。

根據 $e_i = Y_i - (\alpha + \beta X_i)$, 極小化第 (17) 式的問題可改寫成

$$\min_{\alpha,\beta} l(\alpha,\beta) = \min_{\alpha,\beta} \sum_{i=1}^n e_i^2 = \min_{\alpha,\beta} \sum_{i=1}^n (Y_i - \alpha - \beta X_i)^2$$

亦即, 我們要找出 α 及 β 使損失函數極小。利用一階條件我們知道,

$$\frac{\partial l}{\partial \alpha} = -2 \sum_i (Y_i - \alpha - \beta X_i) = 0 \tag{18}$$

$$\frac{\partial l}{\partial \beta} = -2 \sum_i X_i(Y_i - \alpha - \beta X_i) = 0 \tag{19}$$

我們可以聯立求解式 (18) 與 (19) 以解出極小化 q 的 α 及 β。我們將此最小平方估計式稱之為 $\hat{\alpha}$ 與 $\hat{\beta}$:

$$\hat{\beta} = \frac{\sum_i (X_i - \bar{X})(Y_i - \bar{Y})}{\sum_i (X_i - \bar{X})^2} \tag{20}$$

$$\hat{\alpha} = \bar{Y} - \hat{\beta}\bar{X} \tag{21}$$

注意到這裡的最小平方解被稱作最小平方估計式的原因就在於, $\hat{\alpha}$ 與 $\hat{\beta}$ 是隨機樣本的函數。

---

[2]若損失函數為誤差絕對和, 則稱為最小絕對差估計式 (least absolute deviation estimators, LAD)。

如果我們進一步將最小平方估計式 $\hat{\alpha}$ 與 $\hat{\beta}$ 代回 (18) 與 (19), 可得

$$\sum_i (Y_i - \hat{\alpha} - \hat{\beta} X_i) = 0 \tag{22}$$

$$\sum_i X_i (Y_i - \hat{\alpha} - \hat{\beta} X_i) = 0 \tag{23}$$

其中, 式 (22) 與式 (23) 就稱作標準方程式 (normal equations)。根據 $\hat{\alpha}$ 與 $\hat{\beta}$, 我們可以得到誤差 e_i 的估計式:

$$\hat{e}_i = Y_i - \hat{\alpha} - \hat{\beta} X_i$$

並將 $\hat{e}_i$ 稱為迴歸殘差, 或是簡稱殘差。而所估計出來的樣本迴歸線則為

$$\hat{Y}_i = \hat{\alpha} + \hat{\beta} X_i$$

因此, $\hat{e}_i$ 亦可寫成

$$\hat{e}_i = Y_i - \hat{Y}_i$$

注意到如果我們以殘差來描述標準方程式, 則第 (18)–(19) 式可寫成:

$$\sum_i \hat{e}_i = 0 \tag{24}$$

$$\sum_i X_i \hat{e}_i = 0 \tag{25}$$

15.3.3 動差法

根據性質 15.1, 母體動差為 $E(e_i) = 0$ 以及 $E(e_i X_i) = 0$, 而樣本動差分別為

$$\frac{1}{n} \sum_i e_i = \frac{1}{n} \sum_i (Y_i - \alpha - \beta X_i)$$

$$\frac{1}{n} \sum_i e_i X_i = \frac{1}{n} \sum_i (Y_i - \alpha - \beta X_i) X_i$$

則根據動差條件,

$$\frac{1}{n} \sum_i (Y_i - \hat{\alpha} - \hat{\beta} X_i) = E(e_i) = 0 \tag{26}$$

以及
$$\frac{1}{n}\sum_i (Y_i - \hat{\alpha} - \hat{\beta}X_i)X_i = E(X_i e_i) = 0 \qquad (27)$$

細心的讀者不難發現,式 (26) 與 (27) 就是標準方程式,因此利用動差法亦可得到與最小平方估計式相同的估計式。

15.3.4 最大概似法

根據線性迴歸模型,如果我們進一步假設 $f(y|x)$ 為常態分配,亦即,

$$Y_i|X_i = x_i \sim N(\alpha + \beta x_i, \sigma^2)$$

其條件 pdf 為

$$f(y_i|x_i) = \frac{1}{\sqrt{2\pi}\sigma}e^{-\frac{(y_i - \alpha - \beta x_i)^2}{2\sigma^2}}$$

則概似函數為

$$\mathcal{L}(\alpha, \beta, \sigma^2) = f(y_1|x_1)f(y_2|x_2)\cdots f(y_n|x_n)$$

以及其對數概似函數為

$$\log \mathcal{L}(\alpha, \beta, \sigma^2) = -\frac{n}{2}\log(2\pi) - \frac{n}{2}\log \sigma^2 - \frac{1}{2\sigma^2}\sum_i (y_i - \alpha - \beta x_i)^2$$

則 α, β 與 σ^2 的 MLE 求解

$$\frac{\partial \log \mathcal{L}}{\partial \alpha} = \frac{\partial \log \mathcal{L}}{\partial \beta} = \frac{\partial \log \mathcal{L}}{\partial \sigma^2} = 0$$

由於 α 與 β 只存在於對數概似函數中的最後一項,而該項正是之前所提到的損失函數乘上 $\left(-\frac{1}{2\sigma^2}\right)$:

$$-\frac{1}{2\sigma^2}\sum_i (y_i - \alpha - \beta y_i)^2 = -\frac{1}{2\sigma^2}l(e_i)$$

對於 α 與 β 的估計而言,極小化 $l(e_i)$ 就是極大化 $-l(e_i)$,進而極大化對數概似函數。因此,MLE 與最小平方估計式是一樣的:

$$\hat{\beta}_{ML} = \frac{\sum_i (X_i - \bar{X})(Y_i - \bar{Y})}{\sum_i (X_i - \bar{X})^2} = \hat{\beta}$$

$$\hat{\alpha}_{ML} = \bar{Y} - \hat{\beta}\bar{X} = \hat{\alpha}$$

至於 σ^2 的 MLE 為

$$\hat{\sigma}^2_{ML} = \frac{\sum_i \hat{e}_i^2}{n} \tag{28}$$

注意到 σ^2 的 MLE 並非不偏估計式 (參見習題)。亦即,

$$E(\hat{\sigma}^2_{ML}) = \frac{n-2}{n}\sigma^2$$

因此, 一般來說, 我們會利用

$$\hat{\sigma}^2 = \frac{n}{n-2}\hat{\sigma}^2_{ML} = \frac{\sum_i \hat{e}_i^2}{n-2}$$

來估計 σ^2。當然這個差異在 n 大時並不顯著。

統整以上的討論, 我們將迴歸參數估計式整理如下。

性質 15.2 (迴歸參數估計式).

$$\hat{\beta} = \frac{\sum_i(X_i - \bar{X})(Y_i - \bar{Y})}{\sum_i(X_i - \bar{X})^2}$$

$$\hat{\alpha} = \bar{Y} - \hat{\beta}\bar{X}$$

$$\hat{\sigma}^2 = \frac{1}{n-2}\sum_i \hat{e}_i^2$$

15.4 迴歸參數估計式的性質

15.4.1 迴歸參數估計式的代數性質

我們可以先簡化一下迴歸參數估計式的形式。令

$$d_i = \frac{(X_i - \bar{X})}{\sum_i(X_i - \bar{X})^2}$$

則我們知道

$$\hat{\beta} = \frac{\sum_i(X_i - \bar{X})(Y_i - \bar{Y})}{\sum_i(X_i - \bar{X})^2} = \sum_i d_i Y_i$$

Story 最小平方法

估計迴歸參數時, 類比法, 動差法以及最大概似法都曾在第 9 章中介紹過。至於最小平方法 (method of least-squares) 則是統計學文獻上, 估計迴歸係數最常用的方法。在一般計量經濟學的教科書中, 都是以介紹最小平方法爲主。

最小平方方法最早見於 1805 年法國數學家 Adrien-Marie Legendre (1752–1833) 的著作 *Nouvelles methodes pour la determination des orbites des cometes* 中。[a]

然而, Legendre 並未提出證明, 嗣後分別由愛爾蘭裔的美國數學家 Robert Adrain (1775–1843), Carl Friedrich Gauss, 以及 Pierre-Simon Laplace 分別於 1808, 1809 與 1810 提出相關證明, 但是 Robert Adrain 的研究一直到 1871 年才被廣爲知悉。有趣的是, Gauss 雖然相對比 Legendre 較晚發表, 卻宣稱自己在 18 歲 (1795 年) 時就已經發展出最小平方方法。

---

[a] 在法國 18 世紀數學界有三位著名的人物, 分別是 Joseph Lagrange (1736–1813), Pierre-Simon marquis de Laplace (1749–1827) 以及 Legendre, 世人稱爲「三 L」。

$$\hat{\alpha} = \bar{Y} - \hat{\beta}\bar{X} = \sum_i \left(\frac{1}{n} - \bar{X}d_i\right) Y_i = \sum_i w_i Y_i$$

且根據 d_i 的定義, 我們知道

$$\sum_i d_i = 0$$

$$\sum_i d_i^2 = \sum_i \frac{(X_i - \bar{X})^2}{\left(\sum_i (X_i - \bar{X})^2\right)^2} = \frac{1}{\sum_i (X_i - \bar{X})^2}$$

$$\sum_i d_i X_i = \sum_i d_i (X_i - \bar{X}) = \sum_i \frac{(X_i - \bar{X})^2}{\sum_i (X_i - \bar{X})^2} = 1$$

此外, 對於迴歸模型與殘差, 我們有以下的代數性質。

性質 15.3.

$$\sum_i \hat{e}_i = 0 \qquad (29)$$

$$\sum_i \hat{e}_i X_i = 0 \qquad (30)$$

$$\sum_i \hat{e}_i \hat{Y}_i = 0 \qquad (31)$$

樣本迴歸線通過 $(\bar{X}, \bar{Y})$ \qquad (32)

細心的讀者不難發現,式 (29) 與式 (30) 就是標準方程式。而第 (31) 式來自

$$\sum_i \hat{e}_i \hat{Y}_i = \sum_i \hat{e}_i(\hat{\alpha} + \hat{\beta} X_i) = \hat{\alpha} \sum_i \hat{e}_i + \hat{\beta} \sum_i \hat{e}_i X_i = \hat{\alpha} \cdot 0 + \hat{\beta} \cdot 0 = 0$$

樣本迴歸線通過 X_i 與 Y_i 的樣本均數 $(\bar{X}, \bar{Y})$ 可驗證如下:

$$\hat{\alpha} + \hat{\beta}\bar{X} = (\bar{Y} - \hat{\beta}\bar{X}) + \hat{\beta}\bar{X} = \bar{Y}$$

15.4.2 迴歸參數估計式的小樣本性質

本節將探討迴歸參數估計式的小樣本性質 (small sample properties),或稱有限樣本性質 (finite sample properties)。亦即迴歸參數估計式在有限樣本下的統計性質。我們關心的參數估計式為 $\hat{\beta}$, $\hat{\alpha}$, 以及 $\hat{\sigma}^2$ 等。同時,我們也對殘差 $\hat{e}_i$ 有興趣。

首先令 $\mathbf{X} = (X_1, X_2, \ldots, X_n)$,則

$$E(\cdot|\mathbf{X}) = E(\cdot|X_1, X_2, \ldots, X_n)$$

代表訊息集合為 $(X_1, X_2, \ldots, X_n)$ 的條件期望值,這與訊息集合僅為 X_i 的條件期望值 $E(\cdot|X_i)$ 不同。然而,由於 (X_i, Y_i) 為隨機樣本,亦即對於所有 $i \neq j$, (X_i, Y_i) 與 (X_j, Y_j) 為獨立。因此,我們有如下的性質:

性質 15.4.

$$E(Y_i|\mathbf{X}) = E(Y_i|X_i) \tag{33}$$

$$E[g(Y_i)|\mathbf{X}] = E[g(Y_i)|X_i] \tag{34}$$

$$Var(Y_i|\mathbf{X}) = Var(Y_i|X_i) \tag{35}$$

$$E(e_i|\mathbf{X}) = E(e_i|X_i) \tag{36}$$

$$Var(e_i|\mathbf{X}) = Var(e_i|X_i) \tag{37}$$

相關證明請參見附錄。然而,此性質應該相當直觀,因為 (X_i, Y_i) 為隨機樣本,Y_i (及其函數) 與 X_i 以外的 X_j 相互獨立。此外,由於 (X_i, Y_i) 也與

X_i 以外的 X_j 相互獨立,而 $e_i = Y_i - E(Y_i|X_i)$ 為 (X_i, Y_i) 之函數,自然也跟 X_i 以外的 X_j 相互獨立。

底下的定理分別介紹迴歸係數估計式的條件期望值與期望值,並據此說明迴歸係數估計式的不偏性。

定理 15.1 (迴歸係數估計式的不偏性).

$$E(\hat{\beta}|\mathbf{X}) = \beta \tag{38}$$

$$E(\hat{\beta}) = \beta \tag{39}$$

$$E(\hat{\alpha}|\mathbf{X}) = \alpha \tag{40}$$

$$E(\hat{\alpha}) = \alpha \tag{41}$$

Proof.

$$\hat{\beta} = \sum_i d_i Y_i = \sum_i d_i(\alpha + \beta X_i + e_i)$$
$$= \alpha \sum_i d_i + \beta \sum_i d_i X_i + \sum_i d_i e_i$$

根據 $\sum_i d_i = 0$,且 $\sum_i d_i X_i = 1$,則

$$\hat{\beta} = \beta + \sum_i d_i e_i$$

因此,

$$E(\hat{\beta}|\mathbf{X}) = \beta + \sum_i E(d_i e_i|\mathbf{X})$$
$$= \beta + \sum_i d_i E(e_i|\mathbf{X})$$
$$= \beta + \sum_i d_i E(e_i|X_i) = \beta$$

其中,用到了 $E(e_i|X_i) = 0$ (迴歸模型假設 A4*)。

根據雙重期望值法則,

$$E(\hat{\beta}) = E\big[E(\hat{\beta}|\mathbf{X})\big] = E(\beta) = \beta$$

其次,

$$E(\hat{\alpha}|\mathbf{X}) = E\left(\bar{Y} - \hat{\beta}\bar{X}\Big|\mathbf{X}\right) = E\left(\frac{\sum_i Y_i}{n}\Big|\mathbf{X}\right) - \bar{X}E(\hat{\beta}|\mathbf{X})$$

$$= \frac{\sum_i E(Y_i|\mathbf{X})}{n} - \bar{X}\beta = \frac{\sum_i E(Y_i|X_i)}{n} - \bar{X}\beta$$

$$= \frac{\sum_i (\alpha + \beta X_i)}{n} - \bar{X}\beta = \alpha + \beta\bar{X} - \bar{X}\beta = \alpha$$

且

$$E(\hat{\alpha}) = E\big[E(\hat{\alpha}|\mathbf{X})\big] = E(\alpha) = \alpha$$

□

簡單地說, 給定隨機樣本 $\mathbf{X}$, 迴歸係數估計式 $\hat{\beta}$ 與 $\hat{\alpha}$ 的條件期望值為 β 與 α。此外, 其非條件期望值亦為 β 與 α。亦即, 迴歸係數估計式 $\hat{\beta}$ 與 $\hat{\alpha}$ 分別為 β 與 α 的不偏估計式。

接下來, 我們討論迴歸係數估計式的條件變異數。

定理 15.2 (迴歸參數估計式的條件變異數).

$$V_{\hat{\beta}|\mathbf{X}} = Var(\hat{\beta}|\mathbf{X}) = \frac{\sigma^2}{\sum_i (X_i - \bar{X})^2} \tag{42}$$

$$V_{\hat{\alpha}|\mathbf{X}} = Var(\hat{\alpha}|\mathbf{X}) = \sigma^2 \left(\frac{1}{n} + \frac{\bar{X}^2}{\sum_i (X_i - \bar{X})^2}\right) \tag{43}$$

$$V_{\hat{\alpha},\hat{\beta}|\mathbf{X}} = Cov(\hat{\alpha},\hat{\beta}|\mathbf{X}) = \frac{-\sigma^2 \bar{X}}{\sum_i (X_i - \bar{X})^2} \tag{44}$$

Proof. 根據性質 15.4 以及均齊變異之假設,

$$Var(Y_i|\mathbf{X}) = Var(Y_i|X_i) = \sigma^2$$

因此,

$$V_{\hat{\beta}|\mathbf{X}} = Var(\hat{\beta}|\mathbf{X}) = Var\left(\sum_i d_i Y_i \Big| \mathbf{X}\right)$$

$$= \sum_i d_i^2 Var(Y_i|\mathbf{X}) = \sum_i d_i^2 Var(Y_i|X_i)$$

$$= \sigma^2 \sum_i d_i^2 = \frac{\sigma^2}{\sum_i (X_i - \bar{X})^2}$$

其次,
$$\hat{\alpha} = \bar{Y} - \bar{X}\hat{\beta} = \frac{\sum_i Y_i}{n} - \bar{X}\sum_i d_i Y_i = \sum_i \left(\frac{1}{n} - \bar{X}d_i\right) Y_i$$

因此,
$$\begin{aligned} V_{\hat{\alpha}|\mathbf{X}} = Var(\hat{\alpha}|\mathbf{X}) &= Var(Y_i|\mathbf{X})\sum_i\left(\frac{1}{n} - \bar{X}d_i\right)^2 \\ &= Var(Y_i|X_i)\sum_i\left(\frac{1}{n} - \bar{X}d_i\right)^2 = \sigma^2\sum_i\left(\frac{1}{n} - \bar{X}d_i\right)^2 \\ &= \sigma^2\sum_i\left(\frac{1}{n^2} - \frac{2}{n}\bar{X}d_i + \bar{X}^2 d_i^2\right) = \sigma^2\left[\frac{1}{n} + \bar{X}^2\sum_i d_i^2\right] \\ &= \sigma^2\left[\frac{1}{n} + \frac{\bar{X}^2}{\sum_i(X_i - \bar{X})^2}\right] \end{aligned}$$

最後, $\hat{\alpha}$ 與 $\hat{\beta}$ 的條件共變數為

$$\begin{aligned} Cov(\hat{\alpha}, \hat{\beta}|\mathbf{X}) &= Cov\left(\sum_i\left(\frac{1}{n} - \bar{X}d_i\right)Y_i, \sum_i d_i Y_i \middle| \mathbf{X}\right) \\ &= \sum_i \left(\frac{1}{n} - \bar{X}d_i\right) d_i Cov(Y_i, Y_i|\mathbf{X}) \\ &= \sum_i \left(\frac{1}{n} - \bar{X}d_i\right) d_i Var(Y_i|\mathbf{X}) \\ &= \sum_i \left(\frac{1}{n} - \bar{X}d_i\right) d_i Var(Y_i|X_i) \\ &= \sigma^2 \sum_i \left[\frac{1}{n}d_i - \bar{X}d_i^2\right] \\ &= -\sigma^2 \bar{X}\sum_i d_i^2 = \frac{-\sigma^2 \bar{X}}{\sum_i(X_i - \bar{X})^2} \end{aligned}$$

□

第 (44) 式說明了 $\hat{\alpha}$ 與 $\hat{\beta}$ 之間的相關性。若 $\bar{X}$ 為正,則 $\hat{\alpha}$ 與 $\hat{\beta}$ 為負相關,反之則為正相關。其解釋亦十分直觀: 假設 $\bar{X}$ 為正,別忘了 $\hat{\alpha}$ 與 $\hat{\beta}$ 分別代表樣本迴歸線的截距項與斜率,此外,樣本迴歸線必須通過 $(\bar{X}, \bar{Y})$,因此,若樣本迴歸線以 $(\bar{X}, \bar{Y})$ 為準作旋轉,斜率越大,則截距項就越小。反之,若 $\bar{X}$ 為負,斜率越大,截距項就越大。

根據定理 15.1 與 15.2, 我們可以得到 $\hat{\beta}$ 與 $\hat{\alpha}$ 的條件分配如下。

性質 15.5 (迴歸係數估計式的條件分配).

$$\hat{\beta}|\boldsymbol{X} \sim (\beta, V_{\hat{\beta}|\boldsymbol{X}}) \tag{45}$$

$$\hat{\alpha}|\boldsymbol{X} \sim (\alpha, V_{\hat{\alpha}|\boldsymbol{X}}) \tag{46}$$

事實上, 我們也可以找出迴歸係數估計式的非條件變異數。以 $\hat{\beta}$ 為例,

定理 15.3 (迴歸參數估計式的非條件變異數).

$$Var(\hat{\beta}) = \sigma^2 E\left(\frac{1}{\sum_i (X_i - \bar{X})^2}\right) \tag{47}$$

Proof. 根據變異數分解 (定理 5.6),

$$Var(\hat{\beta}) = E[Var(\hat{\beta}|\mathbf{X})] + Var(E[\hat{\beta}|\mathbf{X}]) = \sigma^2 E\left(\frac{1}{\sum_i (X_i - \bar{X})^2}\right)$$

$\square$

有關殘差 $\hat{e}_i$ 的性質如下。

定理 15.4 (殘差的條件期望值與期望值).

$$E(\hat{e}_i|\mathbf{X}) = 0 \tag{48}$$

$$E(\hat{e}_i) = 0 \tag{49}$$

Proof. 由於

$$E(\hat{Y}_i|\mathbf{X}) = E(\hat{\alpha} + \hat{\beta}X_i|\mathbf{X}) = E(\hat{\alpha}|\mathbf{X}) + X_i E(\hat{\beta}|\mathbf{X}) = \alpha + \beta X_i$$

且

$$E(Y_i|\mathbf{X}) = E(Y_i|X_i) = \alpha + \beta X_i$$

則

$$E(\hat{e}_i|\mathbf{X}) = E(Y_i - \hat{Y}_i|\mathbf{X}) = E(Y_i|\mathbf{X}) - E(\hat{Y}_i|\mathbf{X}) = 0$$

$$E(\hat{e}_i) = E[E(\hat{e}_i|\mathbf{X})] = E[0] = 0$$

$\square$

定理 15.5 (殘差的條件變異數).

$$Var(\hat{e}_i|\mathbf{X}) = E(\hat{e}_i^2|\mathbf{X}) = \left[1 - \frac{1}{n} - \frac{(X_i - \bar{X})^2}{\sum_i (X_i - \bar{X})^2}\right]\sigma^2 \qquad (50)$$

Proof. 由於 $\hat{e}_i = Y_i - \hat{\alpha} - \hat{\beta}X_i$,

$$Var(\hat{e}_i|\mathbf{X}) = Var(Y_i|\mathbf{X}) + Var(\hat{\alpha}|\mathbf{X}) + X_i^2 Var(\hat{\beta}|\mathbf{X}) - 2Cov(Y_i,\hat{\alpha}|\mathbf{X})$$
$$- 2X_i Cov(Y_i,\hat{\beta}|\mathbf{X}) + 2X_i Cov(\hat{\alpha},\hat{\beta}|\mathbf{X})$$
$$= \sigma^2 + \left[\frac{1}{n} + \frac{\bar{X}^2}{\sum_i(X_i-\bar{X})^2}\right]\sigma^2 + \frac{X_i^2}{\sum_i(X_i-\bar{X})^2}\sigma^2$$
$$- 2\left[\frac{1}{n} - \bar{X}\frac{(X_i-\bar{X})}{\sum_i(X_i-\bar{X})^2}\right]\sigma^2 - 2X_i\frac{(X_i-\bar{X})}{\sum_i(X_i-\bar{X})^2}\sigma^2 - \frac{2X_i\bar{X}}{\sum_i(X_i-\bar{X})^2}\sigma^2$$
$$= \left[1 - \frac{1}{n} - \frac{(X_i-\bar{X})^2}{\sum_i(X_i-\bar{X})^2}\right]\sigma^2$$

由於 $E(\hat{e}_i|\mathbf{X}) = 0$, 因此,

$$E(\hat{e}_i^2|\mathbf{X}) = Var(\hat{e}_i|\mathbf{X}) = \left[1 - \frac{1}{n} - \frac{(X_i-\bar{X})^2}{\sum_i(X_i-\bar{X})^2}\right]\sigma^2$$

□

底下則為 $\hat{\sigma}^2$ 的相關統計性質:

定理 15.6.

$$E(\hat{\sigma}^2|\mathbf{X}) = \sigma^2 \qquad (51)$$
$$E(\hat{\sigma}^2) = \sigma^2 \qquad (52)$$

Proof.

$$E(\hat{\sigma}^2|\mathbf{X}) = E\left(\frac{1}{n-2}\sum_i \hat{e}_i^2 \Big| \mathbf{X}\right)$$
$$= \frac{1}{n-2}\sum_i Var(\hat{e}_i|\mathbf{X})$$
$$= \frac{1}{n-2}\sum_i \left[1 - \frac{1}{n} - \frac{(X_i-\bar{X})^2}{\sum_i(X_i-\bar{X})^2}\right]\sigma^2$$
$$= \sigma^2 \frac{1}{n-2}(n - 1 - 1) = \sigma^2$$

因此,
$$E(\hat{\sigma}^2) = E\big[E(\hat{\sigma}^2|\mathbf{X})\big] = \sigma^2$$

□

15.4.3 Gauss-Markov 定理

迴歸係數估計式 $\hat{\alpha}$ 以及 $\hat{\beta}$ 在給定 X 之下, 都是 Y_i 的線性函數:

$$\hat{\beta} = \sum_i \frac{(X_i - \bar{X})Y_i}{\sum_i (X_i - \bar{X})^2} = \sum_i d_i Y_i$$

$$\hat{\alpha} = \bar{Y} - \left(\sum_i d_i Y_i\right)\bar{X} = \sum_i \left(\frac{1}{n} - \bar{X}d_i\right)Y_i = \sum_i w_i Y_i$$

由於 $\hat{\alpha}$ 與 $\hat{\beta}$ 均為不偏估計式, 則我們可以將他們稱為線性不偏估計式 (linear unbiased estimator)。而 Gauss-Markov 定理說明了, 在所有可能的線性不偏估計式中, $\hat{\alpha}$ 以及 $\hat{\beta}$ 具有 (條件與非條件) 變異數最小的性質。

定理 15.7 (Gauss-Markov 定理). 考慮 β 另一個可能的線性不偏估計式, b:

$$b = \sum_i c_i Y_i$$

$c_i = f(\mathbf{X})$, 則我們可以證明 (詳見附錄)

$$Var(b|\mathbf{X}) = Var(\hat{\beta}|\mathbf{X}) + \sigma^2 \sum_i (c_i - d_i)^2$$

由於 $\sum_i (c_i - d_i)^2 \geq 0$, 因此

$$Var(b|\mathbf{X}) \geq Var(\hat{\beta}|\mathbf{X})$$

$$Var(b) \geq Var(\hat{\beta})$$

簡言之, $\hat{\alpha}$ 與 $\hat{\beta}$ 為所有線性不偏估計式中, 變異數最小的線性不偏估計式, 從而又被稱作最佳線性不偏估計式 (best linear unbiased estimator), 簡稱 BLUE。

15.4.4 迴歸參數估計式的大樣本性質

在此, 我們介紹迴歸參數估計式的大樣本性質。

定理 15.8 (迴歸係數估計式的大樣本性質).

$$\hat{\beta} \xrightarrow{p} \beta \tag{53}$$

$$\hat{\alpha} \xrightarrow{p} \alpha \tag{54}$$

Proof. 給定 $\{X_i, Y_i\}_{i=1}^n$ 為隨機樣本, 根據弱大數法則,

$$\hat{\beta} = \frac{\sum_i (X_i - \bar{X})(Y_i - \bar{Y})}{\sum_i (X_i - \bar{X})^2} = \frac{\frac{1}{n}\sum_i (X_i - \bar{X})(Y_i - \bar{Y})}{\frac{1}{n}\sum_i (X_i - \bar{X})^2}$$
$$\xrightarrow{p} \frac{E[(X - E[X])(Y - E[Y])]}{E[(X - E[X])^2]} = \beta$$

且

$$\hat{\alpha} = \bar{Y} - \hat{\beta}\bar{X} \xrightarrow{p} E(Y) - \beta E(X) = \alpha$$

□

也就是說, 迴歸係數估計式 $\hat{\alpha}$ 與 $\hat{\beta}$ 均為一致估計式。以下我們介紹迴歸係數估計式的大樣本分配。

定理 15.9 (迴歸係數估計式 $\hat{\beta}$ 的大樣本分配).

$$\sqrt{n}(\hat{\beta} - \beta) \xrightarrow{d} N\left(0, \frac{\sigma^2}{Var(X_i)}\right)$$

Proof. 參見附錄。 □

我們將 $\hat{\alpha}$ 的大樣本分配當作習題提供讀者練習。一般而言, 我們將

$$V_\beta = Avar(\hat{\beta}) = \frac{\sigma^2}{Var(X_i)}$$

稱為 $\hat{\beta}$ 的漸進變異數 (asymptotic variance)。定理 15.9 也可以寫成:

$$\hat{\beta} \sim^A N\left(\beta, \frac{\sigma^2}{nVar(X_i)}\right)$$

而 $\hat{\beta}$ 的漸進變異數定義有時會定義為:

$$\frac{V_\beta}{n} = \frac{\sigma^2}{nVar(X_i)}$$

但這個定義方式似乎較少見。

定理 15.10 (變異數估計式的大樣本性質).

$$\hat{\sigma}^2 \xrightarrow{p} \sigma^2 \tag{55}$$

Proof. 參見附錄. □

一般而言, β 是簡單迴歸分析 (單一解釋變數) 中最重要的參數, 而估計式 $\hat{\beta}$ 的統計性質在統計推論上相當重要。我們在本章介紹了三種與 $\hat{\beta}$ 有關的變異數:

1. 條件變異數 (conditional variance)

$$V_{\hat{\beta}|\mathbf{X}} = Var(\hat{\beta}|\mathbf{X}) = \frac{\sigma^2}{\sum_i (X_i - \bar{X})^2}$$

2. 非條件變異數 (unconditional variance)

$$V_{\hat{\beta}} = Var(\hat{\beta}) = \sigma^2 E\left(\frac{1}{\sum_i (X_i - \bar{X})^2}\right)$$

3. 漸進變異數 (asymptotic variance)

$$V_\beta = \frac{\sigma^2}{Var(X_i)}$$

其中非條件變異數涉及到非線性函數 $\frac{1}{\sum_i (X_i - \bar{X})^2}$ 的期望值, 沒有簡潔的表示形式, 並沒有實務上的用處。而漸進變異數與 $\hat{\beta}$ 的漸進分配有關, 我們將在下一章的統計推論中應用到漸進變異數與漸進分配。實務上, 我們報告 $\hat{\beta}$ 的標準誤時, 用到的就是條件變異數 $V_{\hat{\beta}|\mathbf{X}}$ 的平方根。

然而, 由於 $V_{\hat{\beta}}$, $V_{\hat{\alpha}}$ 與 $V_{\hat{\alpha},\hat{\beta}}$ 都包含未知參數 σ, 因此, 其估計式就是將未知參數 σ 以估計式

$$\hat{\sigma}^2 = \frac{1}{n-2} \sum_i \hat{e}_i^2$$

替代。

定義 15.3 ($V_{\hat{\beta}|\mathbf{X}}$, $V_{\hat{\alpha}|\mathbf{X}}$ 與 $V_{\hat{\alpha},\hat{\beta}|\mathbf{X}}$ 的估計式).

$$\hat{V}_{\hat{\beta}|\mathbf{X}} = \frac{\hat{\sigma}^2}{\sum_i (X_i - \bar{X})^2}$$

$$\hat{V}_{\hat{\alpha}|\mathbf{X}} = \hat{\sigma}^2 \left(\frac{1}{n} + \frac{\bar{X}^2}{\sum_i (X_i - \bar{X})^2} \right)$$

$$\hat{V}_{\hat{\alpha},\hat{\beta}|\mathbf{X}} = \frac{-\hat{\sigma}^2 \bar{X}}{\sum_i (X_i - \bar{X})^2}$$

因此，$\hat{\beta}$ 與 $\hat{\alpha}$ 的標準誤 (standard error) 則是

$$se(\hat{\beta}) = \sqrt{\hat{V}_{\hat{\beta}|\mathbf{X}}} = \sqrt{\frac{\hat{\sigma}^2}{\sum_i (X_i - \bar{X})^2}}$$

$$se(\hat{\alpha}) = \sqrt{\hat{V}_{\hat{\alpha}|\mathbf{X}}} = \sqrt{\hat{\sigma}^2 \left(\frac{1}{n} + \frac{\bar{X}^2}{\sum_i (X_i - \bar{X})^2} \right)}$$

15.5 迴歸分析的實例探討

在本節中，我們提供兩個例子說明如何將迴歸分析應用在個體經濟學與總體經濟學的研究上。

15.5.1 例一: 獨占廠商產品需求之估計

假設吳阿帥經營的軟體公司為中文排版軟體市場上的一個獨占廠商。吳阿帥相信需求量 (Y) 與價格 (X) 具有一線性關係。因此，吳阿帥觀察了五種不同價格下的需求量，並據此估計此線性的需求線。茲簡述資料於表 15.1 中。

因此，我們可以算出 $\bar{X} = 55$, $\bar{Y} = 2380$, 以及

$$\sum_i X_i = 275 \qquad \sum_i X_i^2 = 16{,}125 \qquad \sum_i (X_i - \bar{X})^2 = 1000$$

$$\sum_i Y_i = 11900 \qquad \sum_i X_i Y_i = 593500 \qquad \sum_i (Y_i - \bar{Y})^2 = 4828000$$

表15.1: 排版軟體需求量 (Y) 與價格 (X)

X_i	Y_i	$\hat{Y}_i$	$(Y_i - \hat{Y})^2$
80	1100	855	60025
50	3000	2685	99225
45	3500	2990	260100
40	3000	3295	87025
60	1300	2075	600625

根據迴歸參數估計式的公式,

$$\hat{\beta} = \frac{\sum_i X_i Y_i - n\bar{X}\bar{Y}}{\sum_i X_i^2 - n\bar{X}^2} = -61$$

$$\hat{\alpha} = \bar{Y} - \hat{\beta}\bar{X} = 5735$$

此外, 由於 $\hat{Y}_i = \hat{\alpha} + \hat{\beta} X_i$, 我們可以進一步算出 $\hat{Y}_i$ 與 $(Y_i - \hat{Y})^2$ (參見表 15.1)。亦即殘差平方和為: $\sum_i \hat{e}_i^2 = \sum_i (Y_i - \hat{Y}_i)^2 = 1107000$, 則

$$\hat{\sigma}^2 = \frac{\sum_i (Y_i - \hat{Y}_i)^2}{n-2} = \frac{\sum_i \hat{e}_i^2}{n-2} = \frac{1107000}{3} = 369000$$

而迴歸係數的標準誤分別為:

$$se(\hat{\beta}) = \sqrt{\frac{\hat{\sigma}^2}{\sum_i (X_i - \bar{X})^2}} = \sqrt{\frac{369000}{1000}} = 19.21$$

以及

$$se(\hat{\alpha}) = \sqrt{\hat{\sigma}^2 \left(\frac{1}{n} + \frac{\bar{X}^2}{\sum_i (X_i - \bar{X})^2}\right)} = \sqrt{369000 \left(\frac{1}{5} + \frac{55^2}{1000}\right)} = 1090.88$$

一般而言, 我們會以如下的形式報告迴歸估計值:

$$\widehat{Y} = \underset{(1090.88)}{5735} - \underset{(19.21)}{61} X \tag{56}$$

迴歸係數估計值下面的括號部份為估計式的標準誤。我們可以透過以下的 R 程式來驗證上述結果。

R 程式 15.1.
```
X = c(80,50,45,40,60)
Y = c(1100,3000,3500,3000,1300)
model = lm(formula=Y~X)
summary(model)
```

執行後可得:

```
Call:
lm(formula = Y ~ X)

Residuals:
   1    2    3    4    5
 245  315  510 -295 -775

Coefficients:
            Estimate Std. Error t value Pr(>|t|)
(Intercept)  5735.00    1090.88   5.257   0.0134 *
X             -61.00      19.21  -3.176   0.0503 .
---
Signif. codes:  0 '***' 0.001 '**' 0.01 '*' 0.05 '.' 0.1 ' ' 1

Residual standard error: 607.5 on 3 degrees of freedom
Multiple R-squared:  0.7707,    Adjusted R-squared:  0.6943
F-statistic: 10.08 on 1 and 3 DF,  p-value: 0.05027
```

15.5.2　例二: 儲蓄與投資

在國際金融研究中, 自從 Feldstein and Horioka (1980) 的跨國實證研究發現, 各個國家的國內儲蓄與投資具有極高的相關性。這樣的實證結果隱含了國際間資本流動不如我們想像中的蓬勃, 並將此現象稱為 Feldstein-Horioka 困惑 (Feldstein-Horioka puzzle)。在此, 我們重製其研究。

我們自 The Penn World Table (PWT) 取得 50 個國家 2010 年儲蓄與投資的資料。投資與儲蓄分別為其佔實質 GDP 比例, 令 Y 代表投資, X 代表儲蓄, 我們將資料繪於圖 15.2 中, 並將所估計出來的樣本迴歸線以及迴歸係數標於圖中 (R 程式參見附錄)。

圖15.2: 儲蓄與投資

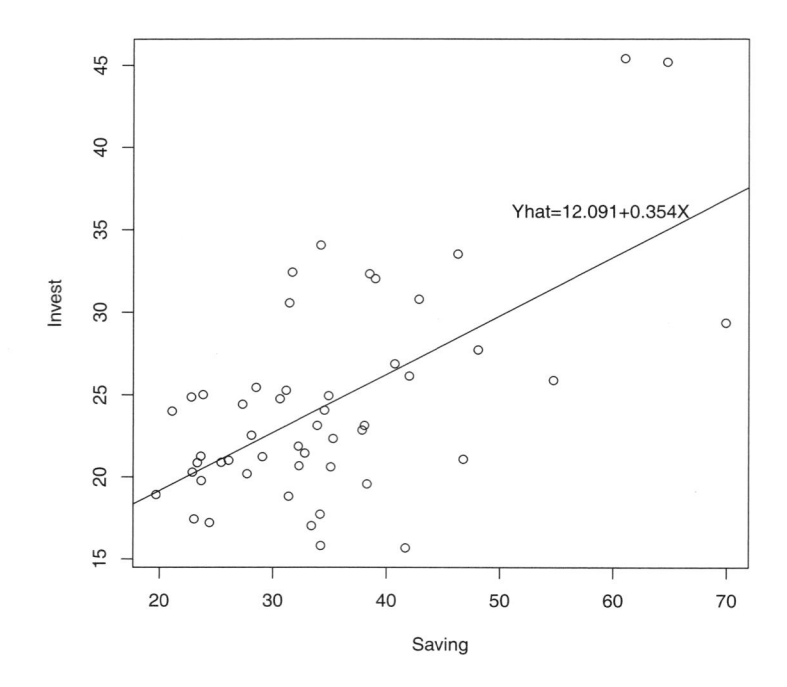

顯而易見地，如果國際間資本流動蓬勃，β 係數應該接近於零。因此，我們有興趣檢定的虛無假設將是: $H_0: \beta = 0$ 根據我們對 β 的估計結果為 0.354，下一個問題就是，0.354 算不算是一個接近於零的數字? 亦即，0.354 能不能提供我們足夠的證據推翻虛無假設? 有關迴歸係數的檢定，我們將在第 16 章中討論。

15.6 附錄

15.6.1 證明性質 15.4

注意到 $d_i = \frac{X_i - \bar{X}}{\sum_i (X_i - \bar{X})^2} = g(\mathbf{X}) = g(X_1, X_2, \ldots, X_n)$,

$$\begin{aligned}
E(Y_i|\mathbf{X}) &= E(Y_i|X_1, X_2, \ldots, X_n) \\
&= \int_{y_i} y_i f(y_i|x_1, x_2, \ldots, x_n) dy_i \\
&= \int_{y_i} y_i \frac{f(y_i, x_1, x_2, \ldots, x_n)}{f(x_1, x_2, \ldots, x_n)} dy_i \\
&= \int_{y_i} y_i \frac{f(y_i, x_i) f(x_1) f(x_2) \cdots f(x_{i-1}) f(x_{i+1}) \cdots f(x_n)}{f(x_1) f(x_2) \cdots f(x_n)} dy_i \\
&= \int_{y_i} y_i \frac{f(y_i, x_i)}{f(x_i)} dy_i \\
&= \int_{y_i} y_i f(y_i|x_i) dy_i \\
&= E(Y_i|X_i)
\end{aligned}$$

同理,

$$E[g(Y_i)|\mathbf{X}] = E[g(Y_i)|X_i]$$

因此,

$$\begin{aligned}
Var(Y_i|\mathbf{X}) &= E[(Y_i - E[Y_i|\mathbf{X}])^2|\mathbf{X}] = E(Y_i^2|\mathbf{X}) - [E(Y_i|\mathbf{X})]^2 \\
&= E(Y_i^2|X_i) - [E(Y_i|X_i)]^2 = Var(Y_i|X_i) = \sigma^2
\end{aligned}$$

$$\begin{aligned}
E(e_i|\mathbf{X}) &= E[Y_i - E(Y_i|X_i)|\mathbf{X}] \\
&= E(Y_i|\mathbf{X}) - E[E(Y_i|X_i)|\mathbf{X}] \\
&= E(Y_i|X_i) - E(Y_i|X_i) \\
&= E[Y_i - E(Y_i|X_i)|X_i] \\
&= E(e_i|X_i) = 0
\end{aligned}$$

$$Var(e_i|\mathbf{X}) = E\Big([e_i - E(e_i|\mathbf{X})]^2\Big|\mathbf{X}\Big)$$
$$= E(e_i^2|\mathbf{X})$$
$$= E\big([Y_i - E(Y_i|X_i)]^2\big|\mathbf{X}\big)$$
$$= E\big(Y_i^2 - 2Y_i E(Y_i|X_i) + [E(Y_i|X_i)]^2\big|\mathbf{X}\big)$$
$$= E(Y_i^2|\mathbf{X}) - 2E(Y_i|X_i)E(Y_i|\mathbf{X}) + [E(Y_i|X_i)]^2$$
$$= E(Y_i^2|\mathbf{X}) - [E(Y_i|X_i)]^2$$
$$= E(Y_i^2|X_i) - [E(Y_i|X_i)]^2$$
$$= E\big([Y_i - E(Y_i|X_i)]^2\big|X_i\big)$$
$$= E(e_i^2|X_i) = Var(e_i|X_i) = \sigma^2$$

15.6.2 證明 Gauss-Markov 定理

令 $b = \sum_i c_i Y_i$ 為 β 的任一線性估計式, 則其條件期望值為:

$$E(b|\mathbf{X}) = E\big[\sum_i c_i E(Y_i|\mathbf{X})\big]$$
$$= \sum_i c_i E(Y_i|\mathbf{X})$$
$$= \sum_i c_i E(Y_i|X_i)$$
$$= \sum_i c_i (\alpha + \beta X_i)$$
$$= \alpha \sum_i c_i + \beta \sum_i c_i X_i$$

在給定 $\mathbf{X}$ 下, b 為不偏估計式, 上式隱含:

$$\sum_i c_i = 0, \qquad \sum_i c_i X_i = 1$$

因此, 我們可以改寫 b 為

$$\begin{aligned} b &= \sum_i c_i Y_i = \sum_i c_i(\alpha + \beta X_i + e_i) \\ &= \alpha \sum_i c_i + \beta \sum_i c_i X_i + \sum_i c_i e_i \\ &= \beta + \sum_i c_i e_i \end{aligned}$$

則其條件變異數為

$$Var(b|\mathbf{X}) = \sum_i c_i^2 Var(e_i|\mathbf{X}) = \sum_i c_i^2 Var(e_i|X_i) = \sigma^2 \sum_i c_i^2$$

此外, 我們可以將權數 c_i 寫成

$$c_i = d_i + (c_i - d_i)$$

其中,

$$d_i = \frac{X_i - \bar{X}}{\sum_i (X_i - \bar{X})^2}, \qquad \sum_i d_i = 0, \qquad \sum_i d_i^2 = \frac{1}{\sum_i (X_i - \bar{X})^2}$$

綜上所述,

$$\sum_i c_i^2 = \sum_i d_i^2 + \sum_i (c_i - d_i)^2 + 2\sum_i d_i(c_i - d_i)$$

其中,

$$\begin{aligned} \sum_i d_i(c_i - d_i) &= \sum_i d_i c_i - \sum_i d_i^2 \\ &= \sum_i \frac{(X_i - \bar{X})c_i}{\sum_i (X_i - \bar{X})^2} - \frac{1}{\sum_i (X_i - \bar{X})^2} \\ &= \frac{\sum_i c_i X_i - \bar{X}\sum_i c_i}{\sum_i (X_i - \bar{X})^2} - \frac{1}{\sum_i (X_i - \bar{X})^2} \\ &= \frac{1}{\sum_i (X_i - \bar{X})^2} - \frac{1}{\sum_i (X_i - \bar{X})^2} = 0 \end{aligned}$$

因此,

$$\sum_i c_i^2 = \sum_i d_i^2 + \sum_i (c_i - d_i)^2$$

$$\underbrace{\sigma^2 \sum_i c_i^2}_{Var(b|\mathbf{X})} = \underbrace{\sigma^2 \sum_i d_i^2}_{Var(\hat{\beta}|\mathbf{X})} + \sigma^2 \sum_i (c_i - d_i)^2$$

也就是說, $Var(b|\mathbf{X}) = Var(\hat{\beta}|\mathbf{X}) + \sigma^2 \sum_i (c_i - d_i)^2$ 則

$$Var(b|\mathbf{X}) \geq Var(\hat{\beta}|\mathbf{X})$$

此外, 根據變異數分解 (定理 5.6),

$$Var(\hat{\beta}) = E[Var(\hat{\beta}|\mathbf{X})] + Var(E[\hat{\beta}|\mathbf{X}])$$
$$= E[Var(\hat{\beta}|\mathbf{X})] + Var(\beta)$$
$$= E[Var(\hat{\beta}|\mathbf{X})]$$

同理, $Var(b) = E[Var(b|\mathbf{X})]$。我們因而可以得到

$$Var(b) = E[Var(b|\mathbf{X})] \geq E[Var(\hat{\beta}|\mathbf{X})] = Var(\hat{\beta})$$

15.6.3 證明變異數估計式的一致性

根據

$$\hat{e}_i = Y_i - \hat{\alpha} - \hat{\beta} X_i$$
$$= (\alpha + \beta X_i + e_i) - \hat{\alpha} - \hat{\beta} X_i$$
$$= e_i - (\hat{\alpha} - \alpha) - (\hat{\beta} - \beta) X_i$$

因此,

$$\hat{e}_i^2 = e_i^2 + (\hat{\alpha}-\alpha)^2 + X_i^2(\hat{\beta}-\beta)^2 - 2e_i(\hat{\alpha}-\alpha) - 2e_i X_i(\hat{\beta}-\beta) + 2X_i(\hat{\alpha}-\alpha)(\hat{\beta}-\beta)$$

左右兩邊取平均數,

$$\frac{1}{n}\sum_i \hat{e}_i^2 = \frac{1}{n}\sum_i e_i^2 + \frac{1}{n}\sum_i (\hat{\alpha}-\alpha)^2 + \frac{1}{n}\sum_i X_i^2(\hat{\beta}-\beta)^2 - 2\frac{1}{n}\sum_i e_i(\hat{\alpha}-\alpha)$$
$$- 2\frac{1}{n}\sum_i e_i X_i(\hat{\beta}-\beta) + 2\frac{1}{n}\sum_i X_i(\hat{\alpha}-\alpha)(\hat{\beta}-\beta)$$

其中, 等式右手邊的極限性質為:

$$\frac{1}{n}\sum_i e_i^2 \xrightarrow{p} E(e^2) = \sigma^2$$

$$\frac{1}{n}\sum_i (\hat{\alpha}-\alpha)^2 = (\hat{\alpha}-\alpha)^2 \xrightarrow{p} 0$$

$$\frac{1}{n}\sum_i X_i^2(\hat{\beta}-\beta)^2 = (\hat{\beta}-\beta)^2 \frac{1}{n}\sum_i X_i^2 \xrightarrow{p} 0 \cdot E(X_i^2) = 0$$

$$\frac{1}{n}\sum_i e_i(\hat{\alpha}-\alpha) = (\hat{\alpha}-\alpha)\frac{1}{n}\sum_i e_i \xrightarrow{p} 0 \cdot E(e_i) = 0 \cdot 0 = 0$$

$$\frac{1}{n}\sum_i e_i X_i(\hat{\beta}-\beta) = (\hat{\beta}-\beta)\frac{1}{n}\sum_i e_i X_i \xrightarrow{p} 0 \cdot E(e_i X_i) = 0 \cdot 0 = 0$$

$$\frac{1}{n}\sum_i X_i(\hat{\alpha}-\alpha)(\hat{\beta}-\beta) = (\hat{\alpha}-\alpha)(\hat{\beta}-\beta)\frac{1}{n}\sum_i X_i \xrightarrow{p} 0 \cdot 0 \cdot E(X_i) = 0$$

亦即,

$$\frac{1}{n}\sum_i \hat{e}_i^2 \xrightarrow{p} \sigma^2$$

且

$$\hat{\sigma}^2 = \frac{1}{n-2}\sum_{i=1}^n \hat{e}_i^2 = \underbrace{\frac{n}{n-2}}_{\xrightarrow{p} 1} \underbrace{\frac{1}{n}\sum_i \hat{e}_i^2}_{\xrightarrow{p} \sigma^2} \xrightarrow{p} \sigma^2$$

15.6.4 證明迴歸係數估計式的大樣本分配

首先注意到,

$$\hat{\beta} = \frac{\sum_i (X_i - \bar{X}) Y_i}{\sum_i (X_i - \bar{X})^2}$$

$$= \frac{\sum_i (X_i - \bar{X})(\alpha + \beta X_i + e_i)}{\sum_i (X_i - \bar{X})^2}$$

$$= \frac{\sum_i \alpha (X_i - \bar{X}) + \sum_i \beta X_i (X_i - \bar{X}) + \sum_i (X_i - \bar{X}) e_i}{\sum_i (X_i - \bar{X})^2}$$

$$= \frac{\alpha \sum_i (X_i - \bar{X}) + \beta \sum_i (X_i - \bar{X})(X_i - \bar{X}) + \sum_i (X_i - \bar{X}) e_i}{\sum_i (X_i - \bar{X})^2}$$

由於 $\sum_i (X_i - \bar{X}) = 0$, 我們可以得到:

$$\hat{\beta} = \beta + \frac{\sum_i (X_i - \bar{X}) e_i}{\sum_i (X_i - \bar{X})^2}$$

$$= \beta + \frac{\sum_i (X_i - \mu_X + \mu_X - \bar{X}) e_i}{\sum_i (X_i - \bar{X})^2}$$

$$= \beta + \frac{\sum_i (X_i - \mu_X) e_i}{\sum_i (X_i - \bar{X})^2} - \frac{\sum_i (\bar{X} - \mu_X) e_i}{\sum_i (X_i - \bar{X})^2}$$

其中 $\mu_X = E(X_i)$, 因此, 我們可進一步改寫成:

$$\sqrt{n}(\hat{\beta} - \beta) = \sqrt{n} \left(\frac{\frac{1}{n} \sum_i (X_i - \mu_X) e_i}{\frac{1}{n} \sum_i (X_i - \bar{X})^2} - \frac{\frac{1}{n} \sum_i (\bar{X} - \mu_X) e_i}{\frac{1}{n} \sum_i (X_i - \bar{X})^2} \right)$$

$$= \frac{\frac{1}{\sqrt{n}} \sum_i (X_i - \mu_X) e_i}{\frac{1}{n} \sum_i (X_i - \bar{X})^2} - \frac{\frac{1}{\sqrt{n}} \sum_i (\bar{X} - \mu_X) e_i}{\frac{1}{n} \sum_i (X_i - \bar{X})^2}$$

$$= \frac{\frac{1}{\sqrt{n}} \sum_i v_i}{\frac{1}{n} \sum_i (X_i - \bar{X})^2} - \frac{(\bar{X} - \mu_X) \frac{1}{\sqrt{n}} \sum_i e_i}{\frac{1}{n} \sum_i (X_i - \bar{X})^2} \quad (57)$$

其中,

$$v_i = (X_i - \mu_X) e_i$$

首先看第 (57) 式等號右手邊第二項。由於 e_i 為 i.i.d., $E(e_i) = 0$, $Var(e_i) = \sigma^2$ (性質 15.1)，則

$$\frac{\frac{1}{n}\sum_i e_i}{\sqrt{\frac{\sigma^2}{n}}} \xrightarrow{d} N(0,1)$$

且根據 Slutsky's Theorem (定理 8.13)，

$$\frac{(\bar{X} - \mu_X)\frac{1}{\sqrt{n}}\sum_i e_i}{\frac{1}{n}\sum_i (X_i - \bar{X})^2} = \underbrace{(\bar{X} - \mu_X)}_{\xrightarrow{p} 0} \underbrace{\frac{1}{\sqrt{n}}\sum_i e_i}_{\xrightarrow{d} N(0,\sigma^2)} \underbrace{\frac{1}{\frac{1}{n}\sum_i (X_i - \bar{X})^2}}_{\xrightarrow{p} \frac{1}{Var(X_i)}} \xrightarrow{d} 0$$

如果某隨機變數分配收斂到一常數，則該隨機變數會機率收斂到此一常數。亦即

$$\frac{(\bar{X} - \mu_X)\frac{1}{\sqrt{n}}\sum_i e_i}{\frac{1}{n}\sum_i (X_i - \bar{X})^2} \xrightarrow{p} 0$$

接下來我們看第 (57) 式等號右手邊第一項。首先注意到，

$$E(v_i|X_i) = X_i E(e_i) - \mu_X E(e_i|X_i) = 0 - 0 = 0$$
$$E(v_i) = E[E(v_i|X_i)] = 0$$
$$Var(v_i|X_i) = (X_i - \mu_X)^2 Var(e_i|X_i) = (X_i - \mu_X)^2 \sigma^2$$
$$Var(v_i) = E[Var(v_i|X_i)] + Var(E[v_i|X_i])$$
$$= \sigma^2 E[(X_i - \mu_X)^2] + 0$$
$$= \sigma^2 Var(X_i)$$

因此，

$$\frac{1}{\sqrt{n}}\sum_i v_i \xrightarrow{d} N(0, \sigma^2 Var(X_i))$$

且

$$\frac{\frac{1}{\sqrt{n}}\sum_i v_i}{\frac{1}{n}\sum_i (X_i - \bar{X})^2} = \underbrace{\frac{1}{\sqrt{n}}\sum_i v_i}_{\xrightarrow{d} N(0,\sigma^2 Var(X_i))} \underbrace{\frac{1}{\frac{1}{n}\sum_i (X_i - \bar{X})^2}}_{\xrightarrow{p} \frac{1}{Var(X_i)}} \xrightarrow{d} N\left(0, \frac{\sigma^2}{Var(X_i)}\right)$$

最後, 我們回到第 (57) 式, 根據 Slutsky's Theorem,

$$\sqrt{n}(\hat{\beta} - \beta) = \underbrace{\frac{\frac{1}{\sqrt{n}}\sum_i v_i}{\frac{1}{n}\sum_i(X_i - \bar{X})^2}}_{\xrightarrow{d} N\left(0, \frac{\sigma^2}{Var(X_i)}\right)} - \underbrace{\frac{(\bar{X} - \mu_X)\frac{1}{\sqrt{n}}\sum_i e_i}{\frac{1}{n}\sum_i(X_i - \bar{X})^2}}_{\xrightarrow{p} 0} \xrightarrow{d} N\left(0, \frac{\sigma^2}{Var(X_i)}\right)$$

15.6.5　R 程式: 迴歸模型估計

R 程式 15.2. `## Saving and Investment Data (PWT 7.1) kc ki s=100-kc`

```
setwd('D:/R')

## 讀取資料
dat = read.csv('SI2010data.csv', header=TRUE)
Saving = dat$s
Invest = dat$i

## 建構迴歸模型
model = lm(formula=Invest~Saving)

## 報告估計值
model

## 繪圖
plot(Saving, Invest, xlim=range(Saving), ylim=range(Invest))
abline(model)
text(50, 36, "Yhat=12.091+0.354X", pos = 4, col = 1)
```

以上的 R 程式檔 (FHpuzzle.R) 與資料檔 (SI2010data.csv) 可以在我的個人網頁上取得。首先在 D:\ 底下建立一個 R 子目錄, 然後將程式與資料檔放在 D:\R下操作即可。

練習題

1. 請驗證第 (9), (10) 與 (11) 式。

2. 考慮以下迴歸模型,
$$\{X_i, Y_i\}_{i=1}^n$$
其中
$$Y_i | X_i = x_i \sim N(\beta x_i, \sigma^2) \quad 相互獨立$$

   (a) 請找出 β 的最小平方估計式。

   (b) 根據此迴歸模型估計出來的迴歸線是否通過 $(\bar{X}, \bar{Y})$?

3. 給定 $Y_i | X_i = x_i \sim N(\beta x_i, \sigma^2)$ 且 (Y_i, X_i) 與 (Y_j, X_j) 相互獨立, $\forall i \neq j$, 亦即
$$E(Y_i) = E(Y_i | X_i) = \beta X_i$$

   (a) 請找出 β 的 MLE, 以 $\hat{\beta}_{ML}$ 表示。

   (b) $\hat{\beta}_{ML}$ 是否為不偏估計式?

   (c) 請找出 β 的最小平方估計式, 以 $\hat{\beta}_{LS}$ 表示。

4. 我們欲估計此模型
$$Y_i | X_i = x_i \sim N(\alpha + \beta x_i, \sigma^2) \quad 相互獨立$$
利用 $(X_1, Y_1), \ldots, (X_n, Y_n)$, 獲得樣本迴歸線為 $\hat{Y}_i = \hat{\alpha} + \hat{\beta} X_i$, 其中 $\hat{\alpha}$ 與 $\hat{\beta}$ 為最小平方估計式。此外,
$$\hat{e}_i = Y_i - \hat{\alpha} - \hat{\beta} X_i$$
請就以下陳述判斷為正確或錯誤, 並說明之。

   (a) 經濟學家通常對斜率係數估計式 $\hat{\beta}$ 比較感興趣, 因為 $\hat{\beta}$ 是 β 的不偏且一致之估計式。

(b) 因為 α 與 β 為母體參數,所以 $\sum_i (Y_i - \alpha - \beta X_i)^2 < \sum_i (Y_i - \hat{\alpha} - \hat{\beta} X_i)^2$

(c) $\sum_i \hat{Y}_i \hat{e}_i = 0$

(d) $\sum_i X_i \hat{Y}_i = \sum_i X_i Y_i$

(e) $\sum_i (Y_i - \bar{Y})^2 < \sum_i (\hat{\alpha} + \hat{\beta} X_i - \bar{Y})^2$

5. 給定本章所介紹之迴歸模型,請證明迴歸係數估計式 $\hat{\alpha}$ 的大樣本分配性質為

$$\sqrt{n}(\hat{\alpha} - \alpha) \xrightarrow{d} N\left(0, \left[1 + \frac{[E(X)]^2}{Var(X_i)}\right]\sigma^2\right)$$

6. 為了檢視台灣央行自 1998 年以來的低利率政策是否造成房價上漲,「房海羅盤」YA 教授以各縣市平均房價 P_i 對常數項與各縣市平均房貸利率 R_i 建立一個線性迴歸模型。給定隨機樣本 $\{P_i, R_i\}_{i=1}^n$,試回答以下問題。

(a) 請寫下此線性迴歸模型。

(b) 什麼樣的假設可以讓我們確定房貸利率與房價之間具有「房貸利率影響房價」的因果關係?

(c) 根據上題,試找出 $E(P|R)$。

(d) 請找出迴歸係數的動差估計式。

7. 給定 σ^2 的 MLE 為:

$$\hat{\sigma}^2_{ML} = \frac{\sum_i \hat{e}_i^2}{n}$$

請證明:

$$E(\hat{\sigma}^2_{ML}) = \frac{n-2}{n}\sigma^2$$

16 簡單迴歸分析 (II): 統計推論

16.1 迴歸係數的區間估計與假設檢定
16.2 迴歸模型中的點預測與區間預測
16.3 配適度分析 (變異數分析)
16.4 R 程式: 迴歸模型估計與變異數分析
16.5 附錄

本章將繼續介紹簡單迴歸分析中的其他重要議題。包括: 迴歸係數的統計推論 (區間估計與假設檢定), 如何應用迴歸做預測, 以及迴歸模型中的配適度分析 (變異數分析)。

16.1 迴歸係數的區間估計與假設檢定

16.1.1 區間估計

我們在此介紹迴歸模型中, 迴歸係數的區間估計式。我們將著重在 β 係數的統計推論。理由非常簡單, 不要忘記 β 係數代表迴歸線的斜率, 亦即被解釋變數 Y 的條件均值如何隨著解釋變數 X 變動而變動。舉例來說, 如果 X 代表教育年數, Y 代表所得水準, 則迴歸模型若為

$$E(Y|X) = \alpha + \beta X$$

亦即教育年數多增加一單位 (年), 「平均所得水準」增加 β 元。

為了建構近似區間估計式, 我們所選取的樞紐量為:

$$\varphi = \frac{\hat{\beta} - \beta}{\sqrt{\hat{V}_{\hat{\beta}|\mathbf{X}}}} = \frac{\hat{\beta} - \beta}{\sqrt{\frac{\hat{\sigma}^2}{\sum_i (X_i - \bar{X})^2}}} \tag{1}$$

根據第 15 章中的定理 15.9, 我們知道

$$\sqrt{n}(\hat{\beta} - \beta) \xrightarrow{d} N\left(0, \frac{\sigma^2}{Var(X_i)}\right)$$

而 CMT 告訴我們

$$\sqrt{\frac{\hat{\sigma}^2}{\frac{1}{n}\sum_i (X_i - \bar{X})^2}} \xrightarrow{p} \sqrt{\frac{\sigma^2}{Var(X_i)}}$$

因此, 根據 Slutsky's Theorem (定理 8.13),

$$\varphi = \frac{\hat{\beta} - \beta}{\sqrt{\frac{\hat{\sigma}^2}{\sum_i (X_i - \bar{X})^2}}} = \frac{\sqrt{n}(\hat{\beta} - \beta)}{\sqrt{\frac{\hat{\sigma}^2}{\frac{1}{n}\sum_i (X_i - \bar{X})^2}}} = \underbrace{\frac{\sqrt{n}(\hat{\beta} - \beta)}{\sqrt{\frac{\sigma^2}{Var(X_i)}}}}_{\xrightarrow{d} N(0,1)} \underbrace{\frac{\sqrt{\frac{\sigma^2}{Var(X_i)}}}{\sqrt{\frac{\hat{\sigma}^2}{\frac{1}{n}\sum_i (X_i - \bar{X})^2}}}}_{\xrightarrow{p} 1} \xrightarrow{d} N(0,1)$$

則 β 的 $100 \cdot (1 - \gamma)$ 近似區間估計式為

$$\hat{\beta} \pm Z_{\frac{\gamma}{2}} \sqrt{\frac{\hat{\sigma}^2}{\sum_i (X_i - \bar{X})^2}} \tag{2}$$

16.1.2　假設檢定

一般來說, 當我們寫下如下的迴歸模型:

$$E(Y|X) = \alpha + \beta X$$

我們可以檢定如下的虛無假設:

$$H_0 : \beta = \beta_0$$

然而, 我們 (先驗上) 傾向於想要在 X 與 Y 兩變數之間, 找出一個具有系統上的關係。如果 $\beta = 0$, 代表了 X 與 Y 兩變數之間的關係並不成立, 以

教育年數與所得水準爲例, $\beta = 0$ 代表了教育不會影響所得水準。在迴歸分析中, 我們傾向於「期待」β 不爲零。因此, 我們會檢定如下的虛無假設:

$$H_0 : \beta = 0$$

並希望能拒絕虛無假設。

爲了檢定參數 β, 我們建構的檢定統計量 (樞紐量) 爲:

$$\varphi = \frac{\hat{\beta} - \beta}{\sqrt{\hat{V}_{\hat{\beta}|\mathbf{X}}}} = \frac{\hat{\beta} - \beta}{\sqrt{\frac{\hat{\sigma}^2}{\sum_i (X_i - \bar{X})^2}}}$$

一般將之稱爲 t 比率 (t ratio), 或是 t 統計量 (t statistics), 並以 t 表示。

根據前一小節所介紹的性質, t 比率的大樣本分配爲

$$t = \frac{\hat{\beta} - \beta}{\sqrt{\frac{\hat{\sigma}^2}{\sum_i (X_i - \bar{X})^2}}} \xrightarrow{d} N(0, 1)$$

令 $(\mathbf{x}, \mathbf{y}) = (x_1, x_2, \ldots, x_n, y_1, y_2, \ldots, y_n)$, 爲隨機樣本 $\{X_i, Y_i\}$ 的實現值, 根據第 11 章中的討論, 我們會計算

$$t_0 = \frac{\hat{\beta}(\mathbf{x}, \mathbf{y}) - \beta_0}{\sqrt{\frac{\hat{\sigma}^2(\mathbf{x}, \mathbf{y})}{\sum_i (x_i - \bar{x})^2}}}$$

其中,

$$\hat{\beta}(\mathbf{x}, \mathbf{y}) = \frac{\sum_i (y_i - \bar{y})(x_i - \bar{x})}{\sum_i (x_i - \bar{x})^2}$$

$$\hat{\sigma}^2(\mathbf{x}, \mathbf{y}) = \frac{1}{n} \sum_i [\hat{e}_i(\mathbf{x}, \mathbf{y})]^2$$

$$\hat{e}_i(\mathbf{x}, \mathbf{y}) = y_i - \left(\bar{y} - \frac{\sum_i (y_i - \bar{y})(x_i - \bar{x})}{\sum_i (x_i - \bar{x})^2} \bar{x} \right) - \frac{\sum_i (y_i - \bar{y})(x_i - \bar{x})}{\sum_i (x_i - \bar{x})^2} x_i$$

我們以 t_0 與標準常態的臨界値做比較, 決定是否拒絕虛無假設。亦即, 在顯著水準 γ 之下, 拒絕虛無假設的決策如表 16.1 所示。舉例來說, 若爲雙尾檢定 ($H_1: \beta \neq \beta_0$), 標準常態分配 5% 以及 1% 的臨界値分別爲 1.960 以及 2.576。

表16.1: 迴歸係數的假設檢定 ($H_0 : \beta = \beta_0$)

對立假設 (H_1)	拒絕域
$\beta \neq \beta_0$	$RR = \{|t_o| \geq Z_{\gamma/2}\}$
$\beta > \beta_0$	$RR = \{t_o \geq Z_\gamma\}$
$\beta < \beta_0$	$RR = \{t_o \leq -Z_\gamma\}$

一般來說, 透過大樣本 Z 檢定, 如果我們能夠拒絕 $\beta = \beta_0$, 我們稱 $\hat{\beta}$ 這個估計式具有統計顯著性 (statistically significant), 亦即, 統計上顯著異於 β_0; 在大多數的情況下, 我們著重在 $\beta_0 = 0$ 的特殊情況, 因此, **當我們說 $\hat{\beta}$ 具有顯著性, 意指我們可以拒絕 $\beta = 0$ 的虛無假設, 也就是拒絕 X 對 $E(Y|X)$ 沒有影響的虛無假設。**

以我們之前所提過的教育年數與所得水準的關係為例, 假設樣本大小為 $n = 90$, 我們得到如下的樣本迴歸估計:

$$\hat{Y} = 1.23 + 2.64 \ X \qquad (3)$$
$$\phantom{\hat{Y} = }(0.1) \ \ (1.22)$$

其中, Y 代表所得水準 (千元), X 代表教育年數。式 (3) 乃是學術研究中一個常用的表示方法, 迴歸係數估計值 $\hat{\alpha} = 1.23$ 與 $\hat{\beta} = 2.64$ 下面括號中的數字代表迴歸係數的標準誤, 也就是

$$se(\hat{\alpha}) = \sqrt{\hat{V}_{\hat{\alpha}|\mathbf{X}}} = 0.1$$

以及

$$se(\hat{\beta}) = \sqrt{\hat{V}_{\hat{\beta}|\mathbf{X}}} = 1.22$$

因此, 以這個迴歸估計為例, $\hat{\beta} = 2.64$ 代表了每多受一年的教育, 平均所得將會增加 2.64 千元, 亦即 2640 元。此外, 如果我們想知道這樣的估計在 5% 的顯著水準下是否具有顯著性, 則計算 t_o 如下:

$$t_o = \frac{\hat{\beta} - 0}{se(\hat{\beta})} = \frac{2.64}{1.22} = 2.16$$

根據標準常態分配, $Z_{0.025} = 1.96$, 雙尾檢定的拒絕域為

$$RR = \{|t_o| \geq 1.96\}$$

顯而易見地, $|2.16| > 1.96$, 我們在 5% 的顯著水準下可以拒絕 $\beta = 0$ 的虛無假設, 亦即我們可以拒絕「教育年數對平均所得水準不具影響」的虛無假設。

16.1.3　統計顯著性與經濟顯著性

我們在上一節介紹了迴歸係數的顯著性, 在此, 我們再次強調之前所談到的顯著性乃是**統計顯著性** (statistical significance), 然而, 許多人往往忽略了另一個重要概念: **經濟顯著性** (economic significance)。更糟的是, 還有爲數不少的人會把「統計顯著性」錯誤地詮釋成「經濟顯著性」。

所謂的「經濟顯著性」是由經濟學家 Deirdre N. McCloskey 所大力提倡, 意指迴歸係數估計值的大小 (magnitude) 是否具備經濟解釋上的顯著性 (重要性)。也就是說,「統計顯著性」代表的是我們的估計的準確度, 而「經濟顯著性」才是代表了解釋變數的重要性。再以教育年數與所得水準的關係爲例, 如果我們所得到的樣本迴歸估計爲:

$$\hat{Y} = 1.23 + 0.000264\ X \qquad (4)$$
$$(0.1)\quad (0.000122)$$

與式 (3) 做比較, 我們發現式 (4) 中的 β 係數與式 (3) 中的 β 係數具有相同的 t 比率 ($t_0 = 2.16$), 然而, 在式 (3) 中, 多受一年的教育, 平均所得增加 2640 元, 而式 (4) 中, 多受一年的教育, 平均所得只增加 0.264 元。因此, 教育年數在式 (3) 的估計中, 具有「經濟顯著性」, 我們可以因而主張說教育年數顯著地影響所得水準。反之, 若估計結果如式 (4) 所示, 即使其估計值具統計顯著性, 我們依舊無法做出教育年數顯著地影響所得水準之結論。

許多人往往誤將「統計顯著性」與「經濟顯著性」混爲一談, 只要發現迴歸係數具統計顯著性, 就不探究係數估計值是否具經濟解釋上的顯著性, 而妄下解釋變數具重要性之結論。

16.2 迴歸模型中的點預測與區間預測

16.2.1 點預測

在第 15 章中我們曾經提過, 迴歸模型中的解釋變數與被解釋變數可以分別視爲預測變數與被預測變數。也就是說, 我們可以根據我們的迴歸模型來做預測 (prediction)。利用原有的樣本 $(X,Y) = \{X_i, Y_i\}_{i=1}^n$ 估計 α 與 β, 接著再以其估計式代入條件期望值, 進而得到

$$\hat{Y}_{n+1} = \hat{\alpha} + \hat{\beta} x_{n+1}$$

作爲 $E(Y_{n+1}|X_{n+1})$ 的點估計式 (point predictor)。這樣的猜測就又稱作點預測, 也就是預測 $E(Y_{n+1}|X_{n+1})$。因此, 給定我們知道 $X_{n+1} = x_{n+1}$, 則點預測值爲

$$\hat{y}_{n+1} = \hat{\alpha}(x,y) + \hat{\beta}(x,y) x_{n+1}$$

注意到 X_{n+1} 並不在我們的樣本 $\{X_1, X_2, \ldots, X_n\}$ 裡面, 所以這樣的預測又稱爲樣本外預測 (out-of-sample prediction)。

譬如說, 以教育年數與所得水準的關係爲例, 我們如果已經得到樣本迴歸估計如式 (3) 所示, 則給定教育年數爲 $X_{n+1} = 16$, 我可以根據該迴歸估計猜測擁有教育年數爲 16 年的人之平均所得水準爲

$$\hat{Y}_{n+1} = \hat{\alpha} + \hat{\beta} X_{n+1} = 1.23 + 2.64 \times 16 = 43.47 \text{ (千元)}$$

或是 43470 元。

16.2.2 區間預測

我們接下來建構 $E(Y_{n+1}|X_{n+1} = x_{n+1})$ 的區間預測式 (interval predictor)。更明確地說, 我們所考慮的是近似區間預測式。注意到我們要建構的是

$$E(Y_{n+1}|X_{n+1} = x_{n+1}) = \alpha + \beta x_{n+1}$$

的區間預測式，而點預測式如上節所述為 $\hat{Y}_{n+1} = \hat{\alpha} + \hat{\beta} x_{n+1}$，則一個可能的樞紐量為：

$$\varphi = \frac{\hat{Y}_{n+1} - (\alpha + \beta x_{n+1})}{se(\hat{Y}_{n+1})}$$

因此，我們先找出 $\hat{Y}_{n+1}$ 的變異數：

$$\begin{aligned}
V_{\hat{Y}_{n+1}} &= Var(\hat{Y}_{n+1}) \\
&= Var(\hat{\alpha} + \hat{\beta} x_{n+1}) \\
&= Var(\hat{\alpha}) + Var(\hat{\beta}) x_{n+1}^2 + 2 x_{n+1} Cov(\hat{\alpha}, \hat{\beta}) \\
&= \left(\frac{1}{n} + \frac{\bar{X}^2}{\sum_i (X_i - \bar{X})^2} \right) \sigma^2 + x_{n+1}^2 \frac{\sigma^2}{\sum_i (X_i - \bar{X})^2} + 2 \left(\frac{-\sigma^2 \bar{X}}{\sum_i (X_i - \bar{X})^2} \right) x_{n+1} \\
&= \left[\frac{1}{n} + \frac{(x_{n+1} - \bar{X})^2}{\sum_i (X_i - \bar{X})^2} \right] \sigma^2
\end{aligned}$$

由於 σ^2 未知，一個符合直覺的估計式為

$$\hat{V}_{\hat{Y}_{n+1}} = \left[\frac{1}{n} + \frac{(x_{n+1} - \bar{X})^2}{\sum_i (X_i - \bar{X})^2} \right] \hat{\sigma}^2$$

其中 $\hat{\sigma}^2 = \frac{1}{n-2} \sum_i \hat{e}_i^2$ 為 σ^2 估計式。則

$$se(\hat{Y}_{n+1}) = \sqrt{\hat{V}_{\hat{Y}_{n+1}}} = \sqrt{\left[\frac{1}{n} + \frac{(x_{n+1} - \bar{X})^2}{\sum_i (X_i - \bar{X})^2} \right] \hat{\sigma}^2}$$

接下來，為了找出樞紐量的大樣本分配，我們首先介紹以下的大樣本性質：

定理 16.1 (預測式的大樣本分配). 給定 $X_{n+1} = x_{n+1}$，

$$\sqrt{n} [(\hat{\alpha} + \hat{\beta} x_{n+1}) - (\alpha + \beta x_{n+1})] \xrightarrow{d} N\left(0, \left[1 + \frac{(x_{n+1} - \mu_X)^2}{Var(X_i)} \right] \sigma^2 \right)$$

Proof. 詳見附錄。 □

因此，$E(Y_{n+1} | X_{n+1} = x_{n+1})$ 的 $100 \times (1-\gamma)$ 近似區間預測式如下。

性質 16.1 ($E(Y_{n+1}|X_{n+1} = x_{n+1})$ 近似區間預測式). 給定 $X_{n+1} = x_{n+1}$, $E(Y_{n+1}|X_{n+1} = x_{n+1})$ 的 $100 \times (1-\gamma)$ 近似區間預測式為：

$$(\hat{\alpha} + \hat{\beta}x_{n+1}) \pm Z_{\frac{\gamma}{2}} \sqrt{\left[\frac{1}{n} + \frac{(x_{n+1} - \bar{X})^2}{\sum_i (X_i - \bar{X})^2}\right] \hat{\sigma}^2} \tag{5}$$

Proof. 給定樞紐量的大樣本分配為：

$$\varphi = \frac{(\hat{\alpha} + \hat{\beta}x_{n+1}) - (\alpha + \beta x_{n+1})}{\sqrt{\left[\frac{1}{n} + \frac{(x_{n+1} - \bar{X})^2}{\sum_i (X_i - \bar{X})^2}\right] \hat{\sigma}^2}}$$

$$= \frac{\sqrt{n}[(\hat{\alpha} + \hat{\beta}x_{n+1}) - (\alpha + \beta x_{n+1})]}{\sqrt{\left[1 + \frac{(x_{n+1} - \bar{X})^2}{\frac{1}{n}\sum_i (X_i - \bar{X})^2}\right] \hat{\sigma}^2}}$$

$$= \underbrace{\frac{\sqrt{n}[(\hat{\alpha} + \hat{\beta}x_{n+1}) - (\alpha + \beta x_{n+1})]}{\sqrt{\left[1 + \frac{(x_{n+1} - \mu_X)^2}{Var(X_u)}\right] \sigma^2}}}_{\xrightarrow{d} N(0,1)} \underbrace{\frac{\sqrt{\left[1 + \frac{(x_{n+1} - \mu_X)^2}{Var(X_u)}\right] \sigma^2}}{\sqrt{\left[1 + \frac{(x_{n+1} - \bar{X})^2}{\frac{1}{n}\sum_i (X_i - \bar{X})^2}\right] \hat{\sigma}^2}}}_{\xrightarrow{p} 1} \xrightarrow{d} N(0,1)$$

整理後即可得到一個包含 $E(Y_{n+1}|X_{n+1} = x_{n+1})$ 的機率近似為 $1 - \gamma$ 的近似區間預測式。 □

16.2.3 預測誤差

有時候我們想要預測的是 Y_{n+1} 本身，我們還是以 $\hat{\alpha} + \hat{\beta}x_{n+1}$ 予以預測。簡單地說，無論是預測 Y_{n+1} 或是 $E(Y_{n+1}|X_{n+1} = x_{n+1})$，我們都用同一個點預測式：$\hat{\alpha} + \hat{\beta}x_{n+1}$。然而，由於預測的目標不同，其預測誤差就不相同。如果預測的對象是 $E(Y_{n+1}|X_{n+1} = x_{n+1})$，預測誤差為

$$E(Y_{n+1}|X_{n+1} = x_{n+1}) - (\hat{\alpha} + \hat{\beta}x_{n+1}) = (\alpha + \beta x_{n+1}) - (\hat{\alpha} + \hat{\beta}x_{n+1})$$

當我們要預測的是 Y_{n+1} 時，其預測誤差則定義成

$$Y_{n+1} - (\hat{\alpha} + \hat{\beta}x_{n+1})$$

我們可以將以上的預測誤差拆成兩部份:

$$Y_{n+1} - (\hat{\alpha} + \hat{\beta}x_{n+1}) = \underbrace{(\alpha + \beta x_{n+1}) - (\hat{\alpha} + \hat{\beta}x_{n+1})}_{\text{誤差 I}} + \underbrace{Y_{n+1} - (\alpha + \beta x_{n+1})}_{\text{誤差 II}}$$

其中, 誤差 I 是因為估計參數 α 與 β 所造成的估計誤差, 而誤差 II 則是由於 $Y_{n+1}|X_{n+1} = x_{n+1} \sim (\alpha + \beta x_{n+1}, \sigma^2)$ 之隨機性所造成的誤差。亦即, 給定 $X_{n+1} = x_{n+1}$ 下, Y_{n+1} 是一個均數為 $\alpha + \beta x_{n+1}$, 變異數為 σ^2 的隨機變數。因此, 誤差 II: $Y_{n+1} - (\alpha + \beta x_{n+1}) = Y_{n+1} - E(Y_{n+1}|X_{n+1} = x_{n+1})$ 就是因為 σ^2 的變異所造成的誤差。一般來說, 如果 $(\hat{\alpha}, \hat{\beta})$ 是 (α, β) 的一致估計式, 誤差 I 會隨著樣本點變多而變小 (因為估計的準確度增加), 但是誤差 II 並不會隨著樣本點改變而改變。

因此, 用來預測 Y_{n+1} 的區間估計式就必須將 σ^2 造成的誤差 II 考慮進來:

$$(\hat{\alpha} + \hat{\beta}x_{n+1}) \pm Z_{\frac{\gamma}{2}} \sqrt{\left[1 + \frac{1}{n} + \frac{(x_{n+1} - \bar{X})^2}{\sum_i (X_i - \bar{X})^2}\right] \hat{\sigma}^2} \tag{6}$$

由於誤差 II 與 σ^2 有關, 所以區間中加入 $\hat{\sigma}^2$ 這一項。[1]

> **例 16.1** (獨占廠商產品需求之估計). 我們以第 15 章 15.5 節的獨占廠商產品需求估計為例, 假設該獨占廠商決定明天的定價為 35 元, 則對於明天產品需求的點預測值與區間預測值分別為:
>
> $$\text{點預測值} = \hat{Y}_{n+1} = (\hat{\alpha} + \hat{\beta}x_{n+1}) = 5735 - (61)(35) = 3600$$
>
> $$\text{區間預測值} = (\hat{\alpha} + \hat{\beta}x_{n+1}) \pm Z_{0.025} \hat{\sigma} \sqrt{1 + \frac{1}{5} + \frac{(35 - 55)^2}{1000}}$$
>
> $$= 5735 - (61)(35) \pm 1.96\sqrt{369000}\sqrt{1 + \frac{1}{5} + \frac{2}{5}}$$
>
> $$= 3600 \pm 1506 = [2094, \ 5106]$$

---

[1] 事實上, 第 (6) 式的近似區間估計式並無法透過漸進理論予以求導, 實務上, 我們就在沒有漸進理論基礎上直接應用第 (6) 式。然而, 如果我們願意假設常態迴歸模型, 則可以求導出此預測區間。參見陳旭昇 (2007)。

圖16.1: Y_{n+1} 以及 $E(Y_{n+1}|X_{n+1} = x_{n+1})$ 的預測區間

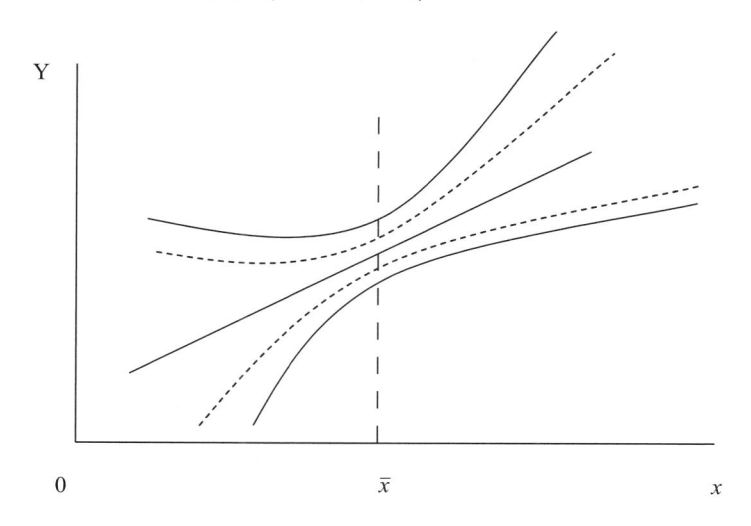

我們把 Y_{n+1} 以及 $E(Y_{n+1}|X_{n+1} = x_{n+1})$ 的預測區間繪於圖 16.1 中。其中, 虛線表示的是 $E(Y_{n+1}|X_{n+1} = x_{n+1})$ 的預測區間, 而實線則為 Y_{n+1} 的預測區間。

16.3 配適度分析 (變異數分析)

當我們利用迴歸模型來配適資料後, 我們進一步想問, 我們所估計出來的樣本迴歸線是否良好地配適我們的資料? 欲得到此問題的答案, 我們可以透過回答另一個問題: 有多少被解釋變數 (Y) 的變異可以透過迴歸模型所解釋? 首先定義以下幾個隨機變數:

$$TV = \sum_i (Y_i - \bar{Y})^2 \qquad \text{總變異 (Total Variation)}$$

$$EV = \sum_i (\hat{Y}_i - \bar{Y})^2 \qquad \text{可解釋變異 (Explained Variation)}$$

$$UV = \sum_i (Y_i - \hat{Y}_i)^2 = \sum_i \hat{e}_i^2 \qquad \text{未解釋變異 (Unexplained Variation)}$$

透過簡單計算，

$$\begin{aligned} TV &= \sum_i (Y_i - \bar{Y})^2 \\ &= \sum_i [(Y_i - \hat{Y}_i) + (\hat{Y}_i - \bar{Y})]^2 \\ &= \underbrace{\sum_i (Y_i - \hat{Y}_i)^2}_{UV} + \underbrace{\sum_i (\hat{Y}_i - \bar{Y})^2}_{EV} + 2\sum_i (Y_i - \hat{Y}_i)(\hat{Y}_i - \bar{Y}) \\ &= UV + EV + 2\sum_i \hat{e}_i (\hat{Y}_i - \bar{Y}) \end{aligned}$$

根據第 15 章的性質 15.3，

$$\sum_i \hat{e}_i \hat{Y}_i = 0, \quad \bar{Y} \sum_i \hat{e}_i = 0$$

我們可以得到

$$TV = EV + UV$$

而迴歸模型的變異數分析表如表 16.2 所示。其中均方就是定義成平方和除上其自由度。注意到我們所提到的總變異 (TV)，可解釋變異 (EV)，與未解釋變異 (UV)，分別就是一般教科書上的總平方和 (total sum of squares, SST)，迴歸平方和 (sum of squares due to regression, SSR)，以及誤差平方和 (sum of squares due to error, SSE)。

由於計算 TV 時我們用到了樣本平均數 $\bar{Y}$，等於在 n 筆資料中損失了一個自由度，故 TV 的自由度為 $n-1$。UV 的計算用到了 $\hat{\alpha}$ 以及 $\hat{\beta}$，因而損失了兩個自由度，則其自由度為 $n-2$。由於 TV 的自由度等於 EV 的自由度加上 UV 的自由度，因此，EV 的自由度則為 $(n-1)-(n-2) = 1$。

根據表16.2，我們介紹以下幾個定義與性質。

定義 16.1 (判定係數 R^2). 判定係數定義為：

$$R^2 \equiv \frac{EV}{TV} = 1 - \frac{UV}{TV}$$

表16.2: 迴歸模型的變異數分析表

變異來源	平方和	自由度	均方
解釋變數 (x)	$EV = \sum_i (\hat{Y}_i - \bar{Y})^2$	1	$EV/1$
殘差 ($\hat{e}$)	$UV = \sum_i (Y_i - \hat{Y}_i)^2 = \sum_i \hat{e}_i^2$	$(n-2)$	$UV/(n-2)$
總和	$TV = \sum_i (Y_i - \bar{Y})^2$	$(n-1)$	

我們在此定義了一個新的概念: 判定係數 (coefficient of determination)。顧名思義, 判定係數就是用來「判定」迴歸模型的配適度, 亦即, 衡量透過迴歸模型可解釋變異佔總變異的比例。R^2 的值越高, 代表被解釋變數 Y 的變動中, 有越多的比例可為解釋變數 X 所解釋。注意到由於 $TV = EV + UV$, 因此, 我們可得到如下的性質。

性質 16.2.

$$0 \leq R^2 \leq 1$$

16.4　R 程式: 迴歸模型估計與變異數分析

我們持續以第 15 章中的儲蓄與投資的資料為例, 說明如何要求 R 報告估計結果 (包含係數估計值與標準誤等資訊), 以及報告迴歸模型的變異數分析。

R 程式 16.1.

```
setwd('D:/66Teaching/66Slide/Stat/R')
dat = read.csv('SI2010data.csv', header=TRUE)
Saving = dat$s
Invest = dat$i
model = lm(formula=Invest~Saving)
summary(model)
anova(model)
```

其中, summary(model) 的指令報告估計結果, 而 anova(model) 的指令報告變異數分析。

1. 估計結果如下,

```
Call:
lm(formula = Invest ~ Saving)

Residuals:
     Min      1Q  Median      3Q     Max
-11.1652 -2.7786 -0.2906  3.1274 11.7251

Coefficients:
            Estimate Std. Error t value Pr(>|t|)
(Intercept) 12.09087    2.42277   4.991 8.33e-06 ***
Saving       0.35399    0.06667   5.310 2.79e-06 ***
---
Signif. codes:  0 '***' 0.001 '**' 0.01 '*' 0.05 '.' 0.1 ' ' 1

Residual standard error: 5.096 on 48 degrees of freedom
Multiple R-squared:  0.37,    Adjusted R-squared:  0.3569
F-statistic: 28.19 on 1 and 48 DF,  p-value: 2.788e-06
```

2. 變異數分析的結果如下,

```
Analysis of Variance Table

Response: Invest
          Df  Sum Sq Mean Sq F value    Pr(>F)
Saving     1  732.14  732.14  28.192 2.788e-06 ***
Residuals 48 1246.58   25.97
---
Signif. codes:  0 '***' 0.001 '**' 0.01 '*' 0.05 '.' 0.1 ' ' 1
```

16.5 附錄

16.5.1 預測式大樣本分配之證明

首先我們知道

$$\bar{Y} = \alpha + \beta \bar{X} + \bar{e}$$

$$\bar{Y} = \hat{\alpha} + \hat{\beta} \bar{X}$$

因此,

$$(\hat{\alpha} + \hat{\beta}x_{n+1}) - (\alpha + \beta x_{n+1})$$
$$= (\hat{\alpha} + \hat{\beta}x_{n+1}) - (\bar{Y} - \beta\bar{X} - \bar{e} + \beta x_{n+1})$$
$$= (\bar{Y} - \hat{\beta}\bar{X} + \hat{\beta}x_{n+1}) - (\bar{Y} - \beta\bar{X} - \bar{e} + \beta x_{n+1})$$
$$= (x_{n+1} - \bar{X})(\hat{\beta} - \beta) + \bar{e}$$

且

$$\sqrt{n}[(\hat{\alpha} + \hat{\beta}x_{n+1}) - (\alpha + \beta x_{n+1})]$$
$$= \sqrt{n}(x_{n+1} - \bar{X})(\hat{\beta} - \beta) + \sqrt{n}\bar{e}$$
$$= \underbrace{(x_{n+1} - \bar{X})}_{\xrightarrow{p}(x_{n+1}-\mu_X)} \underbrace{\sqrt{n}\left[\frac{\sum_i(X_i - \bar{X})e_i}{\sum_i(X_i - \bar{X})^2}\right]}_{\xrightarrow{d} N\left(0, \frac{\sigma^2}{Var(X_i)}\right)} + \underbrace{\frac{1}{\sqrt{n}}\sum_i e_i}_{\xrightarrow{d} N(0, \sigma^2)}$$
$$\xrightarrow{d} N\left(0, \frac{(x_{n+1} - \mu_X)^2\sigma^2}{Var(X_i)} + \sigma^2\right)$$

練習題

1. 如果我們定義 X 與 Y 之間的相關係數為

$$\hat{\rho} = \frac{\sum_i(X_i - \bar{X})(Y_i - \bar{Y})}{\sqrt{\sum_i(X_i - \bar{X})^2}\sqrt{\sum_i(Y_i - \bar{Y})^2}}$$

證明 $R^2 = \hat{\rho}^2$,亦即在簡單迴歸中,判定係數等於 X 與 Y 之間的相關係數的平方。

2. 假設 $Y_i|X_i = x_i \sim N(\alpha + \beta x_i, \sigma^2)$. 下列的樣本動差是估算 10 個觀察值所得出:

$$\sum_i Y_i = 8, \quad \sum_i X_i = 40, \quad \sum_i Y_i^2 = 26, \quad \sum_i X_i^2 = 200, \quad \sum_i X_i Y_i = 20$$

(a) 若 $X_{11} = 10$, 請算出 Y_{11} 的點估計式。

(b) 若 $X_{11} = 10$, 請找出 Y_{11} 的 95% 近似區間估計式。

(c) 若 $X_{11} = 10$, 請找出 $E(Y_{11}|X_{11} = 10)$ 的 95% 近似區間估計式。

3. 鹽水學派經濟學家 (saltwater economists) 相信貨幣 (M) 變動會造成產出 (Y) 變動, 因此將產出對貨幣以最小平方法作簡單的線性迴歸估計, 得到 $\hat{Y}_t = \hat{\alpha} + \hat{\beta} M_t$ 以及判定係數 (coefficient of determination), R^2。淡水學派經濟學家 (freshwater economists) 則以內在貨幣 (inside money) 的觀點, 認為產出變動會造成貨幣變動, 因此將貨幣對產出以最小平方法作簡單的線性迴歸估計, 得到 $\hat{M}_t = \hat{\gamma} + \hat{\delta} Y_t$ 以及判定係數 $\tilde{R}^2$。請證明

$$R^2 = \tilde{R}^2.$$

17 多元迴歸分析

17.1 遺漏變數偏誤
17.2 多元迴歸模型
17.3 多元迴歸模型的估計
17.4 多元迴歸模型: 實例
17.5 變異數分析與參數檢定
17.6 多元迴歸模型估計的 R 程式
17.7 多元迴歸模型的幾個重要議題

在簡單迴歸分析中, 我們只考慮一個解釋變數 X。本章我們將簡單介紹多個解釋變數的迴歸模型, 稱作多元迴歸分析。

17.1 遺漏變數偏誤

在簡單迴歸模型中, 只有一個解釋變數, 然而, 在大多數的情形下, 被解釋變數 Y 通常可被一個以上的變數所解釋。舉例來說, 所得水準除了受到教育程度的影響之外, 亦可能受到工作經驗, 性別等其他變數所影響。

當我們忽略其他解釋變數時, 可能會產生遺漏變數偏誤 (omitted variable bias)。舉例來說, 由於解釋變數 (如教育程度) 與另外一個可能的解釋變數 (如父母所得水準) 具相關性,[1] 且該變數 (父母所得水準) 本身亦

---
[1] 一般來說, 父母所得越高, 子女能夠得到的教育越好, 教育程度自然越高。

圖 17.1: 遺漏變數

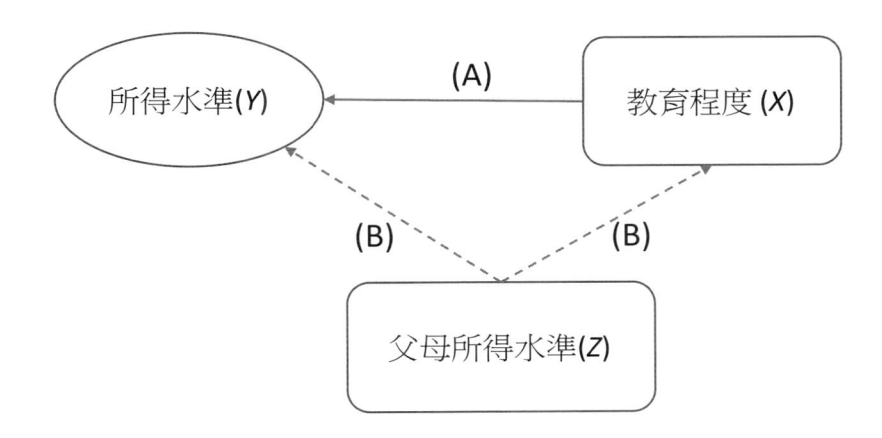

```
所得水準(Y)  ←──(A)── 教育程度 (X)
       ↖           ↗
        (B)     (B)
           ↖ ↗
        父母所得水準(Z)
```

會直接影響被解釋變數 (所得水準),[2] 如果我們只考慮

$$\text{所得水準} = \alpha + \beta \times \text{教育程度} + \text{誤差項}$$

而忽略了父母所得水準, 就會造成遺漏變數偏誤。教育程度與所得水準的相關性可能來自兩種管道: (A) 教育程度與所得水準的真實相關, 以及 (B) 來自父母所得水準造成的假性相關, 如圖 17.1 所示。

簡言之, 變數是否為迴歸模型中的遺漏變數, 必須符合以下兩條件:

1. 遺漏變數亦會直接影響被解釋變數。
2. 遺漏變數與模型原有的解釋變數具相關性。

假設原有解釋變數為 X, 而被解釋變數為 Y。如果研究者忽略了遺漏變數而設定迴歸模型如下:

$$Y_i = \alpha + \beta X_i + u_i$$

---

[2]一般來說, 父母所得越高, 投注在子女身上的其他資源越多 (例如遺產與贈與能夠提高子女的資本所得), 子女的所得也因而越高。

則第一個條件告訴我們 u_i 中包含了遺漏變數，而第二個條件告訴我們 $Cov(X_i, u_i) \neq 0$。注意到

$$E(u_i|X_i) = 0 \quad \Rightarrow \quad Cov(X_i, u_i) = 0$$

因此，

$$Cov(X_i, u_i) \neq 0 \quad \Rightarrow \quad E(u_i|X_i) \neq 0$$

也就是說，**在遺漏變數所造成的模型誤設下，迴歸模型外生性假設並不成立。**

若以 $\tilde{\beta}$ 代表 OLS 估計式，與真實參數 β 之間的關係為：

$$\begin{aligned}
\tilde{\beta} &= \frac{\sum_i (X_i - \bar{X})(Y_i - \bar{Y})}{\sum_i (X_i - \bar{X})^2} = \frac{\sum_i (X_i - \bar{X})Y_i}{\sum_i (X_i - \bar{X})^2} \\
&= \frac{\sum_i (X_i - \bar{X})(\alpha + \beta X_i + u_i)}{\sum_i (X_i - \bar{X})^2} \\
&= \beta + \frac{\sum_i (X_i - \bar{X})u_i}{\sum_i (X_i - \bar{X})^2} \\
&= \beta + \frac{\sum_i (X_i - \bar{X})u_i - \sum_i (X_i - \bar{X})\bar{u}}{\sum_i (X_i - \bar{X})^2} \\
&= \beta + \frac{\sum_i (X_i - \bar{X})(u_i - \bar{u})}{\sum_i (X_i - \bar{X})^2} \xrightarrow{p} \beta + \frac{Cov(X, u)}{Var(X)}
\end{aligned}$$

隨著樣本變大，$\tilde{\beta}$ 機率收斂到 $\beta + \frac{Cov(X,u)}{Var(X)}$，而不是 β，也就是說，$\tilde{\beta}$ 不是 β 的一致估計式，至於 $\frac{Cov(X,u)}{Var(X)}$ 就稱之為遺漏變數偏誤。

根據以上討論，我們可以把遺漏變數偏誤的性質整理如下。

性質 17.1 (遺漏變數偏誤). 遺漏變數偏誤有如下性質：

1. 遺漏變數偏誤不會隨樣本增加而變小。

2. 遺漏變數偏誤決定於 $|Cov(X,u)|$ 的大小。

    (a) 若 $Cov(X,u) > 0$，則存在正向偏誤 (高估欲估計的參數)，

    (b) 反之，若 $Cov(X,u) < 0$，則存在負向偏誤 (低估欲估計的參數)。

以下我們進一步提供一個具體例子來討論遺漏變數偏誤。

例 17.1. 假設只有一個遺漏變數 Z, 亦即真實模型為:

$$Y_i = \alpha + \beta X_i + \theta Z_i + e_i \tag{1}$$

$$E(e_i|X_i, Z_i) = 0$$

而研究者誤設為:

$$Y_i = \alpha + \beta X_i + u_i \tag{2}$$

其中, 在真實模型下,

$$u_i = \theta Z_i + e_i$$

因此,

$$E(u_i|X_i) = E(\theta Z_i + e_i|X_i) = \theta E(Z_i|X_i) + E(e_i|X_i)$$
$$= \theta E(Z_i|X_i) + E\big[E(e_i|X_i, Z_i)|X_i\big] = \theta E(Z_i|X_i) \neq 0$$

若以 $\tilde{\beta}$ 代表在第 (2) 式的誤設模型下 β 的估計式,

$$\tilde{\beta} = \frac{\sum_i (X_i - \bar{X})(Y_i - \bar{Y})}{\sum_i (X_i - \bar{X})^2} = \frac{\sum_i (X_i - \bar{X}) Y_i}{\sum_i (X_i - \bar{X})^2}$$
$$= \frac{\sum_i (X_i - \bar{X})(\alpha + \beta X_i + \theta Z_i + e_i)}{\sum_i (X_i - \bar{X})^2}$$
$$= \beta + \theta \frac{\sum_i (X_i - \bar{X}) Z_i}{\sum_i (X_i - \bar{X})^2} + \frac{\sum_i (X_i - \bar{X}) e_i}{\sum_i (X_i - \bar{X})^2}$$
$$= \beta + \theta \frac{\frac{1}{n}\sum_i (X_i - \bar{X})(Z_i - \bar{Z})}{\frac{1}{n}\sum_i (X_i - \bar{X})^2} + \frac{\frac{1}{n}\sum_i (X_i - \bar{X}) e_i}{\frac{1}{n}\sum_i (X_i - \bar{X})^2}$$
$$\xrightarrow{p} \beta + \theta \frac{Cov(X, Z)}{Var(X)}$$

注意到其中

$$\frac{1}{n} \sum_i (X_i - \bar{X}) e_i \xrightarrow{p} E\big[(X_i - \mu_X) e_i\big] = 0$$

是因為 $E(e_i|X_i,Z_i) = 0$, 且

$$E[(X_i - \mu_X)e_i] = E\left(E\left[(X_i - \mu_X)e_i|X_i\right]\right)$$
$$= E\left[(X_i - \mu_X)E(e_i|X_i)\right]$$
$$= E\left[(X_i - \mu_X)E\left(E(e_i|X_i,Z_i)|X_i\right)\right] = 0$$

在此例子中, 遺漏變數偏誤為:

$$\theta \frac{Cov(X,Z)}{Var(X)}$$

17.2 多元迴歸模型

我們將只考慮一個解釋變數的簡單迴歸模型擴充為如下的多元迴歸模型:

$$Y_i = \beta_0 + \beta_1 X_{1i} + \beta_2 X_{2i} + \cdots + \beta_k X_{ki} + e_i, \quad i = 1,\ldots,n \tag{3}$$

其中, $\mathbf{X}_i = \{X_{1i},\ldots,X_{ki}\}$ 就是模型中的 k 個解釋變數, e_i 為隨機干擾項,

$$E(e_i|X_{1i},X_{2i},\ldots,X_{ki}) = E(e_i|\mathbf{X}_i) = 0$$

$$Var(e_i|X_{1i},X_{2i},\ldots,X_{ki}) = Var(e_i|\mathbf{X}_i) = \sigma^2$$

且

$$e_i|\mathbf{X}_i \sim^{i.i.d.} (0,\sigma^2)$$

而 $\beta_1,\ldots,\beta_k$ 是未知參數, 其意義為

$$\beta_j = \frac{\partial E(Y_i|\mathbf{X}_i)}{\partial X_{ji}}$$

亦即在**控制其他變數的影響後**, 第 j 個解釋變數對於 $E(Y|\mathbf{X}_i)$ 的淨影響。譬如說, 以簡單的兩個解釋變數為例, 若 Y 為薪資所得, X_1 為教育程度, X_2 為工作經驗, 我們的多元迴歸模型為

$$薪資所得 = \beta_0 + \beta_1 \times 教育程度 + \beta_2 \times 工作經驗 + e_i \tag{4}$$

然而, 在第 15 章中, 我們的簡單迴歸模型為

$$\text{薪資所得} = \alpha + \beta \times \text{教育程度} + e_i \tag{5}$$

可以確定的是, β_1 與 β 都是用來探討教育程度對於薪資所得的影響, 但是 β_1 與 β 的詮釋卻不相同。β 單純地衡量教育程度如何影響薪資所得, 亦即, 教育程度增加一單位 (譬如說增加一年), 平均薪資所得將增加 β 單位。然而, 我們知道影響薪資所得的解釋變數應該不只一個, 因此, 一旦我們將其他可能的解釋變數考慮進來 (本例中的工作經驗), 則 β_1 詮釋為:「**在控制工作經驗的影響後**, 教育程度增加一單位, 平均薪資所得將增加 β_1 單位」。這就是在經濟學的研究中, 我們時常探討所謂的「其他情況不變下」(ceteris paribus), 變數之間的關係。譬如說, 其他情況不變下, 價格如何影響需求量。或者是, 其他情況不變下, 工資率如何影響勞動供給。

在實驗室中, 我們可以透過實驗設計, 控制這些「其他情況不變」變數。譬如說, 在相同的溫度溼度下, 檢視變數 Y 對 X 的反應。然而, 在經濟學研究中, 在抽樣時進行對其他變數的控制, 往往不易達成。譬如說, 想要了解在給定相同的工作經驗下, 教育程度如何影響薪資所得, 應該先找出所有具有相同工作經驗年數的人, 再從這些人中隨機抽樣。這樣的抽樣程序相當麻煩。另一種方法是, 由母體中直接抽樣, 調查每一個樣本的所得水準, 教育程度與工作年數。接下來透過多元迴歸模型將教育程度與工作年數都納為解釋變數, 我們就可以輕易地估計出其他情況不變下 ("猶如"給定相同的工作經驗下), 教育程度如何影響薪資所得。

17.3 多元迴歸模型的估計

欲估計迴歸模型中的未知參數, 基本上就是透過最小平方法, 極小化迴歸誤差的平方和 $\sum_i e_i^2 = \sum_i (Y_i - \beta_0 - \beta_1 X_{1i} - \cdots - \beta_k X_{ki})^2$:

$$\min_{\beta_0, \beta_1, \ldots, \beta_k} \sum_i (Y_i - \beta_0 - \beta_1 X_{1i} - \cdots - \beta_k X_{ki})^2$$

一階條件為:

$$2\sum_i (Y_i - \beta_0 - \beta_1 X_{1i} - \cdots - \beta_k X_{ki})(-1) = 0$$

$$2\sum_i (Y_i - \beta_0 - \beta_1 X_{1i} - \cdots - \beta_k X_{ki})(-X_{1i}) = 0$$

$$\vdots$$

$$2\sum_i (Y_i - \beta_0 - \beta_1 X_{1i} - \cdots - \beta_k X_{ki})(-X_{ki}) = 0$$

我們可以得到 $k+1$ 條標準方程式，進而聯立解出

$$\hat{\beta}_0, \hat{\beta}_1, \ldots, \hat{\beta}_k$$

事實上，如果進一步假設常態母體，我們知道式 (3) 可以改寫成:

$$Y_i | \mathbf{X}_i = \mathbf{x} \sim N(\beta_0 + \beta_1 x_{1i} + \beta_2 x_{2i} + \cdots + \beta_k x_{ki}, \sigma^2) \quad \text{相互獨立} \tag{6}$$

而對數概似函數為

$$\log \mathcal{L}(\theta) = \log f(\theta, Y_1, \ldots, Y_n) = -\frac{n}{2}\log(2\pi) - \frac{n}{2}\log \sigma^2 - \frac{Q}{2\sigma^2}$$

其中，$\theta = (\beta_1, \ldots, \beta_k, \sigma^2)$，而

$$Q = \sum_{i=1}^n (Y_i - \beta_0 - \beta_1 X_{1i} - \beta_2 X_{2i} - \cdots - \beta_k X_{ki})^2 = \sum_{i=1}^n e_i^2$$

因此，尋找 $\beta_1, \ldots, \beta_k$ 來極大化 $\log \mathcal{L}$:

$$\frac{\partial \log \mathcal{L}}{\partial \beta_0} = \frac{\partial \log \mathcal{L}}{\partial \beta_1} = \cdots = \frac{\partial \log \mathcal{L}}{\partial \beta_k} = 0$$

就等同於極小化誤差平方和 $\sum_i e_i^2$，亦即 $\beta_1, \ldots, \beta_k$ 的最大概似估計式與其最小平方估計式一致。

所謂知易行難，估計 $\beta_0, \ldots, \beta_k$ 的方法說來容易，真正實行起來可是相當繁雜。就算是 $k = 2$，也得花上一段期間計算 (還可能算錯!)。一般進階的計量經濟學教科書會以矩陣代數 (matrix algebra) 處理這些運算，在此我們不介紹，然而，幸運的是，[3] 透過電腦運算，許多商業軟體如 EXCEL 都能夠輕易地幫你找出這些估計值。

---

[3] 如果你去問一些資深的老師，你會驚訝於自己有多幸運，能夠活在這個電腦計算能力快速的年代。

表17.1: 阿中的送貨行程

	送貨路程 (公里)	送貨點個數	在外奔波時數 (小時)
1	100	4	9.3
2	50	3	4.8
3	100	2	8.9
4	100	2	6.5
5	50	2	4.5
6	80	2	6.2
7	75	3	7.8
8	65	4	6.1
9	85	4	7.8
10	95	2	6.5

17.4 多元迴歸模型: 實例

我們提供一個例子來進一步說明多元迴歸模型及其用途。阿中為一物流送貨員, 時常在外奔波運送貨品。阿中的老板懷疑阿中最近開始利用在外送貨的空檔開小差, 參加外面的直銷課程。因此, 阿中的老板將他以前的送貨行程記錄調出如表 17.1 所示。根據多元迴歸模型:

$$Y_i = \beta_0 + \beta_1 X_{1i} + \beta_2 X_{2i} + e_i$$

其中, Y =在外時數, X_1 =送貨路程, 而 X_2 =送貨點個數。阿中的老板估計出如下的迴歸模型

$$\widehat{\text{在外時數}} = -0.39 + 0.066 \times \text{送貨路程} + 0.694 \times \text{送貨點個數} \quad (7)$$
$$(1.58) \quad (0.01) \quad\quad\quad (0.32)$$

亦即, 根據過去紀錄, 在固定的送貨點個數下, 阿中的送貨路程每多一公里, 在外時數增加 0.066 小時, 同理, 在相同的送貨路程下, 阿中的送貨點每多一個, 在外時數增加 0.694 小時。

第 (7) 式報告迴歸模型估計值, 迴歸係數估計值下面的括號部份, 一

一般來說報告出來的是估計式的標準誤,[4] 亦即

$$se(\hat{\beta}_0) = \sqrt{\widehat{Var(\hat{\beta}_0)}} = 1.58$$
$$se(\hat{\beta}_1) = \sqrt{\widehat{Var(\hat{\beta}_1)}} = 0.01$$
$$se(\hat{\beta}_2) = \sqrt{\widehat{Var(\hat{\beta}_2)}} = 0.32$$

因此, 如同簡單迴歸中對迴歸係數的檢定, 我們可以利用 t 比率分別對 $H_0: \beta_1 = 0$ 以及 $H_0: \beta_2 = 0$ 作 t 檢定。在本例中,

$$t_0 = \frac{\hat{\beta}_1}{se(\hat{\beta}_1)} = \frac{0.066}{0.01} = 4.44$$

以及

$$t_0 = \frac{\hat{\beta}_2}{se(\hat{\beta}_2)} = \frac{0.694}{0.32} = 2.17$$

根據標準常態分配, 在顯著水準 $\gamma = 1\%$, 以及 5% 的臨界值分別為 2.576, 以及 1.960, 因此, $\hat{\beta}_1$ 在 1% 的顯著水準下具顯著性, 而 $\hat{\beta}_2$ 則是在 5% 的顯著水準下具顯著性。

在得到以上的迴歸模型估計後, 阿中的老板一旦知道阿中今天有 5 個送貨點得跑, 總路程為 110 公里, 則阿中的老板可以輕易地預測阿中今天在外時數為 $-0.39 + 0.066 \times 110 + 0.694 \times 5 = 10.35$ 小時。因此, 如果阿中今天在外奔波了 12 個小時, 則阿中的老板就能夠合理地懷疑阿中利用 2 小時開小差。這個例子清楚地說明迴歸模型的兩大重要功能: 解釋與預測。

17.5 變異數分析與參數檢定

我們可以輕易地將簡單迴歸模型中的變異數分析表擴展為多元迴歸架構下的變異數分析表 (參見表 17.2)。其中, 如前所述, UV 的自由度變成 $n - k - 1$ 係因估計參數 $\hat{\beta}_0, \hat{\beta}_1 \ldots, \hat{\beta}_k$ 而損失了 $(k + 1)$ 個自由度。

---

[4]有的研究者會報告 t 比率, 因此我們在讀別人的報告, 要詳讀別人對括號內數字的說明。同理, 當我們在撰寫報告時, 也要明白地指出括號內為標準誤, 或是 t 值。

表17.2: 迴歸模型的變異數分析表

變異來源	平方和	自由度	均方
解釋變數	$EV = \sum_i (\hat{Y}_i - \bar{Y})^2$	k	EV/k
殘差 ($\hat{e}$)	$UV = \sum_i (Y_i - \hat{Y}_i)^2$	$(n-k-1)$	$UV/(n-k-1)$
總和	$TV = \sum_i (Y_i - \bar{Y})^2$	$(n-1)$	

因此, 一如第 16 章中對迴歸模型變異數分析表之介紹, 我們可以算出判定係數 R^2 為

$$R^2 = \frac{EV}{TV}$$

亦即被解釋變數 Y 的總變異中, 有多少比例可被迴歸模型所解釋。然而, 每增加一個解釋變數進入多元迴歸模型, UV 亦會隨之減少 (或著不變), 進而使得 R^2 增加 (或著不變)。我們可以直觀地來解釋為什麼每增加一個解釋變數, UV 就會隨之減少。假設你本來考慮兩個解釋變數, 如今欲增加一個解釋變數, 因此, 極小化問題變成

$$\min_{\beta_1,\beta_2,\beta_3} UV(\beta_1,\beta_2,\beta_3) = \min_{\beta_1,\beta_2,\beta_3} \sum_i (Y_i - \beta_1 X_{1i} - \beta_2 X_{2i} - \beta_3 X_{3i})^2$$

如果利用最小平方法所找到的 $\hat{\beta}_3$ 恰好為零, 則此時的 UV 就會等於只考慮兩個解釋變數時的 $\widetilde{UV}$:

$$\min_{\beta_1,\beta_2} \widetilde{UV}(\beta_1,\beta_2) = \min_{\beta_1,\beta_2} \sum_i (Y_i - \beta_1 X_{1i} - \beta_2 X_{2i})^2$$

若利用最小平方法所找到的 $\hat{\beta}_3$ 不為零, 代表

$$UV(\hat{\beta}_1,\hat{\beta}_2,\hat{\beta}_3) < UV(\hat{\beta}_1,\hat{\beta}_2,0) = \widetilde{UV}(\hat{\beta}_1,\hat{\beta}_2)$$

亦即, 多增加一個解釋變數會使 UV 降低, 進而造成 R^2 增加。因此, 以 R^2 來判斷多元迴歸模型會有一個糟糕的問題: 考慮的解釋變數越多, 模型的解釋能力越好。如此一來, 我們若是在原來的模型中無止境的增加解釋變數, 或是放入一些不相干的變數, 模型的解釋力**不會降低** (亦即增加或是不變), 但是這樣做毫無意義。

為了彌補判定係數的這個缺陷，我們採用修正的判定係數 (adjusted coefficient of determination):

$$\bar{R}^2 = 1 - \frac{UV/(n-k-1)}{TV/(n-1)}$$
$$= 1 - (1-R^2)\frac{n-1}{n-k-1}$$
$$= R^2 - \underbrace{(1-R^2)\frac{k}{n-k-1}}_{\text{懲罰項}}$$

在 $\bar{R}^2$ 中，我們對於增加解釋變數予以懲罰，當解釋變數增加，雖然 R^2 會增加或不變，但是懲罰項增加，進而拉低 $\bar{R}^2$。因此，利用修正的判定係數來衡量模型的配適度，並不會得到解釋變數多多益善的結論。

最後，對於

$$H_0 : \beta_1 = \beta_2 = \cdots = \beta_k = 0$$

的虛無假設，我們可以採用 F 檢定:

$$F = \frac{EV/k}{UV/(n-k-1)}$$

在顯著水準為 γ 下，當 $F_0 > F_\gamma(k, n-k-1)$ 我們拒絕虛無假設。

17.6 多元迴歸模型估計的 R 程式

我們將以「阿中送貨」為例，說明如何以 R 程式估計多元迴歸模型。

R 程式 17.1 (阿中送貨).

```
mileage = c(100,50,100,100,50,80,75,65,85,95)
spot = c(4,3,2,2,2,2,3,4,4,2)
hour = c(9.3,4.8,8.9,6.5,4.5,6.2,7.8,6.1,7.8,6.5)
## 建構迴歸模型
model = lm(formula=hour~mileage+spot)
## 估計結果
summary(model)
```

注意到在建構多元迴歸模型時，R 程式的形式為：

lm(formula=被解釋變數~第一個解釋變數+第二個解釋變數)

估計結果如下：

```
Call:
lm(formula = hour ~ mileage + spot)

Residuals:
    Min      1Q  Median      3Q     Max
-1.1074 -0.4862 -0.1402  0.2786  1.2926

Coefficients:
            Estimate Std. Error t value Pr(>|t|)
(Intercept) -0.39147    1.57840  -0.248   0.8112
mileage      0.06612    0.01489   4.441   0.0030 **
spot         0.69365    0.31947   2.171   0.0665 .
---
Signif. codes:  0 '***' 0.001 '**' 0.01 '*' 0.05 '.' 0.1 ' ' 1

Residual standard error: 0.877 on 7 degrees of freedom
Multiple R-squared: 0.7656,    Adjusted R-squared: 0.6986
F-statistic: 11.43 on 2 and 7 DF,  p-value: 0.006239
```

根據估計結果，我們知道 $R^2 = 0.7656$，亦即阿中的送貨路程的變異程度有將近 77% 可以被送貨點個數與在外時數所解釋。而檢定 H_0：$\beta_1 = \beta_2 = 0$ 的 F 統計量為 11.43，對應的 p-value 為 0.006239，我們可以拒絕虛無假設。

17.7 多元迴歸模型的幾個重要議題

17.7.1 完全線性重合

如果多元迴歸模型中的解釋變數之間具有線性關係：

$$\lambda_0 + \lambda_1 X_1 + \lambda_2 X_2 + \cdots + \lambda_k X_k = 0$$

是謂完全線性重合 (perfect multicollinearity)，亦即，至少有一個解釋變數可以寫成其他解釋變數的線性組合。一旦存在完全線性重合，代表模型中有一個多餘的變數，使得迴歸係數的估計有認定上的問題，無法求算。

值得注意的是，我們所定義的完全線性重合係定義在解釋變數的線性關係，因此，非線性關係如

$$Y = \beta_0 + \beta_1 X + \beta_2 X^2 + \beta_3 X^3 + e$$

則不構成完全線性重合問題。反之，

$$Y = \beta_0 + \beta_1 \log X + \beta_2 \log X^2 + e$$

則具有完全線性重合問題 (為什麼?)

17.7.2 虛擬變數

討論至此，我們所探討的解釋變數均為連續隨機變數，然而，有時我們關心的解釋變數可能為間斷，譬如說，回到阿中送貨的例子，如果在外時數還會受到天氣影響，則我們的解釋變數為

$$D = \begin{cases} 1, & \text{若為雨天,} \\ 0, & \text{若為晴天。} \end{cases}$$

稱之為虛擬變數 (dummy variables)。我們的模型變成

$$Y_i = \beta_0 + \beta_1 X_{1i} + \beta_2 X_{2i} + \beta_3 D_i + e_i$$

因此，給定當天為晴天，在外時數的條件期望值為

$$E(Y|晴天) = E(Y|D = 0) = \beta_0 + \beta_1 X_1 + \beta_2 X_2$$

而給定當天為雨天，在外時數的條件期望值為

$$E(Y|雨天) = E(Y|D = 1) = (\beta_0 + \beta_3) + \beta_1 X_1 + \beta_2 X_2$$

兩者之差異

$$\beta_3 = E(Y|雨天) - E(Y|晴天)$$

就是在控制了其他變數後 (給定相同的送貨路程與送貨點個數)，天氣對於在外時數的條件均數之影響。一般而言，下雨天的視線不良，路況不佳，我們預期 $\beta_3 > 0$，亦即平均而言在外時數會增加。

表 17.3: 虛擬變數的設定

車號	D_1	D_2	D_3
I	1	0	0
II	0	1	0
III	0	0	1
IV	0	0	0

性質 17.2 (虛擬變數). 關於虛擬變數, 在給定迴歸模型存在截距項 β_0 的情況下, 有一個重要的設定規則: 如果有 m 種不同屬性需要考慮, 則只能設定 $m-1$ 個虛擬變數。

關於這樣的設定規則, 其背後的理由在於, 如果我們設定了 m 個虛擬變數, 在截距項 β_0 存在的情況下, 將會造成**完全線性重合**問題。

讓我們回到阿中的例子。如果公司有四輛貨車 (I, II, III, 以及 IV 號車), 由於車況不同, 亦會影響在外時數, 則我們只能設定 3 個虛擬變數:

$$D_1 = \begin{cases} 1, & \text{若為 I 號車,} \\ 0, & \text{其他。} \end{cases}$$

$$D_2 = \begin{cases} 1, & \text{若為 II 號車,} \\ 0, & \text{其他。} \end{cases}$$

$$D_3 = \begin{cases} 1, & \text{若為 III 號車,} \\ 0, & \text{其他。} \end{cases}$$

顯而易見地, 當 $D_1 = D_2 = D_3 = 0$ 就代表 IV 號車。換句話說, 虛擬變數的設定可以用表 17.3 呈現。

因此, 新的多元迴歸模型為:

$$Y_i = \beta_0 + \beta_1 X_{1i} + \beta_2 X_{2i} + \gamma_1 D_1 + \gamma_2 D_2 + \gamma_3 D_3 + e_i$$

其中, Y =在外時數, X_1 =送貨路程, X_2 =送貨點個數, 而虛擬變數 D_1, D_2 與 D_3 如表 17.3 所示。

練習題

1. 我們以多元迴歸模型研究所得 (Y) 與年資 (X_1) 以及教育程度 (X_2)，以及性別 (X_3) 之間的關係：

$$Y = \beta_0 + \beta_1 X_1 + \beta_2 X_2 + \beta_3 X_3 + e_t,$$

表 17.4 與 17.5 之實證結果係由樣本大小為 20 的隨機樣本所算出。表 17.5 中有若干資訊並不完整。

表17.4: 多元迴歸估計

變數	係數估計值	標準誤
截距項	0.0132	0.063
年資 (X_1)	0.6251	0.094
教育程度 (X_2)	0.9210	0.190
性別 (X_3)	-0.0051	0.920

表17.5: 變異數分析

變異來源	自由度	平方和	均方	
解釋變數	w_1	84	w_3	F 統計值
殘差	w_2	112	w_4	

(a) 試求算 $w_1, \ldots, w_4$ 以及 F 值以完成變異數分析表。

(b) 計算 R^2 以及 $\bar{R}^2$

(c) 在顯著水準為 $\gamma = 5\%$ 下，檢定教育程度對所得的影響是否具統計顯著性?

(d) 在顯著水準為 $\gamma = 5\%$ 下，檢定 $H_0 : \beta_0 = \beta_1 = \beta_2 = \beta_3 = 0$

(e) 性別 (X_3) 的係數估計值為 −0.0051。試詮釋 $\hat{\beta}_3 < 0$ 之意義。

2. 我們欲估計廠商生產函數 $Y = f(L,K) = AL^{\beta_1}K^{\beta_2}$, $f(\cdot)$ 表示著名的 Cobb-Douglas 生產函數。為了估計 Y, 我們想調查 $\log Y$ 和 $\log L$, $\log K$ 與常數的關係，其中 Y 表示利用 L 單位勞動和 K 單位資本所得到的產出。也就是說，欲估計之模型為

$$E(\log Y | L, K) = \beta_0 + \beta_1 \log L + \beta_2 \log K$$

(a) 請解釋 β_1 與 β_2 的經濟意義。

(b) 請問他們的預期正負符號為何?

(c) 就 β_1 與 β_2 而言，說明如何檢定生產函數具有固定規模報酬。

3. 怪胎經濟學家 (freakonomist) 欲了解教育程度 (年) 對於薪資 (萬元) 的影響，於是隨機抽樣調查了 1000 個上班族，考慮線性迴歸模型

$$\log(薪資) = \alpha + \beta \times 教育程度 + \varepsilon,$$

並得到如下的迴歸估計 (小括弧內為標準誤),

$$\widehat{\log(薪資)} = 9.0621 + 0.0960 \times 教育程度. \quad (8)$$
$$(0.06) \quad (0.04)$$

自由經濟學家 (freedomnomist) 向來喜歡和怪胎經濟學家唱反調，他在模型中加入一個新變數: 起薪 (begin salary):

$$\log(薪資) = \delta + \gamma \times 教育程度 + \theta \times \log(起薪) + \varepsilon,$$

並得到如下的迴歸估計 (小括弧內為標準誤):

$$\widehat{\log(薪資)} = 1.6469 + 0.0231 \times 教育程度 + 0.8685 \times \log(起薪). \quad (9)$$
$$(0.28) \quad (0.04) \quad (0.03)$$

自由經濟學家據此宣稱:「怪胎經濟學家忽略了起薪的影響，從而錯誤地高估了教育程度對薪資的影響!」為了因應自由經濟學家的挑戰，怪胎經濟學家進一步估計了以下迴歸 (小括弧內為標準差):

$$\widehat{\log(起薪)} = 8.5379 + 0.0839 \times 教育程度. \quad (10)$$
$$(0.09) \quad (0.05)$$

(a) 計算 β 的 95% 漸近區間估計值 (asymptotic interval estimate)。

(b) 計算檢定 $H_0 : \beta = 0$ vs. $H_1 : \beta \neq 0$ 的 t 統計值。

(c) 計算檢定 $H_0 : \beta = 0$ vs. $H_1 : \beta \neq 0$ 的漸近 p 值 (asymptotic p-value) 並說明其統計顯著性。

(d) 用白話文說明係數估計值 $\hat{\beta} = 0.0960$ 的意義。

(e) 用白話文說明係數估計值 $\hat{\gamma} = 0.0231$ 的意義。

(f) 評論第 (10) 式中估計結果的意義 (亦即, 詮釋怪胎經濟學家的反擊)。

18 時間序列

18.1 時間序列資料
18.2 時間序列資料性質
18.3 時間序列模型

本章介紹與我們生活息息相關的統計資料: 時間序列。我們會先介紹時間序列資料的性質, 接下來介紹與時間序列相關的統計模型。

18.1 時間序列資料

時間序列資料與我們的生活息息相關, 舉凡股票價格, 實質國內生產毛額 (real GDP), 物價指數, 通貨膨脹率, 利率, 匯率等等, 都是我們在日常總體經濟或是財金議題中, 時時刻刻都會接觸到的資料。我們在第 1 章提過, 如果資料是在同一時間點橫跨不同個體所取得, 譬如 2007 年各國的國內生產毛額, 我們稱為橫斷面資料 (cross-sectional data)。

相對的, 所謂的時間序列資料 (time series data) 就是在不同時間點所記錄的資料, 譬如在第 7 章所提到, 1950 年 1 月到 2014 年 9 月的股票價格資料。根據資料的收集時間頻率 (frequency) 不同, 時間序列資料可分為年資料 (annual data), 季資料 (quarterly data), 月資料 (monthly data), 週資料 (weekly data), 以及日資料 (daily data)。一般而言, 總體經濟資料為年資料, 季資料或是月資料, 屬低頻資料 (low-frequency data);

金融財務資料則有週資料, 日資料, 甚至是日內逐筆成交資料 (intra-day tick-by-tick data), 則爲高頻資料 (high-frequency data)。

爲了給讀者更清楚的例子, 我們將台灣國內生產毛額 (取自然對數) 以及新台幣兌美元匯率的時間序列資料繪於圖 18.1, 其中, 橫軸爲時間點, 縱軸則爲資料的值。這兩個時間數列資料提供我們幾個有趣的觀察:

1. 有的時間序列看來似乎具有一固定趨勢 (deterministic trend), 如台灣 GDP, 有的則無, 如新台幣兌美元匯率。

2. 時間序列資料具有序列相關 (serial correlation), 也就是說, 本期的資料與之前或是之後的資料具相關性。舉例來說, 今天的股票價格必然受到過去價格的影響, 同時也必然影響將來的價格。這是時間序列資料與橫斷面資料最大的不同處。如果我們以 $\{X_i\}_{i=1}^{N}$ 代表橫斷面資料, 則 $Corr(X_i, X_j) = 0$; 若以 $\{Y_t\}_{t=1}^{T}$ 代表時間序列資料,[1] 則 $Corr(Y_t, Y_s) \neq 0$。

我們將在下一節中更進一步探討時間序列資料性質。底下我們介紹如何利用 R 程式繪製圖 18.1。台灣 GDP 以及新台幣兌美元匯率的季資料分別取自台灣主計處總體統計資料庫以及美國聖路易斯聯邦準備理事會 (St. Louis Fed) 的 Federal Reserve Economic Data (FRED) 的資料庫。我們將資料存放在 RGDPTW.csv 的檔案中, 讀者可以在作者網站上取得。請在 D 槽下建立 R 的子目錄, 並將 CSV 檔放在此目錄下。其中, RGDPTW 與 STW 分別爲台灣 GDP 以及新台幣兌美元匯率的時間序列資料。

底下 R 程式繪製時間序列資料。

---

[1] 習慣上, 我們以下標 i 代表橫斷面資料, 下標 t 代表時間序列資料, 因此, 從事個體計量的學者大多處理橫斷面資料, 慣用下標 i, 而從事總體計量的學者大多處理時間序列資料, 慣用下標 t, 是故有 i 派學者與 t 派學者之戲謔說法。

圖 18.1: 時間序列資料: 台灣 GDP 以及新台幣兌美元匯率 (取自然對數), 季資料, 1983Q4–2014Q3

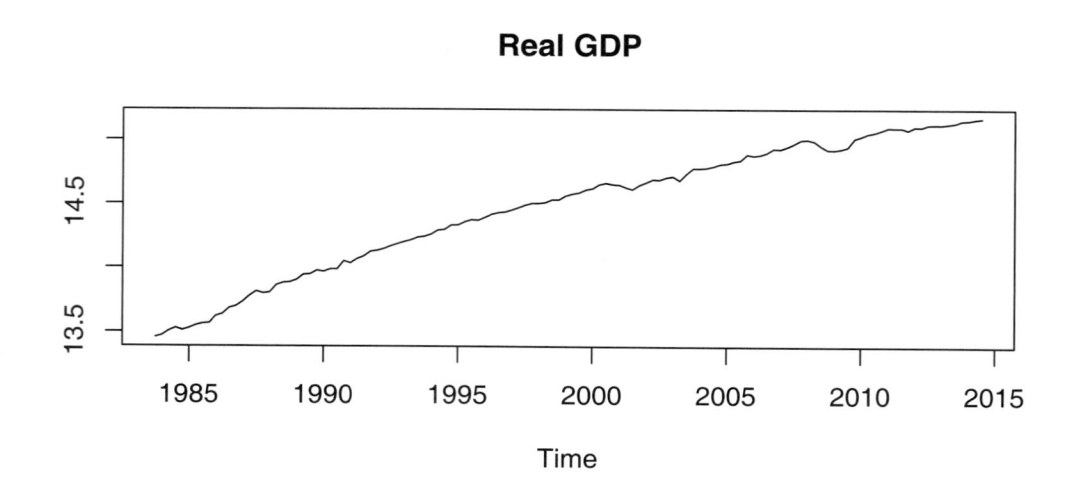

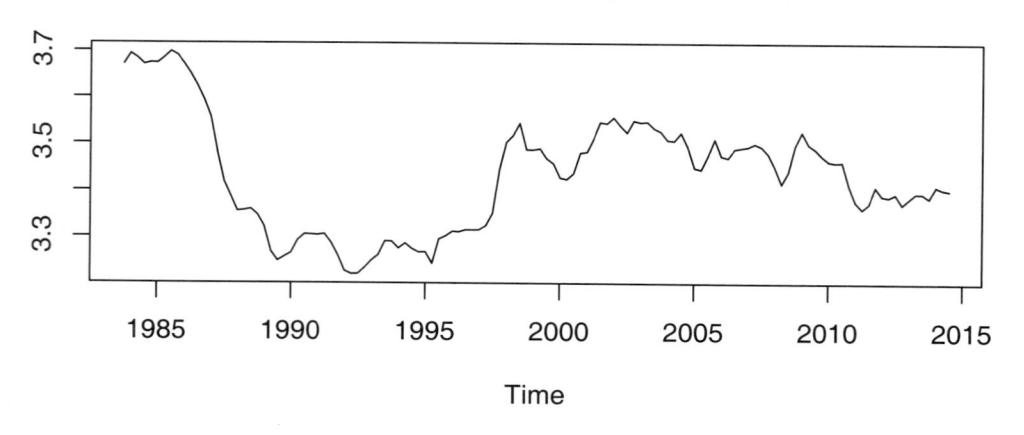

R 程式 18.1 (時間序列資料繪製).

```
## Real GDP and NTD/USD Exchange Rates

setwd('D:/R')
dat = read.csv('RGDPTW.csv', header=TRUE)
rgdp = dat$RGDPTW
s = dat$STW

rgdp.ts = ts(rgdp,start = c(1983, 4), freq = 4)
lrgdp.ts = log(rgdp.ts)
s.ts = ts(s,start = c(1983, 4), freq = 4)
ls.ts = log(s.ts)

op=par(mfrow=c(2,1))
plot(lrgdp.ts, main = "Real GDP",ylab='')
plot(ls.ts, main = "NTD/USD Exchange Rates",ylab='')
```

我們將 RGDPTW 與 STW 的資料叫入後,分別命名為 rgdp 與 s,注意到如果我們鍵入 class(rgdp),電腦回傳的結果為

[1] "numeric"

然而,如果我們鍵入 class(rgdp.ts),則電腦回傳的結果為

[1] "ts"

簡單地說,R 將 rgdp 視為向量數值,而透過指令 ts(),我們將 rgdp 轉換為時間序列,並命名為 rgdp.ts。其中的選項,start=c(1983,4) 設定此時間序列的起始點為 1983 年第 4 季,而 freq=4 則設定其為季資料。最後,我們以 op=par(mfrow=c(2,1)) 建構一個 2×1 的繪圖空間,並透過 plot 的指令繪製時間序列圖。

18.2 時間序列資料性質

> **Story 時間序列分析**
>
> 時間序列分析的數學理論基礎來自早期對於隨機過程 (stochastic process) 之研究。主要貢獻者包含 Andrei Kolmogorov (1903–1987, 機率理論公理化的創始者)、Aleksandr Yakovlevich Khinchin (1894–1959)、William Feller (1906–1970)。
>
> 至於時間序列資料的統計分析, 歷經無數的學者投入研究, 如 Udny Yule (1871–1951)、Gilbert Thomas Walker (1868–1958) 以及 Herman Ole Andreas Wold (1908–1992), 最終以系統性的方式集大成者首推 George Edward Pelham Box (1919–2013) 與 Gwilym Meirion Jenkins (1932–1982) 於 1970 年出版之 Time Series Analysis: Forecasting and Control 一書, 其研究方法被稱為 Box-Jenkins method, 已經成為現代時間序列分析的基本教材。
>
> George Box 師事於 Egon Pearson, 於 1953 年取得倫敦大學博士學位後, 先後任教於 North Carolina State University, 以及 Princeton University, 最後於 1960 年落腳於 University of Wisconsin-Madison, 並創立統計系。
>
> George Box 的名言為: "Essentially, all models are wrong, but some are useful," 參見 Box and Draper (1987)。意思是指, 基本上所有的統計模型都是錯的, 然而真正重要的是, 統計模型是否有用, 舉例來說, 統計模型是否為現實隨機現象的一個良好近似, 是否能提供好的預測等。

18.2.1 基本概念

在介紹時間序列資料性質前, 先說明幾個時間序列分析常用的概念。給定時間序列 $\{Y_t\}_{t=1}^T$, 若 Y_t 代表第 t 期的資料, 則我們稱 Y_{t-1} 為 Y_t 的落後一期資料 (first lag), 同理, Y_{t-k} 為 Y_t 的落後 k 期資料。Y_t 與 Y_{t-1} 之間的差異稱作 Y_t 的一階差分, 以 $\Delta Y_t = Y_t - Y_{t-1}$ 表示。值得注意的是, 如果我們先將變數取自然對數後再取一階差分, 就會得到變數成長率的近似值。一般而言, 變數的成長率定義為

$$g_t = \frac{Y_t - Y_{t-1}}{Y_{t-1}}$$

根據一階泰勒近似:[2]

$$g_t \approx \log(1 + g_t)$$

---

[2] 函數 $f(x)$ 在 0 附近的一階泰勒近似為 $f(x) \approx f(0) + \frac{df(x)}{dx}|_{x=0}(x - 0)$, 且令 $f(x) = \log(1 + x)$, 則 $\log(1 + x) \approx \log(1 + 0) + \frac{1}{1+0}x = x$ 為其一階泰勒近似。

因此

$$\frac{Y_t - Y_{t-1}}{Y_{t-1}} \approx \log\left(1 + \frac{Y_t - Y_{t-1}}{Y_{t-1}}\right) = \log\left(\frac{Y_t}{Y_{t-1}}\right)$$

$$= \log Y_t - \log Y_{t-1} = \Delta \log Y_t$$

一般來說, 當 Y_t 變動不大時 (亦即 ΔY_t 較小時), $\log Y_t - \log Y_{t-1}$ 會是 $\frac{Y_t - Y_{t-1}}{Y_{t-1}}$ 的一個良好近似。舉例來說, 若 Y_t 代表台灣的消費者物價指數, 則 $\Delta \log Y_t$ 就是台灣的物價膨脹率。我們將 $\log Y_t$ 與 $\Delta \log Y_t$ 分別繪在圖 18.2 中。繪圖的 R 程式如下:

R 程式 18.2.

```
## CPI
setwd('D:/66Teaching/66Slide/Stat/R')
dat = read.csv('CPITW.csv', header=TRUE)
cpi = dat$CPITW

cpi.ts = ts(cpi,start = c(1981,1), freq = 12)
lcpi = log(cpi)
lcpi.ts = ts(lcpi,start = c(1981, 1), freq = 12)
inf = 100*diff(log(cpi))
inf.ts = ts(inf,start = c(1981, 2), freq = 12)

op=par(mfrow=c(2,1))
plot(lcpi.ts, main = "CPI",ylab='')
plot(inf.ts, main = "Inflation",ylab='')
```

注意到我們用 `diff()` 函數計算物價膨脹率: $\Delta \log Y_t = \log Y_t - \log Y_{t-1}$, 若 x 為 $n \times 1$ 的序列向量, 則 `diff(x)` 這個函數可計算一階差分: `x[i+1]-x[i]`, $i = 1, 2, \ldots, n-1$, 亦即 `diff(x)` 會回傳一個 $(n-1) \times 1$ 的向量。

最後, 我們在此解釋一下利用 $\Delta \log Y_t$ 來近似成長率的特性。舉例來說, 某商品價格變化如下: $Y_{t-1} = 5$, $Y_t = 5.5$, $Y_{t+1} = 5$。因此, 計算 $t-1$

到 t 期的漲幅爲:

$$\frac{5.5-5}{5} = 10\%$$

而 t 到 $t+1$ 期的跌幅爲:

$$\frac{5-5.5}{5.5} = -9\%$$

則顯見漲跌幅不一致。然而，如果用 $\Delta \log Y_t$ 來近似，$t-1$ 到 t 期的漲幅爲:

$$\log(5.5) - \log(5) = 9.5\%$$

t 到 $t+1$ 期的跌幅爲:

$$\log(5) - \log(5.5) = -9.5\%$$

亦即漲跌幅會一致。

18.2.2 定態時間序列

在本節中，我們介紹時間序列資料中的一個重要性質: 定態。

定義 18.1 (定態時間序列). 如果對於所有 t 及 $t-s$ 而言，一個時間序列

$$\{\ldots, Y_{t-2}, Y_{t-1}, Y_t, Y_{t+1}, Y_{t+2}, \ldots\}$$

符合以下條件:

1. $E(Y_t) = E(Y_{t-s}) = \mu_Y$,
2. $Var(Y_t) = Var(Y_{t-s}) = \sigma_Y^2 < \infty$,
3. $\gamma(s) = Cov(Y_t, Y_{t-s})$ 爲 s 的函數，不爲 t 的函數，

則我們稱 Y_t 爲定態 (stationary)。

其中，$\gamma(s)$ 稱爲自我共變異數 (autocovariance)。注意到

$$\gamma(0) = Cov(Y_t, Y_t) = Var(Y_t)$$

圖 18.2: 台灣消費者物價指數（取自然對數）以及物價膨脹率, 月資料, 1981M1–2014M12

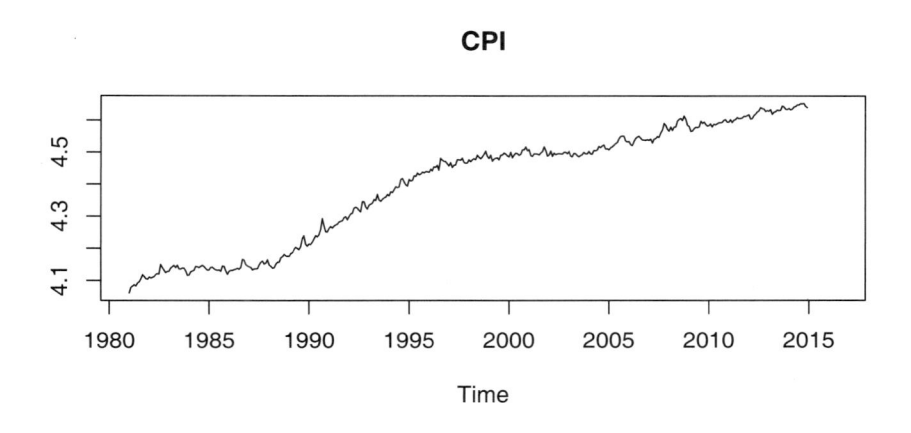

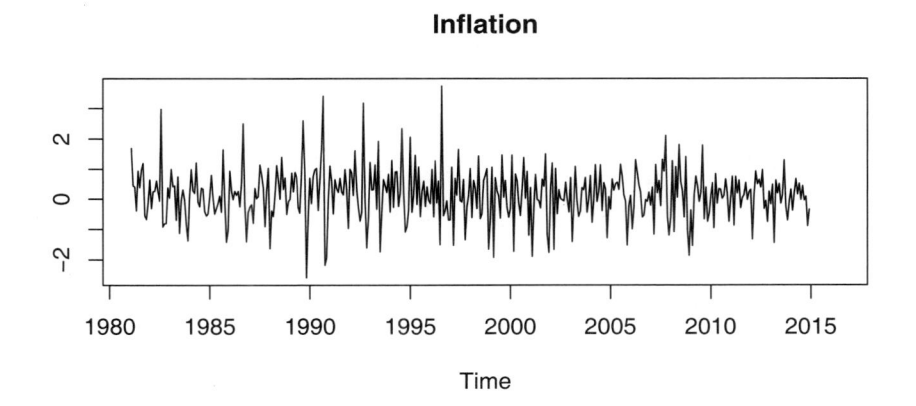

亦即 $\gamma(0)$ 就是時間序列的變異數。

這樣的定義又稱弱定態 (weakly stationary)，或是共變異定態 (covariance stationary)。[3] 所謂的定態，意思就是時間序列隨著時間演變，要有穩定的結構，在此，我們要求時間序列的一階動差 (均值) 與二階動差 (變異數與共變數) 具有穩定的結構，而一個具有穩定的結構的時間序列才是可預測的，亦即，我們可以用過去的歷史資料預測未來。

18.2.3 自我相關係數

我們曾經介紹過兩個隨機變數 X, Y 的相關係數為

$$\rho_{XY} = \frac{Cov(X,Y)}{\sqrt{Var(X)}\sqrt{Var(Y)}}$$

而我們知道時間序列 Y_t 具有序列相關，因此我們可以定義 Y_t 的一階自我相關係數 (first-order autocorrelation coefficient) 為 Y_t 與 Y_{t-1} 的相關係數：

$$\rho_1 = \frac{Cov(Y_t, Y_{t-1})}{\sqrt{Var(Y_t)}\sqrt{Var(Y_{t-1})}}$$

而 k 階自我相關係數 (kth-order autocorrelation coefficient) 為

$$\rho_k = \frac{Cov(Y_t, Y_{t-k})}{\sqrt{Var(Y_t)}\sqrt{Var(Y_{t-k})}}$$

假設 Y_t 為定態，$Var(Y_t) = Var(Y_{t-k})$，則自我相關係數 ρ_k 變成

$$\rho_k = \frac{Cov(Y_t, Y_{t-k})}{Var(Y_t)}$$

以上的自我相關係數 ρ_k 可由樣本的自我相關係數 $\hat{\rho}_k$ 予以估計：

$$\hat{\rho}_k = \frac{\widehat{Cov(Y_t, Y_{t-k})}}{\widehat{Var(Y_t)}}$$

其中，

$$\widehat{Cov(Y_t, Y_{t-k})} = \frac{1}{T} \sum_{t=k+1}^{T} (Y_t - \bar{Y})(Y_{t-k} - \bar{Y})$$

---

[3] 另有一個更為嚴格的定態稱為嚴格定態 (strictly stationary)，其概念並不困難，但是實際驗證上不容易，我們就不多作說明。

表18.1: 樣本一階自我相關係數

變數	$\hat{\rho}_1$
國內生產毛額	0.974
匯率	0.964
消費者物價指數	0.992
物價膨脹率	-0.097

$$\bar{Y} = \frac{1}{T}\sum_{t=1}^{T} Y_t$$

$$\widehat{Var(Y_t)} = \frac{1}{T}\sum_{t=1}^{T}(Y_t - \bar{Y})^2$$

一個時間序列的自我相關係數越高, 我們就稱此序列的持續性越大 (persistent), 通常我們以一階自我相關係數來檢視一個時間序列的持續性。現在的統計套裝軟體都可以輕易地幫你把樣本自我相關係數算出來, 不過要注意的是, 計算 $\widehat{Cov(Y_t, Y_{t-k})}$ 時, 有的套裝軟體會除上 $T-k$ 而非 T。

我們可以計算圖 18.2 與圖 18.2 中各個時間序列的一階自我相關係數, 結果見表 18.1。根據表 18.1 的結果, 我們知道國內生產毛額, 匯率以及消費者物價指數都具有很高的持續性, 而物價膨脹率的自我相關程度不高, 甚至為負的自我相關。

計算樣本自我相關係數的 R 程式為 acf()。舉例來說, 要計算國內生產毛額 (取對數) 的樣本一階自我相關係數, 只要鍵入

R 程式 18.3.

```
lrgdp = log(rgdp)
acf(lrgdp,lag.max=1,plot=F)
```

就會得到

```
Autocorrelations of series 'lrgdp', by lag

    0     1
1.000 0.974
```

亦即, $\hat{\rho}_1 = 0.974$。

18.3 時間序列模型

對於我們所觀察到的時間序列資料, 我們可試著以統計模型來予以配適, 解釋並進一步做出預測。在本節中, 我們將介紹幾個常用的時間序列模型。

18.3.1 固定趨勢模型

如果我們觀察圖 18.1 與 18.2 中的國內生產毛額與消費者物價指數, 不難發現這兩個變數似乎存在著一個隨著時間成長的固定趨勢 (deterministic trend), 因此, 一個簡單的時間序列模型就是固定趨勢模型:

$$Y_t = \beta_0 + \beta_1 \text{Time}_t + \varepsilon_t, \ \varepsilon_t \sim^{i.i.d.} N(0,\sigma^2)$$

其中 Time_t 為時間的虛擬變數, 第 1 期時 $\text{Time}_1 = 1$, 第 2 期時 $\text{Time}_2 = 2, \ldots$ 依此類推, 則 $\text{Time}_t = t$。因此, 若我們有時間序列資料 $\{Y_t\}_{t=1}^{T}$, 則固定趨勢模型可寫成:

$$Y_t = \beta_0 + \beta_1 t + \varepsilon_t$$

因此, 若資料有隨著時間增加而增加的固定趨勢, 則 $\beta_1 > 0$, 反之, 若資料有隨著時間增加而減少的固定趨勢, 則 $\beta_1 < 0$。

然而, 固定趨勢未必是線性, 也可能存在二次式:

$$Y_t = \beta_0 + \beta_1 t + \beta_2 t^2 + \varepsilon_t$$

甚至是更高階次均有可能:

$$Y_t = \beta_0 + \beta_1 t + \beta_2 t^2 + \cdots + \beta_k t^k + \varepsilon_t$$

以上的模型都可以用我們在第 15 與 17 章中所介紹的最小平方法予以估計, 此時我們的解釋變數為時間的虛擬變數: $t = \{1, 2, \ldots, T\}$。

以下為估計固定趨勢模型的 R 程式。

R 程式 18.4.

```
setwd('D:/R')
dat = read.csv('RGDPTW.csv', header=TRUE)
rgdp = dat$RGDPTW
s = dat$STW

lrgdp = log(rgdp)
Time = 1:124
Time2 = Time^2

model = lm(formula=lrgdp~Time)
summary(model)
alpha = summary(model)$coefficients[1,1]
beta= summary(model)$coefficients[2,1]
ttrend = alpha + beta*Time
residual = lrgdp - ttrend

lrgdp.ts=ts(lrgdp,start = c(1983, 4), freq = 4)
residual.ts = ts(residual,start = c(1983, 4), freq = 4)
op=par(mfrow=c(2,1))
ts.plot(cbind(lrgdp.ts,ttrend),lty=c(1:2),col=c(1:2))
ts.plot(residual.ts)
```

我們以國內生產毛額為例，估計出來的線性固定趨勢模型為

$$\hat{Y}_t = 13.61405 + 0.01371767\,t$$
$$\quad\quad\;\;(0.01493)\quad\;(0.00021)$$

固定趨勢二次式模型為

$$\hat{Y}_t = 13.43764 + 0.022118\,t - 0.00006720265\,t^2$$
$$\quad\;(0.007757)\quad(0.0002865)\quad\;\;(0.00000222)$$

圖18.3: 國內生產毛額的固定趨勢一次式模型

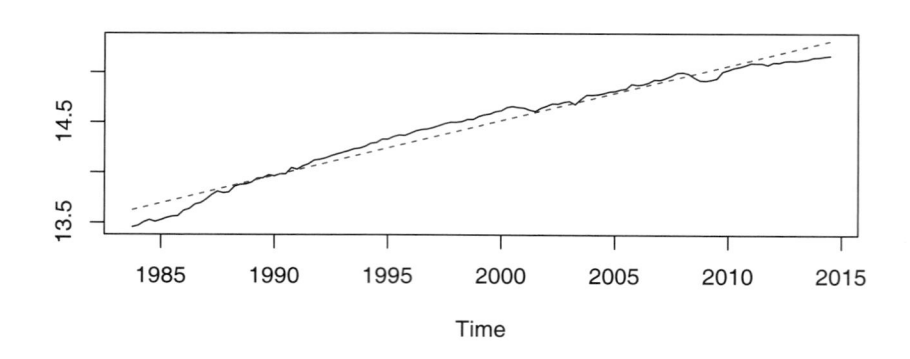

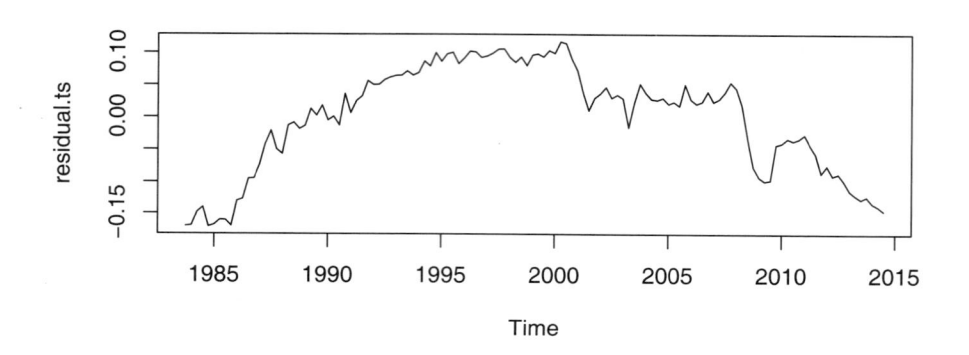

我們同時將國內生產毛額 (Actual), 配適值 (Fitted), 以及殘差 (Residual) 繪在圖 18.3 與 18.4。我們不難發現, 固定趨勢二次式模型的估計結果中, 配適值與實際值幾乎重合, 亦即固定趨勢二次式模型對於國內生產毛額具有較佳的配適。

18.3.2　一階自我迴歸模型

有的時間序列資料並不具明顯增加或減少的固定趨勢, 如圖 18.1 中的新台幣兌美元匯率走勢就是一個明顯的例子, 我們可以肯定看出固定趨勢

圖18.4: 國內生產毛額的固定趨勢二次式模型

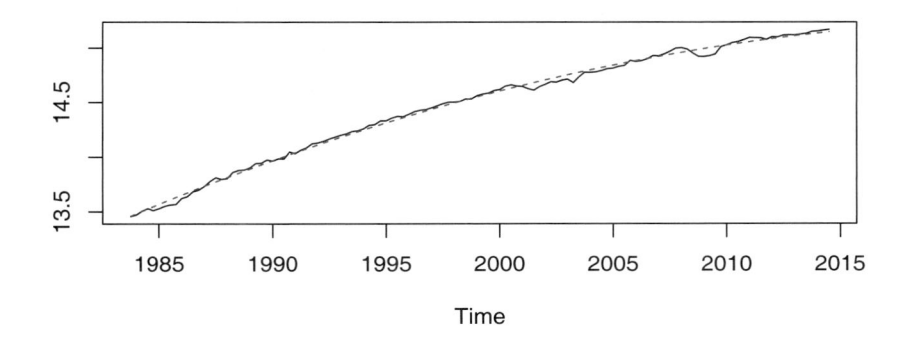

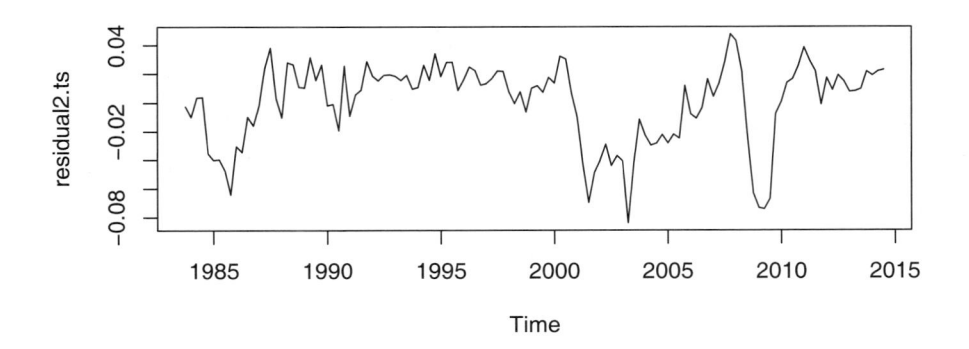

一次式模型一定無法解釋匯率走勢，然而，即使我們考慮非線性的固定趨勢三次式模型，其配適程度如圖 18.5 所見，依然十分地不理想，模型配適部分對於匯率走勢的解釋有限。

在此，我們介紹一個總體經濟計量模型中最為常用的自我迴歸模型 (autoregressive models)。簡單的說，就是將時間序列自己過去的歷史資料當作解釋變數。如果我們簡單地僅只納入前一期的資料當作解釋變數，就稱為一階自我迴歸模型 (first-order autoregressive model)，簡稱為 AR(1) 模型：

$$Y_t = \beta_0 + \beta_1 Y_{t-1} + \varepsilon_t, \quad \varepsilon_t \sim^{i.i.d.} (0, \sigma^2)$$

其中，β_1 稱作一階自我迴歸係數 (first-order autoregression coefficient)，簡稱為 AR(1) 係數。

誤差項

$$\varepsilon_t \sim^{i.i.d.} (0, \sigma^2)$$

稱之為白雜訊 (white noise)。

β_1 的最小平方估計式為

$$\hat{\beta}_1 = \frac{\widehat{Cov(Y_t, Y_{t-1})}}{\widehat{Var(Y_t)}} = \frac{\sum_{t=2}^{T}(Y_t - \bar{Y})(Y_{t-1} - \bar{Y})}{\sum_{t=2}^{T}(Y_t - \bar{Y})^2}$$

細心的讀者不難發現這就是之前介紹過的樣本一階自我相關係數。如果 Y_t 為定態的時間序列，則 $\hat{\beta}_1$ 為 β_1 的一致估計式

$$\hat{\beta}_1 \xrightarrow{P} \beta_1$$

我們以一個 AR(1) 模型估計匯率資料，所得估計結果如下：

$$\hat{Y}_t = \underset{(0.06165)}{0.11827} + \underset{(0.01795)}{0.96491} Y_{t-1}$$

我們也將配適程度繪於圖 18.6，相對於固定趨勢模型，顯然一個 AR(1) 模型對於匯率走勢有極佳的解釋力，配適值與實際值相當接近。估計 AR(1) 模型模型的 R 程式如下。

R 程式 18.5.

```
## NTD/USD Exchange Rates
setwd('D:/66Teaching/66Slide/Stat/R')
dat = read.csv('RGDPTW.csv', header=TRUE)
s = dat$STW
ls = log(s)
ls.ts=ts(ls,start = c(1983, 4), freq = 4)

## AR1 Model

library(dynlm)

armodel = dynlm(formula=ls.ts~L(ls.ts,1))
summary(armodel)

int = summary(armodel)$coefficients[1,1]
ar1c = summary(armodel)$coefficients[2,1]

arfit = int + ar1c*lag(ls.ts,1)
arresidual = ls.ts - arfit

op=par(mfrow=c(2,1))
ts.plot(cbind(ls.ts,arfit),lty=c(1:2),col=c(1:2))
arresidual.ts = ts(arresidual,start = c(1983, 4), freq = 4)
ts.plot(arresidual.ts)
```

圖18.5: 匯率的固定趨勢三次式模型

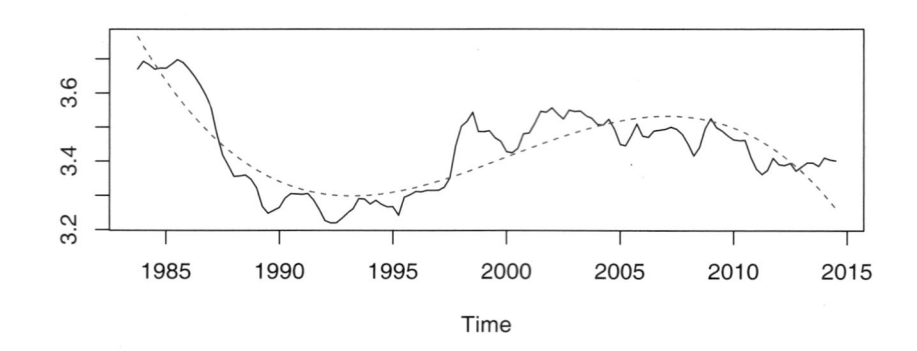

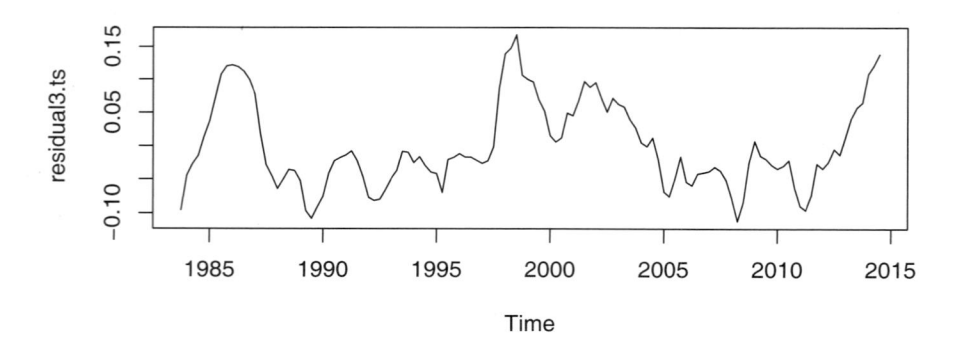

圖18.6: 匯率的一階自我迴歸模型

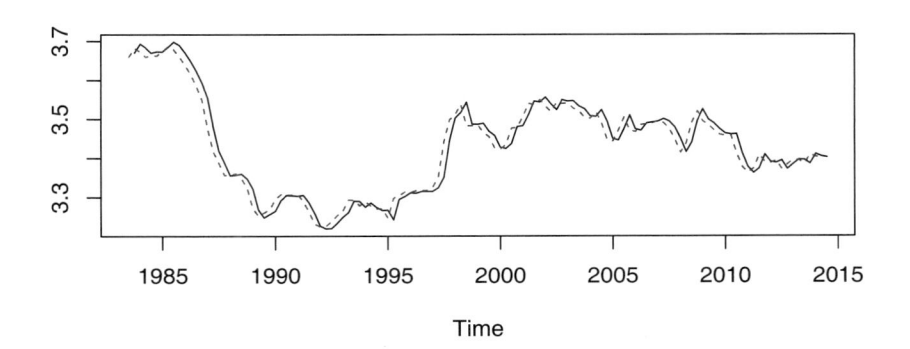

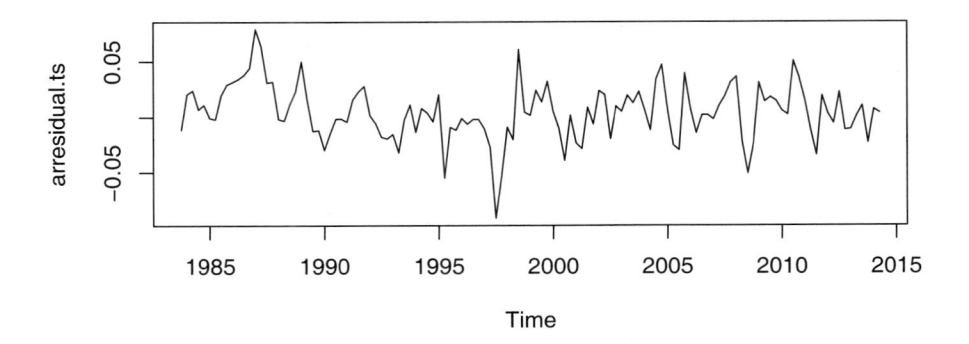

練習題

1. 考慮以下 $\{Y_t\}_{t=0}^{T}$ 的時間序列模型:

$$Y_t = Y_{t-1} + \varepsilon_t, \ Y_0 = 0,$$

其中 $\varepsilon_t \sim^{i.i.d.} N(0,1)$。

   (a) 試證明 $Y_t \sim N(0,t)$。

   (b) 試計算 $Var(Y_{t-s})$ 以及 $Cov(Y_t, Y_{t-s})$。

   (c) Y_t 為定態或非定態的時間序列?

2. 給定以下 AR(1) 模型:

$$y_t = \phi_0 + \phi_1 y_{t-1} + \varepsilon_t,$$

其中 $\varepsilon_t \sim^{i.i.d.} (0, \sigma^2)$ 且 $|\phi_1| < 1$. 如果我們不再假設 $\{-\infty < t < \infty\}$, 而是 $\{0 \leq t < \infty\}$, 並假設 y_t 的起始值, y_0 為一常數, 試檢驗 y_t 為非定態的時間序列。亦即, AR(1) 序列若有一固定起始值, 則非定態。

3. 請至主計總處下載台灣的消費者物價指數 (總指數) 1981 年 1 月到 2014 年 12 月的月資料。利用 R 程式,

   (a) 畫出消費者物價指數的時間序列圖。

   (b) 畫出物價膨脹率的時間序列圖。

   (c) 計算消費者物價指數的一階自我相關係數。

   (d) 計算物價膨脹率的一階自我相關係數。

   (e) 估計物價膨脹率的 AR(1) 模型。

19 蒙地卡羅模擬與 Bootstrap

19.1 蒙地卡羅模擬
19.2 樣本重抽法與 Bootstrap
19.3 Bootstrap 偏誤與標準差
19.4 Bootstrap 信賴區間
19.5 Bootstrap 檢定
19.6 迴歸模型的 Bootstrap
19.7 對於 Bootstrap 自助重抽的若干討論

電腦模擬在統計的應用中,扮演越來越重要的角色。本章將介紹蒙地卡羅模擬與一個重要的樣本重抽法: Bootstrap。

19.1 蒙地卡羅模擬

蒙地卡羅模擬 (Monte Carlo simulation) 在統計學中所扮演的角色,隨著電腦科技的進步,益發重要。假設 $\{X_i\}_{i=1}^n$ 為隨機抽樣自母體分配 $F = F(x) = P(X \leq x)$ 的隨機樣本資料。令 $T_n = T_n(X_1,\ldots,X_n,\theta)$ 為我們有興趣的統計量,其中 θ 為母體未知參數,且一般而言我們假設 θ 足以代表母體分配的所有特徵。[1] T_n 的實際抽樣分配為

$$G_n(\tau,F) = P(T_n \leq \tau|F)$$

---
[1] 舉例來說,若 F 為常態分配,則參數 (μ,σ^2) 就足以代表母體分配的所有特徵。

由於 F (或是說 θ) 未知，則 G_n 也是未知。甚至於在某些情況下，即使母體分配 F 已知，我們也未必能夠推導出 T_n 的實際抽樣分配，$G_n(\tau,F)$。舉例來說，若 $X_i \sim^{i.i.d.} N(0,1)$，亦即 F 已知為常態分配，但推導 $T_n = \sum_{i=1}^{n} \sqrt{X_i}$ 的實際抽樣分配仍然不是件容易的事。而蒙地卡羅模擬就是在研究者自己選擇的 F 下，利用數值模擬 (numerical simulation) 來計算 $G_n(\tau,F)$，因此，你可以把執行蒙地卡羅模擬的研究人員想像成造物者，透過不同的環境設定 (選擇的不同的 F)，觀察並記錄萬物的運作。茲簡述蒙地卡羅模擬的執行方式如下。

定義 19.1 (蒙地卡羅模擬).

1. 研究者選擇 $F(\cdot|\theta)$ 以及樣本大小 n 以建構一個虛擬的資料生成過程 (data generating process, DGP)

2. 利用電腦的擬真隨機變數產生器 (擬真隨機變數產生器, pseudo random number generator, PRNG) 由 θ 所代表的分配 $F(\cdot|\theta)$ 中抽出一組隨機樣本 $\{X_i^*\}_{i=1}^{n}$

3. 由這組虛擬樣本計算統計量 $T_n = T_n(X_1^*,\ldots,X_n^*,\theta)$

4. 重複 B 次步驟 2 與 3，一般來說，B 為很大的數字如 $B = 1000$ 或是 $B = 5000$ 等。令第 b 次抽樣得到的統計量以 T_{nb} 表示，根據 B 次的反覆計算 (亦即模擬次數為 B)，我們得到了 T_{nb} 的實證分配函數 (empirical distribution function, EDF)，

$$\hat{G}_n(\tau) = \frac{1}{B}\sum_{b=1}^{B} \mathbb{1}(T_{nb} \leq \tau)$$

其中 $\mathbb{1}(\cdot)$ 為指標函數 (indicator function)，

$$\mathbb{1}(T_{nb} \leq \tau) = \begin{cases} 1, & \text{if } T_{nb} \leq \tau \\ 0, & \text{if } T_{nb} > \tau \end{cases}$$

> **Story** 蒙地卡羅模擬
>
> 所謂的「模擬」(simulation) 係指以一個人造的模型 (an artificial model of a real system) 來研究與了解實際系統的運作。舉例來說，就像是航太研究中的風洞 (wind-tunnels) 實驗技術，提供飛行器在不同馬赫數之飛行狀況進行設計與驗證，譬如飛機表面粗糙度對飛行阻力的影響等。而「蒙地卡羅」一詞為 Stanislaw Ulam (1909-1984) 與 Nicholas Metropolis (1925-1999) 所創，代表模擬分析中的隨機性 (randomness)。蒙地卡羅為地處摩納哥 (Monaco) 的一個以賭場聞名的觀光勝地。在過去，曾有賭客以模擬的方式計算各種可能賭局出象的機率，意圖海撈一票。所以蒙地卡羅模擬就是指以電腦模擬系統中的隨機過程 (random process)，重複數以萬次，然後直接記錄與整理這些模擬結果並加以分析。我們在本章簡單介紹蒙地卡羅模擬，有興趣的讀者可進一步參閱 Robert and Casella (2010)。

根據分配函數的定義，

$$G_n(\tau) = P(T_n \leq \tau)$$
$$= 1 \times P(T_n \leq \tau) + 0 \times P(T_n > \tau) = E[\mathbb{1}(T_n \leq \tau)]$$

則根據 WLLN，

$$\hat{G}_n(\tau) = \frac{1}{B} \sum_{b=1}^{B} \mathbb{1}(T_{nb} \leq \tau) \xrightarrow{p} E[\mathbb{1}(T_n \leq \tau)] = G_n(\tau)$$

也就是說，在給定某資料生成過程下我們抽出一組隨機樣本並計算統計量 T_{nb}，重複 B 次後，我們會得到 T_{nb} 的實證分配函數 $\hat{G}_n(\tau)$，而 WLLN 告訴我們此實證分配函數 $\hat{G}_n(\tau)$ 機率收斂到該資料生成過程下，統計量之實際抽樣分配 $G_n(\tau)$。在步驟 3 中，我們有時會用 θ 的估計式 $\hat{\theta}$ 替代 θ，計算統計量：

$$T_n = T_n(X_1^*, \ldots, X_n^*, \hat{\theta})$$

19.1.1 蒙地卡羅模擬的應用: 中央極限定理

我們已經在第 8 章中看過，利用蒙地卡羅模擬來呈現中央極限定理的模擬結果。在此，我們提供蒙地卡羅模擬的細節。若母體分配為 $F_X(\cdot)$，則模擬的過程如下。

(a) 由 $F_X(\cdot)$ 的分配中抽出一組樣本大小為 n 的隨機樣本

$$\{X_{1b}, X_{2b}, \ldots, X_{nb}\}$$

注意到下標 b 代表這組隨機樣本來自第 b 次模擬。

(b) 給定 $F_X(\cdot)$, 對於第一次模擬 ($b = 1$), 計算

$$\bar{X}_{n1} = \frac{1}{n}\sum_i X_{i1}$$

並將之標準化:

$$Z_{n1} = \frac{\bar{X}_{n1} - \mu}{\sqrt{\frac{\sigma^2}{n}}}$$

其中 $\mu = E(X)$, 且 $\sigma^2 = Var(X)$。

(c) 重複步驟 (a)–(b) B 次, 我們可以得到 B 個標準化後的統計量:

$$\{Z_{n1}, Z_{n2}, Z_{n3}, \ldots, Z_{nB}\}$$

(d) 根據這組大小為 B 的統計量 $\{Z_{nb}\}$, 我們可以找出其實證分配函數

$$\hat{G}_n(\tau) = \frac{1}{B}\sum_{b=1}^{B}\mathbb{1}_{\{Z_{nb}\leq\tau\}}$$

並與標準常態隨機變數的分配函數 $\Phi(\tau)$ 做比較。或是以次數分配呈現統計量 $\{Z_{nb}\}$ 的實證機率分配, 並與標準常態分配的機率密度函數 $\phi(\tau)$ 做比較。

對於不同樣本大小 n, 執行上述模擬。我們將不難發現, 隨著 n 變大, $\hat{G}_n(\tau)$ 將會與 $\Phi(\tau)$ 越來越靠近。亦即, 如同中央極限定理所述,

$$Z_n = \frac{\bar{X}_n - \mu}{\sqrt{\frac{\sigma^2}{n}}} \xrightarrow{d} N(0,1)$$

我們以母體分配為 $\chi^2(k)$ 為例, 則 $\mu = k$, 且 $\sigma^2 = 2k$。模擬中央極限定理的 R 程式如下。

R 程式 19.1 (模擬中央極限定理: 母體分配為 $\chi^2(2)$ 之隨機樣本).

```
chidf = 2    # Chi-square 分配參數
Zn = c()     # 宣告一個空向量，之後模擬時可以填入數值
B = 10000    # 模擬次數

op=par(mfrow=c(2,2))   # 宣告一個 2*2 的繪圖空間
n = c(1,5,10,100)      # 考慮樣本大小為 1, 5, 10 以及 100

# 開始模擬
for (j in 1:length(n))
{
for(i in 1:B) {
# 由 Chi-square 分配抽取一組隨機樣本
 X = rchisq(n[j], df=chidf)
# 標準化
 Zn[i] = (mean(X) - chidf)/sqrt((2*chidf)/n[j])
}

# 繪製直方圖，並與 N(0,1) 做比較
hist(Zn, prob=T, breaks=seq(-10, 10, by=0.5),
main = paste("n=", n[j]))
curve(dnorm(x, mean=0, sd=1), add=TRUE, col="red")
}
```

同理，如果我們選擇母體分配為 Bernoulli(μ) 來模擬中央極限定理，亦即

$$\{X_{ib}\}_{i=1}^n \sim \text{Bernoulli}(\mu)$$

結果將如第 8 章的圖 8.3 所示，其中標準化隨機變數為:

$$Z_{nb} = \frac{\bar{X}_{nb} - \mu}{\sqrt{\frac{\mu(1-\mu)}{n}}}$$

請讀者自行嘗試撰寫 R 程式。

19.2 樣本重抽法與 Bootstrap

19.2.1 樣本重抽法

傳統的統計學在做統計推論時, 必須仰賴實際抽樣分配或是大樣本漸近分配。樣本重抽法 (resampling method) 則是一個與實際抽樣分配或是大樣本漸近分配完全迥異的做法, 其統計推論的基礎, 來自「原有樣本的重複抽樣」。樣本重抽法的優點如下:

1. 較少假設。舉例來說, 樣本重抽法不需假設 DGP 的分配為常態或是其他特定分配。

2. 較為精確。一般而言, 在大多數的情況下, 樣本重抽法的統計推論較傳統大樣本漸近理論來的精確。

3. 較易操作。樣本重抽法在大多數的情況下都可以使用, 你不必辛苦地尋找樞紐統計量 (pivotal statistics)。此外, 傳統大樣本漸近理論需要 Delta Method 來處理非線性函數, 而樣本重抽法可以輕易地應用到各種不同設定如非線性函數。

樣本重抽法中, 有以下四種最為重要: (1) 隨機檢定 (randomization test), 又稱排列檢定 (permutation test); (2) 交互驗證法 (cross-validation); (3) Jackknife 重抽法; 以及 (4) Bootstrap 重抽法。其中又以 Bootstrap 重抽法為統計學中應用最廣的樣本重抽法。

19.2.2 Bootstrap 概念

假設隨機樣本 $\{X_i\}_{i=1}^n$ 來自未知的分配 F, 且令

$$T_n = T_n(X_1, \ldots, X_n, F)$$

為我們有興趣的統計量。在大部分的情況下, 該統計量又可寫成

$$T_n = T_n(X_1, \ldots, X_n, \theta)$$

舉例來說,

1. 估計式: $T_n = \hat{\theta}$
2. 偏誤: $T_n = \hat{\theta} - \theta$
3. t-統計量: $T_n = \frac{(\hat{\theta}-\theta)}{se(\hat{\theta})}$, 其中, $se(\hat{\theta})$ 爲 $\sqrt{Var(\hat{\theta})}$ 的估計式。

給定資料抽樣自分配 F, 令

$$G_n(\tau,F) = P(T_n \leq \tau | F)$$

爲 T_n 的實際抽樣分配函數。舉例來說, 若

$$\{X_i\}_{i=1}^n \sim^{i.i.d.} N(\mu,\sigma^2),$$

則根據第 7 章, 統計量

$$T_n = T_n(X_1,\ldots,X_n,\mu) = \frac{\sqrt{n}(\bar{X} - \mu)}{S_n} \sim t(n-1)$$

也就是說, 其 $T_n = \frac{\sqrt{n}(\bar{X}-\mu)}{S_n}$ 的實際抽樣分配 $G_n(\tau,F)$ 是自由度爲 $n-1$ 的 t 分配。

理想上, T_n 的統計推論應該根據實際抽樣分配函數, $G_n(\tau,F)$, 然而, 由於一般來說 F 未知, 則實務上是不可能知道實際抽樣分配函數。譬如說, 當

$$\{X_i\}_{i=1}^n \sim^{i.i.d.} (\mu,\sigma^2)$$

來自未知分配, 則我們無法得知

$$T_n = T_n(X_1,\ldots,X_n,\mu) = \frac{\sqrt{n}(\bar{X} - \mu)}{S_n}$$

的實際抽樣分配函數。

傳統的大樣本理論就是利用 $G_\infty(\tau,F) = \lim_{n\to\infty} G_n(\tau,F)$ 來近似 $G_n(\tau,F)$ 函數。當 $G_\infty(\tau,F) = G_\infty(\tau)$ 與 F 無關, 我們就稱 T_n 爲漸近樞紐統計量 (asymptotically pivotal statistics), 並且以極限分配 $G_\infty(\tau)$

> **Story** **Bootstrap**
>
> Bootstrap 重抽法是由美國史丹佛大學統計學家 Bradley Efron (1938–) 於 1979 年所提出。這個單字原意是指一種靴子兩側 (或是在後側) 的小環帶，拉著可以讓自己方便脫下靴子，而不需他人幫助，因此 bootstrap 引申為由原有樣本不斷重複抽樣後得到許多新樣本。在漢語的翻譯中，常見的直譯為「靴帶法」、「拔靴法」或是「脫靴法」，至於意譯則為「自助法」或是「自助重抽法」。
>
> 區間估計式，以及假設檢定在傳統的統計學中必須使用實際抽樣分配或是大樣本漸近分配。然而，在許多情況下，我們無法推導出實際抽樣分配，而樣本數又不足以讓我們應用漸近理論，bootstrap 可以幫助我們解決這些問題。Bootstrap 的基本想法非常簡單，把我們手頭擁有的這組樣本視為母體，然後根據這個虛擬母體重複多次抽樣進而得到 bootstrap 分配。接下來的統計推論則不再使用抽樣分配，而是以 bootstrap 分配取代之。

作為統計推論的基礎。許多統計量或是檢定量的極限分配為與 F 及 θ 無關的 $N(0,1)$ 或是 χ^2 分配。舉例來說，即使 $\{X_i\}_{i=1}^n \sim^{i.i.d.} (\mu, \sigma^2)$ 來自未知分配，根據第 8 章，

$$T_n = T_n(X_1, \ldots, X_n, \mu) = \frac{\sqrt{n}(\bar{X} - \mu)}{S_n} \xrightarrow{d} N(0,1)$$

此時的 T_n 就是一個漸近樞紐統計量，而 $G_\infty(\tau) = \Phi(\tau)$ 為 $N(0,1)$ 的標準常態分配。然而，在大多數的應用中，漸近樞紐統計量並不存在。此外，就算漸近樞紐統計量存在，其大樣本近似的表現可能不盡理想。

Efron (1979) 提出一種不同於漸近理論的近似方式: the bootstrap。我們不需擔心統計量 T_n 有多複雜，也不必透過 Delta method 做繁瑣計算，使用 Bootstrap，統計量 T_n 不需要任何一個已知的極限分配。

19.2.3 代入原則

Bootstrap 的核心想法來自代入原則 (plug-in principle)。首先找出 F 的一致估計式，以 F_n 表示。由於

$$F(x) = P(X_i \leq x) = E[\mathbb{1}_{\{X_i \leq x\}}]$$

則根據類比原則 (analogy principle), $F(x)$ 的類比估計式 (analog estimator) 為實證分配函數 (empirical distribution function, EDF),

$$F_n(x) = \frac{1}{n} \sum_{i=1}^{n} \mathbb{1}_{\{X_i \le x\}}$$

根據 WLLN, 對於任意 x,

$$F_n(x) \xrightarrow{p} F(x)$$

是 F 的一致估計式。

接下來, 我們將 F_n 代入 $G_n(\tau, F)$ 函數後, 得到

$$G_n^*(\tau) = G_n(\tau, F_n)$$

作為 $G_n(\tau, F)$ 的估計式。我們將 $G_n^*(\tau)$ 稱做 bootstrap 分配, 而 T_n 的統計推論就是根據 $G_n^*(\tau)$ 的 bootstrap 分配, 並具有以下性質:

$$\lim_{n \to \infty} G_n^*(\tau) = G_n(\tau, F)$$

也就是說, bootstrap 分配函數, $G_n^*(\tau)$ 在樣本夠大時, 會趨近於 T_n 的實際抽樣分配函數 $G_n(\tau, F)$。[2]

19.2.4 模擬 Bootstrap 分配

我們在上一節所介紹的 bootstrap 分配,

$$G_n^*(\tau) = G_n(\tau, F_n),$$

在大多數的情況下, 我們無法得到 $G_n(\tau, F_n)$ 確切的函數形式, Efron (1979) 建議以蒙地卡羅模擬的方式來近似 $G_n^*(\tau)$ 函數, 其程序如下。

---
[2] 證明已超出本書範圍。

性質 19.1 (模擬 Bootstrap 分配).

1. 以抽出放回 (draw with replacement) 的方式, 從樣本 $\{X_i\}_{i=1}^n$ 抽出一組 *bootstrap* 樣本 *(bootstrap sample)*, 習慣上我們會加上星號標註 *bootstrap* 樣本, 以 $\{X_i^*\}_{i=1}^n$ 表示之。注意到相同的樣本點可能會被抽到一次以上, 而有的樣本點可能沒被抽到。

2. 利用這組 *bootstrap* 樣本計算 *bootstrap* 的統計量

$$T_n^* = T_n(X_1^*, \ldots, X_n^*, \hat{\theta})$$

其中 $\hat{\theta}$ 為 θ 的估計式。

3. 重複步驟 1 與步驟 2 共 B 次, 得到 B 個 *bootstrap* 統計量: $\{T_{n1}^*, \ldots, T_{nB}^*\}$, 因此, T_{nb}^* 的實證分配函數 *(EDF)* 為

$$\hat{G}_n^*(\tau) = \frac{1}{B} \sum_{b=1}^{B} \mathbb{1}_{\{T_{nb}^* \leq \tau\}}$$

當 $B \to \infty$,

$$\hat{G}_n^*(\tau) \xrightarrow{p} G_n^*(\tau)$$

這樣的做法稱做無母數 bootstrap (nonparametric bootstrap)。理由在於, 我們在做重抽時, 沒有使用任何母體參數的資訊。一般而言, 我們要求很大的 B 值, 如 $B = 1000$ 或是 $B = 5000$。無母數 bootstrap 的步驟參見圖 19.1。

19.2.5 無母數 Bootstrap 的實際執行方式

以下說明實務上如何對樣本 $\{X_1, X_2, \ldots, X_n\}$ 執行無母數 bootstrap 的重抽。

1. 首先, 我們從均勻分配 (uniform distribution), $U[0,1]$ 抽出 n 個隨機變數 $\{v_i\}_{i=1}^n$。

圖 19.1: 無母數 Bootstrap

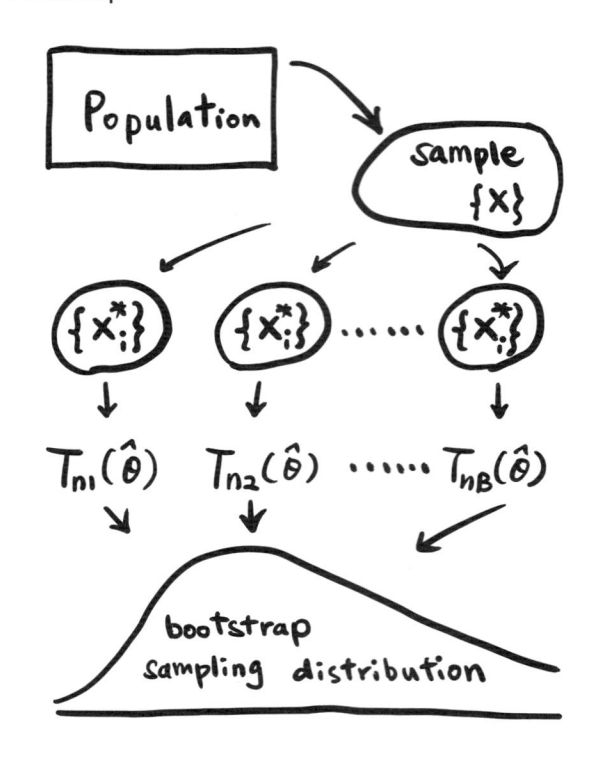

(示意圖：Population → sample {X} → $\{X_i^*\}$, $\{X_i^*\}$, ..., $\{X_i^*\}$ → $T_{n_1}(\hat{\theta})$, $T_{n_2}(\hat{\theta})$, ..., $T_{n_B}(\hat{\theta})$ → bootstrap sampling distribution)

2. 對於每一個 v_i, 計算

$$\kappa_i = \min(round(0.5 + v_i \times n), n)$$

其中 $round$ 代表取到最接近的整數。因此, $\kappa_i \in [1, n]$.

3. 令第 i 個 bootstrap 樣本, X_i^* 為第 κ_i 個樣本點。

舉例來說, 給定 $n = 10$, 原有樣本 $\{X_i\}_{i=1}^{10}$ 為

$$\{X_1, X_2, X_3, X_4, X_5, X_6, X_7, X_8, X_9, X_{10}\}$$

假設抽出來的 v_i 為

0.631, 0.277, 0.745, 0.202, 0.914, 0.136, 0.851, 0.878, 0.120, 0.00

則 κ_i 等於

7, 3, 8, 3, 10, 2, 9, 9, 2, 1

因此, bootstrap 樣本 $\{X_i^*\}_{i=1}^{10}$ 為

$$\{X_1^*, X_2^*, X_3^*, X_4^*, X_5^*, X_6^*, X_7^*, X_8^*, X_9^*, X_{10}^*\}$$
$$= \{X_7, X_3, X_8, X_3, X_{10}, X_2, X_9, X_9, X_2, X_1\}$$

顯然地, 如前所述, 原來樣本點會在 bootstrap 樣本中出現一次以上 (如 X_2, X_3 以及 X_9), 或是完全沒被選到 (如 X_4, X_5 以及 X_6)。

在 R 中, 我們利用 sample 這個指令來進行無母數 Bootstrap 重抽。

R 程式 19.2 (無母數 Bootstrap 重抽).

```
set.seed(567812)
# I.I.D. 標準常態隨機變數
X = rnorm(10,0,1)
X
# Bootstrap 重抽
Xstar = sample(X,replace=T)
Xstar
```

其中, replace=T 代表抽出放回。執行程式後可得結果如下:

```
> set.seed(567812)
>
> # I.I.D. 標準常態隨機變數
> X = rnorm(10,0,1)
> X
 [1] -0.661523117  0.154907189 -0.088880849 -0.788980598 -0.065401056
 [6]  1.406390540  0.316324027  0.318056824 -0.002589387 -0.480821243
> # Bootstrap 重抽
> Xstar = sample(X,replace=T)
> Xstar
 [1] -0.002589387 -0.002589387 -0.661523117  0.318056824 -0.002589387
 [6]  0.318056824 -0.788980598 -0.661523117  0.154907189  1.406390540
>
>
```

程式中, 一組抽自標準常態的隨機樣本 $\{X_i\}_{i=1}^{10}$ 經過重抽一次後, 得到一組 bootstrap 樣本 $\{X_i^*\}_{i=1}^{10}$, 注意到 -0.002589387, -0.661523117, 0.318056824 被重複抽到, 而 -0.088880849, -0.065401056, 0.316324027 跟 -0.480821243 在此次重抽中, 完全未被選到。

19.3 Bootstrap 偏誤與標準差

19.3.1 Bootstrap 偏誤

估計式 $\hat{\theta}$ 的偏誤 (bias) 定義成

$$\omega_n = E(\hat{\theta} - \theta)$$

如果我們令統計量 $T_n(\theta) = \hat{\theta} - \theta$，則偏誤可以寫成

$$\omega_n = E[T_n(\theta)]$$

而對應的 bootstrap 估計式為 $\hat{\theta}^* = \hat{\theta}(X_1^*, \ldots, X_n^*)$，統計量則是

$$T_n^* = \hat{\theta}^* - \hat{\theta}$$

因此，bootstrap 偏誤 (bootstrap bias) 為

$$\omega_n^* = E[T_n^*(\theta)]$$

由於 bootstrap 偏誤不易直接計算，我們以模擬的方式估計，亦即，ω_n^* 的模擬估計式 (simulation estimator) 為

$$\hat{\omega}_n^* = \frac{1}{B}\sum_{b=1}^{B} T_{nb}^* = \frac{1}{B}\sum_{b=1}^{B}(\hat{\theta}_b^* - \hat{\theta}) = \left(\frac{1}{B}\sum_{b=1}^{B}\hat{\theta}_b^*\right) - \hat{\theta} = \overline{\hat{\theta}^*} - \hat{\theta}$$

給定 $\hat{\theta}$ 為偏誤估計式，則 θ 的不偏估計式為

$$\ddot{\theta} = \hat{\theta} - \omega_n$$

使得

$$E(\ddot{\theta}) = E(\hat{\theta}) - \omega_n = E(\hat{\theta}) - E(\hat{\theta} - \theta) = \theta$$

因此，偏誤修正 (bias-adjusted) 的 bootstrap 估計式為

$$\ddot{\theta}^* = \hat{\theta} - \hat{\omega}_n^* = \hat{\theta} - (\overline{\hat{\theta}^*} - \hat{\theta}) = 2\hat{\theta} - \overline{\hat{\theta}^*}$$

簡單地說，我們先透過 bootstrap 估計偏誤，然後建構出偏誤修正的 bootstrap 估計式。

例 19.1. 在時間序列分析中, 給定 AR(1) 模型為

$$Y_t = \alpha + \rho Y_{t-1} + \varepsilon_t,$$

則當 $\rho \approx 1$ 時,

$$\hat{\rho} = \frac{\sum_{t=2}^{T}(Y_t - \bar{Y})(Y_{t-1} - \bar{Y})}{\sum_{t=1}^{T}(Y_t - \bar{Y})^2}$$

是 ρ (向下) 偏誤的估計式。此時, 可以建構偏誤修正的 *bootstrap* 估計式。我們當作習題讓讀者練習。

19.3.2 Bootstrap 標準誤

令 $T_n = \hat{\theta}$, 則其變異數為

$$V_n = Var(\hat{\theta}) = E\left([\hat{\theta} - E(\hat{\theta})]^2\right)$$

在 bootstrap 分配中, 若 $T_n^* = \hat{\theta}^*$, 則其變異數為

$$V_n^* = Var(\hat{\theta}^*) = E\left([\hat{\theta}^* - E(\hat{\theta}^*)]^2\right)$$

因此, V_n^* 的模擬估計式 (亦即 bootstrap 變異數) 為

$$\hat{V}_n^* = \frac{1}{B} \sum_{b=1}^{B} \left(\hat{\theta}_b^* - \overline{\hat{\theta}^*}\right)^2$$

而 $\sqrt{\hat{V}_n^*}$ 就是 bootstrap 標準誤。

在早期的文獻中, 許多人應用 bootstrap 的目的是找出 bootstrap 標準誤, 進而從事信賴區間的建構或是假設檢定。弔詭的是, 這些研究在建構信賴區間或是檢定量的抽樣分配時, 還是使用傳統大樣本分配, 唯一不同的只是用 bootstrap 標準誤替換掉傳統的標準誤。然而, 如果 bootstrap 的目的是統計推論, 何不直接建構 bootstrap 信賴區間與 bootstrap *p*-value? 我們將在底下介紹 bootstrap 信賴區間與 bootstrap 檢定。

19.4 Bootstrap 信賴區間

給定 T_n 的實際抽樣分配為 $G_n(\tau, F)$，若

$$\alpha = G_n(q_n(\alpha, F), F)$$

我們稱 $q_n(\alpha, F)$ 為 $100\alpha\%$ 的分量函數 (quantile function)。同理，bootstrap 分配中的分量函數為

$$q_n^*(\alpha) = q_n(\alpha, F_n)$$

給定 $T_n = \hat{\theta}$ 為我們有興趣的統計量，則樣本中有 $100 \cdot (1-\alpha)\%$ 的比例，$\hat{\theta}$ 被以下區間所包含：

$$\left[q_n\left(\frac{\alpha}{2}\right),\ q_n\left(1 - \frac{\alpha}{2}\right) \right]$$

以上的區間提供我們建構 bootstrap 信賴區間的靈感。亦即，Efron 提出以下的 bootstrap 信賴區間

$$CI^* = \left[q_n^*\left(\frac{\alpha}{2}\right),\ q_n^*\left(1 - \frac{\alpha}{2}\right) \right]$$

一般來說，我們稱此區間為百分位信賴區間 (percentile confidence interval)。而實務上 CI 的模擬估計式為

$$\widehat{CI}^* = \left[\hat{q}_n^*\left(\frac{\alpha}{2}\right),\ \hat{q}_n^*\left(1 - \frac{\alpha}{2}\right) \right]$$

其中 $\hat{q}_n^*(\cdot)$ 為 bootstrap 統計量 $\{T_{n1}^*, \ldots, T_{nB}^*\}$ 的樣本分量 (sample quantile)。也就是說，我們透過模擬得到 bootstrap 統計量，$\{T_{n1}^*, \ldots, T_{nB}^*\}$，將它們由小排到大，然後找出第 $B\alpha$ 個 T_{nb}^* 作為分量 $q_n^*(\alpha)$ 的模擬估計式。舉例來說，在 1000 次的重複抽樣中 ($B = 1000$)，95% 的百分位信賴區間就是第 25 位以及第 975 位的 T_{nb}^* (排序後)。百分位信賴區間 $\widehat{CI}^*$ 建構程序簡單，從而成為實證研究中，最常使用的一種 bootstrap 信賴區間。在此我們用一個例子來說明 Bootstrap 信賴區間之建構。

例 19.2 (建構 Bootstrap 信賴區間). 假設一組隨機樣本 $\{X_1, X_2, \ldots, X_{10}\}$ 來自 *Gamma*(3,2) 的母體分配:

(3.384687, 9.472060, 1.084455, 5.417201, 11.894236, 6.563767, 1.799715, 1.029623, 9.620075, 6.202564)

試建構 95% 近似信賴區間與 *Bootstrap* 百分位信賴區間。

首先注意到母體期望值為 $\mu = \alpha\beta = 3 \times 2 = 6$。此外, $\bar{X} = 5.646838$, 且 $S_n = 3.839892$。給定 $1 - \alpha = 0.95$, 其 95% 近似區間估計為:

$$CI = \left[\bar{X} \pm Z_{0.025} \frac{S_n}{\sqrt{n}} \right] = [3.266892, 8.026784]$$

而 Bootstrap 百分位信賴區間則是:

$$\widehat{CI}^* = [3.469711, 7.992391]$$

顯而易見, Bootstrap 百分位信賴區間寬度較大樣本近似信賴區間為窄, 亦即, Bootstrap 百分位信賴區間提供較為精確的區間估計。此例子的 R 程式如下。

R 程式 19.3 (95% 大樣本近似信賴區間).

```
n=10
set.seed(123)
y=rgamma(n=n, shape=3, scale=2)

## 95% Asymptotic CI
L = mean(y) - qnorm(p=0.975,mean=0,sd=1)*(sd(y)/sqrt(n))
U = mean(y) + qnorm(p=0.975,mean=0,sd=1)*(sd(y)/sqrt(n))
ACI = c(L,U)
cat('Asymptotic CI:', ACI, '\n')
```

執行指令後可得,

```
Asymptotic CI: 3.266892 8.026784
```

R 程式 19.4 (95% Bootstrap 百分位信賴區間).

```
## 95% Bootstrap CI
n=10
set.seed(123)
y=rgamma(n=n, shape=3, scale=2)
B = 10000
Bootmean = c()
for(i in 1:B){
ystar = sample(y,size=n,replace=TRUE)
Bootmean[i] = mean(ystar)
}
Lboot =  quantile(Bootmean, prob=0.025)
Uboot =  quantile(Bootmean, prob=0.975)
BCI = c(Lboot,Uboot)
cat('Bootstrap CI:', BCI, '\n')
```

執行指令後可得,

```
Bootstrap CI: 3.469711 7.992391
```

19.5 Bootstrap 檢定

19.5.1 單尾檢定

我們想要在顯著水準為 α 之下檢定底下的假設,

$$\begin{cases} H_0: & \theta = \theta_0 \\ H_1: & \theta > \theta_0 \end{cases}$$

令

$$T_n(\theta) = \frac{\hat{\theta} - \theta}{se(\hat{\theta})}$$

為我們感興趣的統計量，其中 $se(\hat{\theta}) = \sqrt{\widehat{Var(\hat{\theta})}}$ 是 $\hat{\theta}$ 的標準差之估計式。傳統的大樣本檢定為找出一個臨界值 c 使得

$$P(T_n(\theta_0) > c) = \alpha$$

則根據 $T_n(\theta_0)$ 的虛無分配 (一般來說是 $N(0,1)$)，$c = q_n(1-\alpha)$。

而 bootstrap 檢定的步驟則是先模擬

$$T_n^* = \frac{\hat{\theta}^* - \hat{\theta}}{se(\hat{\theta}^*)}$$

的 bootstrap 分配，其中 $se(\hat{\theta}^*)$ 為 $\hat{\theta}^*$ 的 bootstrap 標準誤。接下來，我們找出 bootstrap 臨界值 $q_n^*(1-\alpha)$ 使得

$$P(T_n^* > q_n^*(1-\alpha)) = \alpha$$

且拒絕域為

$$RR = \{拒絕 H_0, 當 T_n(\theta_0) > q_n^*(1-\alpha)\}$$

此外，我們也可以計算 bootstrap p-value：

$$p^* = \frac{1}{B}\sum_{b=1}^{B} \mathbb{1}(T_{nb}^* > T_n(\theta_0))$$

亦即，在 B 個 T_{nb}^* 中，有多少比例的 T_{nb}^* 大於 $T_n(\theta_0)$。

19.5.2 雙尾檢定

我們想要在顯著水準為 α 之下檢定底下的假設，

$$\begin{cases} H_0: & \theta = \theta_0 \\ H_1: & \theta \neq \theta_0 \end{cases}$$

令

$$T_n = \frac{\hat{\theta} - \theta}{se(\hat{\theta})}$$

為我們感興趣的統計量。如同單尾檢定的例子, 我們模擬

$$T_n^* = \frac{\hat{\theta}^* - \hat{\theta}}{se(\hat{\theta}^*)}$$

的 bootstrap 分配。接著將 $|T_{nb}^*|$ 由小排到大, 然找出 $100 \cdot (1 - \alpha)\%$ 的分量函數, $q_n^*(1 - \alpha)$, 則拒絕域為

$$RR = \{拒絕 H_0, 當 |T_n(\theta_0)| > q_n^*(1 - \alpha)\}$$

而 bootstrap p-value 為

$$p^* = \frac{1}{B} \sum_{b=1}^{B} 1(|T_{nb}^*| > |T_n(\theta_0)|)$$

> **例 19.3.** 假設一組隨機樣本 $\{X_1, X_2, \ldots, X_{10}\}$ 來自 $Gamma(3,2)$ 的母體分配:
>
> (3.384687, 9.472060, 1.084455, 5.417201, 11.894236, 6.563767, 1.799715, 1.029623, 9.620075, 6.202564)
>
> 試在顯著水準 $\alpha = 0.05$ 之下檢定
>
> $$H_0 : \mu = 4, \quad H_1 : \mu \neq 4$$

注意到這是一個雙尾檢定, 如果是用大樣本檢定, 給定樞紐量

$$\varphi = \frac{\sqrt{n}(\bar{X} - \mu)}{S_n} \xrightarrow{d} N(0,1)$$

由於 $\bar{X} = 5.646838$, 且 $S_n = 3.839892$, 在虛無假設 $\mu = \mu_0 = 4$ 成立下的 φ_0 為

$$\varphi_0 = \frac{\sqrt{10}(5.646838 - 4)}{3.839892} = 2.179759$$

則其大樣本檢定 p-value 為

$$\begin{aligned}\text{Asymptotic } p\text{-value} &= 2 \times P(\varphi > 2.179759) \\ &= 2 \times P(Z > 2.179759) = 0.02927536\end{aligned}$$

而計算 Bootstrap p-value 時，我們首先重抽樣本，給定第 b 次的 Bootstrap 樣本為 $(X_{1b}^*, X_{2b}^*, \ldots, X_{nb}^*)$ 並計算

$$\varphi_b = \frac{\sqrt{n}(\bar{X}_b^* - \bar{X})}{S_{nb}^*}$$

其中，$\bar{X}_b^* = \frac{1}{n}(X_{1b}^* + X_{2b}^* + \cdots + X_{nb}^*)$, $S_{nb}^* = \sqrt{\frac{1}{n-1}\sum_{i=1}^n (X_{ib}^* - \bar{X}_b^*)^2}$ 則 bootstrap p-value 等於

$$\text{Bootstrap } p\text{-value} = \frac{1}{B}\sum_{b=1}^B \mathbb{1}_{\{|\varphi_b^*| > |\varphi_o|\}} = 0.0611$$

計算 p-value 的 R 程式如下。

R 程式 19.5.

```
n=10
set.seed(123)
y=rgamma(n=n, shape=3, scale=2)
varphi0 = sqrt(n)*(mean(y)-3)/sd(y)


## Asymptotic p-value
Apv = 2*(1-pnorm(q=abs(varphi0),mean=0,sd=1))


## 95% Bootstrap CI
B = 10000
Bootvarphi = c()
for(i in 1:B){
ystar = sample(y,size=n,replace=TRUE)
Bootvarphi[i] = sqrt(n)*(mean(ystar)-mean(y))/sd(ystar)
}
Ind = ifelse(abs(Bootvarphi)>abs(varphi0),1,0)
Bootpv = mean(Ind)
cat('Asymptotic p-value:', Apv, '\n')
cat('Bootstrap p-value:', Bootpv, '\n')
```

執行程式後可得:

```
Asymptotic p-value: 0.02927536
Bootstrap p-value: 0.0611
```

19.6 迴歸模型的 Bootstrap

考慮以下的迴歸模型,

$$Y_t = \alpha + \beta X_t + \varepsilon_t, \quad \varepsilon_t \overset{i.i.d.}{\sim} (0,\sigma^2) \qquad (1)$$

假設我們想要檢定的虛無假設為

$$H_0 : \beta = \beta_0$$

給定成對的 Y 與 X 資料, 我們可以執行無母數 bootstrap, 將 (Y,X) 一對對地重抽。然而, 將無母數 bootstrap 應用在迴歸模型有「不具效率」之虞, 原因在於, 我們所擁有的資訊比過去多: 我們多了一個迴歸模型來說明 Y 與 X 之間的關係。因此, 對於迴歸模型的 bootstrap, 我們建議採用「殘差 bootstrap」(residual bootstrap), 茲將其執行步驟說明如下。

19.6.1 殘差 Bootstrap

步驟 1: 估計迴歸模型並得到估計式, $\hat{\alpha}, \hat{\beta}, \hat{\sigma}$, 以及殘差 $\hat{\varepsilon} = \{\hat{\varepsilon}_1, \ldots, \hat{\varepsilon}_T\}$

步驟 2: 以底下任一模擬方法得到 bootstrap 殘差 (bootstrap residuals),

$$\varepsilon^* = \{\hat{\varepsilon}_1^*, \ldots, \hat{\varepsilon}_T^*\}$$

1. 無母數法: 自 $\{\hat{\varepsilon}_1, \ldots, \hat{\varepsilon}_T\}$ 重抽 (抽出放回)
2. 母數法: 自分配 $N(0,\hat{\sigma}^2)$ 抽出 ε^*

步驟 3: 迴歸模型的解釋變數 X 的 bootstrap 樣本, X_t^* 可以來自

1. 無母數 bootstrap

2. 母數 bootstrap
3. 直接設定 $X_t^* = X_t$

步驟 4：考慮以下兩種模擬方式以得到 Y 的 bootstrap 樣本，Y_t^*

$$\mathbf{S}_1 : Y_t^* = \hat{\alpha} + \hat{\beta} X_t^* + \varepsilon_t^*$$
$$\mathbf{S}_2 : Y_t^* = \hat{\alpha} + \beta_0 X_t^* + \varepsilon_t^*$$

步驟 5：考慮以下兩種 t 檢定量：

$$\mathbf{T}_1 : T_n = \frac{\hat{\beta}^* - \hat{\beta}}{se(\hat{\beta}^*)}$$

$$\mathbf{T}_2 : T_n = \frac{\hat{\beta}^* - \beta_0}{se(\hat{\beta}^*)}$$

因此，有四種不同的組合可以用來從事 bootstrap 檢定：

$$[\mathbf{S}_1, \mathbf{S}_2] \times [\mathbf{T}_1, \mathbf{T}_2]$$

注意到如果解釋變數為前期的被解釋變數，譬如說，

$$Y_t = \alpha + \beta Y_{t-1} + \varepsilon_t$$

則 Y_t^* 必須以遞迴的方式 (recursively) 製造出來。而起始值 Y_0^* 可以是 Y_1，或是 Y_t 的均值，或是由 Y_t 的實證分配抽出。我們可以製造 $T + R$ 個 bootstrap 樣本，然後丟棄掉前 R 個，以降低起始值的影響。

1. $\mathbf{S}_1 \times \mathbf{T}_1$ 的組合符合 Hall and Wilson 法則 (Hall and Wilson rule)。所謂的 Hall and Wilson 法則就是在建構任何與 bootstrap 有關的樣本，估計式，或是統計量，永遠以參數估計式替代掉真實參數，在我們的例子中，就是以 $\hat{\beta}$ (參數估計式) 替代 β_0 (真實參數)。

2. Giersbergen and Kiviet (1993) 根據 AR(1) 模型的蒙地卡羅模擬分析發現，在小樣本時，使用 $\mathbf{S}_2 \times \mathbf{T}_2$ 的組合勝過 $\mathbf{S}_1 \times \mathbf{T}_1$，不過在大樣本時兩者沒有差別。此外，他們建議不要使用 $\mathbf{S}_1 \times \mathbf{T}_2$ 或是 $\mathbf{S}_2 \times \mathbf{T}_1$ 這兩種組合。簡單地說，在時間序列分析應用 bootstrap 時，文獻上傾向於建議「不遵循」Hall and Wilson 法則。

3. MacKinnon (2002) 以及 MacKinnon (2006) 建議對於先對殘差做「重校」(rescale)，

$$\ddot{\varepsilon}_t \equiv \left(\frac{T}{T-k}\right)^{1/2} \hat{\varepsilon}_t$$

然後 bootstrap 殘差 ε^* 再由 $\ddot{\varepsilon}$ 中重抽。「重校」的目的在於使得 bootstrap 殘差與誤差項 ε 具有相同的變異數。

4. 注意到我們在步驟 4 中使用了參數的資訊 ($\hat{\beta}$ 或是 β_0)，即使我們在步驟 2 與步驟 3 中採用的是無母數法，嚴格來說，這樣的殘差 bootstrap 應該稱為半母數殘差 bootstrap (semi-parametric residual bootstrap)。不過一般來說，只要步驟 2 與步驟 3 中採用的是無母數法，就會稱做無母數殘差 bootstrap。

5. 至於步驟 2 與步驟 3 中採用的是母數法時，無庸置疑地應稱做母數殘差 bootstrap。

6. 最後要說明的是，在步驟 1 中，我們的殘差是來自**未受限制**的迴歸模型估計，亦即，我們在估計式 (1) 時，並未加入 $\beta = \beta_0$ 的限制。然而，MacKinnon (2006) 說明當 $X_t = Y_{t-1}$ 且 AR(1) 係數接近 1，如果樣本數較少，則建議利用加入限制的迴歸模型估計後得到的殘差來做重複抽樣，不過在樣本大時，使用未受限制殘差或是受限制殘差的結果相差不大。

19.7 對於 Bootstrap 自助重抽的若干討論

雖然 Bootstrap 的應用很廣泛，也十分容易執行，但是在實際應用上有若干需要注意的地方。

1. Bootstrap 不可用來改變你的資料樣本大小。如果你原有資料的樣本大小為 n: $\{X_1, X_2, \ldots, X_n\}$，則你每一次模擬的 Bootstrap 樣本也要有相同的樣本大小：$\{X_{1b}^*, X_{2b}^*, \ldots, X_{nb}^*\}$。理由在於，統計量 T_n

的變異與樣本大小有關,[3] 而利用 Bootstrap 所建構的 T_n^* 就是想要近似或是說重現這個變異, 因此, 樣本重抽的樣本大小自然要跟原有資料的樣本大小一致。實務上常見的錯誤就是研究者誤以為可以透過 Bootstrap 增加樣本數, 進而製造出具有統計顯著性的實證結果。

2. 使用 Bootstrap 的前提假設是, 你的原有資料必須是隨機樣本, 亦即, 原有資料必須具備 i.i.d. 性質。如果資料具有相關性 (如第 18 章所介紹的時間序列資料), 就需要使用殘差 Bootstrap, 或是區塊 Bootstrap (Block Bootstrap)。

練習題

1. 給定母體分配為 Bernoulli(μ), 寫出模擬中央極限定理之 R 程式。
2. 利用 R 模擬 $T = 200$ 的時間序列 $\{Y_t\}_{t=1}^T$,

$$Y_t \overset{i.i.d.}{\sim} N(0,1)$$

請利用此模擬的白雜訊計算樣本自我相關函數 (sample autocorrelation function), $\hat{\rho}(j)$ 並將 $\hat{\rho}(j)$, $j = 0,1,2,\ldots,15$ 畫出來。

3. 給定 $Y_0 = 0$ 與 $\varepsilon_0 = 0$, 利用 R 模擬時間序列 $\{Y_t\}_{t=1}^{200}$,

$$Y_t = 0.8Y_{t-1} + \varepsilon_t - 0.85\varepsilon_{t-1}, \quad \varepsilon_t \overset{i.i.d.}{\sim} N(0,1)$$

利用此模擬的序列計算樣本自我相關函數 (sample autocorrelation function), $\hat{\rho}(j)$ 並將 $\hat{\rho}(j)$, $j = 0,1,2,\ldots,15$ 畫出來。

4. 給定 $Y_0 = 0$ 與 $\varepsilon_0 = 0$, 利用 R 模擬時間序列 $\{Y_t\}_{t=1}^{200}$,

$$Y_t = 0.5Y_{t-1} + \varepsilon_t - 0.85\varepsilon_{t-1}, \quad \varepsilon_t \overset{i.i.d.}{\sim} N(0,1)$$

---
[3] 舉例來說, 樣本平均 $\bar{X}_n$ 的變異為 $Var(\bar{X}_n) = \sigma^2/n$, 與樣本大小有關。

利用此模擬的序列計算樣本自我相關函數 (sample autocorrelation function), $\hat{\rho}(j)$ 並將 $\hat{\rho}(j)$, $j = 0,1,2,\ldots,15$ 畫出來。比較並討論本題的結果與上一題的結果。

5. 假設隨機樣本 $\{Y_1, Y_2, \ldots, Y_n\} \sim (\mu, \sigma^2)$，其中 $\mu = E(Y_i)$, $\sigma^2 = Var(Y_i)$，且令樣本均數為

$$T_n = \bar{Y}_n$$

假設 $\{Y_1^*, Y_2^*, \ldots, Y_n^*\}$ 為抽自實證分配 (empirical distribution) 的隨機樣本且其樣本均值為 $T_n^* = \bar{Y}^*$.

(a) 試求 $E(T_n)$ and $Var(T_n)$.

(b) 試求 $E(T_n^*)$ and $Var(T_n^*)$.

6. 我們在此習題中，先驗證在 AR(1) 係數很大時，其估計式具有向下偏誤。接下來以 bootstrap 程序修正偏誤。給定

$$Y_t = \alpha + \rho Y_{t-1} + \varepsilon_t, \quad \varepsilon_t \sim^{i.i.d.} N(0,1)$$

(a) 先以 R 程式做蒙地卡羅模擬, 驗證偏誤 (設定 `set.seed(123)`)

(I) 令 $Y_0 = 0$, $\alpha = 0.5$, $\rho = 0.98$，根據以上 AR(1) 模型模擬一個樣本大小為 $T = 50$ 的時間序列。

(II) 得到 ρ 的估計式, 以 $\hat{\rho}$ 表示。

重複步驟 (I)–(II) 10000 次, 得到 10000 個 $\hat{\rho}$ 估計值後, 畫出 $\hat{\rho}$ 估計值的直方圖。

(b) 利用重複 10000 次的 bootstrap 程序計算 ρ 的誤差修正之估計值。

20 貝氏統計學

20.1 客觀機率與主觀機率
20.2 貝氏統計學
20.3 主觀機率與客觀機率的關連性
20.4 以連續隨機變數來刻劃信念
20.5 貝氏統計與古典統計之比較

在統計學中存在兩大派別，一派稱作古典統計學，另一派稱作貝氏統計學。本章的目的在於淺介貝氏統計學。古典統計學立基於客觀機率，而貝氏統計學則仰賴於主觀機率。我們將在本章中，對於主客觀機率的分野，以及古典統計與貝氏統計的區別，做一個粗淺的探討。

20.1 客觀機率與主觀機率

如果有人拿出一個銅板跟你賭錢，結果丟一百次都出現正面。到了第一百零一次時，你認為銅錢出現正面的機率是多少？別急著回答這個問題，先讀讀下面這個小故事。

宋朝的狄青欲征討南蠻儂智高，大軍剛出桂林之南，狄青就祝禱說：「勝負沒有根據。」於是拿出一百個銅錢與神約定說：「我們的軍隊真能大勝的話，就讓銅錢的錢面都朝上！」左右的官員都勸他不要這樣做，擔心倘若不如意，會動搖軍心。狄青不聽，一定要投擲銅錢。這時成千上萬的官兵都緊張地注視著狄青,只見狄青揮手一擲,一百個銅錢落地,竟然全部錢面朝上,於是全軍歡呼,聲震山林田野。狄青非常高興,讓左右的人取一百個釘子來,按著銅錢落地時疏疏密密的原狀,貼地將銅錢釘住,然後用青紗將這塊地面籠罩起來。狄青親自用手把它封死說:「等到我們凱旋回來時,一定拜謝神靈,然後再取起這些銅錢。」之後,狄青率軍平定了邕州後,凱旋歸來,履行前言來取錢。拔開釘子,幕府士大夫們共看這一百個錢時,原來錢的兩面都是錢面。

這個故事告訴我們什麼?如果對方拿出的銅板是公正的,即使已經出現一百次正面,第一百零一次出現正面的機率還是 1/2。我們之前已然學過,這就是所謂的獨立事件。然而,不幸的是,你也可能碰到像狄青一樣的"詐賭客",在看到出現一百次正面的情況下,你是否開始信心動搖,認爲這枚銅板在第一百零一次出現正面的機率應該遠大於出現反面的機率? 當你說:「這枚銅板在第一百零一次出現正面的機率爲 1/2」,這句話中的「機率」所指爲何?要對這些問題有更進一步的了解,我們就必須重新思考「機率」這個概念。

事實上,對於「機率」的詮釋有兩種,第一種稱作**客觀機率** (objective probability),指的是這枚銅板的**物理性質**。亦即,如果我們把這枚銅板送到實驗室作檢驗,確定這枚銅板是完全對稱的 (perfectly balanced),根據物理性質,出現正面或反面的機會將會是一半一半,這就是所謂的客觀機率。

相對的,另外一種機率的詮釋稱作**主觀機率**(subjective probability),當我們說「這枚銅板在第一百零一次出現正面的機率爲 1/2」,這裡的機率代表我們個人主觀的「信念」,我們「相信」這枚銅板出現正面或反面的機會是一半一半。因此,主觀機率又可以稱作**個人機率**(personal probability)。

也許你會認爲,客觀機率不涉及個人主觀判斷,應該是一個對於機率較佳的詮釋。然而,問題是**我們並無法總是有機會獲知任何一枚特定銅板的物理特性**。相反的,姑且不論個人判斷能力的好壞,我們總是能夠胡謅一個機率值出來。

表 20.1: 客觀機率與主觀機率

客觀機率	主觀機率
物理性質	個人主觀信念
可用統計工具驗證	不需 (也不能) 被驗證
一般而言未知	總是能給出一個機率值

一般而言, 客觀機率與主觀機率並不相等, 然而, 在某些特殊的情形下, 客觀機率會等於主觀機率。舉例來說, 在美國拉斯維加斯的賭場中, 所有的賭具都受到政府法令嚴格的控管, 因此, 如果我們要去玩美式輪盤, 我們主觀的信念是, 小球落入輪盤中任何一個的機率為 1/38, 而客觀機率值也是 1/38。表 20.1 簡單地描繪客觀機率與主觀機率的相異之處。

我們用下面這個例子對於客觀機率與主觀機率做進一步的討論。在此, 我們以 $P^*(\cdot)$ 代表客觀機率, 以 $\tilde{P}(\cdot)$ 代表主觀機率。

例 20.1. 如果我們投擲一枚不公正的銅板, 其偏誤率 (出現正面機率) 為 p^*。令 $X_i = 1$ 代表出現正面, $X_i = 0$ 代表出現反面。顯而易見地, $\{X_i\}_{i=1}^n \sim Bernoulli(p^*)$。令 $S_n^* = \sum_{i=1}^n X_i$ 代表投擲 n 次中, 出現正面的次數。試問 $P(S_n^* = s) = ?$

既然我們可以從兩種角度來詮釋機率, 對於這個問題自然可以有兩種答案。

1. 客觀見解: 根據物理性質 $P^*(\cdot)$

    (a) 每次試驗有兩種可能性 (正面或反面)

    (b) $P^*(X_i = 1) = P^*(X_j = 1) = p^* \ \forall \ i,j = 1,\ldots,n$

    (c) $\{X_i\}$ 為 i.i.d.

    因此, 根據 $P^*(\cdot)$, 我們知道 S_n^* 為二項分配: $S_n^* \sim Binomial(n, p^*)$, 是故

    $$P^*(S_n^* = s) = \binom{n}{s}(p^*)^s(1-p^*)^{n-s}$$

2. 主觀見解: 根據個人信念 $\tilde{P}(\cdot)$

    (a) 每次試驗有兩種可能性 (正面或反面)

    (b) 每次試驗應具有相同的機率值: $\tilde{P}(X_i = 1) = \tilde{P}(X_j = 1) \ \forall \ i, j = 1, \ldots, n$

    (c) 每次試驗是否獨立? 假設我們原有的信念爲 $\tilde{P}(X_i = 1) = 1/2$。亦即, 如果拿出這枚銅板與你賭錢的人, 並非貌似騙子, 在沒有任何資訊的情況下, 我們認爲出現正面或反面的機會是一半一半。

    (d) 爲了瞭解這枚銅板, 我們將其投擲 100 次, 結果發現, 出現 75 次正面。這個發現將讓我們相信這枚銅板出現正面的機率較大。因此,

$$\tilde{P}(X_{101} = 1 | S^*_{100} = 75) > \frac{1}{2} = \tilde{P}(X_{101} = 1) \tag{1}$$

亦即, 根據主觀機率 $\tilde{P}(\cdot)$, 每次試驗並非獨立。[1] 因此, 根據 $\tilde{P}(\cdot)$, S^*_n 並非二項分配 (not binomially distributed)。**值得注意的是**, 根據 $P^*(\cdot)$, 由於 $\{X_i\}$ 爲 i.i.d., 我們可以得到

$$P^*(X_{101} = 1 | S^*_{100} = 75) = P^*(X_{101} = 1) = \frac{1}{2} \tag{2}$$

亦即, 在客觀機率的概念下, 即使我們已經觀察到 75 次的正面, 第 101 次出現正面的機率依舊是 1/2。

以上說明客觀機率與主觀機率的概念。而古典統計學 (classical statistics) 與貝氏統計學 (Bayesian statistcs) 的相異之處就在於它們在統計分析中分別應用不同的機率概念:

---

[1]如果每次試驗是獨立的, 我們應該看到:

$$\tilde{P}(\cdot|\cdot) = \tilde{P}(\cdot)$$

Story 貝氏統計學

貝氏統計學的基礎來自我們在第 2 章所學過的貝氏定理 (參見定理 2.2)，因而命名為貝氏統計學，或是貝氏統計推論。

事實上，貝氏定理並不是一個有關條件機率的單純定理，如果我們以現代的統計學語言來詮釋 Thomas Bayes 的研究，Bayes 所探討的問題就是，如何在給定先驗分配為均勻分配下，找出二項隨機變數 Binomial(n,p) 參數 p 的後驗分配。

雖然貝氏定理於 1763 年問世，但根據研究顯示，遲至 20 世紀，"Bayesian" 一詞才首見於 R.A. Fisher 在 1921 年的著作 Contributions to Mathematical Statistics 中。貝氏機率 (當時稱之逆機率, inverse probability) 曾經困惑統計學家許久，是為逆機率悖論 (paradox of inverse probability)。在 20 世紀初，將貝氏定理運用於參數估計，亦即把未知參數視為隨機變數的作法被認為是不恰當的。在當時，大多數統計學家都會盡量避免使用貝氏的相關理論，包括著名的統計學家 R.A. Fisher 與 Jerzy Neyman。

一直到 20 世紀中葉 (1950s) 之後，由於統計決策理論開始受到重視，以主觀機率為依據的貝氏統計推論又開始蓬勃發展起來。其中，最重要的領導者當屬美國數學家/統計學家 Leonard Jimmie Savage (1917–1971)。[a] 發展至今，貝氏學派在統計學中已與古典學派 (頻率學派) 得以分庭抗禮。一如 Hogg, Tanis, and Zimmerman (2015, p.300) 所述：

"It is our opinion that the Bayesians will continue to expand and Bayes methods will be a major approach to statistical inferences, possibly even dominating professional applications. This is difficult for three fairly classical (non-Bayesian) statisticians (as we are) to admit, but, in all fairness, we cannot ignore the strong trend toward Bayesian methods."

[a]經濟學家 Milton Friedman (1912–2006) 曾讚譽 Savage 為少有的天才 ("one of the few people I have met whom I would unhesitatingly call a genius")。

- **古典統計學**: 立基於未知的客觀機率 $P^*(\cdot)$ 且其每次試驗為 i.i.d.。雖然我們不知道 $P^*(\cdot)$，但是整個古典統計學仰賴此未知的客觀機率與 i.i.d. 的假設 (Techniques use the fact that trials are i.i.d. under $P^*(\cdot)$)。

- **貝氏統計學**: 根據主觀機率 (信念) $\tilde{P}(\cdot)$，且在主觀信念下，每次試驗並非獨立。既然每次試驗並非獨立，我們可以藉由過去經驗再塑 (update) 我們對於下次試驗的信念。

20.2 貝氏統計學

以下為貝氏統計學的一般性原則：

1. 對於所關心的隨機事件建構一個適當的客觀機率模型, 其中包含了我們所關心的未知參數 (specify an objective probability model of the trials in terms of some unknown parameters)。

2. 對所關心的未知參數形成主觀的信念 (form subjective beliefs about the unknown parameters)。亦即, 對未知參數形成**先驗機率** (prior probabilities)。

3. 在觀察樣本後, 根據貝氏法則再塑我們的信念 (after viewing the sample, update beliefs using Bayes' Rule), 形成**後驗機率** (posterior probabilities)。

4. 根據後驗機率作出決策 (base decisions on updated beliefs)。

我們將用一個例子來說明貝氏統計的推論過程。在我們以下的討論中, 為了避免符號的繁瑣, 我們將不區分 $P^*(\cdot)$ 與 $\tilde{P}(\cdot)$, 一律以 $P(\cdot)$ 示之。至於所應用的機率概念為客觀機率或是主觀機率, 則視討論時的上下文而定。

例 20.2. 記憶體製造廠以一特定機器製造 DRAM。製造出來的 DRAM 品質或為良品, 或為不良品。假設由物理性質觀之, 此機器以一 i.i.d. 的隨機過程製造 DRAM, 而其不良率 b^* 為一未知的參數。亦即, 該機器每製造一個 DRAM, 有 b^* 的機率會製造出不良品。

最近工廠添購一台新機器, 我們對於該台新機器毫無所悉, 然而, 根據我們過去的經驗, 對於同型的機器我們已有相當的認識。假設我們知道該型機器有三種可能的不良率: 1% (優), 3% (普通), 以及 5% (劣), 且根據經驗, 機器為優, 普通以及劣的可能性分別為 0.65, 0.30 以及 0.05。亦即, 有 65% 的機率我們會買到優質機器, 其餘依此類推。

在機器試用期, 為了決定是否要留下此機器, 或是要退貨, 身為經理人的你先對機器進行測試。結果發現, 在 100 個 DRAM 中有 6 個不良品。試問, 在觀察到這組樣本後, 你對這台新機器的評價為何?

表20.2: 先驗分配

	b	$P(B = b)$
優	0.01	0.65
普通	0.03	0.30
劣	0.05	0.05

首先, 令隨機變數 $X_i = 1$ 代表該機器所製造出的第 i 個 DRAM 為不良品, 則對於這個隨機事件的客觀機率模型為:

$$\{X_i\}_{i=1}^n \sim^{i.i.d.} \text{Bernoulli}(b^*), \quad b^* \text{ 未知}$$

且令 $S_n^* = \sum_{i=1}^n X_i$。根據我們所觀察到的樣本, 100 個 DRAM 中有 6 個不良品, 亦即 $S_{100}^* = 6$。

接下來, 將我們對於未知參數 (未知不良率) 的信念以一個隨機變數 B 來表示。亦即, 我們將先驗分配 (prior distribution) 敘述於表 20.2。

其中, b 為對於該機器任何物理性質的描述, B 則是你對於各個物理性質 (所有可能的 b 值) 的信念, 為一隨機變數。

根據條件機率, 我們可以算出對於任一 b 值的後驗機率為:

$$P(B = b | S_{100}^* = 6) = \frac{P(B = b, S_{100}^* = 6)}{P(S_{100}^* = 6)} \tag{3}$$

$$= \frac{P(S_{100}^* = 6 | B = b) P(B = b)}{P(S_{100}^* = 6)} \tag{4}$$

因此, 欲計算出 $P(B = b | S_{100}^* = 6)$, 我們必須先求出:

1. $P(B = b)$

2. $P(S_{100}^* = 6 | B = b)$

3. $P(S_{100}^* = 6)$

$P(B = b)$ 來自我們的先驗分配 (表 20.2), 而 $P(S_{100}^* = 6 | B = b)$ 與 $P(S_{100}^* = 6)$ 則在下面詳加討論。

A. 計算 $P(S^*_{100} = 6 | B = b)$

事實上, 一旦我們確定知道這是一台優質機器 ($B = 0.01$), 則此時主觀機率與客觀機率一致 (記不記得前一節所舉的美國拉斯維加斯賭場的例子?), 每次試驗將視為獨立。無論看到多少不良品, 都不會改變我們的信念。參見式 (2)。因此, 給定 $B = 0.01$, $B = 0.03$, 或是 $B = 0.05$, S^*_{100} 為二項分配:

$$P(S^*_{100} = 6 | B = 0.01) = \binom{100}{6}(0.01)^6(0.99)^{94} = 0.00046$$

$$P(S^*_{100} = 6 | B = 0.03) = \binom{100}{6}(0.03)^6(0.97)^{94} = 0.04961$$

$$P(S^*_{100} = 6 | B = 0.05) = \binom{100}{6}(0.05)^6(0.95)^{94} = 0.15001$$

B. 計算 $P(S^*_{100} = 6)$

根據總機率法則,

$$P(S^*_{100} = 6) = \sum_{b=0.01, 0.03, 0.05} P(S^*_{100} = 6 | B = b)P(B = b)$$
$$= P(S^*_{100} = 6 | B = 0.01)P(B = 0.01) + P(S^*_{100} = 6 | B = 0.03)P(B = 0.03)$$
$$+ P(S^*_{100} = 6 | B = 0.05)P(B = 0.05)$$
$$= (0.00046)(0.65) + (0.04961)(0.30) + (0.15001)(0.05) = 0.02268$$

C. 求算出後驗機率 $P(B = b | S^*_{100} = 6)$

$$P(B = 0.01 | S^*_{100} = 6) = \frac{P(B = 0.01, S^*_{100} = 6)}{P(S^*_{100} = 6)}$$
$$= \frac{P(S^*_{100} = 6 | B = 0.01)P(B = 0.01)}{P(S^*_{100} = 6)} = \frac{(0.00046)(0.65)}{0.02268} = 0.0132$$

$$P(B = 0.03 | S^*_{100} = 6) = \frac{P(B = 0.03, S_{100} = 6)}{P(S^*_{100} = 6)}$$
$$= \frac{P(S^*_{100} = 6 | B = 0.03)P(B = 0.03)}{P(S^*_{100} = 6)} = \frac{(0.04961)(0.30)}{0.02268} = 0.6561$$

表20.3: 先驗機率與後驗機率

b	先驗機率 (Prior) $P(B=b)$	後驗機率 (Posterior) $P(B=b\|S_{100}^*=6)$
0.01	0.65	0.0132
0.03	0.30	0.6561
0.05	0.05	0.3307

$$P(B=0.05|S_{100}^*=6) = \frac{P(B=0.05, S_{100}^*=6)}{P(S_{100}^*=6)}$$

$$= \frac{P(S_{100}^*=6|B=0.05)P(B=0.05)}{P(S_{100}^*=6)} = \frac{(0.15001)(0.05)}{0.02268} = 0.3307$$

細心的讀者不難發現, 由步驟 A 到步驟 C 正是貝氏法則。

我們可以把先驗機率與後驗機率統整在同一表中 (參見表 20.3)。亦即, 在觀察到樣本 $S_{100}^* = 6$ 後, 我們評估新機器是普通品質的可能性約略兩倍於它是劣質機器的可能性。你或許想問, 既然樣本呈現 100 個 DRAM 中有 6 個不良品, 其樣本不良率為 6%, 已然非常接近劣質機器的不良率 5%, 為什麼我們的信念依然認為新機器是普通品質的可能性較高? 理由在於, 我們先驗上的信念認為新機器是劣質的可能性非常低 ($P(B=0.05)=0.05$)。因此, 即使我們觀察到的樣本強烈暗示它是劣質機器, 由於原有的信念, 我們不會馬上修正到相信它就是劣質機器。這就是貝氏統計的精髓: **貝氏統計推論講求在 (1) 個人先驗信念與 (2) 觀察到的樣本之間取得一個平衡點。**

此外, 隨著所觀察到的樣本點增加, 我們的後驗機率分配亦將改變。根據表 20.4, 當我們由 100 個 DRAM 中發現 6 個不良品, 一直到在 1000 個 DRAM 中發現 60 個不良品, 雖然樣本不良率都是 6%, 但是隨著所樣本增加, 我們將越來越相信買到的新機器是劣質機器 (機率高達 0.9999)。

因此, 根據貝氏統計推論, 我們對於第 i 個製造出來的 DRAM 是不良品的機率評估, $P(X_i=1)$, 將會因為觀察到樣本後有所不同。在觀察

表20.4: 後驗機率: 當樣本數增加

	後驗機率	
b	$P(B = b\|S^*_{100} = 6)$	$P(B = b\|S^*_{200} = 12)$
0.01	0.0132	0.00007
0.03	0.6561	0.3962
0.05	0.3307	0.6038

	後驗機率	
b	$P(B = b\|S^*_{500} = 30)$	$P(B = b\|S^*_{1000} = 60)$
0.01	0.0000	0.000
0.03	0.0232	0.00009
0.05	0.9768	0.9999

到樣本之前, 我們根據先驗機率可以得知:

$P(X_i = 1)$
$= P(X_i = 1, B = 0.01) + P(X_i = 1, B = 0.03) + P(X_i = 1, B = 0.05)$
$= P(X_i = 1|B = 0.01)P(B = 0.01) + P(X_i = 1|B = 0.03)P(B = 0.03)$
$\quad + P(X_i = 1|B = 0.05)P(B = 0.05)$
$= (0.01)(0.65) + (0.03)(0.30) + (0.05)(0.05)$
$= 0.018$

然而, 在觀察樣本發現 $S^*_{100} = 6$ 後,

$$P(X_i = 1|S^*_{100} = 6) = \sum_{b=0.01, 0.03, 0.05} P(X_i = 1|S^*_{100} = 6, B = b)(B = b|S^*_{100} = 6)$$
$$= (0.01)(0.0132) + (0.03)(0.6561) + (0.05)(0.3307)$$
$$= 0.03635$$

亦即,

$$P(X_i = 1) < P(X_i = 1|S^*_{100} = 6)$$

也就是說, 在觀察到 100 個 DRAM 中發現 6 個不良品後, 我們對於第 i 個製造出來的 DRAM 是不良品的機率評估增加了。

20.3 主觀機率與客觀機率的關連性

我們將在此小節中, 討論主觀機率與客觀機率的關連性。在此之前, 我們必須先介紹一個概念: 敞開心胸的信念 (open-minded beliefs)。

20.3.1 敞開心胸的信念

一個信念 B 是「敞開心胸」, 當 B 是**連續隨機變數**且其**機率密度函數恆不為零**。注意到我們有兩個條件必須符合: 一是 B 必須是連續的, 另一個則是對於任何可能的不良率我們都不予排除。圖 20.1 畫出兩個敞開心胸信念的例子。值得注意的是, 我們要求 B 為連續隨機變數。雖然我們在 DRAM 廠的例子中, 將 B 設為間斷的隨機變數 ($B = 0.01$, 0.03 或 0.05), 然而, 一般而言, 我們如果沒有任何理由排除某一特定不良率, 以連續隨機變數來刻劃信念是一個比較好的選擇。我們之所以在 DRAM 廠的例子中假設 B 為間斷, 是為了計算上的方便, 以加總替代積分的繁瑣。

20.3.2 貝氏極限定理

透過以下的定理, 我們可以將主觀機率與客觀機率連結在一起。

> **定理 20.1** (貝氏極限定理). 當先驗的信念是敞開心胸的, 則
> $$\tilde{P}(\cdot|S_n^*) \longrightarrow P^*(\cdot) \quad as \quad n \longrightarrow \infty$$

換句話說, 當先驗信念是敞開心胸的, 主觀機率會隨著樣本增加而趨近於客觀機率。

此外, 我們之前就已經討論過, 當我們知道真實的參數時, 主觀機率與客觀機率將會一致:

$$\tilde{P}(\cdot|B = b^*) = P^*(\cdot)$$

20.3 主觀機率與客觀機率的關連性　527

圖20.1: 兩個敞開心胸信念的例子

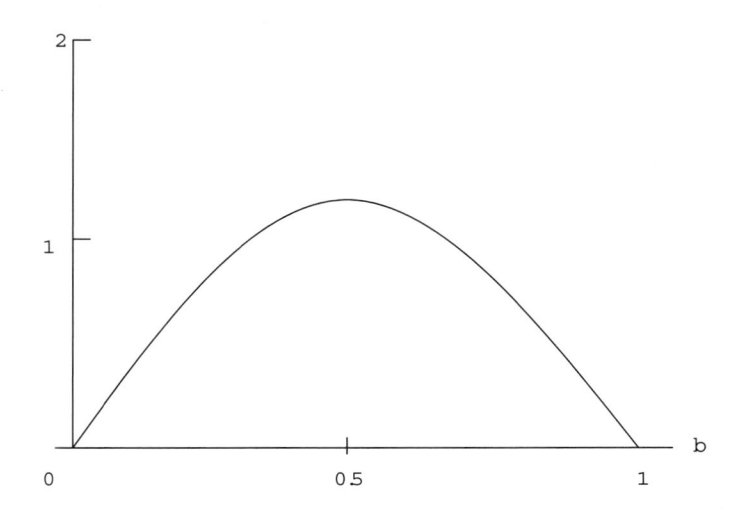

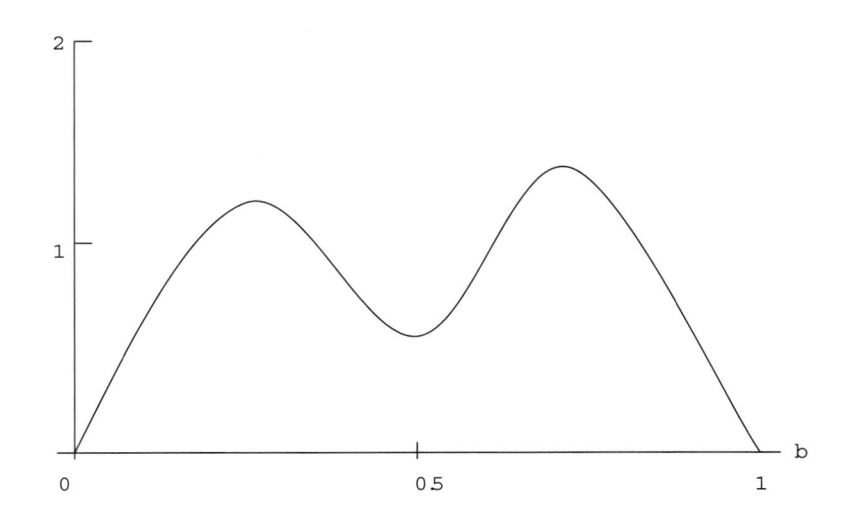

20.4 以連續隨機變數來刻劃信念

在討論如何以連續隨機變數來刻劃信念之前，我們先介紹一個分配，稱作 Beta 分配。

定義 20.1 (Beta 分配). 給定隨機變數 Y 具有以下 pdf

$$f_Y(y) = \frac{\Gamma(\alpha+\beta)}{\Gamma(\alpha)\Gamma(\beta)} y^{\alpha-1}(1-y)^{\beta-1}, \quad supp(Y) = \{y | 0 \leq y \leq 1\}$$

則稱 Y 為一 Beta 隨機變數，並以 $Y \sim Beta(\alpha,\beta)$ 表示之。

注意到給定 $Y \sim \text{Beta}(\alpha,\beta)$，

$$E(Y) = \frac{\alpha}{\alpha+\beta}$$

此外，由於 $\frac{\Gamma(\alpha+\beta)}{\Gamma(\alpha)\Gamma(\beta)} y^{\alpha-1}(1-y)^{\beta-1}$ 為一機率密度函數，則可知以下積分：

$$\int_0^1 y^{\alpha-1}(1-y)^{\beta-1} = \frac{\Gamma(\alpha)\Gamma(\beta)}{\Gamma(\alpha+\beta)} \tag{5}$$

接下來我們就以一個例子來說明，參數的先驗分配如何透過連續隨機變數予以刻劃。

例 20.3. 給定隨機樣本

$$\{X_i\}_{i=1}^n \sim^{i.i.d.} Bernoulli(B)$$

若將參數 B 的先驗分配設為 $U[0,1]$，試找出 B 的貝氏估計式。

根據 B 的先驗分配，

$$f(b) = 1$$

且給定 $B = b$，X 的條件分配為

$$f_{X|B=b}(x) = b^x(1-b)^{1-x}$$

因此，由於 $\{X_i\}_{i=1}^n$ 為隨機樣本，給定 $B = b$ 下，$\{X_1, X_2, \ldots, X_n\}$ 的條件分配為

$$f_{X|B=b}(x_1, x_2, \ldots, x_n) = b^{\sum_i x_i}(1-b)^{n-\sum_i x_i}$$

且 $\{X_1, X_2, \ldots, X_n\}$ 與 B 的聯合機率分配為

$$f(x_1, x_2, \ldots, x_n, b) = f_{\boldsymbol{X}|B=b}(x_1, x_2, \ldots, x_n) f(b) = b^{\sum_i x_i}(1-b)^{n-\sum_i x_i}$$

則 $\{X_1, X_2, \ldots, X_n\}$ 的聯合機率分配為

$$\begin{aligned} f(x_1, x_2, \ldots, x_n) &= \int_0^1 f(x_1, x_2, \ldots, x_n, b) db = \int_0^1 b^{\sum_i x_i}(1-b)^{n-\sum_i x_i} db \\ &= \int_0^1 b^{(\sum_i x_i + 1)-1}(1-b)^{(n-\sum_i x_i + 1)-1} db \\ &= \frac{\Gamma(\sum_i x_i + 1)\Gamma(n - \sum_i x_i + 1)}{\Gamma(n+2)} \end{aligned}$$

最後的積分是根據第 (5) 式。因此，

$$\begin{aligned} f_{B|\boldsymbol{X}=\boldsymbol{x}}(b) &= \frac{f(x_1, x_2, \ldots, x_n, b)}{f(x_1, x_2, \ldots, x_n)} \\ &= \frac{\Gamma(n+2)}{\Gamma(\sum_i x_i + 1)\Gamma(n - \sum_i x_i + 1)} b^{\sum_i x_i}(1-b)^{n-\sum_i x_i} \\ &= \frac{\Gamma(\sum_i x_i + 1 + n - \sum_i x_i + 1)}{\Gamma(\sum_i x_i + 1)\Gamma(n - \sum_i x_i + 1)} b^{(\sum_i x_i + 1)-1}(1-b)^{(n-\sum_i x_i + 1)-1} \end{aligned}$$

意即, B 的後驗分配為

$$B|\boldsymbol{X}=\boldsymbol{x} \sim \text{Beta}\left(\sum_i x_i + 1, n - \sum_i x_i + 1\right)$$

一般來說，給定參數的分配為連續型時，我們會以條件期望值 $\hat{B} = E(B|\boldsymbol{X})$ 作為參數的貝氏估計式。注意到

$$E(B|\boldsymbol{X}=\boldsymbol{x}) = \frac{\sum_i x_i + 1}{\sum_i x_i + 1 + n - \sum_i x_i + 1} = \frac{\sum_i x_i + 1}{n+2}$$

因此，B 的貝氏估計式為

$$\hat{B} = E(B|\boldsymbol{X}) = \frac{\sum_i X_i + 1}{n+2}$$

我們可以將 B 的貝氏估計式進一步寫成

$$\hat{B} = \left(\frac{\sum_{i=1}^n X_i}{n}\right)\left(\frac{n}{n+2}\right) + \frac{1}{2}\left(\frac{2}{n+2}\right)$$

其中，樣本均數 $\bar{X} = \frac{\sum_{i=1}^{n} X_i}{n}$ 其實就是透過類比原則或是最大概似法所得到的 B 的古典統計估計式，而 $E(B) = \frac{1}{2}$ 就是透過先驗分配所得到的 B 的期望值。也就是說，貝氏估計式是古典統計估計式與先驗期望值的加權平均，其權重分別為 $\frac{n}{n+2}$ 與 $\frac{2}{n+2}$。最後，顯而易見地，當 $n \to \infty$

$$\hat{B} \longrightarrow \bar{X}$$

也就是當樣本變大時，先驗信念的影響會遞減，使得重塑之後驗信念（主觀機率）與客觀機率趨於一致。亦即，隨著樣本數增加時，貝氏估計式會趨近於古典統計估計式。

20.5　貝氏統計與古典統計之比較

貝氏統計與古典統計各有其適用之處，一般的看法是：個人決策時適用貝氏統計，提供他人諮詢時，適用古典統計。貝氏統計強調個人的主觀信念，而個人的主觀信念則反映其過去的經驗累積。因此，當你在做決策時需要參考過去經驗時，貝氏統計是一個不錯的選擇。

相對的，如果別人不認同你的先驗主觀信念，即使之後的分析再精妙，依然無法使人認同。因此，如果運用統計學的目的是為了提供他人諮詢，或是要據此說服別人，則古典統計就是一個較佳的選擇。

如果我們簡單地以二元抽樣過程 (binary sampling process) 為例，抽出的隨機樣本為 $\{X_i\}_{i=1}^{n}$，其中 X_i 的實現值為 0 或 1。例子包括：投擲銅板（出現正面或反面），以及製造出的 DRAM 產品（良品或不良品）。對於這樣的二元抽樣過程，一個**客觀機率模型**就是均值為 μ 的 BTP(n, μ)，亦即，X_i 為獨立且

$$P(X_i = 1) = \mu, P(X_i = 0) = 1 - \mu, E(X_i) = \mu$$

值得注意的是，μ 是一個母體未知參數，我們可以透過貝氏統計或古典統計分析來"猜測" μ 是多少。茲以表 20.5 比較貝氏統計與古典統計之不同處。

表20.5: 貝氏統計與古典統計之不同

	貝氏統計	古典統計
基本觀察	μ 未知。根據我的主觀機率評估,一連串的試驗並非獨立,亦即觀察到的樣本不是 i.i.d. 樣本。	μ 未知但是依據客觀機率,一連串的試驗為 i.i.d.。
基本原理	將我對未知參數 μ 的信念以隨機變數 B 來表示。以我的信念作為統計分析的基礎。	統計分析立基於以上的客觀觀察,不帶任何主觀信念。
機率性質	主觀機率。	客觀機率。
統計分析	(a) 首先將我的主觀信念以隨機變數 B 來表示,形成先驗分配。(b) 觀察樣本後,以貝氏法則再塑我對 B 分配的信念,形成後驗分配。(c) 最後,利用 B 的後驗分配做統計分析。	由於一連串的試驗為 i.i.d.,即使我不知道 μ,只要我觀察的樣本夠多,WLLN 提供我猜測 μ 的準度。
主要應用	個人決策	提供諮詢,說服他人

練習題

1. 敞開心胸的先驗信念是主觀機率會隨著樣本增加而趨近於客觀機率的充分條件。試討論如果先驗信念不是敞開心胸的,會有什麼不好的情況發生導致貝氏極限定理無法成立?

2. 貝氏統計推論重視訊息的再塑 (information updating),你認為透過貝氏統計推論是否能讓我們比古典統計推論更快推估出未知參數?

3. 有一個桶子裝有65枚銅板,其中有一枚銅板兩面都是正面,其餘的銅板都是公正的。若擲一枚隨機選取的銅板六次,皆是正面朝上。請問這是一枚兩面都是正面的銅板的機率為何?

4. 假設你和一個你不熟的人 Goofy 打賭擲銅板。銅板由 Goofy 提供。在開始擲銅板之前, 你認為這枚銅板很有可能是公正的銅板 (機率為 $\frac{7}{8}$), 但你覺得這枚銅板也可能 (機率為 $\frac{1}{8}$) 被動手腳, 使得正面朝上的機率只有 $\frac{1}{4}$。如今投擲三次, 皆為反面。

    (a) 請寫出你的先驗機率。

    (b) 現在你認為它是一枚公正銅板的可能性有多大?

    (c) 在投擲 3 次銅板之後, 你想要以投擲銅板第 4 次的結果作為賭博的標的。若銅板出現反面, 你將損失 1 元, 請問若出現正面, 你需贏得多少錢才能使你的預期收益為 0?

5. 令 $Y \sim \text{Binomial}(4, p)$。我們考慮 3 個可能的 p 值: 0.4, 0.5, 和 0.6。我們先驗上認為這 3 個值具有相同的可能性。假設觀察到 $Y=3$,

    (a) 請寫出 p 的先驗分配。

    (b) 請寫出 p 的後驗分配。

表20.6: Y 的分配。表中每一數值表示 $P(Y=y) = \binom{4}{y} p^y (1-p)^{4-y}$.

	$p = 0.4$	$p = 0.5$	$p = 0.6$
$Y = 0$	0.1296	0.0625	0.0256
$Y = 1$	0.3456	0.2500	0.1536
$Y = 2$	0.3456	0.3750	0.3456
$Y = 3$	0.1536	0.2500	0.3456
$Y = 4$	0.0256	0.0625	0.1296

6. 給定隨機樣本

$$\{X_i\}_{i=1}^n \sim^{i.i.d.} \text{Bernoulli}(B)$$

若將參數 B 的先驗分配設為 $\text{Beta}(\alpha, \beta)$, 試找出 B 的貝氏估計式。

7. 給定隨機樣本 $\{X_1, X_2, \ldots, X_n\}$ 來自底下機率分配:

$$f_X(x) = \lambda e^{-\lambda x}, \quad \text{supp}(X) = \{x | 0 < x < \infty\}$$

(a) 求算 $E(X)$ 以及 $Var(X)$

(b) 請找出樣本均數 $\bar{X} = \frac{1}{n}\sum_{i=1}^{n} X_i$ 的抽樣分配。

(c) 計算 $E(1/\bar{X})$

(d) 請找出 λ 的最大概似法估計式, 以 $\hat{\lambda}$ 示之。

(e) $\hat{\lambda}$ 是否為不偏估計式? 若有偏誤, 請找出偏誤, 以 $B(\lambda)$ 示之。

(f) $\hat{\lambda}$ 是否為一致估計式?

(g) 利用 CLT 與 Delta method 找出 λ 的漸進分配 (asymptotic distribution)。

(h) 利用以下樞紐量
$$\varphi = \frac{\sqrt{n}(\hat{\lambda} - \lambda)}{\hat{\lambda}}$$
建構 λ 的 95% 近似區間估計式。

(i) 假設我們得到一組隨機樣本, 樣本大小為 $n = 100$, 且樣本均數 $\bar{X}_n = 1.63$。利用以下樞紐量
$$\tilde{\varphi} = \frac{\sqrt{n}(\hat{\lambda} - \lambda)}{\lambda}$$
在顯著水準 $\alpha = 0.05$ 之下, 檢定
$$H_0 : \lambda = 0.5 \quad \text{vs.} \quad H_1 : \lambda > 0.5$$

(j) 計算以上檢定之 p 值。

(k) 在給定 $H_1 : \lambda = 0.7$ 為母體參數真值, 計算此檢定所犯之型 II 誤差機率值。

(l) 若 λ 先驗分配為
$$f(\lambda) = \delta e^{-\delta\lambda}, \ \text{supp}(\lambda) = \{\lambda | 0 < \lambda < \infty\}$$
試找出 λ 的貝氏估計式, $E(\lambda | X_1, X_2, \ldots, X_n)$

21 R 語言簡介

21.1 前言
21.2 基本物件與運算 I: 向量
21.3 基本物件與運算 II: 矩陣
21.4 常用內建函數
21.5 時間序列資料
21.6 基本程式設計語法
21.7 繪圖

本章介紹 R 語言, 以輔助本書所介紹的機率概念與統計分析。

21.1 前言

本章提供 R 語言的簡單介紹, 所包含的內容應足以讓讀者了解之前各章所介紹的 R 程式。然而, 本章並非 R 語言的完整教材, 有興趣的讀者可以在網路上找到很多教學資源:

1. 陳鍾誠: R 統計軟體,
   參見 http://ccckmit.wikidot.com/r:main

2. 陳鍾誠: 機率與統計 (使用 R 軟體),
   參見 http://ccckmit.wikidot.com/st:main

3. Taiwan R User Group,
   參見 `https://www.facebook.com/Tw.R.User`

此外，亦可進一步參閱 Teetor (2011b), Teetor (2011a), 以及 Matloff (2011) 等書籍。

21.2 基本物件與運算 I: 向量

常用的基本物件 (object) 有向量 (vector) 與矩陣 (matrix)，而向量是 R 中最基本的資料形態。

21.2.1 向量組合函數

向量的產生最常用辦法是使用函數 c()，可以將若干個數值或字串組合為一個向量，也可以將若干向量重新組成一個新向量。c() 函數的 c 代表的就是 combine 的意思。

R 程式 21.1 (c( ) 函數).

```
x = c(1,7,5)
y = c(x,0,0,x)
x
y
```

執行後可得:

```
> x
[1] 1 7 5
> y
[1] 1 7 5 0 0 1 7 5
```

21.2.2 數列向量函數

另外一個函數 seq() 產生數列向量，舉例來說，

R 程式 21.2 (seq( ) 函數).

```
x = seq(from=1, to=2, by=0.3)
y = seq(from=1, to=7, length=5)
x
y
```

執行後可得:

```
> x
[1] 1.0 1.3 1.6 1.9
> y
[1] 1.0 2.5 4.0 5.5 7.0
```

21.2.3 重複元素向量函數

一個與 seq( ) 類似的函數: rep( ) 可在向量中產生相同的元素。

R 程式 21.3 (rep( ) 函數).

```
x = rep(0, 5)
y = rep(c(1,2),each=3)
z = rep(c(1,2),times=3)
w = rep(c(1,2),times=c(3,5))
x
y
z
w
```

執行後可得:

```
> x
[1] 0 0 0 0 0
> y
[1] 1 1 1 2 2 2
> z
[1] 1 2 1 2 1 2
> w
[1] 1 1 1 2 2 2 2 2
```

21.2.4 向量基本運算

向量的運算包含 +, -, *, /, ^, %%, %*% 等。通常的向量運算都是對向量的每一個元素進行運算 (element by element)。

R 程式 21.4 (向量基本運算).

```
x = c(1,2,3,4,5)
y = c(5,4,3,2,1)
x + y    # 加法
x - y    # 減法
x * y    # 乘法
x / y    # 除法
x^2      # 乘冪
x%*%y    # 內積 (點積)
```

執行後可得:

```
> x + y   # 加法
[1] 6 6 6 6 6
> x - y   # 減法
[1] -4 -2  0  2  4
> x * y   # 乘法
[1] 5 8 9 8 5
> x / y   # 除法
[1] 0.2 0.5 1.0 2.0 5.0
> x^2     # 乘冪
[1]  1  4  9 16 25
> x%*%y   # 內積 (點積)
     [,1]
[1,]   35
```

運算組合的例子如下:

R 程式 21.5 (向量運算組合).

```
x = c(1,2,3,4,5)
a = 2
y = 2 * (a+mean(x))
z = 2 - log(a+x)
y
z
```

執行後可得:

```
> y
[1] 10
> z
[1] 0.90138771 0.61370564 0.39056209 0.20824053 0.05408985
```

21.3 基本物件與運算 II: 矩陣

21.3.1 建構矩陣

矩陣為一個 2-維 (2-dimension) 的資料物件。我們以 matrix() 指令建構矩陣,並以 nrow=k 或是 ncol=k 設定列 (row) 數或行 (column) 數為 k。注意到 R 的原始設定是以行優先填滿,要改變設定,可加入 byrow=T 之選項。

R 程式 21.6 (設定矩陣).

```
x = matrix(c(1,2,3,4,5,6), nrow=2)
y = matrix(c(1,2,3,4,5,6), nrow=2, byrow=T)
x
y
```

執行後可得:

```
> x
     [,1] [,2] [,3]
[1,]    1    3    5
```

```
[2,]    2    4    6
> y
     [,1] [,2] [,3]
[1,]    1    2    3
[2,]    4    5    6
```

讀者可自行將上述程式中的 nrow=2 改成 ncol=2,並比較結果有何不同。

21.3.2 合併向量與矩陣

我們可以用 rbind() 與 cbind() 來合併向量與矩陣。

R 程式 21.7 (向量與矩陣合併).

```
x = c(1:5)
y = c(6:10)
z = rbind(x,y)
w = cbind(x,y)
z
w
```

執行後可得:

```
> z
  [,1] [,2] [,3] [,4] [,5]
x    1    2    3    4    5
y    6    7    8    9   10
> w
     x  y
[1,] 1  6
[2,] 2  7
[3,] 3  8
[4,] 4  9
[5,] 5 10
```

21.4 常用內建函數

21.4.1 常用數學函數

我們將一些常用數學函數整理於表 21.1 中。舉例來說, 函數的運算如下:

R 程式 21.8 (數學函數).

```
> x = c(2.34,1.87, -1.29)
> round(x, digits = 1)
[1]  2.3  1.9 -1.3
> trunc(x)
[1]  2  1 -1
> ceiling(x)
[1]  3  2 -1
> floor(x)
[1]  2  1 -2
> sign(x)
[1]  1  1 -1
> max(x)
[1] 2.34
> min(x)
[1] -1.29
> abs(x)
[1] 2.34 1.87 1.29
```

21.4.2 排序函數

常用的排序函數包含 rev(), sort(), order(), 與 rank(), 其中, rev(x) 反轉向量 x 的元素, sort(x) 將向量 x 的元素從小排到大, order(x) 是向量 x 從小到大排序 (sort) 後的向量之元素, 在原來向量 x 的原始位置, 而 rank(x) 則是 sort 後, 向量 x 中各元素之相對順序 (位置)。亦即, rank(x) 告訴你, 各元素在向量 x 中是「第幾小」的元素。茲舉例如下:

表21.1: 常用數學函數

函數	說明
round(x, digits = k)	將 x 四捨五入到小數點第 k 位
trunc(x)	無條件捨去小數部分 (傳回 x 的整數部分)
ceiling(x)	大於等於 x 的最小整數
floor(x)	小於等於 x 的最大整數
sign(x)	判斷正負號, 得到結果為 1, 0, -1
max(x); min(x)	傳回最大值; 最小值
abs(x)	絕對值 $\|x\|$
log(x)	自然對數 $\log(x)$
exp(x)	指數 e^x
sqrt(x)	平方根 $\sqrt{x}$
gamma()	Gamma 函數 $\Gamma(x) = (x-1)! = \int_0^\infty x^{\alpha-1} e^{-x} dx$
choose(n, k)	$\frac{n!}{k!(n-k)!}$
factorial(x)	$x! = \Gamma(x+1)$

R 程式 21.9 (排序函數).

```
x = c(23,8,10,5,2)
x.rev = rev(x)
x.sort = sort(x)
x.order = order(x)
x.rank = rank(x)
x
x.rev
x.sort
x.order
x.rank
```

執行後可得:

```
> x
[1] 23  8 10  5  2
> x.rev
```

```
[1]  2  5 10  8 23
> x.sort
[1]  2  5  8 10 23
> x.order
[1] 5 4 2 3 1
> x.rank
[1] 5 3 4 2 1
```

21.4.3 指示函數

我們時常會用到指示函數 (indicator function):

$$Y = \begin{cases} 1, & X \geq k \\ 0, & \text{else} \end{cases}$$

在 R 中，我們可以使用 `ifelse()` 來建構指示函數。

R 程式 21.10 (指示函數).

```
x = seq(-2,2,1)
y = ifelse(x>=0, 1, 0)
x
y
```

執行後可得:

```
> x
[1] -2 -1  0  1  2
> y
[1] 0 0 1 1 1
```

21.4.4 矩陣代數函數

(1) 矩陣 (向量) 的加減法:

我們可用一般 +, - 作運算。舉例來說,

R 程式 21.11 (矩陣的加減).

```
A = matrix(c(1:6), nrow=2, byrow=T)
B = matrix(c(1:6), nrow=2)
A
B
A+B
```

執行後可得:

```
> A
     [,1] [,2] [,3]
[1,]    1    2    3
[2,]    4    5    6
> B
     [,1] [,2] [,3]
[1,]    1    3    5
[2,]    2    4    6
> A+B
     [,1] [,2] [,3]
[1,]    2    5    8
[2,]    6    9   12
```

(2) **轉置矩陣**:

給定矩陣 A,

$$A = \begin{bmatrix} a_{11} & a_{12} & a_{13} \\ a_{21} & a_{22} & a_{23} \end{bmatrix}$$

其轉置:

$$A' = \begin{bmatrix} a_{11} & a_{21} \\ a_{12} & a_{22} \\ a_{13} & a_{23} \end{bmatrix}$$

則是以 t() 函數計算。

R 程式 21.12 (轉置矩陣).

```
A = matrix(c(1:6), nrow=2, byrow=T)
A
t(A)
```

執行後可得:

```
> A
     [,1] [,2] [,3]
[1,]   1    2    3
[2,]   4    5    6
> t(A)
     [,1] [,2]
[1,]   1    4
[2,]   2    5
[3,]   3    6
```

(3) **純量與矩陣相乘**:

單一個數值乘上矩陣 (向量), 亦即,

$$kA = k \begin{bmatrix} a_{11} & a_{12} \\ a_{21} & a_{22} \\ a_{31} & a_{32} \end{bmatrix} = \begin{bmatrix} ka_{11} & ka_{12} \\ ka_{21} & ka_{22} \\ ka_{31} & ka_{32} \end{bmatrix}$$

可用 k*A 計算。

R 程式 21.13.

```
A = matrix(c(1:6), nrow=2, byrow=T)
A
2*A
```

執行後可得:

```
> A
     [,1] [,2] [,3]
[1,]   1    2    3
[2,]   4    5    6
> 2*A
     [,1] [,2] [,3]
[1,]   2    4    6
[2,]   8   10   12
```

(4) **矩陣個別元素相乘**:

兩個矩陣 A, B 以 A*B 計算, 就是兩矩陣個別元素相乘 (element-wise

multiplication),或是稱為 Hadamard 乘積 (Hadamard product)。令 $[A]_{ij}$ 代表矩陣 A 的第 i,j 的元素,則兩個矩陣 A, B 的 Hadamard 乘積定義為:

$$[A \circ B]_{ij} = [A]_{ij}[B]_{ij}$$

舉例來說,

$$A \circ B = \begin{bmatrix} a_{11} & a_{12} \\ a_{21} & a_{22} \\ a_{31} & a_{32} \end{bmatrix} \circ \begin{bmatrix} b_{11} & b_{12} \\ b_{21} & b_{22} \\ b_{31} & b_{32} \end{bmatrix} = \begin{bmatrix} a_{11}b_{11} & a_{12}b_{12} \\ a_{21}b_{21} & a_{22}b_{22} \\ a_{31}b_{31} & a_{32}b_{32} \end{bmatrix}$$

R 程式 21.14.

```
A = matrix(c(1:6), nrow=2, byrow=T)
B = matrix(c(1:6), nrow=2)
A
B
A*B
```

執行後可得:

```
> A
     [,1] [,2] [,3]
[1,]   1    2    3
[2,]   4    5    6
> B
     [,1] [,2] [,3]
[1,]   1    3    5
[2,]   2    4    6
> A*B
     [,1] [,2] [,3]
[1,]   1    6   15
[2,]   8   20   36
```

至於 Hadamard division 則是兩矩陣個別元素相除 (element-wise division):

$$A \oslash B = \begin{bmatrix} a_{11} & a_{12} \\ a_{21} & a_{22} \\ a_{31} & a_{32} \end{bmatrix} \oslash \begin{bmatrix} b_{11} & b_{12} \\ b_{21} & b_{22} \\ b_{31} & b_{32} \end{bmatrix} = \begin{bmatrix} a_{11}/b_{11} & a_{12}/b_{12} \\ a_{21}/b_{21} & a_{22}/b_{22} \\ a_{31}/b_{31} & a_{32}/b_{32} \end{bmatrix}$$

以 A/B 計算。

(5) 矩陣相乘:

給定 A 為 $m \times n$ 矩陣, B 為 $n \times k$ 矩陣, 兩矩陣相乘 (matrix multiplication), AB, 定義如下:

$$[AB]_{ij} = \sum_{w=1}^{n} [A]_{iw}[B]_{wj} = [A]_{i1}[B]_{1j} + [A]_{i2}[B]_{2j} + \cdots + [A]_{in}[B]_{nj}$$

舉例來說,

$$AB = \begin{bmatrix} a_{11} & a_{12} & a_{13} \\ a_{21} & a_{22} & a_{23} \end{bmatrix} \begin{bmatrix} b_{11} & b_{12} \\ b_{21} & b_{22} \\ b_{31} & b_{32} \end{bmatrix}$$

$$= \begin{bmatrix} a_{11}b_{11} + a_{12}b_{21} + a_{13}b_{31} & a_{11}b_{12} + a_{12}b_{22} + a_{13}b_{32} \\ a_{21}b_{11} + a_{22}b_{21} + a_{23}b_{31} & a_{21}b_{12} + a_{22}b_{22} + a_{23}b_{32} \end{bmatrix}$$

我們以 A%*%B 計算 AB。

R 程式 21.15.

```
A = matrix(c(1:6), nrow=2, byrow=T)
B = matrix(c(1:6), nrow=3)
A
B
A%*%B
```

執行後可得:

```
> A
     [,1] [,2] [,3]
[1,]    1    2    3
[2,]    4    5    6
> B
     [,1] [,2]
[1,]    1    4
[2,]    2    5
[3,]    3    6
> A%*%B
     [,1] [,2]
[1,]   14   32
[2,]   32   77
```

21.4.5 機率相關函數

與機率相關的 R 函數主要有: d (機率密度函數, density), p (分配函數, probability distribution), q (分量函數, quantile), 以及 r (隨機變數, random variable), 函數的命名方式是在 d, p, q, r 後面加上特定機率分配之簡稱。我們以常態分配為例，在 R 中的簡稱為 norm (normal distribution), 則四種函數分別為: dnorm, pnorm, qnorm 以及 rnorm。一般的用法是:

R 程式 21.16.

```
dnorm(x, mean = 0, sd = 1)
pnorm(q, mean = 0, sd = 1)
qnorm(p, mean = 0, sd = 1)
rnorm(n, mean = 0, sd = 1)
```

其中, mean = 0, sd = 1 代表期望值為 0, 標準差為 1 的參數設定, x 與 q 為數值, p 為機率值, 而 n 為隨機變數實現值的個數。本書會用到的特殊分配如表 21.2 所示。我們將依序討論之。

(1) **隨機變數:**
以 $n = 5$ 為例, 回傳隨機變數實現值

$$\{x_1, x_2, x_3, x_4, x_5\}$$

```
> set.seed(123)
> rbinom(n=5,size=1,prob=0.3)      # Bernoulli(0.3)
[1] 0 0 1 0 0

> rbinom(n=5,size=10,prob=0.5)     # Binomial(10,0.5)
[1] 4 6 5 7 7

> rpois(n=5,lambda=2)              # Poisson(2)
[1] 5 2 3 2 0

> runif(n=5,min=-1,max=1)          # Uniform[-1,1]
[1]  0.7996499 -0.5078245 -0.9158809 -0.3441586  0.9090073

> rnorm(n=5, mean = 2, sd = 5)     # N(2,5^2)
```

```
[1]  8.1204090  3.7990691  4.0038573  2.5534136 -0.7792057

> rgamma(n=5,shape=3,scale=2)       # Gamma(3,2)
[1] 12.247245  6.698269  0.714802  2.827193  2.193369

> rexp(n=5,rate=1/2)                # exp(2)
[1] 2.33705797 3.21170469 2.99348574 3.14130509 0.06353549

> rchisq(n=5,df=10)                 # Chi-square(10)
[1] 12.905373  9.662469  4.818972  7.693334  7.791651

> rf(n=5,df1=2,df2=5)               # F(2,5)
[1] 0.3097600 0.9663232 0.4711704 0.0136595 0.2398669

> rt(n=5,df=7)                      # t(7)
[1] -1.3727507 -1.5461487  0.2758888  1.2288960 -1.3335363
>
```

(2) 回傳累積機率值:

給定 q 值, 回傳

$$p = F(q) = P(X \leq q)$$

```
> set.seed(123)
> pbinom(q=1,size=1,prob=0.3)       # Bernoulli(0.3)
[1] 1

> pbinom(q=3,size=10,prob=0.5)      # Binomial(10,0.5)
[1] 0.171875

> ppois(q=5,lambda=2)               # Poisson(2)
[1] 0.9834364

> punif(q=0,min=-1,max=1)           # Uniform[-1,1]
[1] 0.5

> pnorm(q=2, mean = 2, sd = 5)      # N(2,5^2)
[1] 0.5

> pgamma(q=6,shape=3,scale=2)       # Gamma(3,2)
[1] 0.5768099

> pexp(q=2,rate=1/2)                # exp(2)
[1] 0.6321206
```

```
> pchisq(q=10,df=10)              # Chi-square(10)
[1] 0.5595067

> pf(q=5,df1=2,df2=5)             # F(2,5)
[1] 0.93585

> pt(q=0,df=7)                    # t(7)
[1] 0.5
>
```

(3) 找出分量:

給定機率值 p, 回傳

$$q = F^{-1}(p)$$

```
> set.seed(123)
> qbinom(p=0.5,size=1,prob=0.3)   # Bernoulli(0.3)
[1] 0

> qbinom(p=0.5,size=10,prob=0.5)  # Binomial(10,0.5)
[1] 5

> qpois(p=0.5,lambda=2)           # Poisson(2)
[1] 2

> qunif(p=0.5,min=-1,max=1)       # Uniform[-1,1]
[1] 0

> qnorm(p=0.5, mean = 2, sd = 5)  # N(2,5^2)
[1] 2

> qgamma(p=0.5,shape=3,scale=2)   # Gamma(3,2)
[1] 5.348121

> qexp(p=0.5,rate=1/2)            # exp(2)
[1] 1.386294

> qchisq(p=0.5,df=10)             # Chi-square(10)
[1] 9.341818

> qf(p=0.5,df1=2,df2=5)           # F(2,5)
[1] 0.7987698
```

```
> qt(p=0.5,df=7)                # t(7)
[1] 0
>
```

(4) 連續隨機變數的機率密度值或是離散隨機變數的機率值：

```
> set.seed(123)
> dbinom(x=0,size=1,prob=0.3)    # Bernoulli(0.3)
[1] 0.7

> dbinom(x=0,size=10,prob=0.5)   # Binomial(10,0.5)
[1] 0.0009765625

> dpois(x=0,lambda=2)            # Poisson(2)
[1] 0.1353353

> dunif(x=0,min=-1,max=1)        # Uniform[-1,1]
[1] 0.5

> dnorm(x=0, mean = 2, sd = 5)   # N(2,5^2)
[1] 0.07365403

> dgamma(x=1,shape=3,scale=2)    # Gamma(3,2)
[1] 0.03790817

> dexp(x=1,rate=1/2)             # exp(2)
[1] 0.3032653

> dchisq(x=1,df=10)              # Chi-square(10)
[1] 0.0007897535

> df(x=1,df1=2,df2=5)            # F(2,5)
[1] 0.3080008

> dt(x=1,df=7)                   # t(7)
[1] 0.2256749
>
```

表 21.2: 常用機率分配

特定分配	簡稱	R 函數	參數
Bernoulli(p) 分配	binom	dbinom, pbinom, qbinom, rbinom	size = number of trials = 1, prob= p
二項分配, binomial(n,p)	binom	dbinom, pbinom, qbinom, rbinom	size = number of trials = n, prob= p
Poisson 分配	pois	dpois, ppois, qpois, rpois	lambda = mean
均勻分配, Uniform (l, h)	unif	dunif, punif, qunif, runif	min = lower limit = l, max = upper limit = h
常態分配, $N(\mu,\sigma^2)$	norm	dnorm, pnorm, qnorm, rnorm	mean = mean = μ, sd = standard deviation = σ
Gamma (α, β) 分配	gamma	dgamma, pgamma, qgamma, rgamma	shape = α, scale = β, rate=1/scale
指數分配, exp(β)	exp	dexp, pexp, qexp, rexp	rate = 1/mean = $1/\beta$
卡方分配, $\chi^2(k)$	chisq	dchisq, pchisq, qchisq, rchisq	df = degree of freedom = k
F 分配, $F(k_1, k_2)$	f	df, pf, qf, rf	df1, df2 = degree of freedom = k_1, k_2
Student-t 分配, $t(k)$	t	dt, pt, qt, rt	df = degree of freedom = k

21.4.6 統計相關函數

給定向量 $x = (x_1, x_2, \ldots, x_n)$,與統計相關的函數茲整理如下。

1. `sum(x)`:

   加總 (summation) 函數,回傳 $y = \sum_{i=1}^{n} x_i$

2. `cumsum(x)`:

   累加 (cumulative sum) 函數,回傳 $y_t = \sum_{s=1}^{t} x_s, s \leq t$

3. `diff(x)`:

   一階差分 (first difference) 函數,回傳 `x[i+1]-x[i]`

4. `prod(x)`:

   連乘 (product) 函數,回傳 $y = \prod_{i=1}^{n} x_i$

5. `mean(x)`:

   樣本平均數 (mean) 函數,回傳 $\bar{x} = \frac{1}{n} \sum_{i=1}^{n} x_i$

6. `var(x)`:

   樣本變異數 (variance) 函數,回傳 $s^2 = \frac{1}{n-1} \sum_{i=1}^{n} (x_i - \bar{x})^2$

7. `sd(x)`:

   樣本標準差 (standard deviation) 函數,回傳 $s = \sqrt{\frac{1}{n-1} \sum_{i=1}^{n} (x_i - \bar{x})^2}$

8. `min(x)`:

   極小值 (minimum) 函數,回傳 $x_{(1)} = \min\{x_1, x_2, \ldots, x_n\}$

9. `max(x)`:

   極大值 (maximum) 函數,回傳 $x_{(n)} = \max\{x_1, x_2, \ldots, x_n\}$

10. `range(x)`:

    全距 (range) 函數,回傳 `[min(x), max(x)]`

11. quantile(x):

    分量 (quantile) 函數，回傳 0%, 25%, 50%, 75% 以及 100% 之分量

12. median(x):

    中位數 (median) 函數，亦即 50% 之分量

21.4.7 自定函數

我們可以撰寫自己需要的特殊函數，舉例來說，我們建立一個 sharpe 的函數，計算投資組合的 Sharpe ratio：

```
sharpe = function(x,rf) {
(mean(x) - rf)/sd(x)
}
```

函數中的引數為 x 與 rf，而 sharpe() 函數回傳

$$\text{Sharpe ratio} = \frac{\bar{x} - r_f}{sd(x)}$$

$$\bar{x} = \frac{1}{n}\sum_i x_i$$

$$sd(x) = \sqrt{\frac{1}{n-1}\sum_i (x_i - \bar{x})^2}$$

其中 x 投資組合的報酬率，r_f 代表無風險利率，為一常數。因此，執行以下程式：

R 程式 21.17.

```
set.seed(123)
sharpe = function(x,rf) {
(mean(x) - rf)/sd(x)
}
y = rnorm(n=100, mean=0.15, sd=0.5)
SR = sharpe(y, rf=0.013)
SR
```

可得出 Sharpe ratio:

```
> SR
[1] 0.3992107
```

21.5 時間序列資料

為了處理時間序列資料, 我們以 RGDPTW.csv 為例, 若以 Microsoft Excel 開啟該檔案, 則檔案中的資料如圖 21.1 所示。不過如果以 Notepad 打開 CSV 檔案, 其真正的格式如下:

```
Date,RGDPTW,STW
1983Q4,698855.00 ,39.2711
1984Q1,709168.00 ,40.1733
1984Q2,734564.00 ,39.7809
1984Q3,750812.00 ,39.2425
1984Q4,737611.00 ,39.3849
1985Q1,749952.00 ,39.3643
```

檔案內第一行為日期, 樣本期間為 1983Q4-2014Q3, 第二跟第三行分別有兩筆資料: 台灣的實質 GDP (RGDPTW) 以及新台幣兌美元匯率 (STW)。我們以 read.csv() 讀取資料, 範例如下:

R 程式 21.18.

```
setwd('D:/R')
dat = read.csv('RGDPTW.csv', header=TRUE)
x = dat$RGDPTW
y = dat$STW
x.ts = ts(x, start = c(1983, 4), freq = 4)
```

我們把 CSV 檔案放在 D:/R 的子目錄下, 則 setwd('D:/R') 就是將 R 程式執行的目錄設定至此, read.csv() 中, header=TRUE 表示第一列

圖 21.1: CSV 檔案: 時間序列資料

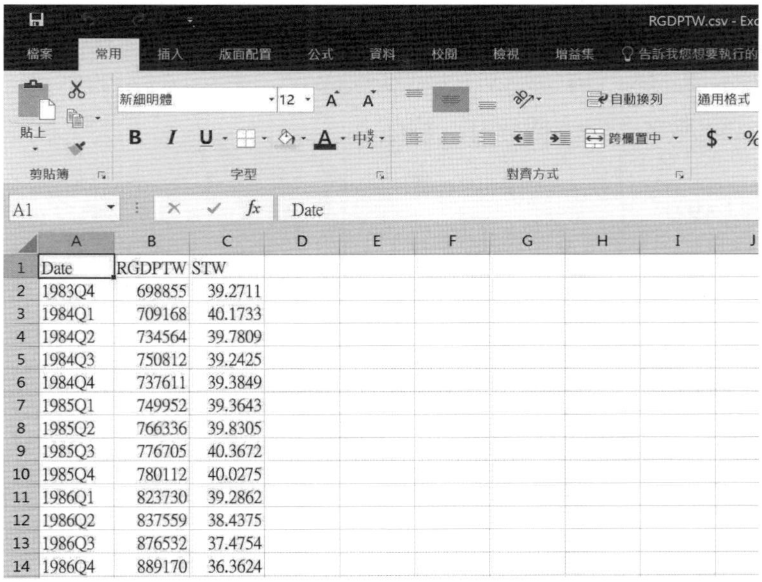

是變數名稱, x = dat$RGDPTW, y = dat$STW 則是將第二行與第三行的資料建立成 x 與 y 兩向量。至於

$$x.ts = ts(x, start = c(1983, 4), freq = 4)$$

則是透過 ts() 函數將向量 x 轉換成時間序列資料, 以 x.ts 命名之。其中 freq=k 設定資料頻率, k=1 為年資料, k=4 為季資料, 而 k=12 為月資料。本例中, 由於 freq=4, 則 start=c(1983,4) 代表資料起始點為 1983 年第 4 季。

21.6 基本程式設計語法

我們在第 19 章所介紹的電腦模擬: 蒙地卡羅法中, 要時常用到迴圈控制。最常用的是 for() 迴圈, 依序處理重複指令。用法為:

```
for(i in k:n){
# 迴圈中, i 會依序帶入 k,k+1,...,k+(n-k-1),k+(n-k) 的值,
```

```
# 重複進行大括號內的程式碼
}
```

舉例來說，以下指令以迴圈的方式複製了累加函數 cumsum，我們提供了累加函數的計算結果作為比較。

R 程式 21.19.

```
y=c()                      # 宣告一個空向量
x = c(1:10)
y[1] = x[1]
for(i in 2:length(x)){ # i=2,3,4,...,10
y[i] = y[i-1] + x[i]
}
y
cumsum(x)
```

執行後可得：

```
> y
 [1]  1  3  6 10 15 21 28 36 45 55
> cumsum(x)
 [1]  1  3  6 10 15 21 28 36 45 55
```

對於 R 的進階使用者，一般會建議使用 apply() 直接對矩陣做運算，可減少佔用記憶體，參閱 Teetor (2011b) 或是 Matloff (2011)。apply() 函數的使用方式為：

```
apply(X,MARGIN,FUN,...)
```

其中，X 為矩陣，FUN 為你要使用的函數名稱，MARGIN=1 代表對列作運算，而 MARGIN=2 代表對列作運算。舉例來說，給定一個矩陣 x，要做的函數運算為 sum (加總)，因此，我們對 x 的每一列進行加總並回傳 y 向量，以及對 x 的每一行做加總並回傳 z 向量。

R 程式 21.20.

```
x = matrix(c(1:12),nrow=6,ncol=2,byrow=T)
y = apply(x,MARGIN=1,sum)
z = apply(x,MARGIN=2,sum)
x
y
z
```

執行後可得:

```
> x
     [,1] [,2]
[1,]    1    2
[2,]    3    4
[3,]    5    6
[4,]    7    8
[5,]    9   10
[6,]   11   12
> y
[1]  3  7 11 15 19 23
> z
[1] 36 42
```

因此，透過對於矩陣的列或是行做函數運算，可以加快我們進行模擬的速度。亦即，假設你要做重複 1000 次的模擬，你可以在每一次的迴圈中製造 n=100 個隨機變數，然後在每一次的迴圈中做函數運算。你也可以一開始就先製造一個 100×1000 的隨機變數矩陣，然後再以 apply() 直接對矩陣做函數運算。

以計算 Sharpe ratio 為例，我們可以利用迴圈的方式計算 1000 次 Sharpe ratio，然後求算這 1000 個 Sharpe ratio 的平均值。

R 程式 21.21.

```
set.seed(123)
sharpe = function(x,rf) {
(mean(x) - rf)/sd(x)
}
SR = c()
for(i in 1:1000){
y = rnorm(n=100, mean=0.15, sd=0.5)
SR[i] = sharpe(y,rf=0.013)
}
mean(SR)
```

執行結果為:

```
> mean(SR)
[1] 0.2770572
```

至於使用 apply 函數的程式如下,

R 程式 21.22.

```
set.seed(123)
sharpe = function(x,rf) {
(mean(x) - rf)/sd(x)
}
n=100
m=1000
y = matrix(rnorm(n*m,mean=0.15,sd=0.5),nrow=n,ncol=m)
SR = apply(y,MARGIN=2,FUN=sharpe,rf=0.013)
mean(SR)
```

執行結果為:

```
> mean(SR)
[1] 0.2770572
```

與利用迴圈得到的結果相同。當迴圈中重複使用的函數較為複雜, 計算較為耗時, 則利用 apply 函數的速度會較 for() 迴圈為快。有興趣的讀者可進一步研讀 Colin Gillespie (2016), 學習如何撰寫執行得更快且更有效率的 R 程式。

21.7 繪圖

R 內建許多圖形工具函數, 指令 demo(graphics) 與 demo(image) 提供 R 的圖形示範, 讀者不妨一試。在此, 我們介紹統計上常用的圖形: 直方圖 (histogram) 與密度函數圖 (density plot), 散佈圖 (scatter plot), 以及時間序列圖 (time series plot)。

21.7.1 hist() 函數

hist() 函數繪製直方圖。執行以下程式後可得圖 21.2。

R 程式 21.23.

```
set.seed(123)
x = rnorm(n=100, mean=0, sd=1)
hist(x)
```

透過直方圖, 我們可以看出資料的次數分配狀況。

21.7.2 plot() 函數

在 R 最常用的一個圖形函數 plot(), 根據第一個引數的類型產生不同的圖形。

1. 若 x 和 y 是數值向量, plot(x,y) 產生 y 對 x 的散佈圖 (scatter plot)。

2. 若 x 是一個時間序列, plot(x) 產生一個時間序列圖。

圖 21.2: 直方圖

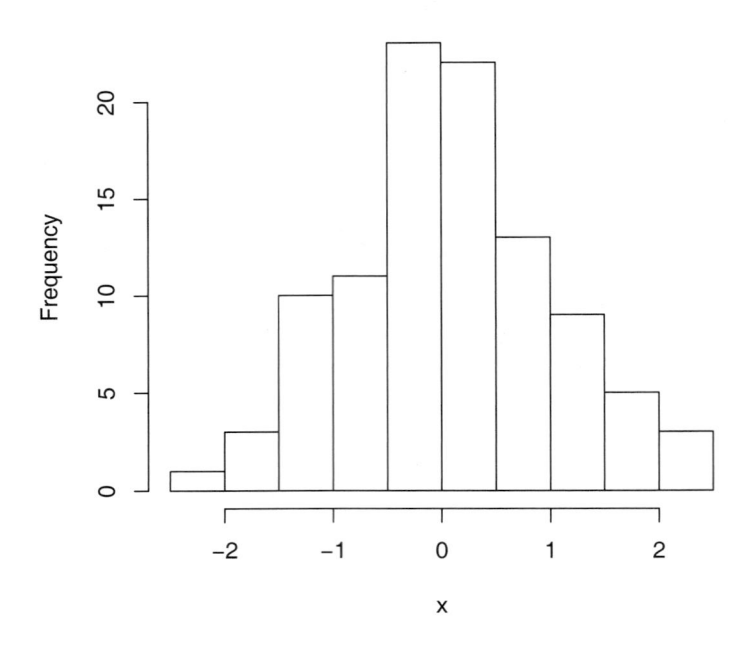

3. 若透過 density() 函數對 x 做無母數密度函數估計, 則 plot(density(x)) 提供密度函數圖。母數密度函數估計又稱為核密度估計 (kernel density estimation), 此估計法已超出本書範圍, 不過概念上, 母數密度函數估計就是把以直方圖呈現的次數分配予以平滑化 (smoothing a histogram)。

R 程式 21.24 (繪製散佈圖).

```
set.seed(123)
x = rnorm(n=100, mean=0, sd=1)
y = rnorm(n=100, mean=0, sd=1)
plot(x,y)
```

執行程式後可得圖 21.3。

如果我們透過 ts() 函數將 x 轉換成時間序列, 則 plot() 函數繪製時間序列圖, 如圖 21.4 所示。

圖 21.3: 散佈圖

最後，如果透過 density() 函數對 x 做無母數密度函數估計，則 plot() 函數繪製密度函數圖，如圖 21.5 所示。

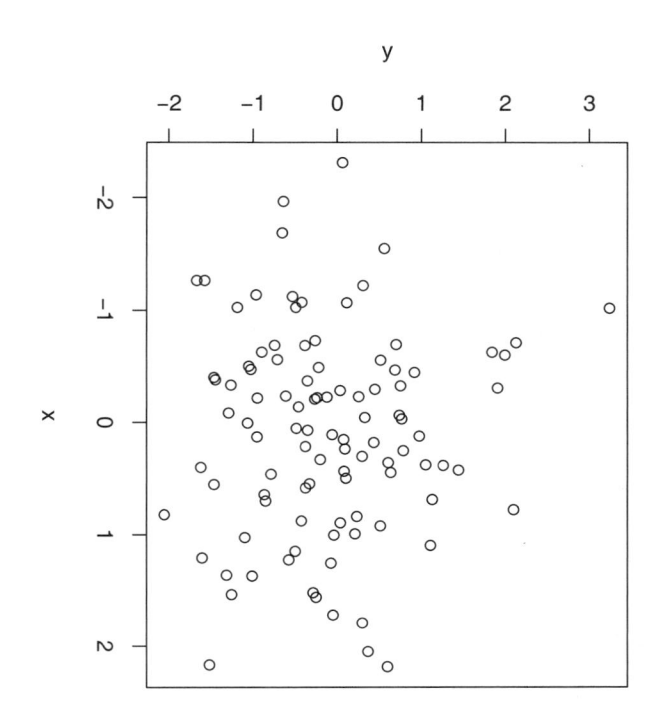

R 程式 21.25 (繪製時間序列圖).

```
set.seed(123)
x = rnorm(n=100, mean=0, sd=1)
x.ts = ts(x,start=c(1970,1),freq=4)
plot(x.ts)
```

R 程式 21.26 (繪製密度函數圖).

```
set.seed(123)
x = rnorm(n=100, mean=0, sd=1)
x.kernel = density(x)
plot(x.kernel)
```

圖 21.4: 時間序列圖

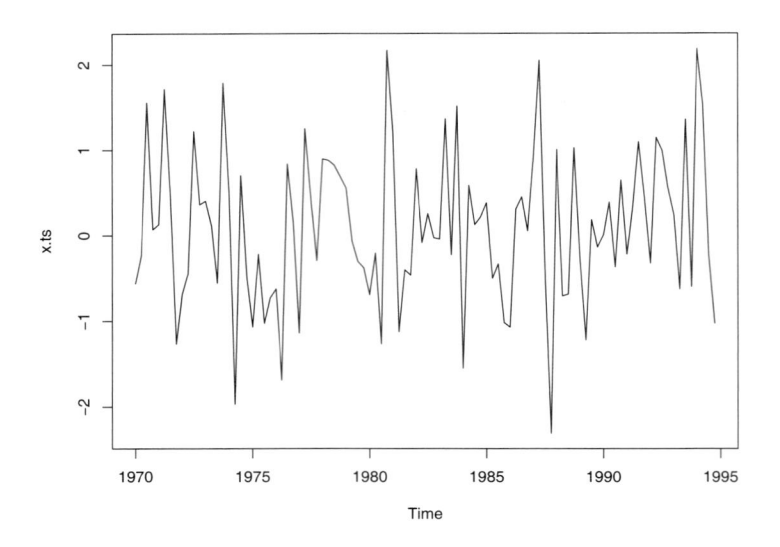

為了比較直方圖與密度函數圖，我們進一步將兩者畫在同一張圖中。然而，圖 21.2 中 y 軸的單位是次數，無法與密度函數做比較。因此，我們在 hist() 函數多加了 freq = FALSE 的設定，將縱軸單位改成機率密度，而非次數。加上此設定後，會讓直方圖的面積相加總後為 1，與密度函數底下的面積大小一致。R 程式如下：

R 程式 21.27.

```
set.seed(123)
x = rnorm(n=100, mean=0, sd=1)
hist(x, freq = FALSE)
lines(density(x), col = "red")
```

注意到程式中，我們以

```
lines(density(x))
```

在圖中加上密度函數圖。執行該程式後可得圖 21.6。我們不難看出，密度函數估計就是將次數分配予以平滑化，用來近似次數分配。關於 R 在統計繪圖上的應用，讀者可參閱第 7 章之討論。

圖21.5: 密度函數圖

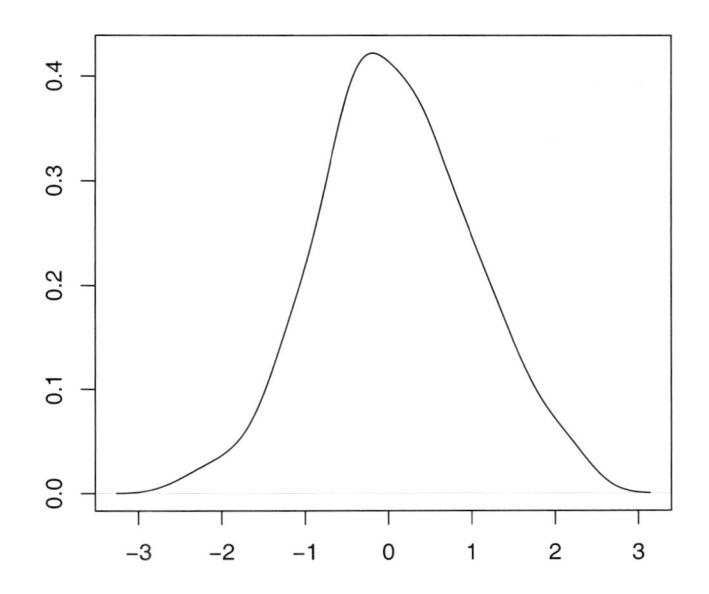

圖21.6: 直方圖與密度函數圖

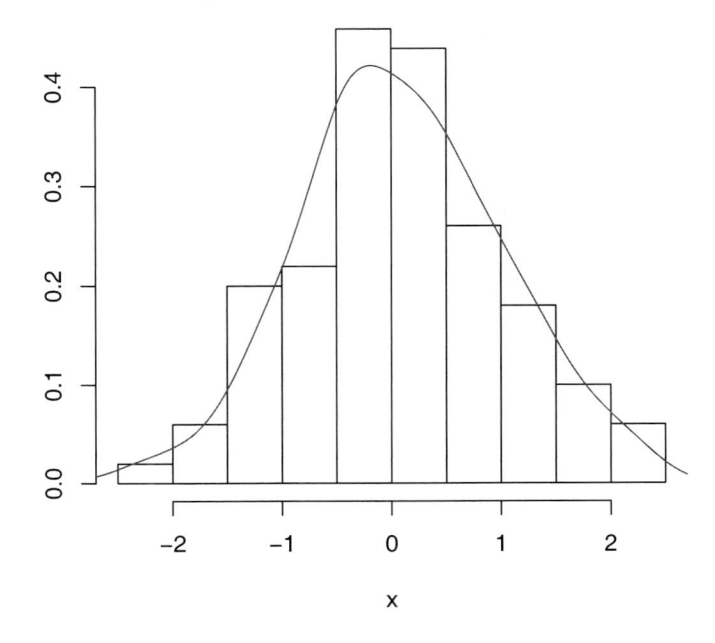

22 機率分配表

標準常態分配表: $P(0 < N(0,1) < z_\alpha)$

z	0.000	0.010	0.020	0.030	0.040	0.050	0.060	0.070	0.080	0.090
0.0	0.000	0.004	0.008	0.012	0.016	0.020	0.024	0.028	0.032	0.036
0.1	0.040	0.044	0.048	0.052	0.056	0.060	0.064	0.068	0.071	0.075
0.2	0.079	0.083	0.087	0.091	0.095	0.099	0.103	0.106	0.110	0.114
0.3	0.118	0.122	0.126	0.129	0.133	0.137	0.141	0.144	0.148	0.152
0.4	0.155	0.159	0.163	0.166	0.170	0.174	0.177	0.181	0.184	0.188
0.5	0.192	0.195	0.199	0.202	0.205	0.209	0.212	0.216	0.219	0.222
0.6	0.226	0.229	0.232	0.236	0.239	0.242	0.245	0.249	0.252	0.255
0.7	0.258	0.261	0.264	0.267	0.270	0.273	0.276	0.279	0.282	0.285
0.8	0.288	0.291	0.294	0.297	0.300	0.302	0.305	0.308	0.311	0.313
0.9	0.316	0.319	0.321	0.324	0.326	0.329	0.332	0.334	0.337	0.339
1.0	0.341	0.344	0.346	0.349	0.351	0.353	0.355	0.358	0.360	0.362
1.1	0.364	0.367	0.369	0.371	0.373	0.375	0.377	0.379	0.381	0.383
1.2	0.385	0.387	0.389	0.391	0.393	0.394	0.396	0.398	0.400	0.402
1.3	0.403	0.405	0.407	0.408	0.410	0.412	0.413	0.415	0.416	0.418
1.4	0.419	0.421	0.422	0.424	0.425	0.427	0.428	0.429	0.431	0.432
1.5	0.433	0.435	0.436	0.437	0.438	0.439	0.441	0.442	0.443	0.444
1.6	0.445	0.446	0.447	0.448	0.450	0.451	0.452	0.453	0.454	0.455
1.7	0.455	0.456	0.457	0.458	0.459	0.460	0.461	0.462	0.463	0.463
1.8	0.464	0.465	0.466	0.466	0.467	0.468	0.469	0.469	0.470	0.471
1.9	0.471	0.472	0.473	0.473	0.474	0.474	0.475	0.476	0.476	0.477
2.0	0.477	0.478	0.478	0.479	0.479	0.480	0.480	0.481	0.481	0.482
2.1	0.482	0.483	0.483	0.483	0.484	0.484	0.485	0.485	0.485	0.486
2.2	0.486	0.486	0.487	0.487	0.488	0.488	0.488	0.488	0.489	0.489
2.3	0.489	0.490	0.490	0.490	0.490	0.491	0.491	0.491	0.491	0.492
2.4	0.492	0.492	0.492	0.493	0.493	0.493	0.493	0.493	0.493	0.494
2.5	0.494	0.494	0.494	0.494	0.495	0.495	0.495	0.495	0.495	0.495
2.6	0.495	0.496	0.496	0.496	0.496	0.496	0.496	0.496	0.496	0.496
2.7	0.497	0.497	0.497	0.497	0.497	0.497	0.497	0.497	0.497	0.497
2.8	0.497	0.498	0.498	0.498	0.498	0.498	0.498	0.498	0.498	0.498
2.9	0.498	0.498	0.498	0.498	0.498	0.498	0.499	0.499	0.499	0.499
3.0	0.499	0.499	0.499	0.499	0.499	0.499	0.499	0.499	0.499	0.499

t 分配表: $P(t(\mathrm{df}) \geq t_\alpha)$

df	\multicolumn{7}{c}{α}
	0.400	0.250	0.100	0.050	0.025	0.010	0.005
1	0.325	1.000	3.078	6.314	12.706	31.821	63.657
2	0.289	0.816	1.886	2.920	4.303	6.965	9.925
3	0.277	0.765	1.638	2.353	3.182	4.541	5.841
4	0.271	0.741	1.533	2.132	2.776	3.747	4.604
5	0.267	0.727	1.476	2.015	2.571	3.365	4.032
6	0.265	0.718	1.440	1.943	2.447	3.143	3.707
7	0.263	0.711	1.415	1.895	2.365	2.998	3.499
8	0.262	0.706	1.397	1.860	2.306	2.896	3.355
9	0.261	0.703	1.383	1.833	2.262	2.821	3.250
10	0.260	0.700	1.372	1.812	2.228	2.764	3.169
11	0.260	0.697	1.363	1.796	2.201	2.718	3.106
12	0.259	0.695	1.356	1.782	2.179	2.681	3.055
13	0.259	0.694	1.350	1.771	2.160	2.650	3.012
14	0.258	0.692	1.345	1.761	2.145	2.624	2.977
15	0.258	0.691	1.341	1.753	2.131	2.602	2.947
16	0.258	0.690	1.337	1.746	2.120	2.583	2.921
17	0.257	0.689	1.333	1.740	2.110	2.567	2.898
18	0.257	0.688	1.330	1.734	2.101	2.552	2.878
19	0.257	0.688	1.328	1.729	2.093	2.539	2.861
20	0.257	0.687	1.325	1.725	2.086	2.528	2.845
21	0.257	0.686	1.323	1.721	2.080	2.518	2.831
22	0.256	0.686	1.321	1.717	2.074	2.508	2.819
23	0.256	0.685	1.319	1.714	2.069	2.500	2.807
24	0.256	0.685	1.318	1.711	2.064	2.492	2.797
25	0.256	0.684	1.316	1.708	2.060	2.485	2.787
26	0.256	0.684	1.315	1.706	2.056	2.479	2.779
27	0.256	0.684	1.314	1.703	2.052	2.473	2.771
28	0.256	0.683	1.313	1.701	2.048	2.467	2.763
29	0.256	0.683	1.311	1.699	2.045	2.462	2.756
30	0.256	0.683	1.310	1.697	2.042	2.457	2.750
∞	0.253	0.674	1.282	1.645	1.960	2.326	2.576

χ^2 分配表: $P(\chi^2(\text{df}) \geq \chi_\alpha^2)$

df	0.995	0.990	0.975	0.950	0.900	0.750	0.500	0.250	0.100	0.050	0.025	0.010	0.005
1	0.000	0.000	0.001	0.004	0.016	0.102	0.455	1.323	2.706	3.841	5.024	6.635	7.879
2	0.010	0.020	0.051	0.103	0.211	0.575	1.386	2.773	4.605	5.991	7.378	9.210	10.597
3	0.072	0.115	0.216	0.352	0.584	1.213	2.366	4.108	6.251	7.815	9.348	11.345	12.838
4	0.207	0.297	0.484	0.711	1.064	1.923	3.357	5.385	7.779	9.488	11.143	13.277	14.860
5	0.412	0.554	0.831	1.145	1.610	2.675	4.351	6.626	9.236	11.071	12.833	15.086	16.750
6	0.676	0.872	1.237	1.635	2.204	3.455	5.348	7.841	10.645	12.592	14.449	16.812	18.548
7	0.989	1.239	1.690	2.167	2.833	4.255	6.346	9.037	12.017	14.067	16.013	18.475	20.278
8	1.344	1.647	2.180	2.733	3.490	5.071	7.344	10.219	13.362	15.507	17.535	20.090	21.955
9	1.735	2.088	2.700	3.325	4.168	5.899	8.343	11.389	14.684	16.919	19.023	21.666	23.589
10	2.156	2.558	3.247	3.940	4.865	6.737	9.342	12.549	15.987	18.307	20.483	23.209	25.188
11	2.603	3.053	3.816	4.575	5.578	7.584	10.341	13.701	17.275	19.675	21.920	24.725	26.757
12	3.074	3.571	4.404	5.226	6.304	8.438	11.340	14.845	18.549	21.026	23.337	26.217	28.300
13	3.565	4.107	5.009	5.892	7.042	9.299	12.340	15.984	19.812	22.362	24.736	27.688	29.819
14	4.075	4.660	5.629	6.571	7.790	10.165	13.339	17.117	21.064	23.685	26.119	29.141	31.319
15	4.601	5.229	6.262	7.261	8.547	11.037	14.339	18.245	22.307	24.996	27.488	30.578	32.801
16	5.142	5.812	6.908	7.962	9.312	11.912	15.339	19.369	23.542	26.296	28.845	32.000	34.267
17	5.697	6.408	7.564	8.672	10.085	12.792	16.338	20.489	24.769	27.587	30.191	33.409	35.718
18	6.265	7.015	8.231	9.390	10.865	13.675	17.338	21.605	25.989	28.869	31.526	34.805	37.156
19	6.844	7.633	8.907	10.117	11.651	14.562	18.338	22.718	27.204	30.144	32.852	36.191	38.582
20	7.434	8.260	9.591	10.851	12.443	15.452	19.337	23.828	28.412	31.410	34.170	37.566	39.997
21	8.034	8.897	10.283	11.591	13.240	16.344	20.337	24.935	29.615	32.671	35.479	38.932	41.401
22	8.643	9.542	10.982	12.338	14.041	17.240	21.337	26.039	30.813	33.924	36.781	40.289	42.796

23	9.260	10.196	11.689	13.091	14.848	18.137	22.337	27.141	32.007	35.172	38.076	41.638	44.181
24	9.886	10.856	12.401	13.848	15.659	19.037	23.337	28.241	33.196	36.415	39.364	42.980	45.559
25	10.520	11.524	13.120	14.611	16.473	19.939	24.337	29.339	34.382	37.652	40.646	44.314	46.928
26	11.160	12.198	13.844	15.379	17.292	20.843	25.336	30.435	35.563	38.885	41.923	45.642	48.290
27	11.808	12.879	14.573	16.151	18.114	21.749	26.336	31.528	36.741	40.113	43.195	46.963	49.645
28	12.461	13.565	15.308	16.928	18.939	22.657	27.336	32.620	37.916	41.337	44.461	48.278	50.993
29	13.121	14.256	16.047	17.708	19.768	23.567	28.336	33.711	39.087	42.557	45.722	49.588	52.336
30	13.787	14.953	16.791	18.493	20.599	24.478	29.336	34.800	40.256	43.773	46.979	50.892	53.672

F 分配表: $P(F(df_1, df_2) \geq F_\alpha)$, $\alpha = 0.10$

df2 \ df1	1	2	3	4	5	6	7	8	12	15	20	30	60	∞
1	39.86	49.50	53.59	55.83	57.24	58.20	58.91	59.44	60.71	61.22	61.74	62.265	62.794	63.328
2	8.53	9.00	9.16	9.24	9.29	9.33	9.35	9.37	9.41	9.42	9.44	9.458	9.475	9.491
3	5.54	5.46	5.39	5.34	5.31	5.28	5.27	5.25	5.22	5.20	5.18	5.168	5.151	5.134
4	4.54	4.32	4.19	4.11	4.05	4.01	3.98	3.95	3.90	3.87	3.84	3.817	3.790	3.761
5	4.06	3.78	3.62	3.52	3.45	3.40	3.37	3.34	3.27	3.24	3.21	3.174	3.140	3.105
6	3.78	3.46	3.29	3.18	3.11	3.05	3.01	2.98	2.90	2.87	2.84	2.800	2.762	2.722
7	3.59	3.26	3.07	2.96	2.88	2.83	2.78	2.75	2.67	2.63	2.59	2.555	2.514	2.471
8	3.46	3.11	2.92	2.81	2.73	2.67	2.62	2.59	2.50	2.46	2.42	2.383	2.339	2.293
9	3.36	3.01	2.81	2.69	2.61	2.55	2.51	2.47	2.38	2.34	2.30	2.255	2.208	2.159
10	3.29	2.92	2.73	2.61	2.52	2.46	2.41	2.38	2.28	2.24	2.20	2.155	2.107	2.055
11	3.23	2.86	2.66	2.54	2.45	2.39	2.34	2.30	2.21	2.17	2.12	2.076	2.026	1.972
12	3.18	2.81	2.61	2.48	2.39	2.33	2.28	2.24	2.15	2.10	2.06	2.011	1.960	1.904
13	3.14	2.76	2.56	2.43	2.35	2.28	2.23	2.20	2.10	2.05	2.01	1.958	1.904	1.846
14	3.10	2.73	2.52	2.39	2.31	2.24	2.19	2.15	2.05	2.01	1.96	1.912	1.857	1.797
15	3.07	2.70	2.49	2.36	2.27	2.21	2.16	2.12	2.02	1.97	1.92	1.873	1.817	1.755
16	3.05	2.67	2.46	2.33	2.24	2.18	2.13	2.09	1.99	1.94	1.89	1.839	1.782	1.718
17	3.03	2.64	2.44	2.31	2.22	2.15	2.10	2.06	1.96	1.91	1.86	1.809	1.751	1.686
18	3.01	2.62	2.42	2.29	2.20	2.13	2.08	2.04	1.93	1.89	1.84	1.783	1.723	1.657
19	2.99	2.61	2.40	2.27	2.18	2.11	2.06	2.02	1.91	1.86	1.81	1.759	1.699	1.631

接續下頁

承接上頁

df2	1	2	3	4	5	6	7	8	12	15	20	30	60	∞
20	2.97	2.59	2.38	2.25	2.16	2.09	2.04	2.00	1.89	1.84	1.79	1.738	1.677	1.607
21	2.96	2.57	2.36	2.23	2.14	2.08	2.02	1.98	1.87	1.83	1.78	1.719	1.657	1.586
22	2.95	2.56	2.35	2.22	2.13	2.06	2.01	1.97	1.86	1.81	1.76	1.702	1.639	1.567
23	2.94	2.55	2.34	2.21	2.11	2.05	1.99	1.95	1.84	1.80	1.74	1.686	1.622	1.549
24	2.93	2.54	2.33	2.19	2.10	2.04	1.98	1.94	1.83	1.78	1.73	1.672	1.607	1.533
25	2.92	2.53	2.32	2.18	2.09	2.02	1.97	1.93	1.82	1.77	1.72	1.659	1.593	1.518
26	2.91	2.52	2.31	2.17	2.08	2.01	1.96	1.92	1.81	1.76	1.71	1.647	1.581	1.504
27	2.90	2.51	2.30	2.17	2.07	2.00	1.95	1.91	1.80	1.75	1.70	1.636	1.569	1.491
28	2.89	2.50	2.29	2.16	2.06	2.00	1.94	1.90	1.79	1.74	1.69	1.625	1.558	1.478
29	2.89	2.50	2.28	2.15	2.06	1.99	1.93	1.89	1.78	1.73	1.68	1.616	1.547	1.467
30	2.88	2.49	2.28	2.14	2.05	1.98	1.93	1.88	1.77	1.72	1.67	1.606	1.538	1.456
40	2.84	2.44	2.23	2.09	2.00	1.93	1.87	1.83	1.71	1.66	1.61	1.541	1.467	1.377
60	2.79	2.39	2.18	2.04	1.95	1.87	1.82	1.77	1.66	1.60	1.54	1.476	1.395	1.291
120	2.75	2.35	2.13	1.99	1.90	1.82	1.77	1.72	1.60	1.55	1.48	1.409	1.320	1.193
∞	2.71	2.30	2.08	1.94	1.85	1.77	1.72	1.67	1.55	1.49	1.42	1.342	1.240	1.000

df1

F 分配表: $P(F(df_1, df_2) \geq F_\alpha)$, $\alpha = 0.05$

df2	1	2	3	4	5	6	7	8	12	15	20	30	60	∞
1	161.45	199.50	215.71	224.58	230.16	233.99	236.77	238.88	243.91	245.95	248.01	250.10	252.20	254.31
2	18.51	19.00	19.16	19.25	19.30	19.33	19.35	19.37	19.41	19.43	19.45	19.46	19.48	19.50
3	10.13	9.55	9.28	9.12	9.01	8.94	8.89	8.85	8.74	8.70	8.66	8.62	8.57	8.53
4	7.71	6.94	6.59	6.39	6.26	6.16	6.09	6.04	5.91	5.86	5.80	5.75	5.69	5.63
5	6.61	5.79	5.41	5.19	5.05	4.95	4.88	4.82	4.68	4.62	4.56	4.50	4.43	4.37
6	5.99	5.14	4.76	4.53	4.39	4.28	4.21	4.15	4.00	3.94	3.87	3.81	3.74	3.67
7	5.59	4.74	4.35	4.12	3.97	3.87	3.79	3.73	3.57	3.51	3.44	3.38	3.30	3.23
8	5.32	4.46	4.07	3.84	3.69	3.58	3.50	3.44	3.28	3.22	3.15	3.08	3.01	2.93
9	5.12	4.26	3.86	3.63	3.48	3.37	3.29	3.23	3.07	3.01	2.94	2.86	2.79	2.71
10	4.96	4.10	3.71	3.48	3.33	3.22	3.14	3.07	2.91	2.85	2.77	2.70	2.62	2.54
11	4.84	3.98	3.59	3.36	3.20	3.09	3.01	2.95	2.79	2.72	2.65	2.57	2.49	2.40
12	4.75	3.89	3.49	3.26	3.11	3.00	2.91	2.85	2.69	2.62	2.54	2.47	2.38	2.30
13	4.67	3.81	3.41	3.18	3.03	2.92	2.83	2.77	2.60	2.53	2.46	2.38	2.30	2.21
14	4.60	3.74	3.34	3.11	2.96	2.85	2.76	2.70	2.53	2.46	2.39	2.31	2.22	2.13
15	4.54	3.68	3.29	3.06	2.90	2.79	2.71	2.64	2.48	2.40	2.33	2.25	2.16	2.07
16	4.49	3.63	3.24	3.01	2.85	2.74	2.66	2.59	2.42	2.35	2.28	2.19	2.11	2.01
17	4.45	3.59	3.20	2.96	2.81	2.70	2.61	2.55	2.38	2.31	2.23	2.15	2.06	1.96
18	4.41	3.55	3.16	2.93	2.77	2.66	2.58	2.51	2.34	2.27	2.19	2.11	2.02	1.92
19	4.38	3.52	3.13	2.90	2.74	2.63	2.54	2.48	2.31	2.23	2.16	2.07	1.98	1.88

接續下頁

承接上頁

df2	1	2	3	4	5	6	7	8	12	15	20	30	60	∞
20	4.35	3.49	3.10	2.87	2.71	2.60	2.51	2.45	2.28	2.20	2.12	2.04	1.95	1.84
21	4.32	3.47	3.07	2.84	2.68	2.57	2.49	2.42	2.25	2.18	2.10	2.01	1.92	1.81
22	4.30	3.44	3.05	2.82	2.66	2.55	2.46	2.40	2.23	2.15	2.07	1.98	1.89	1.78
23	4.28	3.42	3.03	2.80	2.64	2.53	2.44	2.37	2.20	2.13	2.05	1.96	1.86	1.76
24	4.26	3.40	3.01	2.78	2.62	2.51	2.42	2.36	2.18	2.11	2.03	1.94	1.84	1.73
25	4.24	3.39	2.99	2.76	2.60	2.49	2.40	2.34	2.16	2.09	2.01	1.92	1.82	1.71
26	4.23	3.37	2.98	2.74	2.59	2.47	2.39	2.32	2.15	2.07	1.99	1.90	1.80	1.69
27	4.21	3.35	2.96	2.73	2.57	2.46	2.37	2.31	2.13	2.06	1.97	1.88	1.79	1.67
28	4.20	3.34	2.95	2.71	2.56	2.45	2.36	2.29	2.12	2.04	1.96	1.87	1.77	1.65
29	4.18	3.33	2.93	2.70	2.55	2.43	2.35	2.28	2.10	2.03	1.94	1.85	1.75	1.64
30	4.17	3.32	2.92	2.69	2.53	2.42	2.33	2.27	2.09	2.01	1.93	1.84	1.74	1.62
40	4.08	3.23	2.84	2.61	2.45	2.34	2.25	2.18	2.00	1.92	1.84	1.74	1.64	1.51
60	4.00	3.15	2.76	2.53	2.37	2.25	2.17	2.10	1.92	1.84	1.75	1.65	1.53	1.39
120	3.92	3.07	2.68	2.45	2.29	2.18	2.09	2.02	1.83	1.75	1.66	1.55	1.43	1.25
∞	3.84	3.00	2.60	2.37	2.21	2.10	2.01	1.94	1.75	1.67	1.57	1.46	1.32	1.00

F 分配表: $P(F(df_1, df_2) \geq F_\alpha)$, $\alpha = 0.01$

df2	1	2	3	4	5	6	7	8	12	15	20	30	60	∞
1	4052	5000	5403	5625	5764	5859	5928	5981	6106	6157	6209	6261	6313	6366
2	98.50	99.00	99.17	99.25	99.30	99.33	99.36	99.37	99.42	99.43	99.45	99.47	99.48	99.50
3	34.12	30.82	29.46	28.71	28.24	27.91	27.67	27.49	27.05	26.87	26.69	26.51	26.32	26.13
4	21.20	18.00	16.69	15.98	15.52	15.21	14.98	14.80	14.37	14.20	14.02	13.84	13.65	13.46
5	16.26	13.27	12.06	11.39	10.97	10.67	10.46	10.29	9.89	9.72	9.55	9.38	9.20	9.02
6	13.75	10.93	9.78	9.15	8.75	8.47	8.26	8.10	7.72	7.56	7.40	7.23	7.06	6.88
7	12.25	9.55	8.45	7.85	7.46	7.19	6.99	6.84	6.47	6.31	6.16	5.99	5.82	5.65
8	11.26	8.65	7.59	7.01	6.63	6.37	6.18	6.03	5.67	5.52	5.36	5.20	5.03	4.86
9	10.56	8.02	6.99	6.42	6.06	5.80	5.61	5.47	5.11	4.96	4.81	4.65	4.48	4.31
10	10.04	7.56	6.55	5.99	5.64	5.39	5.20	5.06	4.71	4.56	4.41	4.25	4.08	3.91
11	9.65	7.21	6.22	5.67	5.32	5.07	4.89	4.74	4.40	4.25	4.10	3.94	3.78	3.60
12	9.33	6.93	5.95	5.41	5.06	4.82	4.64	4.50	4.16	4.01	3.86	3.70	3.54	3.36
13	9.07	6.70	5.74	5.21	4.86	4.62	4.44	4.30	3.96	3.82	3.67	3.51	3.34	3.17
14	8.86	6.52	5.56	5.04	4.70	4.46	4.28	4.14	3.80	3.66	3.51	3.35	3.18	3.00
15	8.68	6.36	5.42	4.89	4.56	4.32	4.14	4.00	3.67	3.52	3.37	3.21	3.05	2.87
16	8.53	6.23	5.29	4.77	4.44	4.20	4.03	3.89	3.55	3.41	3.26	3.10	2.93	2.75
17	8.40	6.11	5.19	4.67	4.34	4.10	3.93	3.79	3.46	3.31	3.16	3.00	2.84	2.65
18	8.29	6.01	5.09	4.58	4.25	4.02	3.84	3.71	3.37	3.23	3.08	2.92	2.75	2.57
19	8.19	5.93	5.01	4.50	4.17	3.94	3.77	3.63	3.30	3.15	3.00	2.84	2.67	2.49

接續下頁

承接上頁

df1

df2	1	2	3	4	5	6	7	8	12	15	20	30	60	∞
20	8.10	5.85	4.94	4.43	4.10	3.87	3.70	3.56	3.23	3.09	2.94	2.78	2.61	2.42
21	8.02	5.78	4.87	4.37	4.04	3.81	3.64	3.51	3.17	3.03	2.88	2.72	2.55	2.36
22	7.95	5.72	4.82	4.31	3.99	3.76	3.59	3.45	3.12	2.98	2.83	2.67	2.50	2.31
23	7.88	5.66	4.77	4.26	3.94	3.71	3.54	3.41	3.07	2.93	2.78	2.62	2.45	2.26
24	7.82	5.61	4.72	4.22	3.90	3.67	3.50	3.36	3.03	2.89	2.74	2.58	2.40	2.21
25	7.77	5.57	4.68	4.18	3.86	3.63	3.46	3.32	2.99	2.85	2.70	2.54	2.36	2.17
26	7.72	5.53	4.64	4.14	3.82	3.59	3.42	3.29	2.96	2.82	2.66	2.50	2.33	2.13
27	7.68	5.49	4.60	4.11	3.79	3.56	3.39	3.26	2.93	2.78	2.63	2.47	2.29	2.10
28	7.64	5.45	4.57	4.07	3.75	3.53	3.36	3.23	2.90	2.75	2.60	2.44	2.26	2.06
29	7.60	5.42	4.54	4.05	3.73	3.50	3.33	3.20	2.87	2.73	2.57	2.41	2.23	2.03
30	7.56	5.39	4.51	4.02	3.70	3.47	3.30	3.17	2.84	2.70	2.55	2.39	2.21	2.01
40	7.31	5.18	4.31	3.83	3.51	3.29	3.12	2.99	2.67	2.52	2.37	2.20	2.02	1.81
60	7.08	4.98	4.13	3.65	3.34	3.12	2.95	2.82	2.50	2.35	2.20	2.03	1.84	1.60
120	6.85	4.79	3.95	3.48	3.17	2.96	2.79	2.66	2.34	2.19	2.04	1.86	1.66	1.38
∞	6.64	4.61	3.78	3.32	3.02	2.80	2.64	2.51	2.19	2.04	1.88	1.70	1.47	1.00

索引與英漢名詞對照

16 劃

F distribution, 211
F 分配, 211
β formula, 173
β 值, 173
β 公式, 173
n 變量隨機變數, 106
n-dimensional random variable, 106
t distribution, 210
t ratio, 438
t statistics, 438
t 分配, 210
t 比率, 438
t 統計量, 438
(consistent, 288
(margin of error, 306

1 劃

一致估計式, 288
一致性, 282, 288
一階自我相關係數, 478
一階自我迴歸係數, 484
一階自我迴歸模型, 484

2 劃

二項分配, 75
二項隨機變數, 75

3 劃

大樣本性質, 288
大樣本理論, 243
大樣本檢定, 328
小樣本性質, 288, 412
干擾項, 401

4 劃

不自覺的統計學家法則, 128
不相交, 35
不偏估計式, 283
不偏性, 282
不等式, 243
中央動差, 134
中央極限定理, 251
中位數, 229
互斥, 35
互補性質, 37
內積, 379
公平賭局, 127
分配收斂, 248
分配函數, 80
分配律, 37
分割, 36
分量, 87
分量函數, 87, 504
分量迴歸, 399
分離定理, 167
反分配函數, 87
文氏圖, 35
方陣, 379

5 劃

主觀機率, 517
代入原則, 497
出象, 33
加總法則, 39
半母數殘差 bootstrap, 512
卡方分配, 204, 368
古典統計學, 268, 519

6 劃

可行集合, 162
可數, 69
右尾檢定, 328
外生性, 405
外生性假設, 405
左尾檢定, 328
市場投資組合, 171
母體, 220
白雜訊, 484

6 劃

交換律, 37
交集, 35
先驗機率, 51, 521
共變異定態, 478
共變數, 141
向量, 378
存續時間, 362
成對的資料點, 398
有限, 69
有限樣本性質, 412
有效估計式, 285
有效性, 282
自由度, 204, 208, 368
自我共變異數, 476
自我迴歸模型, 484
行向量, 378

7 劃

估計式, 270, 271
估計值, 270, 271
低頻資料, 470
判定係數, 447, 461
均勻分配, 79
均勻隨機變數, 79
均方收斂, 248
均方誤, 132, 286
均值迴歸, 399
均齊變異, 400
完全線性重合, 463
序列, 243
序列相關, 471
投資組合, 144
貝氏定理, 50
貝氏法則, 50
貝氏統計學, 519

8 劃

事件, 33
兩兩獨立, 48
固定區間, 307
固定趨勢, 471, 480
定義域, 67
定態, 478
抽出放回, 499
抽樣, 221
抽樣分配, 232
拒絕域, 324
狀態空間, 33
直交矩陣, 381
空集合, 35
近似分配, 248
近似區間估計式, 310
近似檢定, 328
非均齊變異, 400

9 劃

信心水準, 307
信賴區間, 307
型一誤差, 334
型二誤差, 334
客觀機率, 517
後驗機率, 51, 521
持續性, 479
指數隨機變數, 369
指標函數, 491
相對有效性, 285
相關係數, 142
迭代機率法則, 159
風險性資產, 160
風險溢酬, 173

10 劃

修正的判定係數, 462
值域, 69
弱大數法則, 250
弱定態, 478
效率前沿, 163
效率集合, 163
時間序列資料, 470
矩陣, 378
砥柱集合, 71
訊息函數, 292
迴歸分析, 398
逆矩陣, 381
高斯分配分配, 199
高頻資料, 471

11 劃

假設, 320
假設檢定, 268, 322
偏態曲線, 362
偏誤, 283
動差, 126, 134
動差生成函數, 135, 136
動差估計式, 274
動差法, 274

動差條件, 273
區間估計, 268
區間估計式, 270, 305, 307
區間估計值, 307
區間預測式, 441
參數空間, 270
常態分配, 199
條件期望值, 150
條件機率, 44
條件機率分配, 111
條件機率函數, 112
條件獨立, 144
條件獨立事件, 47
條件變異數, 151
涵蓋, 305
涵蓋機率, 305
理性預期模型, 154
眾數, 229
累積分配函數, 80
組內變異, 155
組間差異, 155
統計推論, 221
統計量, 229
統計顯著性, 439, 440
連續隨機變數, 77, 81
連續隨機變數之動差, 134
連續隨機變數轉換, 89

12 劃

最大概似方程式, 278
最大概似估計式, 276
最大概似法, 275
最小平方法, 407
最小變異不偏估計式, 291
最佳效率資產投資組合, 166
期望值, 127
期望值–變異數效用函數, 127
殘差 bootstrap, 510
無母數 bootstrap, 499

無限但是可數, 69
無風險資產, 164
結合律, 37
絕對有效性, 285
虛無分配, 323
虛無假設, 270, 321
虛擬變數, 464
評價函數, 292
超額報酬, 172
集合分割, 36
順序統計量, 282

13 劃

亂數產生器, 491
微積分基本定理, 84
損失函數, 406
極限, 243
極限分配, 243, 248
極限性質, 288
概似函數, 276
經濟顯著性, 440
聖彼得堡悖論, 130
補集, 35
資本市場線, 166
資料生成過程, 491
資料的次數分配, 199
資產定價模型, 159
較小條件集合主宰法則, 154
預測, 441
預測誤差, 443

14 劃

實現值, 67
實際抽樣分配, 232
實際區間估計式, 310
實際檢定, 328
實證分配函數, 226
對立假設, 321
對稱矩陣, 379
對數概似函數, 279
對應域, 67

漸近不偏性, 289
漸近分配, 232, 242
漸近區間估計式, 310
漸近理論, 232, 242
漸近樞紐統計量, 496
蒙地卡羅模擬, 490
誤差, 401
誤差邊界, 306

15 劃

數值模擬, 491
標準化, 149
標準化動差, 134
標準方程式, 408
標準柯西分配, 208
標準差, 131
標準常態隨機變數, 194
標準隨機變數, 149
樞紐統計量, 495
樞紐量, 311
樞紐量法, 310
模擬, 492
樣本, 220
樣本外預測, 441
樣本共變數, 229
樣本均數, 229
樣本空間, 33
樣本相關係數, 229
樣本 r 階動差, 229
樣本機率, 51
樣本變異數, 229
線性不偏估計式, 418
線性條件期望值, 399
線性運算子, 130
複合假設, 321
餘集, 35

16 劃

機率, 39
機率收斂, 247
機率函數, 70
機率密度函數, 77

機率測度, 39
機率模型, 39
機率質量函數, 70
機率積分轉換, 92
橫斷面資料, 470
獨立, 46
獨立事件, 46
獨立與相關, 143
獨立隨機變數, 118
遺漏變數偏誤, 452
隨機收斂, 243
隨機性, 492
隨機區間, 269, 305
隨機過程, 492
隨機樣本, 221
隨機變數, 67
隨機變數產生器, 491

17 劃

檢定力, 335
檢定大小, 334
檢定量, 328
檢定範圍, 334
總機率法則, 50
聯合分配函數, 106
聯合動差生成函數, 390
聯合機率分配, 108
聯合機率函數, 110
聯集, 35
點估計, 268
點估計式, 441
點預測, 441
點積, 379

18 劃

簡單假設, 321
簡單雙重期望值法則, 152
轉換法, 89, 90
轉置, 379
雙尾檢定, 328
雙重期望值法則, 153
雙變量常態隨機變數, 385

雙變量隨機變數, 107
離散機率分配, 70
離散機率密度函數, 70
離散隨機變數, 69, 81

19 劃

邊際風險, 174
邊際機率分配, 110
邊際機率函數, 111
類比估計式, 272
類比原則, 271

20 劃

嚴格定態, 478

23 劃

變異數, 131
變異數分解, 154
顯著水準, 323
顯著性檢定, 323

A

absolute efficiency, 285
across group variance, 155
additive rule, 39
adjusted coefficient of determination, 462
Adrain, Robert, 410
alternative hypothesis, 321
analog estimator, 272
analogy principle, 271
approximate distribution, 248
approximate interval estimator, 310
associativity, 37
asymptotically pivotal statistics, 496
asymptotically unbiased, 289

asymptotic distribution, 232, 242
asymptotic interval estimator, 310
asymptotic theory, 232, 242
autocovariance, 476
autoregressive models, 484

B

Bayes' rule, 50
Bayes' theorem, 50
Bayes, Thomas, 52
Bayesian statistcs, 519
Bernoulli, Jakob, 75, 253
Bernoulli distributions, 73
Bernoulli random variables, 73
Bernoulli Trial Process, 121
Bernoulli trials, 73
Bernoulli 分配, 73
Bernoulli 試驗, 73
Bernoulli 隨機試驗過程, 121
Bernoulli 隨機變數, 73
bias, 283
binomial distribution, 75
binomial random variables, 75
bivariate normal random variables, 385
bivariate random variable, 107
bootstrap sample, 499
bootstrap 樣本, 499
Box, George Edward Pelham, 473
braham de Moivre, 352
BTP, 121

C

capital asset pricing model, 159
capital market line, 166
CAPM, 159
Cauchy-Schwarz Inequality, 175
Cauchy-Schwarz 不等式, 175
CDF, 80
CDF technique, 89
CDF 法, 89
central limit theorem, 251
central moments, 134
Chebyshev Inequality, 244
Chebyshev 不等式, 244
Chi-square distribution, 204, 368
classical statistics, 268, 519
CLT, 251
codomain, 67
coefficient of determination, 447
column vector, 378
commutativity, 37
complement, 35
complementation, 37
composite hypothesis, 321
conditional expectation, 150
conditional independence, 144
conditionally independent events, 47
conditional probability, 44
conditional probability distribution, 111

conditional probability mass function, 112
conditional variance, 151
confidence interval, 307
confidence level, 307
consistent, 282
consistent estimator, 288
Continuous Mapping Theorem, 254
continuous random variable, 77, 81
converge in distribution, 248
converge in mean square, 248
converge in probability, 247
correlation coefficient, 142
countable, 69
countably infinite, 69
covariance, 141
covariance stationary, 478
coverage, 305
coverage probability, 305
Cramér-Rao inequality, 293
Cramér-Rao lower bound, 293
Cramér-Rao 下界, 293
Cramér-Rao 不等式, 293
CRLB, 293
cross-sectional data, 470
cumulative distribution function, 80

D

data generating process, 491
degree of freedom, 204, 208, 368

Delta Method, 257, 495
de Moivre, Abraham, 198, 253
De Morgan's laws, 37
De Morgan 法則, 37
deterministic trend, 471, 480
DF, 80
DGP, 491
discrete probability density function, 70
discrete probability distribution, 70
discrete random variable, 69
disjoint, 35
distribution function, 80
distributivity laws, 37
disturbance, 401
domain, 67
dot product, 379
draw with replacement, 499
dummy variables, 464

E

economic significance, 440
efficient, 282
efficient estimator, 285
efficient frontier, 163
efficient set, 163
Efron, Bradley, 497
empirical distribution, 199
empirical distribution function, 226
empty set, 35
error, 401
estimate, 270, 271
estimator, 270, 271

event, 33
exact interval estimator, 310
exact sampling distribution, 232
ex ante, 67
excess return, 172
exogeneity, 405
exogeneity assumption, 405
expectation, 127
expected value, 127
exponential random variables, 369
ex post, 67

F

fair game, 127
feasible set, 162
Feldstein-Horioka puzzle, 423
Feldstein-Horioka 困惑, 423
Feller, William, 473
finite, 69
finite sample properties, 412
first-order autocorrelation coefficient, 478
first-order autoregression coefficient, 484
first-order autoregressive model, 484
Fisher, Ronald Aylmer, 268, 282
fixed interval, 307
fundamental theorem of calculus, 84

G

Galton, Francis, 405
Gamma random variables, 364
Gamma 隨機變數, 364
Gauss, Carl Friedrich, 410
Gauss, Johann Carl Friedrich, 198, 199
Gauss-Markov theorem, 418
Gauss-Markov 定理, 418
Gaussian distribution, 199
Gosset, William Sealy, 210, 326, 352

H

Hall, Monty, 54
Hall and Wilson rule, 511
Hall and Wilson 法則, 511
heteroskedasticity, 400
high-frequency data, 471
homoskedasticity, 400
hypothesis, 320
hypothesis testing, 268, 322

I

i.i.d. random variables, 120
I.I.D. samples, 221
I.I.D. 樣本, 221
i.i.d. 隨機變數, 120
independent, 46, 118
indicator function, 491
inequality, 243
information function, 292
inner product, 379
intersection, 35
interval estimate, 307
interval estimation, 268
interval estimator, 270, 305, 307
interval predictor, 441
invariance property, 282
inverse distribution function, 87
inverse of a matrix, 381

J

Jenkins, Gwilym Meirion, 473
Jensen 不等式, 128
joint distribution function, 106
joint moment generating function, 390
joint probability distribution, 108
joint probability mass function, 110

K

Kahneman, Daniel, 32
Khinchin, Aleksandr Yakovlevich, 473
Kolmogorov, Andrei, 473
Kolmogorov, Andrey Nikolaevich, 41

L

Lévy, Paul, 253
Laplace, Pierre-Simon, 52, 198, 253, 410
large sample properties, 288
large sample theory, 243
law of iterated expectations, 153
law of iterated probability, 159
Law of the Unconscious Statistician, 128
law of total probability, 50
left-tailed test, 328
Legendre, Adrien-Marie, 410
likelihood function, 276
limit, 243
limiting distribution, 243, 248
limiting properties, 288
Lindeberg, Jarl Waldemar, 253
linear conditional expectation, 399
linear operator, 130
linear unbiased estimator, 418
log-likelihood function, 279
logistic random variable, 92
loss function, 406
low-frequency data, 470
Lyapunov, Aleksandr, 253

M

marginal probability distribution, 110
marginal probability function, 111
marginal risk, 174
market portfolio, 171
Markov Inequality, 244
Markov 不等式, 244
Markowitz, Harry M., 160
matrix, 378
maximum likelihood equation, 278
maximum likelihood estimator, 276
McCloskey, Deirdre N., 440

mean-variance utility, 127
mean regression, 399
mean squared error, 132, 286
median, 229
method of least-squares, 407
method of maximum likelihood, 275
method of moments, 274
method of moments estimator, 274
Metropolis, Nicholas, 492
MGF, 136
Minimum Variance Unbiased Estimator, 291
MLE, 276
MLE 不變性, 282
MLE 代入原則, 282
MME, 274
mode, 229
moment conditions, 273
moment generating functions, 135, 136
moments, 126, 134
Monte Carlo simulation, 490
Monty Hall's Paradox, 55
Monty Hall 悖論, 55
MSE consistent, 289
MSE 一致性, 289
mutually exclusive, 35
MVUE, 291

N

Neyman, Jerzy, 268, 308, 326
nonparametric bootstrap, 499
normal distribution, 199
normal equations, 408

null distribution, 323
null hypothesis, 270, 321
numerical simulation, 491

O

objective probability, 517
omitted variable bias, 452
order statistic, 282
orthogonal matrix, 381
out-of-sample prediction, 441
outcomes, 33

P

pair data, 398
pairwise independent, 48
parameter space, 270
partition, 36
Pearson, Egon, 268, 326
Pearson, Karl, 268, 282
perfect multicollinearity, 463
persistent, 479
personal probability, 517
pivot, 311
pivotal method, 310
pivotal quantity, 311
pivotal statistics, 495
plug-in principle, 497
point estimation, 268
point predictor, 441
Poisson, Siméon Denis, 352
Poisson Limit Theorem, 353
Poisson 分配, 350
Poisson 極限定理, 353
population, 220
portfolio, 144
posterior probabilities, 521

posterior probability, 51
power, 335
prediction, 441
prediction errors, 443
prior probabilities, 521
prior probability, 51
probability, 39
probability density function, 77
probability function, 70
probability integral transformation, 92
probability mass function, 70
probability measure, 39
probability model, 39

Q

quantile, 87
quantile function, 87, 504
quantile regression, 399

R

random interval, 269, 305
randomness, 492
random number generater, 491
random process, 492
random samples, 221
random variables, 67
range, 69
rational expectation model, 154
realizations, 67
regression analysis, 398
rejection region, 324
relative complement, 35
relative efficiency, 285
residual bootstrap, 510
right-tailed test, 328
risk-free asset, 164
risk premium, 173

risky assets, 160
Robert Gentleman, 17
Ross Ihaka, 17

S

sample, 220
sample covariance, 229
sample mean, 229
sample probability, 51
sample space, 33
sample variance, 229
sampling, 221
sampling distribution, 232
Savage, Leonard Jimmie, 520
score function, 292
SCSWR, 154
semi-parametric residual bootstrap, 512
Separation Theorem, 167
sequence, 243
serial correlation, 471
Sharpe, William F., 160
significance level, 323
simple hypothesis, 321
simple law of iterated expectations, 152
simulation, 492
size of the test, 334
skewed curve, 362
Slutsky's Theorem, 257
Small Conditioning Set Wins Rule, 154
small sample properties, 288, 412
square matrix, 379
standard Cauchy distribution, 208
standard deviation, 131
standardize, 149
standardized moments, 134
standardized random variable, 149
standardized random variables, 149
standard normal random variables, 194
state space, 33
stationary, 478
statistic, 229
statistical inferences, 221
statistically significant, 439
statistical significance, 440
stochastic convergence, 243
strictly stationary, 478
Student's t distribution, 208
Student's t 分配, 208
subjective probability, 517
super-efficient portfolio, 166
support, 71
survival time, 362
symmetric matrix, 379

T

test of significance, 323
test statistic, 328
The Penn World Table, 423
The St. Petersburg Paradox, 130
time series data, 470
transformation method, 89
transpose, 379
Tversky, Amos, 32
two-tailed test, 328
type I error, 334
type II error, 334

U

Ulam, Stanislaw, 492
unbiased, 282
unbiased estimator, 283
uniform distribution, 79
uniform random variable, 79
union, 35

V

variance, 131
variance decomposition, 154
vector, 378
Venn diagram, 35
von Bortkiewicz, Ladislaus, 352
vos Savant, Marilyn, 54

W

Walker, Gilbert Thomas, 473
weak law of large numbers, 250
weakly stationary, 478
white noise, 484
within group variance, 155
WLLN, 250
Wold, Herman Ole Andreas, 473

Y

Yule, Udny, 473

參考文獻

陳旭昇 (2007),《統計學: 應用與進階》, 1 版, 台北市: 東華書局。

——— (2015),《統計學: 應用與進階》, 3 版, 台北市: 東華書局。

趙民德・李紀難 (2005),《統計學》, 台北市: 東華書局。

Box, G.E.P. and N.R. Draper (1987), *Empirical model-building and response surfaces*, Wiley series in probability and mathematical statistics: Applied probability and statistics, Wiley.

Chen, Shiu-Sheng (2022), *An Intermediate Course in Probability and Statistics*, manuscript, URL: http://homepage.ntu.edu.tw/~sschen/Teaching/index.htm.

Colin Gillespie, Robin Lovelace (2016), *Efficient R Programming: A Practical Guide to Smarter Programming*, 1st ed., O'Reilly Media.

DeGroot, Morris H. and Mark J. Schervish (2012), *Probability and Statistics*, 4th ed., Addison Wesley.

Dekking, F.M, C. Kraaikamp, H.P. Lopuhaa, and L.E. Meester (2005), *A Modern Introduction to Probability and Statistics: Understanding Why and How*, Springer.

Efron, Bradly (1979), "Bootstrap Methods: Another Look at the Jackknife," *The Annals of Statistics*, 7(1), 1–26.

Feldstein, Martin and Chlares Horioka (1980), "Domestic Saving and International Capital Flows," *Economic Journal*, 90(358), 314–329.

Giersbergen, Noud P. A. van and Jan F. Kiviet (1993), "A Monte Carlo Comparison of Asymptotic and Various Nonparametric Bootstrap Inference Procedures in First-Order Dynamic Models," *Discussion paper TI 93-187, Amsterdam: Tinbergen Institute*.

Hogg, Robert V., Joseph W. McKean, and Allen T. Craig (2018), *Introduction to Mathematical Statistics*, 8th ed., Pearson.

Hogg, Robert V., Elliot A. Tanis, and Dale L. Zimmerman (2015), *Probability and Statistical Inference*, 9th ed., Pearson.

Johnson, Mark E., Gary L. Tietjen, and Richard J. Beckman (1980), "A New Family of Probability Distributions with Applications to Monte Carlo Studies," *Journal of the American Statistical Association*, 75(370), 276–279.

MacKinnon, James G (2002), "Bootstrap Inference in Econometrics," *Canadian Journal of Economics*, 35(4), 615–645.

——— (2006), "Bootstrap Methods in Econometrics," *Economic Record*, 82(Special Issue), S2–S18.

Matloff, Norman (2011), *The Art of R Programming: A Tour of Statistical Software Design*, 1st ed., No Starch Press.

R Core Team (2017), *R: A Language and Environment for Statistical Computing*, R Foundation for Statistical Computing, Vienna, Austria, URL: https://www.R-project.org/.

Ramanathan, Ramu (1993), *Statistical Methods in Econometrics*, Academic Press.

Robert, Christian and George Casella (2010), *Introducing Monte Carlo Methods with R*, 1st ed., Use R, Springer-Verlag New York.

Teetor, Paul (2011a), *25 Recipes for Getting Started with R*, 1st ed., O'Reilly Media.

——— (2011b), *R cookbook*, 1st ed., O'Reilly.

Tversky, Amos and Daniel Kahneman (1983), "Extensional versus intuitive reasoning: The conjunction fallacy in probability judgment," *Psychological Review*, 293–315.

Wackerly, Dennis, William Mendenhall, and Richard L. Scheaffer (2008), *Mathematical Statistics with Applications*, 7th ed., Duxbury Press.